职业教育课程改革系列教材

中文CorelDRAW X5 案例教程

主　编　王浩轩　关　莹　沈大林
副主编　万　忠　张　伦　王爱赪　赵　玺

電子工業出版社
Publishing House of Electronics Industry
北京・BEIJING

内 容 简 介

CorelDRAW 是 Corel 公司推出的一款功能强大且易学易用的图形图像制作与设计软件，具有非常强大的矢量图形处理功能。CorelDRAW 已经广泛地应用于网页设计、包装装潢设计、商业展示、服饰设计、广告宣传、徽标和营销手册设计、建筑及环境艺术设计、多媒体画面制作、插画设计、海报制作、出版物印刷等方面。本书介绍中文版 CorelDRAW X5。

本书共 9 章，包含 36 个实例，较全面地介绍了中文 CorelDRAW X5 的基本使用方法和使用技巧。本书采用案例驱动的教学方式，集通俗性、实用性和技巧性于一身。本书除第 1 章和第 9 章外，其他各章均以一节为一个教学单元，对知识点进行了细致的取舍和编排，按节细化和序化了知识点，并配有相应的实例，通过实例的制作带动相关知识的学习，使知识和实例相结合。

本书可以作为职业院校相关专业的教材，也可以作为初学者自学的读物。

本书还配有电子教学参考资料包（包括教学指南、电子教案和习题答案），详见前言。

图书在版编目（CIP）数据

中文 CorelDRAW X5 案例教程 / 王浩轩，关莹，沈大林主编. 一北京：电子工业出版社，2014.6
职业教育课程改革系列教材

ISBN 978-7-121-23181-0

Ⅰ. ①中… Ⅱ. ①王… ②关… ③沈… Ⅲ. ①图形软件－职业教育－教材 Ⅳ. ①TP391.41

中国版本图书馆 CIP 数据核字（2014）第 094878 号

策划编辑：杨 波
责任编辑：关雅莉
印 刷：北京七彩京通数码快印有限公司
装 订：北京七彩京通数码快印有限公司
出版发行：电子工业出版社
北京市海淀区万寿路 173 信箱 邮编 100036
开 本：787×1 092 1/16 印张：16.5 字数：422.4 千字
版 次：2014 年 6 月第 1 版
印 次：2018 年 12 月第 5 次印刷
定 价：34.00 元

凡所购买电子工业出版社图书有缺损问题，请向购买书店调换。若书店售缺，请与本社发行部联系，联系及邮购电话：（010）88254888，88258888。

质量投诉请发邮件至 zlts@phei.com.cn，盗版侵权举报请发邮件至 dbqq@phei.com.cn。

本书咨询联系方式：（010）88254617，luomn@phei.com.cn。

Preface 前言

CorelDRAW 是 Corel 公司推出的一款功能强大且易学易用的图形图像制作与设计的软件，是众多矢量绘图和图像处理软件中的佼佼者。它具有非常强大的矢量图形处理功能，可以制作和编辑矢量图形，编辑和处理位图图像，绘制各种形状复杂、色彩丰富的专业级图像。CorelDRAW 已经广泛地应用于网页设计、包装装潢设计、商业展示、服饰设计、广告宣传、徽标和营销手册设计、建筑及环境艺术设计、多媒体画面制作、插画设计、海报制作、出版物印刷等方面。目前应用较多的且较新版本是 CorelDRAW X5，本书介绍的 CorelDRAW 就是中文版 CorelDRAW X5。

本书共 9 章，包含 36 个实例，全面地介绍了中文 CorelDRAW X5 的基本使用方法和使用技巧。第 1 章介绍中文 CorelDRAW X5 工作区和基本操作，为全书的学习打下基础；第 2 章通过两个实例介绍绘制和编辑简单矢量图形的方法；第 3 章通过 3 个实例介绍绘制和编辑矢量曲线的方法；第 4 章通过 4 个实例介绍绘制完美形状图形和编辑文本的方法；第 5 章通过 5 个实例介绍对象的组织与变换的方法；第 6 章通过 3 个实例介绍图形的填充和图形图像透明处理的方法。第 7 章通过 4 个实例介绍图形的交互式处理的方法；第 8 章通过 4 个实例介绍位图图像的处理方法；第 9 章介绍 11 个应用型综合实例，用以提高读者对 CorelDRAW X5 的综合对能力和创新设计能力。

本书采用案例驱动的教学方式，集通俗性、实用性和技巧性于一身。除第 1 章和第 9 章外，其他各章均以一节（相当于 1～4 课时）为一个教学单元，对知识点进行了细致的取舍和编排，按节细化和序化了知识点，以细化的知识为核心，配有应用这些知识的实例，通过实例的制作带动对相关知识的学习，使知识和实例相结合。每一个教学单元的开始介绍实例的效果、实例的要求和所应用的相关知识，接着介绍制作方法和制作步骤，最后安排了与本教学单元的实例和相关知识有关的思考与练习题，以操作性习题为主。

本书的特点是结构合理、条理清楚、通俗易懂，便于初学者学习，且信息含量高。本书采用实例操作和知识相结合的教学方法，即学生在计算机前一边看书中实例的操作步骤，一边进行操作，同时学习相关的知识，在做中学，教学做合一。采用这种方法学习的学生，掌握知识的速度快、学习效果好，可以用较短的时间快速步入 CorelDRAW 的殿堂。

本书主编有万忠、关莹、沈大林，副主编有王浩轩、张伦、王爱赪、赵玺。参加本书编写的主要人员还有张秋、许崇、陶宁、沈昕、肖柠朴、郑淑晖、曾昊、郭政、郑原、郑鹤、郝侠、丰金兰、袁柳、王加伟、孔凡奇、李宇辰、苏飞、王小兵等。

本书可以作为职业院校平面设计相关专业的教材，也可以作为初学者自学的读物。

由于作者水平有限，加上编写、出版时间仓促，书中难免有疏漏和不妥之处，恳请广大读者批评指正。

为了方便教师教学，本书还配有教学指南、电子教案和习题答案（电子版）。请有此需要的教师登录华信教育网（www.huaxin.edu.cn 或 www.hxedu.com.cn）免费注册后进行下载，有问题时请在网站留言板留言或与电子工业出版社联系（E-mail：hxedu@phei.com.cn）。

说明："右击"—用鼠标右键在相应命令上单击。

编　者

2014 年 5 月

Contents 目　录

第 1 章　初识中文 CorelDRAW X5

第 2 章 绘制和编辑简单矢量图形

第 3 章 绘制和编辑矢量曲线

第 4 章 绘制完美形状图形和编辑文本

第 5 章 对象的组织与变换

第 6 章 填充和透明

第 7 章 交互式处理

第 8 章 位图图像处理

第 9 章 应用型实例

第8章 位图图像处理

第9章 应用型实例

第1章

初识中文CorelDRAW X5

1.1 中文 CorelDRAW X5 工作区

CorelDRAW X5 是 Corel 公司推出的绘制矢量图形的工具软件。利用 CorelDRAW X5 软件可以绘制和编辑矢量图形，进行位图图像编辑和处理，制作各种标识符号、网页界面、矢量动画、LOGO、各种印刷出版物封面、位图编辑和网页动画等。

1.1.1 中文 CorelDRAW X5 欢迎窗口和工作区简介

1. CorelDRAW X5 欢迎窗口——快速入门

单击“开始”→“CorelDRAW Graphics Suite X5”→“CorelDRAW X5”命令，可以启动中文 CorelDRAW X5，屏幕显示一个 CorelDRAW X5 欢迎窗口的“快速入门”选项卡，如图 1-1-1 所示。单击右边的标签，可以在 5 个选项卡之间切换。单击左上角的“欢迎”链接文字，可以切换到上一级 CorelDRAW X5 的欢迎窗口，如图 1-1-2 所示。单击其内右边的选项卡名称文字，可以切换到相应的选项卡。

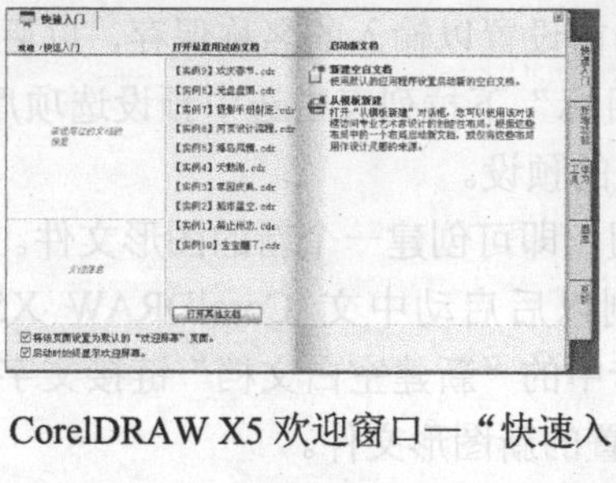

图 1-1-1　CorelDRAW X5 欢迎窗口—“快速入门”选项卡

图 1-1-2　欢迎窗口

“快速入门”选项卡内有 4 栏、2 个复选框和一个按钮，它们的作用如下。

（1）“打开最近用过的文档”栏：其列出以前曾打开过的图形的文件名称，单击图形文件的名称，可以打开相应的图形文件，并在左栏的上方显示选中的图形文件，其下方显示选中图形文件的名称、路径和创建日期、大小等信息。

（2）“打开其他文档”按钮：单击该按钮，会调出“打开绘图”对话框，如图 1-1-3 所示。在“查找范围”下拉列表中选中保存文件的文件夹，在“文件类型”下拉列表中选中一种文件类型；在“查找范围”下拉列表下边的“文件”列表中单击选中图形文件名称，也可以在“文件名”下拉列表中选择一个图形文件名称；单击选中“预览”复选框，即可在“预览”框内显示选中图形文件的缩小图形，在其下边会显示该文件的特性；选中“保持图层和页面”复选框，可以使打开的图形文件保持其图层和页面。另外，在“排序类型”下拉列表中可以选择一种排序类型，通常选择“默认”类型；在“代码页”下拉列表中选择代码类型，默认选择的是“936（ANSI/OEM-简体中文 GBK）”代码类型。单击“打开”按钮，即可打开选中的图形文件。

在“文件”列表框中，在按住 Ctrl 键的同时单击图形文件名称，可以同时选中多个图像文件；在按住 Shift 键的同时单击起始图像文件名称和终止图像文件名称，可以选中连续的多个图像文件。然后，单击“打开”按钮，可以同时打开选中的多个图形文件。

（3）“启动新文档”栏中的“新建空白文档”链接：单击该链接文字，可以调出“创建新文档”对话框，如图 1-1-4 所示。将鼠标指针移到选项的名称之上，即可在“描述”栏显示相应的说明文字，例如，将鼠标指针移到“预设目标”文字之上，即可在“描述”栏显示关于“预设目标”下拉列表的说明文字，如图 1-1-4 所示。

图 1-1-3 “打开绘图”对话框

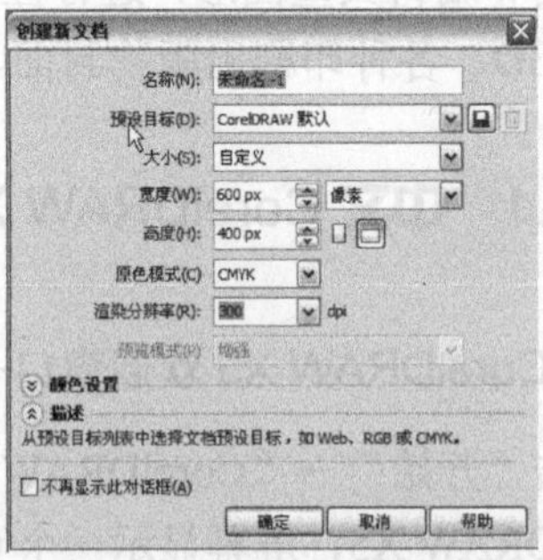

图 1-1-4 “创建新文档”对话框

在该对话框内可以设置新建文档的大小、宽度、高度、原色模式和渲染分辨率等，单击“添加预设”按钮，可以调出“添加预设”对话框，在其内的下拉列表的文本框中输入预设名称（例如“新目标 1”），单击“确定”按钮，即可将当前设置以输入的名称保存，以后可以在“预设目标”下拉列表中选中该预设选项。在“预设目标”下拉列表中选中预设选项后，“移除预设”按钮变为有效，单击该按钮，可以删除选中的预设。

单击“创建新文档”对话框内的“确定”按钮，即可创建一个新的图形文件。

如果选中“不再显示此对话框”复选框，则以后启动中文 CorelDRAW X5 后，单击“CorelDRAW X5”欢迎窗口—“快速入门”选项卡中的“新建空白文档”链接文字，不会调出“创建新文档”对话框，直接创建一个采用默认设置的新图形文件。

单击“工具”→“选项”命令或单击标准工具栏内的“选项”按钮，调出“选项”对话框，如图 1-1-5 所示。在左栏中，单击“常规”选项，在右边的“常规”选项卡中选中“显示‘新建文档’对话框”复选框，可以设置在单击“新建空白文档”链接文字后显示“创建新文档”对话框。单击“确定”按钮，完成常规设置。

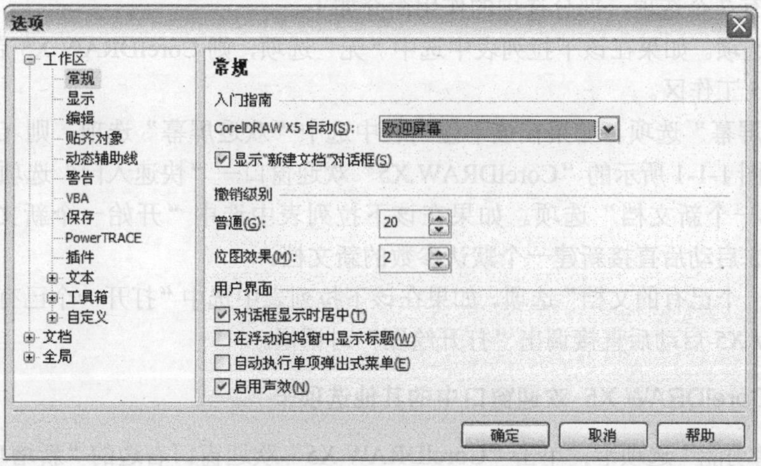

图 1-1-5 “选项”对话框

（4）“启动新文档”栏中的“从模板新建”链接：单击该链接文字，可以调出“从模板新建”对话框，如图 1-1-6 所示。利用它可以选择一种系统提供的或者自己制作的绘图模板，单击“打开”按钮，即可打开选中的模板。

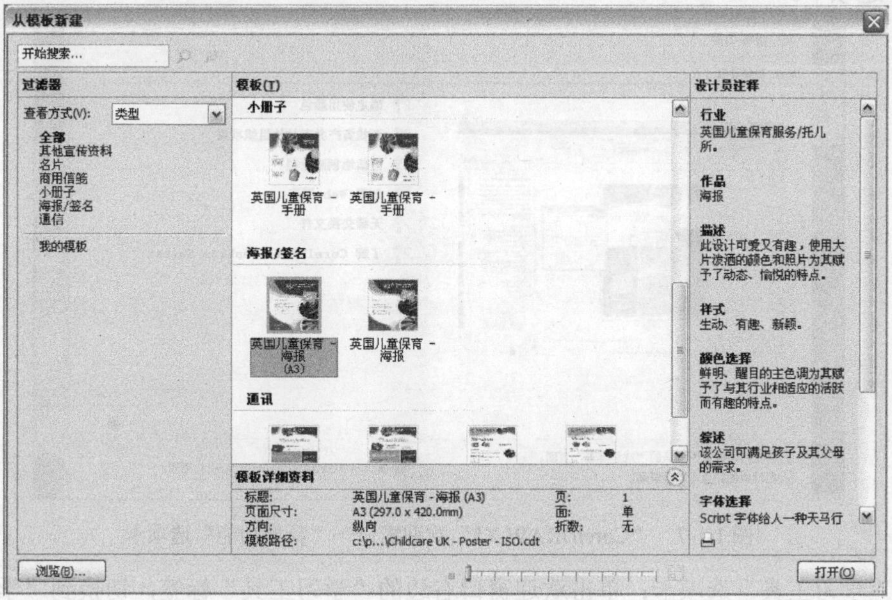

图 1-1-6 “从模板新建”对话框

（5）“将该页面设置为默认的‘欢迎屏幕’页面”复选框：选中此复选框可将当前页面设置为默认的欢迎屏幕。

（6）“启动时始终显示欢迎屏幕”复选框：选中该复选框，则在启动中文 CorelDRAW X5 时会显示“CorelDRAW X5”欢迎窗口，否则不显示“CorelDRAW X5”欢迎窗口，直接进入

CorelDRAW X5 工作区。

可以单击“工具”→“选项”命令或单击标准工具栏内的“选项”按钮，调出“选项”对话框，如图 1-1-5 所示。在左栏中，单击选中“常规”选项，右栏会切换到“常规”选项卡，该选项卡内的“CorelDRAW X5 启动”下拉列表用来设置 CorelDRAW X5 启动后显示的画面。该下拉列表中有 7 个选项，部分选项的作用简介如下。

◎“无”选项。如果在该下拉列表中选中“无”选项，则 CorelDRAW X5 启动后直接进入 CorelDRAW X5 工作区。

◎“欢迎屏幕”选项。如果在该下拉列表中选中“欢迎屏幕”选项，则 CorelDRAW X5 启动后进入如图 1-1-1 所示的“CorelDRAW X5”欢迎窗口—“快速入门”选项卡。

◎“开始一个新文档”选项。如果在该下拉列表中选中“开始一个新文档”选项，则 CorelDRAW X5 启动后直接新建一个默认参数的新文档。

◎“打开一个已有的文档”选项。如果在该下拉列表中选中“打开一个已有的文档”选项，则 CorelDRAW X5 启动后直接调出“打开绘图”对话框。

2. 中文 CorelDRAW X5 欢迎窗口中的其他选项卡

（1）“新增功能”选项卡：单击“CorelDRAW X5”欢迎窗口右边的“新增功能”标签，切换到“新增功能”选项卡，“快速入门”标签自动移到左边，如图 1-1-7 所示。

单击右边 6 行链接中的任意一个，都可以切换到相应的新增功能介绍窗口，其左边是文字介绍，右边是图片说明。单击右下角的按钮，可以切换到下一页，同时出现按钮，单击该按钮，可以切换到上一页。单击左上角的“新增功能”链接，可以返回到图 1-1-7 所示的“新增功能”选项卡。

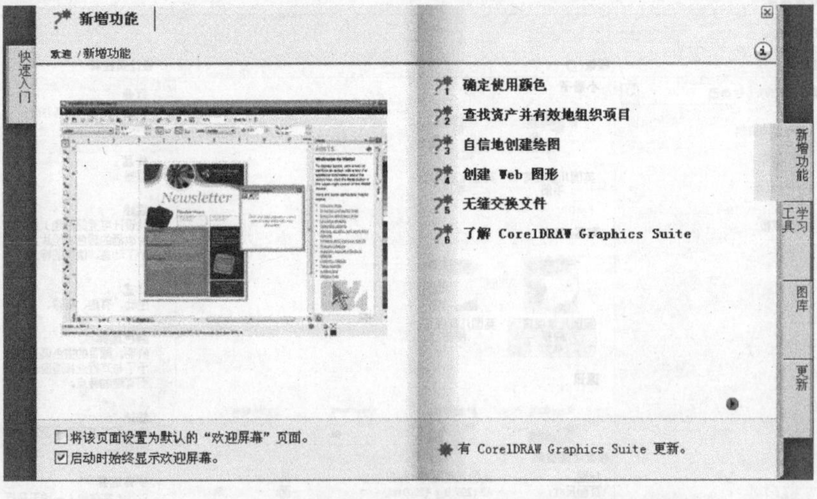

图 1-1-7 “CorelDRAW X5”欢迎窗口—“新增功能”选项卡

（2）“学习工具”选项卡：单击欢迎窗口右边的“学习工具”标签，切换到“学习工具”选项卡，如图 1-1-8 所示。通过连接的 DVD 光盘或互联网，可以获取大量的学习信息。

（3）“图库”选项卡：单击欢迎窗口右边的“图库”标签，切换到“图库”选项卡，如图 1-1-9 所示。单击右下角的按钮，可以切换到下一页；单击左下角的按钮，可以切换到上一页。拖曳选中的图像到 CorelDRAW X5 文档窗口，即可将选中的图像导入绘图页面。

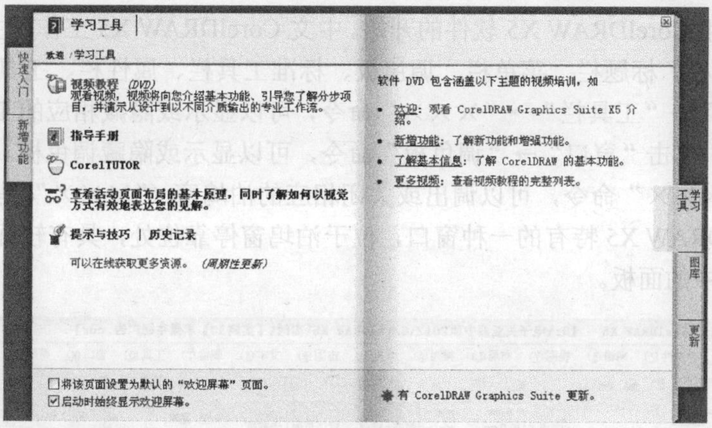

图 1-1-8 "CorelDRAW X5"欢迎窗口—"新增功能"选项卡

图 1-1-9 "CorelDRAW X5"欢迎窗口—"图库"选项卡

（4）"更新"选项卡：单击欢迎窗口右边的"更新"标签，切换到"更新"选项卡，如图 1-1-10 所示。利用该选项卡，可以获得更新消息，连接互联网，进行更新。

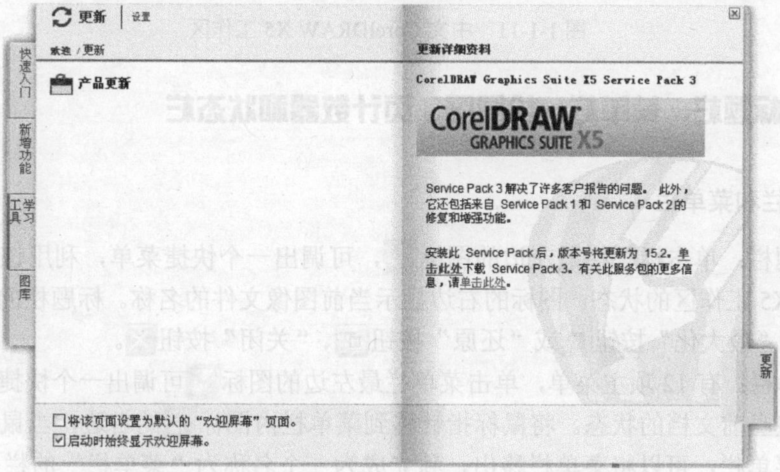

图 1-1-10 "CorelDRAW X5"欢迎窗口—"更新"选项卡

3. 工作区简介

当启动中文 CorelDRAW X5 后，打开一幅 CDR 格式的图像文档，显示如图 1-1-11 所示的中文 CorelDRAW X5 工作区。CorelDRAW X5 所有的绘图工作都是在这里完成的，熟悉该工作区，就是使用 CorelDRAW X5 软件的开始。中文 CorelDRAW X5 工作区主要由绘图页面、页计数器、状态栏、标题栏、菜单栏、调色板、标准工具栏、属性栏、工具箱和泊坞窗等组成。单击“窗口”→“工具栏”→“×××”命令，可以显示或隐藏相应的工具栏（“×××”是工具栏名称）。单击“窗口”→“调色板”命令，可以显示或隐藏调色板。单击“窗口”→“泊坞窗”→“×××”命令，可以调出或关闭相应的泊坞窗（“×××”是泊坞窗的名称）。泊坞窗是 CorelDRAW X5 特有的一种窗口，位于泊坞窗停靠位处，具有较强的智能特性，类似于 Photoshop 中的面板。

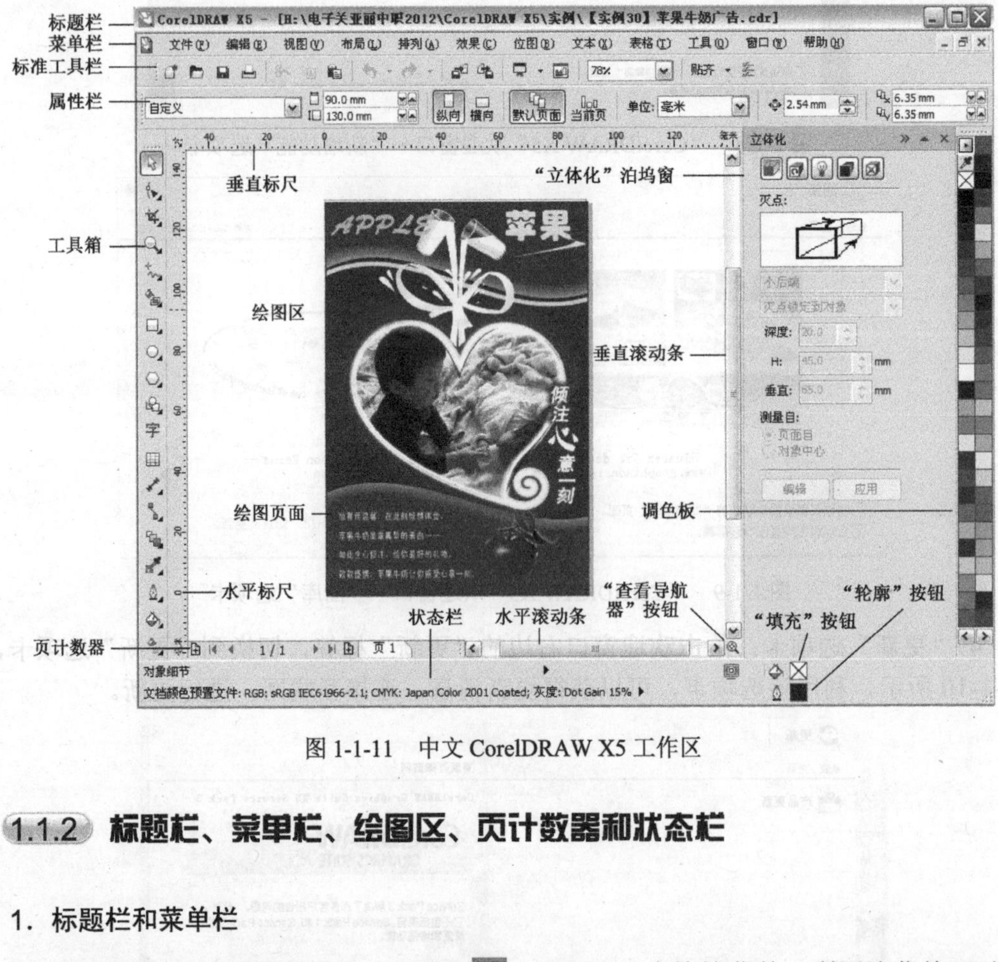

图 1-1-11　中文 CorelDRAW X5 工作区

1.1.2 标题栏、菜单栏、绘图区、页计数器和状态栏

1. 标题栏和菜单栏

（1）标题栏：单击标题栏最左边的图标，可调出一个快捷菜单，利用该菜单可以调整 CorelDRAW X5 工作区的状态。图标的右边显示当前图像文件的名称。标题栏的右边有“最小化”按钮、“最大化”按钮或“还原”按钮、“关闭”按钮。

（2）菜单栏：有 12 项主菜单，单击菜单栏最左边的图标可调出一个快捷菜单，利用该菜单可以调整当前文档的状态。将鼠标指针移到菜单栏内图标的右边，当鼠标指针呈双箭头状时拖曳菜单栏，可以将菜单栏移出，独立成为一个名称为“菜单栏”的栏，如图 1-1-12 所示。CorelDRAW X5 菜单是标准的 Windows 程序菜单，其使用方法与 Windows 程序菜单的使用方法基本一样。

（3）快捷菜单：右击工具栏、工具箱、标准工具栏、绘图页面、泊坞窗、调色板等，可以调出相应的快捷菜单，其内集中了相关的命令，可以方便地进行有关操作。

例如，右击标准工具栏内空白处，会调出它的快捷菜单，如图 1-1-13 所示（如果右击标准工具栏内具体按钮等选项，则调出的快捷菜单内会增加“工具栏项”和“标准工具栏项”命令）。利用该快捷菜单可以打开或关闭相应的工具面板，设置工具栏按钮的大小和外观等。如果快捷命令左边有✔，表示相应的工具栏已经调入工作区中。

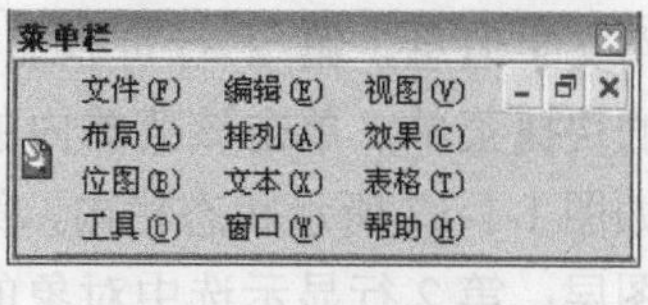

图 1-1-12 “菜单栏”栏

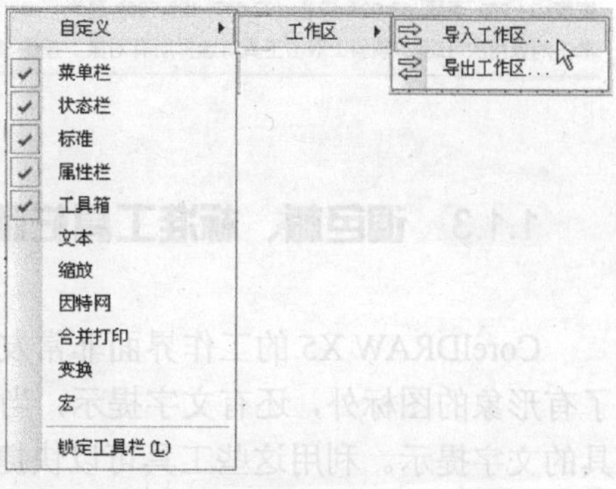

图 1-1-13 标准工具栏快捷菜单

2. 绘图区和绘图页面

绘图区通常在属性栏的下边，它相当于一块画布。可以在绘图区中的任意位置绘图，并可以保存，但如果要将绘制的图形打印输出到纸上，就必须将图形放在绘图页面内。

绘图区的上边是水平标尺，左边是垂直标尺，右边是垂直滚动条，下边的左半部分是页计数器，右半部分是水平滚动条，中间是绘图页面，如图 1-1-11 所示。在水平滚动条的右侧有一个“查看导航器”按钮，单击该按钮，可调出一个含有当前文档图形或图像的迷你窗口，在该窗口中移动鼠标指针，可以显示图形或图像不同的区域，如图 1-1-14 所示。该功能对放大编辑的图形和图像特别有效。

3. 页计数器和状态栏

（1）页计数器：页计数器位于绘图区的左下方，如图 1-1-15 所示。利用它可以显示绘图页面的页数，改变当前编辑的绘图页面和增加新绘图页面。单击页计数器内左边的按钮，可以在第 1 页之前增加一个绘图页面。单击页计数器内右边的按钮，可以在最后一页之后增加一个绘图页面。右击页计数器中的页面页号，调出页计数器的快捷菜单，如图 1-1-16 所示。利用该快捷菜单中的命令，可以重新给页面命名，在右击的页面后面或前面插入新的绘图页面，复制页面（可以复制该页面内的图形和图像），删除右击的页面，切换页面方向，发布页面等。

单击▶或◀按钮，可以使当前编辑的绘图页面向后或向前跳转一页。图 1-1-15 中的“2/3”表示共有 3 页绘图页面，当前的绘图页面是第 2 页，此时当前被选中的页号标签为“页面 1”。单击“页面 1”、“页面 2”……中的任一标签，即可切换到相应的绘图页面。单击◀按钮，可切换到第 1 页；单击▶按钮，可切换到最后一页。

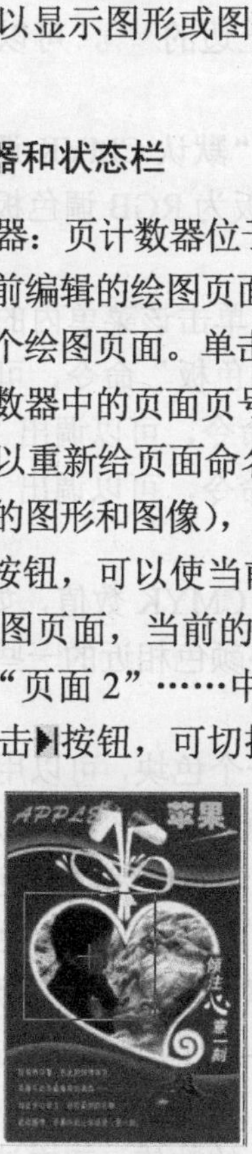

图 1-1-14 导航器窗口

图 1-1-15 页计数器

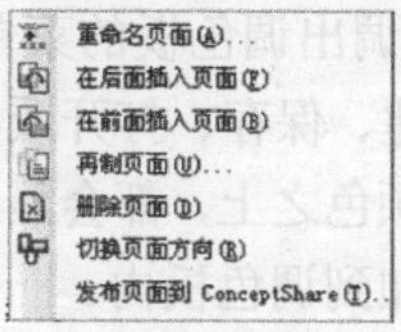

图 1-1-16 页计数器的快捷菜单

（2）状态栏：通常在绘图区的下方，其作用是显示被选定对象或操作的有关信息，以及鼠标指针的坐标位置等，如图 1-1-17 所示。状态栏内第 1 行可以显示“对象细节”或“鼠标指针位置”文字信息，第 2 行可以显示“颜色”或“所选工具”文字信息。通过单击按钮▶，调出它的快捷菜单，单击该菜单内的命令，可以切换要显示的信息类型。

如图 1-1-17 所示状态栏内，第 1 行显示的是选中对象的宽度、高度、中心坐标值、图形类型和图层；第 2 行显示选中对象的颜色信息等。

图 1-1-17　状态栏

1.1.3 调色板、标准工具栏和属性栏

CorelDRAW X5 的工作界面非常友好，为创建各种图形提供了一整套的工具，这些工具除了有形象的图标外，还有文字提示，当鼠标指针在一个工具按钮上停留一段时间，会出现该工具的文字提示。利用这些工具可以快捷、轻松地绘制和编辑各种图形对象。

1. 调色板和设置颜色

（1）调色板：调色板位于工作区内的右边时，单击调色板上方或下方的滚动按钮▲与▼，可以改变调色板中显示的色块；单击最下方的◀按钮，可以使单列调色板变为多列调色板，单击调色板以外的任何地方，可变回单列调色板。拖曳调色板上边的…，可以将调色板从绘图区的右方移到任意处，如图 1-1-18 所示。

默认的调色板有“默认调色板”、“默认 RGB 调色板”和“默认 CMYK 调色板”三种。在新建图形文档时，设置的“原色模式”为 RGB 时，默认调色板为 RGB 调色板；设置的“原色模式”为 CMYK 时，默认调色板为 CMYK 调色板。

单击“窗口”→“调色板”命令，调出“调色板”菜单，单击该菜单内的命令，可以调出相应的调色板。例如，单击“窗口”→“调色板”→“默认调色板”命令，可以调出“默认调色板”。单击“窗口”→“调色板”→“默认 RGB 调色板”命令，可以调出“默认 RGB 调色板”；单击“窗口”→“调色板”→“默认 CMYK 调色板”命令，可以调出“默认 CMYK 调色板”。

将鼠标指针移到色块之上，稍等片刻后，会显示 RGB 或 CMYK 数值，如图 1-1-19 所示。单击按下色块一段时间后，会弹出一个小调色板，显示与色块颜色相近的一些色块，供用户选择，如图 1-1-20 所示。

单击选中一个由闭合路径构成的图形，单击调色板内的一个色块，可以用该色块的颜色填充选中的对象。右击调色板内的一个色块，可以用该色块的颜色改变轮廓线颜色。单击调色板中的☒，可以取消填充的颜色。右击调色板中的☒，可以取消轮廓线的颜色。单击调色板中的▸按钮，可以调出调色板的菜单。利用该菜单中的命令，可以改变轮廓色和填充色，可以编辑调色板，新建、保存、打开或关闭调色板等。单击按钮，鼠标指针呈吸管状，将鼠标指针移到屏幕任何颜色之上，都会显示该处颜色的数值，如图 1-1-21 所示。单击该处颜色后即可将此处的颜色添加到调色板内。

工作区右下角的“填充”按钮右方会显示设置的填充颜色的数值，双击该按钮，可以调出“均匀填充”对话框，用来设置各种颜色。工作区右下角的“轮廓”按钮右方会显示设置的轮廓颜色的数值，双击该按钮，可以调出“轮廓笔”对话框，用来设置各种轮廓。

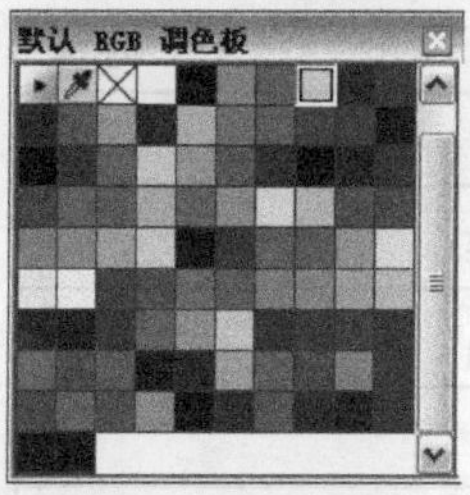

图 1-1-18　调色板

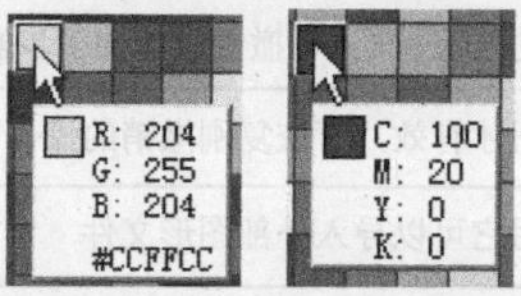

图 1-1-19　颜色数值

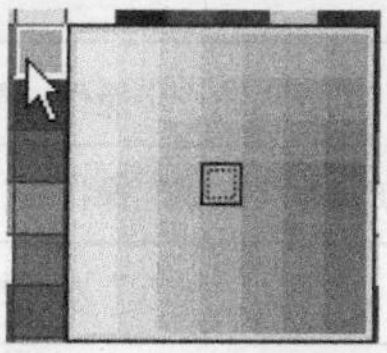

图 1-1-20　小型调色板

图 1-1-21 鼠标指针

2. 属性栏

属性栏提供了一些按钮和列表框，它是一个感应命令栏，会随着选定的对象和工具的不同显示相应的命令按钮和列表框，这给绘图操作带来了很大的方便。中文 CorelDRAW X5 的属性栏相当于 Photoshop CS5 中的选项栏。将鼠标指针移到属性栏内各选项之上，会显示该选项文字提示信息。

例如，单击工具箱中的“裁剪工具”按钮，在绘图页面内拖曳一个矩形，此时的“裁剪”属性栏如图 1-1-22 所示。单击工具箱中的“选择工具”按钮，单击选中绘制的矩形，此时的“矩形”属性栏如图 1-1-23 所示。

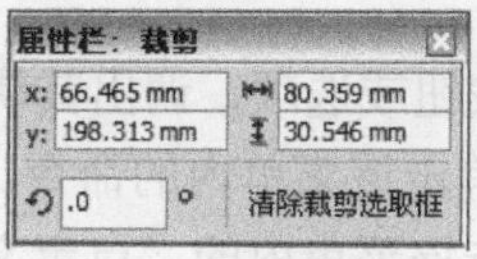

图 1-1-22　“裁剪”属性栏

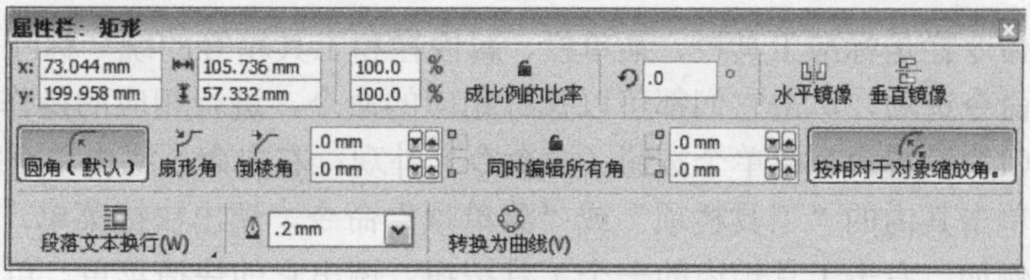

图 1-1-23　“矩形”属性栏

3. 标准工具栏

标准工具栏通常在菜单栏的下方，它提供了一些按钮和下拉列表，用来完成一些常用的操作。将鼠标指针移到该工具栏左方的图标处，再拖曳鼠标，可以将标准工具栏移到窗口的其他位置。将鼠标指针移到标准工具栏的按钮上，屏幕上会显示出该按钮的名称和快捷键提示信息。标准工具栏内各按钮与下拉列表的名称、图标和作用见表 1-1-1。单击选中其中一个按钮，就选择了该工具。

表 1-1-1　标准工具栏内各按钮与下拉列表的名称、图标和作用

名　称	图　标	作　用
新建		单击，可以新建一个绘图页面
打开		单击，可调出“打开绘图”对话框，利用它可以打开图形文件
保存		单击，可以将当前编辑的图形以原文件名保存到磁盘中
打印		单击，可调出“打印”对话框，进行打印设置并打印当前绘图文件
剪切		单击，可以将选中的对象剪切到剪贴板中
复制		单击，可以将选中的对象复制到剪贴板中
粘贴		单击，可以将剪贴板内的对象粘贴到当前的绘图页面中

续表

名　称	图　标	作　用
撤销		单击，可以撤销一步操作；单击它的按钮 ▾ ，可撤销以前的多步操作
重做		只有在执行“撤销”操作后，该按钮才有效，可恢复刚刚撤销的操作
导入		单击，可调出“导入”对话框，利用它可以导入外部图形文件
导出		单击，可以调出“导出”对话框，利用它可以将当前图形文件保存
启动器		单击，可调出一个菜单，它包含与CorelDRAW X5配套的应用程序命令
欢迎屏幕		单击，可调出CorelDRAW X5欢迎窗口
缩放级别	100%	利用该下拉列表选择选项或输入数值，可调整绘图页面的显示比例
贴齐	贴齐	单击，调出“贴齐”菜单，单击其内命令，可设置不同的贴齐方式
选项		单击，可调出“选项”对话框，利用该对话框可设置默认选项

1.1.4 中文CorelDRAW X5工作区设置

1．在快捷菜单中设置命令栏

命令栏是标准工具栏、菜单栏、属性栏和工具箱等的统一称呼，它们分别都有一些命令按钮或命令选项，单击它们都可以执行相应的命令，进行相应的操作。

（1）设置命令栏单个按钮（含命令）外观：右击命令栏内单个按钮或选项，调出其快捷菜单，单击其内的“工具栏项”或“菜单项”命令，调出快捷菜单，单击该菜单内的命令。

例如，右击工具箱内的一个工具按钮，调出它的快捷菜单，单击该菜单内的“自定义”→“工具栏项”命令，调出“工具栏项”菜单，如图1-1-24所示，单击其内的命令，可以设置该按钮的表现形式和大小等。

（2）设置多个工具按钮（含命令）外观：右击命令栏内按钮，调出快捷菜单，单击其内的“菜单栏”、“标准工具栏”或“工具箱 工具栏”命令，调出快捷菜单，单击该菜单内的命令。

例如，右击工具箱内任一按钮，调出快捷菜单，单击该菜单内的“自定义”→“工具箱 工具栏”命令，调出“工具箱 工具栏”菜单，如图1-1-25所示，单击其内的命令，可以设置该工具按钮的表现形式和大小。

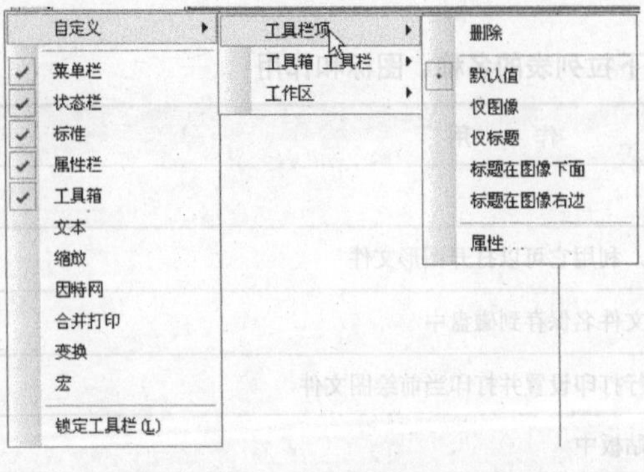

图1-1-24　“工具栏项”菜单

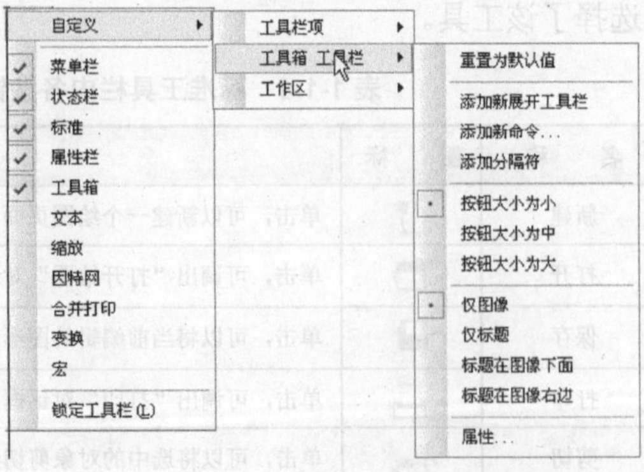

图1-1-25　“工具箱 工具栏”菜单

如果单击选中“自定义”→“工具箱 工具栏”→“标题在图像下面”命令，使该按钮命令图标下方显示相应的标题。拖曳工具箱内的图标⋯⋯，使工具箱独立，如图1-1-26所示。

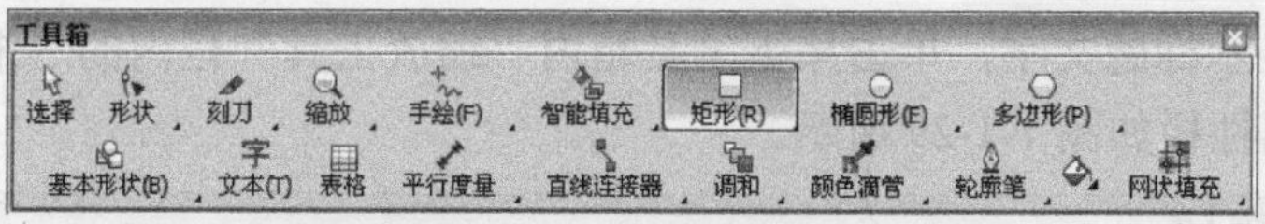

图 1-1-26　按钮图标下方显示标题

单击“工具栏项”或“工具箱 工具栏”菜单内的“锁定工具栏”命令，使该命令左方出现，即可将相应的命令栏锁定，相应的命令栏上方或左方的或消失，不能移动它们。单击该菜单内的“锁定工具栏”命令，使该命令左边的消失，相应命令栏上方或左方的或显示，拖曳或可以调整相应命令栏的位置。

2. 在“选项”对话框中设置命令栏

单击“工具”→“选项”命令或单击“属性”栏内的“选项”按钮，可调出“选项”对话框。该对话框左侧是目录栏，右侧是参数设置区。单击目录名称左边的图标，可以展开该目录；单击目录名称左边的图标，可以收缩该目录下的展开目录。单击目录名称，会在目录栏右边的参数设置区显示相应目录的参数设置选项。单击选中该对话框中目录栏内“自定义”目录下的“命令栏”选项，此时“选项”对话框如图 1-1-27 所示。

在命令栏内，可以查看和设置所有命令栏（工具栏）的名称列表和属性栏，选中不同的工具栏名称文字左边的复选框，即可在工作区内显示相应的工具栏；选中不同的工具栏名称后，可以在其右边栏内设置选中工具栏按钮的大小和外观等属性。

在“大小”栏内的“按钮”下拉列表中可以选择按钮的大小，在“边框”文本框可以调整工具箱的边框大小，在“默认按钮外观”下拉列表中可以选择按钮的外观；如果选中“显示浮动式工具栏的标题”复选框，则选中栏有标题栏，否则没有标题栏；如果选中“锁定工具栏”复选框，则会锁定选中命令栏，选中命令栏上边的或左边的消失，不能移动命令栏；如果在“命令栏”栏内选中“属性栏”或“菜单栏”选项，在“属性栏模式”下拉列表中可以选择不同类型的属性栏或菜单栏；如果在“命令栏”内选中“状态栏”选项，则会显示状态栏属性，如图 1-1-28 所示，利用该栏可以设置状态栏停靠的位置和行数。在调整上述选项时可以随时看到调整设置的效果。

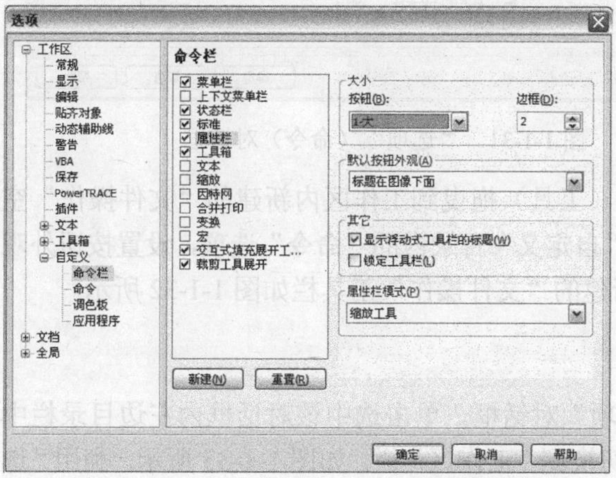

图 1-1-27　“选项”（命令栏）对话框

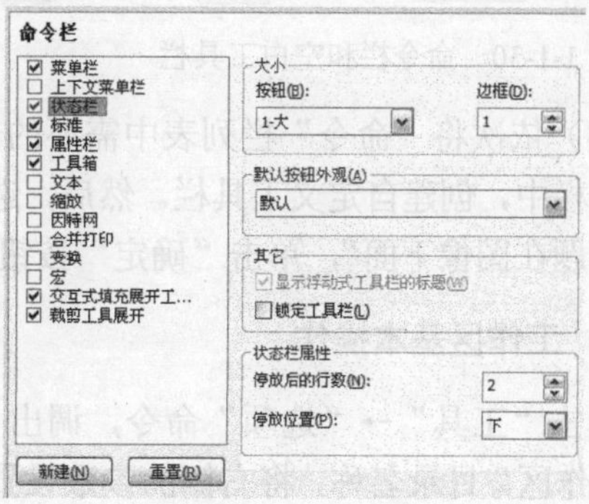

图 1-1-28　“命令栏”内的“状态栏”、“属性栏”

例如，单击选中“命令栏”内的“属性栏”选项，在“按钮”下拉列表中选择“1-大”，在“边框”文本框内选择数值 2，在“默认按钮外观”下拉列表中选择“标题在图像下面”选项，在“属性栏模式”下拉列表中选择“缩放工具”选项，如图 1-1-27 所示。此时的属性栏内按钮图像的下边显示标题文字，单击按下工具箱内“缩放工具”栏内的“缩放”按钮后，其“缩放工具”属性栏如图1-1-29所示。

图1-1-29 “缩放工具”属性栏

3. 创建新工具栏

利用“选项”对话框可以创建新工具栏，在其内放置一些常用工具。具体操作方法如下。

（1）单击如图1-1-27所示“选项”（命令栏）对话框“命令栏”内的“新建”按钮，在“命令栏”列表框中新建一个“新工具栏1”工具栏名称，如图1-1-30左图所示，同时显示新建的“新工具栏1”空白工具栏，如1-1-30右图所示。

（2）在“命令栏”列表中新建的“新工具栏1”名称处可以修改新工具栏的名称，例如修改为“文件操作”。双击该名称，即可进入名称的编辑修改状态。

（3）选中“自定义”目录内的“命令”选项，在右侧的“命令”栏内的下拉列表中挑选工具类型（例如，选择“文件”选项）。在下拉列表框下边的列表框中选择一个工具选项（例如，选择“打开”工具选项），如图1-1-31所示。将选中的工具拖曳到“文件操作”空白工具栏内。

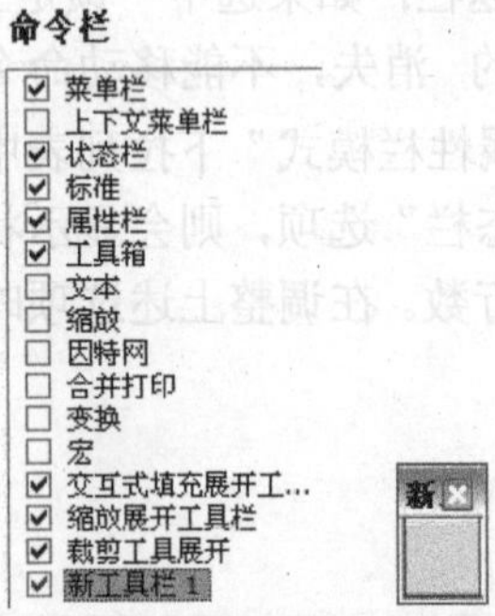

图1-1-30 命令栏和空白工具栏

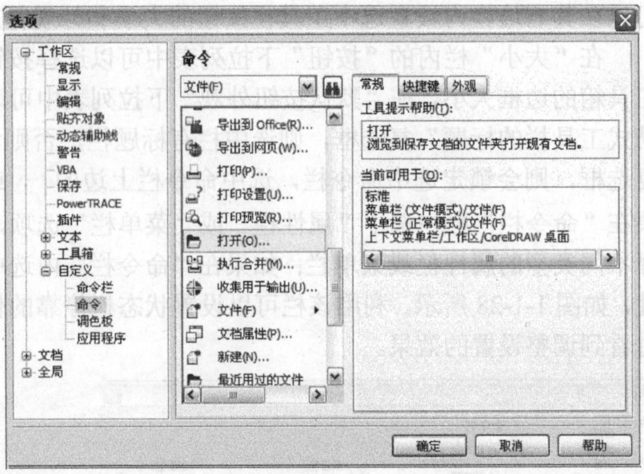

图1-1-31 “选项”（命令）对话框

（4）依次将“命令”栏列表中需要的命令（工具）拖曳到工作区内新建的“文件操作”空白工具栏中，创建自定义工具栏。然后，选中“自定义”目录内的“命令”选项，设置按钮外观为“标题在图像下面”，单击“确定”按钮。新建的“文件操作”工具栏如图1-1-32所示。

4. 工作区基本操作

单击“工具”→“选项”命令，调出“选项”对话框，单击选中该对话框内左边目录栏中的“工作区”目录名称，将右侧的参数设置区切换到“工作区”栏，如图1-1-33所示。利用“选项”对话框“工作区”栏选择、设置、导入和导出工作区的方法如下。

（1）选择工作区：在“工作区”栏内，选择不同的复选框（只可以选择一个），如图1-1-33所示，可以切换不同的工作区，而且立即看到工作区的变化。单击“确定”按钮，即可完成选择工作区的任务。

（2）创建新工作区：调整完工作区后，调出“选项”对话框，单击选中“工作区”目录名称，如图 1-1-33 所示。单击“新建”按钮，调出“新工作区”对话框，如图 1-1-34 所示（此时在“工作区”栏内还没有“我的工作区 1”选项）。在“新工作区”对话框内的“新工作区的名字”文本框中输入名称（例如，“我的工作区 1”），在“新工作区的描述”文本框中输入描述文字。单击“确定”按钮，回到“选项”对话框，可以看到，在“工作区”栏内已经添加了设置的新工作区，如图 1-1-33 所示。

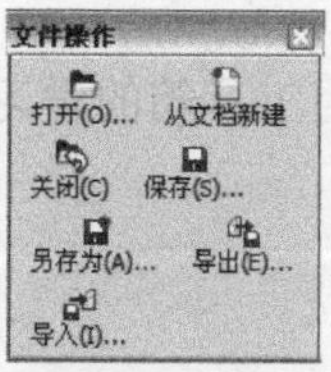

图 1-1-32 “文件操作”工具栏

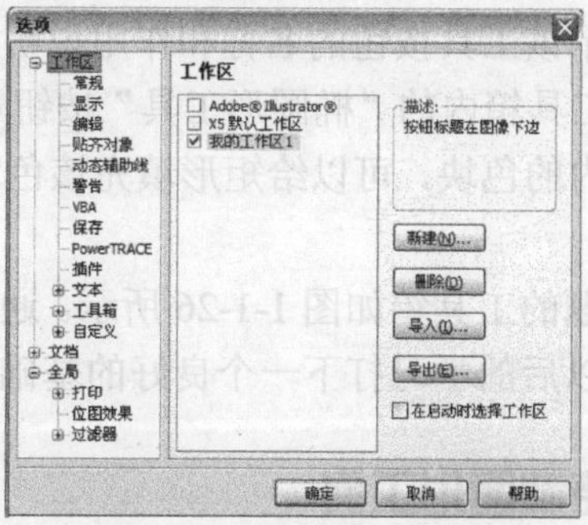

图 1-1-33 “选项”对话框

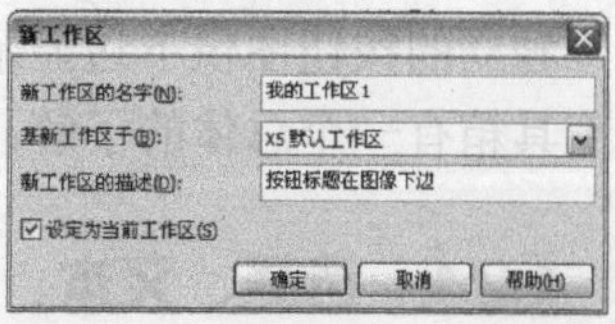

图 1-1-34 “新工作区”对话框

（3）导出工作区：调出“选项”对话框，单击选中“工作区”目录名称，如图 1-1-33 所示。单击“导出”按钮，调出“导出工作区”对话框，如图 1-1-35 所示。选中要保存的内容，单击“保存”按钮，调出“另存为”对话框。利用该对话框可以保存工作区。

（4）导入工作区：单击“导入”按钮，调出“导入工作区”对话框，如图 1-1-36 所示。

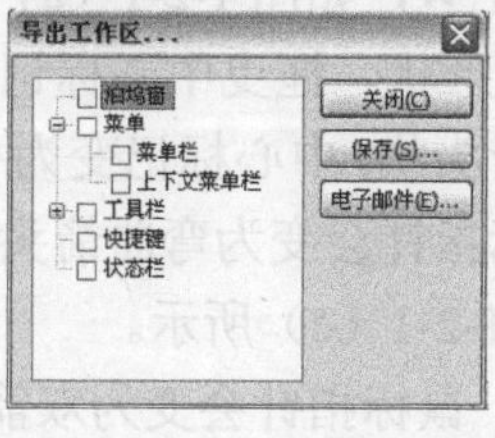

图 1-1-35 “导出工作区”对话框

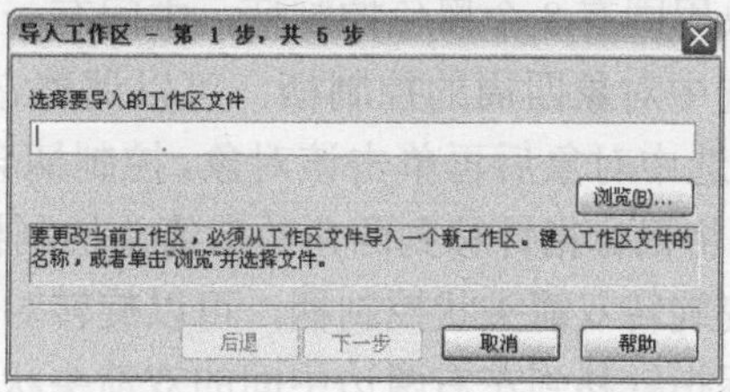

图 1-1-36 “导入工作区”对话框

按照对话框中的提示，单击“浏览”按钮，调出“打开”对话框，选择工作区文件，单击“打开”按钮，关闭“打开”对话框，回到“导入工作区”对话框。单击“下一步”按钮，调出下一个“导入工作区”对话框，选择要导入的项目。以后继续单击“下一步”按钮，共分 5 步完成。在最后一步单击“完成”按钮，即可导入外部保存的新工作区。

设置好后，单击“选项”对话框内的“确定”按钮，关闭该对话框，完成相应的工作。

实训 1-1

1. 启动中文 CorelDRAW X5，了解中文 CorelDRAW X5 工作区的组成，依次关闭和调出菜单栏、标准工具栏、属性栏、状态栏、默认 CMYK 调色板和“透镜”泊坞窗。

2. 设置工具箱内“矩形工具展开工具栏”内按钮大小为中，标题在图像右边。设置标准工具“新建”按钮右边是标题。然后，以名称“工作区 1”保存工作区。

3. 将工具箱内所有工具内按钮的大小设置为大、标题在图像下边。设置标准工具内所有工具按钮图像下边是标题。然后，以名称“工作区 2”保存工作区。

4. 创建一个新文档，设置3个绘图页面，分别绘制矩形、椭圆形和多边形图形。

1.2 工具箱概述

工具箱的默认位置在绘图区域的左边。如果工具按钮的右下角有黑色三角形◢标识，表示这是一个工具组。单击◢，可以展开该工具组栏，其内有相关的工具按钮。将鼠标指针移到工具箱内的工具按钮之上，即可显示该工具按钮的名称和作用说明。单击按下工具按钮，即可使用相应的工具。例如，单击按下工具箱内的“椭圆形工具”按钮○，在画布窗中拖曳，即可绘制一幅椭圆形图形，单击调色板内的色块，可以给矩形填充该色块的颜色；右击调色板内的色块，可以改变矩形轮廓线颜色。

独立的按钮图像下边显示标题的工具箱如图1-1-26所示。通过对常用工具箱的学习，可以对工具箱有一个总体的了解，为以后的学习打下一个良好的基础。

1.2.1 选择、文本、表格和图形工具

1. 选择、文本和表格工具

（1）选择工具↖：它用来选择对象。大多数对象操作都应先选中，再编辑。

单击按下“选择工具”按钮↖后，单击对象，可以选中该对象，使该对象成为当前的编辑对象。拖曳一个矩形围住多个对象或按住Shift键同时依次单击多个对象，可以选中多个对象，选中的对象周围有8个黑色控制柄，中间有一个中心标记×，如图1-2-1（a）所示。

拖曳选中对象四周的控制柄，可以调整它的大小和形状。拖曳中心标记×，可以调整它的位置。在选中对象后再单击该对象，控制柄会变为双箭头状，中心标记变为⊙状，如图1-2-1（b）所示。将鼠标指针移到四角的双箭头控制柄处，鼠标指针会变为弯曲箭头状，顺时针或逆时针拖曳旋转双箭头状控制柄，可以旋转对象，如图1-2-1（c）所示。

将鼠标指针移到左右两边中间的双箭头状控制柄处，鼠标指针会变为双箭头状⇅，垂直拖曳，可以垂直倾斜对象，如图1-2-1（d）所示。将鼠标指针移到上下两边中间的双箭头状控制柄处，鼠标指针会变为双箭头状⇄，水平拖曳可以水平倾斜对象，如图1-2-1（e）所示。拖曳中心标记⊙，可以改变对象的旋转中心。

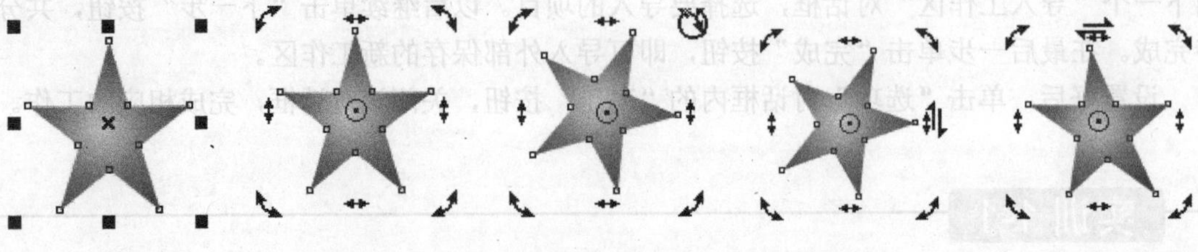

（a）　（b）　（c）　（d）　（e）

图1-2-1 选中对象和旋转对象

如果单击按下“选择工具”按钮↖但是没有单击选中对象，此时的属性栏可以用来设置文档绘图页面的大小和方向（纵向或横向）等参数。

（2）“文本”工具字：单击按下“文本工具”按钮字后，再单击绘图页面，可以输入美工文字。拖曳一个矩形后，即可形成文本框，然后可以在文本框内输入段落文字。在其属性栏

内可以设置文字的字体、大小、颜色和旋转角度等属性。

（3）“表格”工具：单击按下“表格工具”按钮后，在绘图页面内拖曳，即可绘制一个表格，在其属性栏内可以设置该表格的行数和列数等参数。

2．矩形工具展开工具栏

“矩形工具展开工具栏”有 2 个工具，如图 1-2-2 所示。其中各工具的作用如下。

（1）“矩形”工具：使用“矩形”工具后，拖曳一个矩形，即可绘制一个矩形，它是由两个点确定的。按住 Shift 键并拖曳，也可以绘制一个矩形，只是拖曳的单击点是矩形的中点。按住 Ctrl 键并拖曳，可以绘制正方形。同时按住 Shift 和 Ctrl 键拖曳，可以绘制以单击点为中心的正方形。

（2）“3 点矩形”工具：“3 点矩形”工具由三个点确定一个矩形，第 1 点和第 2 点确定矩形任意一边的倾斜角度，第 3 点用来确定矩形的形状。使用“3 点矩形”工具后，拖曳绘制一条直线，形成矩形的一条边，如图 1-2-3（a）所示，松开鼠标左键再拖曳，可绘制出一个矩形框，如图 1-2-3（b）所示。然后单击，即可完成矩形图形的绘制，如图 1-2-3（c）所示。

（a）　（b）　（c）

图 1-2-2 “矩形工具展开工具栏”　图 1-2-3 使用“3 点矩形”工具绘制矩形图形

3．椭圆形工具展开工具栏

“椭圆形工具展开工具栏”有 2 个工具，如图 1-2-4 所示。其中各工具的作用如下。

（1）“椭圆形”工具：使用“椭圆形”工具后拖曳，即可绘出一个椭圆形图形，它是由两个点确定的。按住 Shift 键并拖曳，可以绘出一个椭圆图形，只是拖曳的单击点为椭圆的中点。按住 Ctrl 键并拖曳，可以绘制一个圆形图形。

（2）“3 点椭圆形”工具：“3 点椭圆形”工具由三个点确定一个椭圆，第 1 点和第 2 点确定椭圆长轴或短轴的倾斜角度，第 3 点确定椭圆的形状。使用该工具后，拖曳绘制一条直线，形成椭圆形的长轴或短轴，松开鼠标左键再拖曳，即可绘制出一个椭圆形图形，再单击鼠标左键，完成椭圆形图形的绘制。单击调色板内的一个色块，给椭圆形图形内填充该颜色。使用“3 点椭圆形”工具绘制椭圆图形的过程如图 1-2-5 所示。

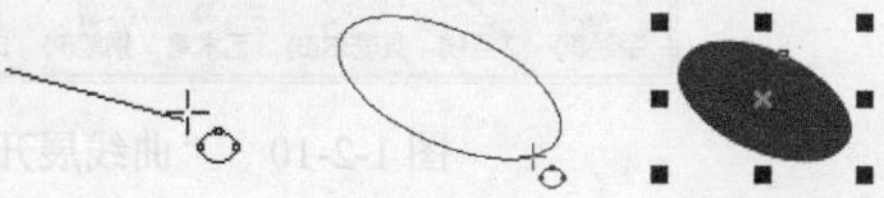

图 1-2-4 “椭圆形工具展开工具栏”　图 1-2-5 使用“3 点椭圆形”工具绘制椭圆图形的过程

4．对象展开式工具栏

“对象展开式工具”栏有 5 个工具，如图 1-2-6 所示。使用其中一个工具后，在其属性栏内进行设置，再拖曳，即可绘制相应的图形，如图 1-2-7 所示。该栏中各工具的作用如下。

（1）“多边形”工具：可以绘制正多边形，可以调整多边形的边数。

（2）“星形”工具：可以绘制各种星形图形，可以调整星形的角点数。

（3）“复杂星形”工具：它是对星形工具的增强，可以绘制各种复杂星形图形。复杂星形填充和星形的填充结果不太一样，复合星形的自相交区域没有填充。通过属性栏的参数设置，可以调整星形的角点数。

（4）“图纸”工具 ：也称为网格工具，可以绘制棋盘格图形，可以调整网格数目。

（5）“螺纹”工具 ：可以绘制对称式或对数式螺纹状图形，可以调整螺纹个数。

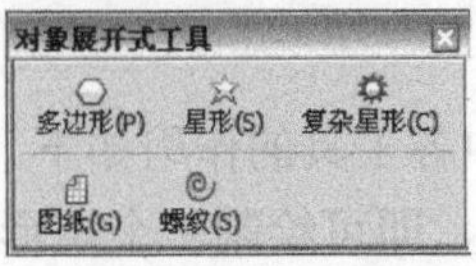

图 1-2-6 “对象展开式工具”栏

图 1-2-7 用“对象展开式工具”栏中工具绘制的图形

5．完美形状展开工具栏

“完美形状展开工具栏”有 5 个工具，如图 1-2-8 所示。使用其中一个工具后，单击其属性栏内的“完美形状”按钮，打开一个面板，单击该面板内的一种图案，并进行设置，再拖曳，即可绘制出相应的图形，如图 1-2-9 所示。该栏中各工具的作用如下。

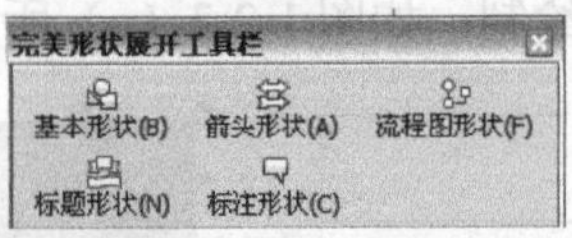

图 1-2-8 “完美形状展开工具栏”

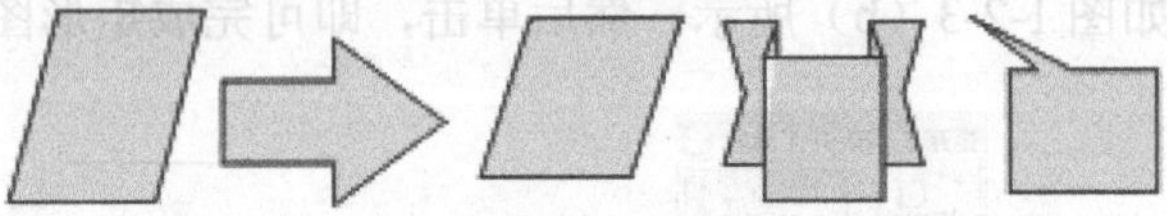

图 1-2-9 用完美形状展开式工具绘制的图形

（1）“基本形状”工具 ：可以绘制一些基本图形，如人脸、心形和梯形等图形。

（2）“箭头形状”工具 ：可以绘制各种箭头图形。

（3）“流程图形状”工具 ：可以绘制各种流程图形状的图形。

（4）“标题形状”工具 ：可以绘制出旗帜、不规则星形等形状的图形。

（5）“标注形状”工具 ：可以绘制各种标注形状的图形。

以上工具的共同特点是，在按住 Shift 键的同时拖曳，可以以单击点为中点进行绘制；在按下 Ctrl 键的同时拖曳，可以绘制等比例图形；在按下 Shift+Ctrl 键的同时拖曳，可以以单击点为中点绘制等比例图形。

6．曲线展开工具栏

“曲线展开工具栏”有 8 个工具，如图 1-2-10 所示。其中各工具的作用如下。

图 1-2-10 “曲线展开工具栏”

（1）“手绘”工具 ：可以像用笔在纸上绘图一样，绘制直线与曲线。在绘图页面上拖曳，可以绘制曲线。单击直线起点处，再单击直线终点处，可以绘制一条直线。

（2）“2 点线”工具 ：可以由 2 个点确定一条直线。

（3）“贝塞尔”工具 ：可以绘制折线与曲线。单击折线起点处，依次单击折线转折点处，再单击折线终点处，然后按空格键，即可绘制一条折线。

单击曲线的起点，再单击曲线的下一个转折点，在不松开鼠标左键的情况下拖曳，即可绘制一条曲线，单击曲线的下一个转折点，在不松开鼠标左键的情况下拖曳，如此继续，最后按空格键，即可绘制一条曲线。

（4）“艺术笔”工具：也称为自然笔工具。使用该工具后，可以在其属性栏内选择各种艺术笔触图案，在绘图页面内拖曳，即可绘制由各种艺术笔触图案组成的曲线。

（5）“钢笔”工具：可以像“贝塞尔”工具的使用方法那样绘制折线，还可以通过单击和拖曳鼠标，绘制连接多个锚点的曲线，并可以增加或删除锚点。

（6）“B-Spline”工具：可以用来绘制曲线。单击该按钮后，拖曳出一条直线，单击后拖曳到第 3 点，单击后再移到下一点，如此继续，最后双击，完成曲线的绘制。

（7）“折线”工具：可以单击折线起点、各转折点，最后双击终点结束。另外，还可以像使用手绘工具那样拖曳绘制曲线。

（8）“3 点曲线”工具：由三个点确定一条曲线。先拖曳绘制一条直线，从而确定曲线的起点和终点，再拖曳到第 3 点，将直线变为曲线，同时可以调整曲度。

1.2.2 图形编辑工具

1.“形状编辑展开式工具”栏

“形状编辑展开式工具”栏有 4 个工具，如图 1-2-11 所示。其中各工具的作用如下。

（1）“形状”工具：也叫节点编辑工具。使用该工具后，可以调整曲线节点的位置和改变图形的形状，也可以进行增加、删除、合并、拆分节点等操作。

图 1-2-11 “形状编辑展开式工具”栏

（2）“涂抹笔刷”工具：也称为杂点笔刷工具。使用该工具后，可以使曲线对象沿拖曳出的轮廓变形。使用该工具前需要将线对象转换成曲线。

（3）“粗糙笔刷”工具：使用该工具后，可以使曲线对象的轮廓变得粗糙。使用该工具前需要将曲线对象转换成曲线。

（4）“自由变换”工具：使用该工具后，可以以任意点为轴心自由旋转对象，可以产生镜像图形。

2.“缩放工具”栏

“缩放工具”栏有 2 个工具，如图 1-2-12 所示。其中各工具的作用如下。

图 1-2-12 “缩放工具”栏

（1）“缩放”工具：也称为显示比例工具。使用该工具后，鼠标指针变为带“+”号的放大镜状时，单击绘图页面，可以放大绘图页面；按住 Shift 键，鼠标指针变为带“−”号的放大镜状时，单击绘图页面，可以缩小绘图页面。

（2）“平移”工具：也称为手形工具。使用该工具后，鼠标指针变为小手状，此时在绘图页面内拖曳，可以改变绘图页面的位置。

3.“裁剪工具展开”栏

“裁剪展开工具”栏有 4 个工具，如图 1-2-13 所示。其中各工具的作用如下。

图 1-2-13 “裁剪工具展开”栏

（1）“裁剪”工具：使用该工具后，可以裁剪图像，快速移除对象、位图和矢量图形中不需要的区域。可裁剪的对象包括矢量图形、导入的或者转化的位图、段落文本与美术字等。

（2）“刻刀”工具：也称为美工刀工具。使用该工具可以将单个对象分割成多个对象。

（3）“橡皮擦”工具：也称为擦除工具。选中要进行擦除的图形对象，然后单击橡皮擦工具，再在图形之上拖曳，即可擦除图形。

（4）“虚拟段删除”工具：使用该工具后，在图形内拖曳，可以删除部分图形。

4.“滴管工具展开”栏

“滴管工具展开”栏有2个工具，如图1-2-14所示。其中各工具的作用如下。

（1）“颜色滴管”工具：使用该工具后，鼠标指针变为滴管状，单击对象的填充色，即可将当前颜色改为该颜色。将鼠标指针移到其他对象，鼠标指针呈油漆桶状，单击图形对象，即可将图形的填充色改为当前颜色。

例如，单击图1-2-15右边心形图的红色，可将当前颜色改为红色，再单击图1-2-15左边五角星形的填充黄色，可以填充红色，如图1-2-16所示。

图1-2-14 “滴管工具展开”栏

图1-2-15 不同颜色的图形

图1-2-16 改变图形颜色

（2）“属性滴管”工具：使用该工具后，鼠标指针变为滴管状，单击对象，再单击目标对象，即可将原对象的一些属性应用于目标对象。

5.“智能工具展开”栏

“智能工具展开”栏有2个工具，如图1-2-17所示。其中2个工具的作用如下。

（1）“智能填充”工具：该工具可以对任何封闭的对象进行填色，也可以对任意两个或多个对象重叠的区域填色，还可以自动识别相重叠的多个交叉区域，并对其进行颜色填充。

使用该工具后，在其属性栏内可以设置图形填色区域的颜色和轮廓线的粗细及颜色，再单击对象重叠的区域，即可给重叠区域填充，如图1-2-18所示（移出了填充的图形）。在填充时，先自动推测由图形各边界线生成的相交区域，再将要填色的区域复制一份（注意：是独立的封闭填色区域），同时对复制的图形进行填充。使用智能填充工具，可以创建基础图形，实现对不同区域填充的变化，相同区域不同颜色的变化，两者结合不同区域和不同颜色的组合变化，外轮廓线粗细不同和有无的变化，外轮廓线颜色有无及不同颜色的变化。

图1-2-17 “智能工具展开”栏

图1-2-18 智能填充工具的应用

（2）“智能绘图”工具：该工具可以用来绘制曲线、直线、折线、矩形、椭圆形等图形。使用该工具后，在其属性栏内设置形状识别等级和智能平滑等级等参数，然后拖曳绘制图形。图形绘制后，自动调整绘制的图形，使它成为标准图形。

例如，使用该工具后，在其属性栏内的“形状识别等级”和“智能平滑等级”下拉列表中均选中“最高”选项，在“轮廓宽度”下拉列表中选择“1mm”，如图1-2-19所示。然后在画布中拖曳绘制一个三角形，如图 1-2-20 左图所示，当松开鼠标左键后，图形会自动成为标准的三角形，如图 1-2-20 右图所示。

图 1-2-19　“智能绘图工具”属性栏

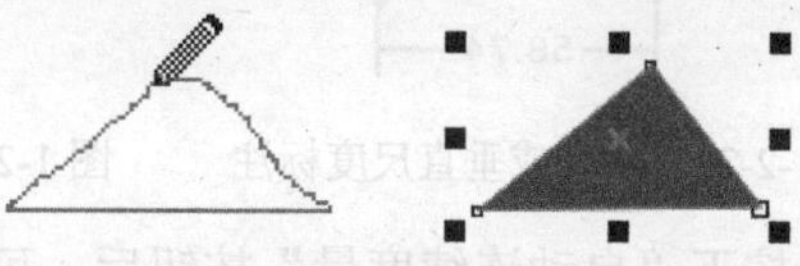

图 1-2-20　使用“智能绘图”工具绘制图形

另外，使用“智能绘图”工具可以沿着一个图形或图像的轮廓线绘制一个轮廓线图形，在绘制完图形图形后，绘制的图形会自动调调整为与图形或图像的轮廓线一样或相近的图形。

6.“尺度工具”栏

“尺度工具”栏有 5 个工具，如图 1-2-21 所示。其中各工具的作用如下。

（1）“平行度量”工具：单击工具箱中“尺度工具”栏内的“平行度量”按钮，其“尺度工具”属性栏如图 1-2-22 所示。鼠标指针呈状。

在两个要测量的点之间拖曳出一条直线，松开鼠标左键后，向一个垂直方向拖曳，绘制出两条平行的注释线，单击后的效果如图 1-2-23 所示。在其属性栏内可以设置线的粗细、线的类型、数值的进制类型等，还可以给数字添加前缀与后缀。

单击按下“显示单位”按钮后，可以在数字后边显示单位，“显示单位”按钮抬起后，在数字后边不显示单位。单击“文本位置”按钮，调出面板，单击该面板内的按钮，可以调整注释的数字文本的相对位置。

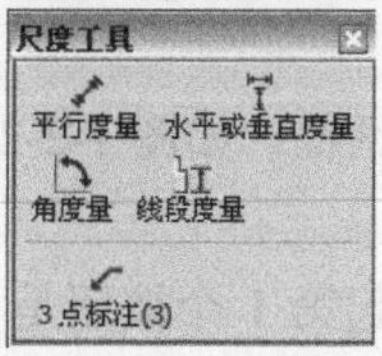

图 1-2-21　“尺度工具”栏

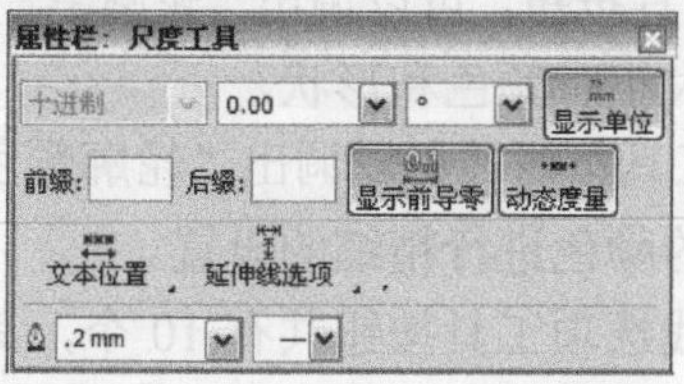

图 1-2-22　“尺度工具”属性栏

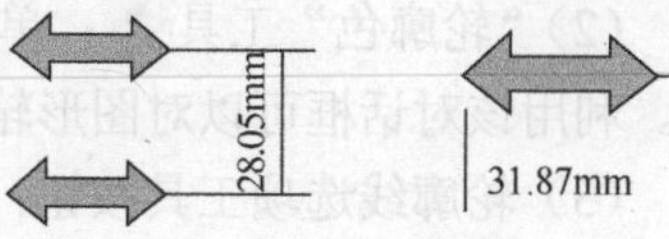

图 1-2-23　尺度标注

（2）“水平或垂直度量”工具：单击工具箱中“尺度工具”栏内的“水平或垂直度量”按钮，其“尺度工具”属性栏与图 1-2-22 所示基本一样。鼠标指针呈状。

从第 1 个测量点垂直向下拖曳一段距离，再水平拖曳到第 2 个测量点，松开鼠标左键后再垂直向下拖曳一段距离，松开鼠标左键后，效果如图 1-2-24 所示。

（3）“角度量”工具：单击工具箱中“尺度工具”栏内的“角度量”工具，其“尺度工具”属性栏与图 1-2-22 所示基本一样，只是第 1 个下拉列表框变为无效，“度量单位”下拉列表中的选项变为角度单位选项。鼠标指针呈状。

从角的一边沿边线拖曳一段距离，松开鼠标左键后，再顺时针或逆时针拖曳到角的另一边的边线延长线处，双击后效果如图 1-2-25 所示。

（4）“线段度量”工具：单击工具箱中“尺度工具”栏内的“线段度量”按钮，其“尺度工具”属性栏与图 1-2-22 所示基本一样，只是新增一个“自动连续度量”按钮。鼠标指针呈状。

在线段间拖曳一个矩形，松开鼠标左键后再朝与注释线垂直的方向拖曳，单击后即可产生线段的尺度标注效果，如图 1-2-26 所示。

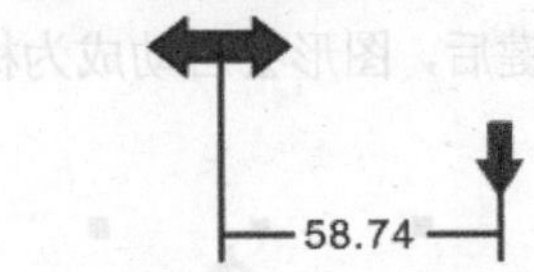

图 1-2-24　水平或垂直尺度标注

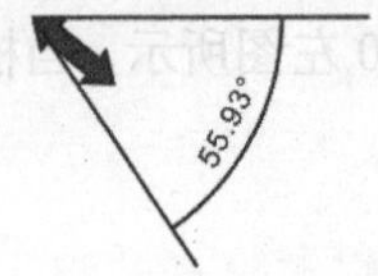

图 1-2-25　尺度标注

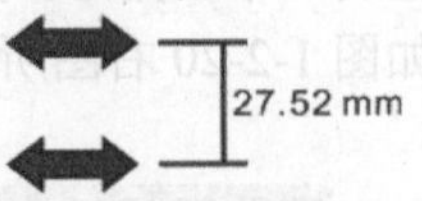

图 1-2-26　线段尺度标注

单击按下“自动连续度量”按钮后，可以同时自动生成各段线段的尺度标注。

（5）“3 点标注”工具：单击“3 点标注”按钮后，单击第 1 个点并按下鼠标左键，再拖曳到第 2 个点，松开鼠标左键后拖曳到第 3 个点，单击后即可绘制一条折线。

1.2.3 高级绘图工具

1. 轮廓展开工具栏

轮廓是指封闭或不封闭图形的路径曲线。使用“轮廓展开工具栏”可以对轮廓的形状、粗细、颜色等进行调整。“轮廓展开工具栏”有 3 个工具和 10 个选项，如图 1-2-27 所示，10 个选项用来设置对象图形轮廓线的有无与粗细，以及颜色。其各工具的作用如下。

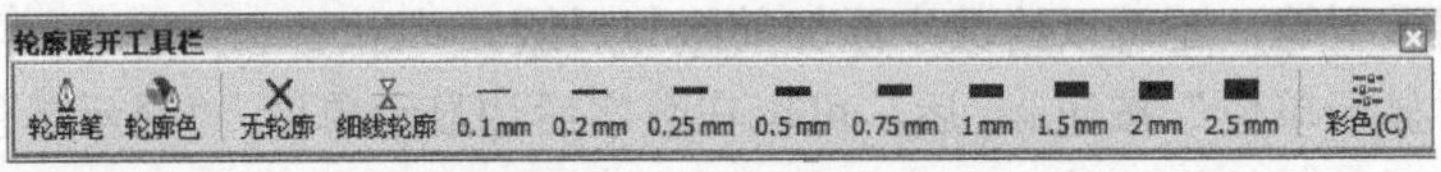

图 1-2-27　“轮廓展开工具栏”

（1）“轮廓笔”工具：单击该工具按钮，可以调出“轮廓笔”对话框，如图 1-2-28 所示。利用该对话框可以调整轮廓笔的笔尖大小、颜色和形状。

（2）“轮廓色”工具：单击该工具按钮，可以调出“轮廓颜色”对话框，如图 1-2-29 所示。利用该对话框可以对图形轮廓线的颜色进行精细的设置。

（3）轮廓线选项工具按钮：轮廓线选项工具按钮共有 10 个，其中左起第 1 个按钮是“无轮廓”按钮，单击该按钮可以取消图形对象的轮廓线。后面的 9 个按钮是确定轮廓线的粗细的快捷按钮，单击其中任意一个按钮，即可以将轮廓线改变为该按钮所定义的粗细。

（4）“彩色”工具：单击该工具按钮，可以调出“颜色”泊坞窗，如图 1-2-30 所示。利用该泊坞窗可以设置图形填充色和轮廓线的颜色。

图 1-2-28　“轮廓笔”对话框

图 1-2-29　“轮廓颜色”对话框

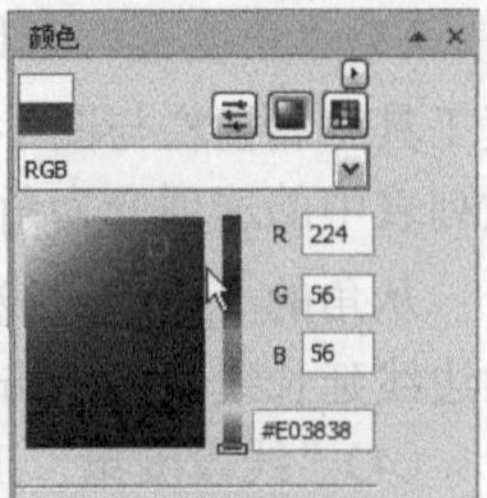

图 1-2-30　“颜色”泊坞窗

2.“交互式展开式工具”栏

“交互式展开式工具”栏有 7 个工具，如图 1-2-31 所示。其特点就是通过拖曳调整，以改变图形颜色或形状。其各工具的作用如下。

图 1-2-31 “交互式展开式工具”栏

（1）“调和”工具：也叫渐变工具。使用该工具，可以绘制一个形状与颜色逐渐变化的图形。调整其开始和结束控制柄及滑块，均可以改变图形调和的状况。例如，绘制 2 幅图形，如图 1-2-32 所示，单击“调和”按钮，然后从一个对象拖曳到另一个对象，即可产生形状与颜色逐渐变化的图形，如图 1-2-33 所示。调整图 1-2-33 中的开始控制柄、结束控制柄和滑块，均可以改变图形渐变状况。

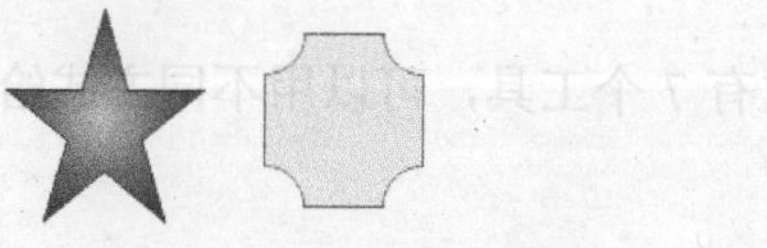

图 1-2-32 五角星和红色心形图形

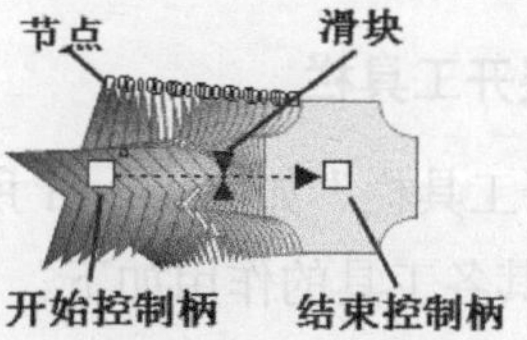

图 1-2-33 调整控制柄和滑块

（2）“轮廓图”工具：可以绘制逐渐变化的颜色和同心轮廓线。调整其开始控制柄、结束控制柄和透镜滑块，可以改变图形的轮廓线形状。例如，绘制一个红色五角星，再单击“轮廓图”工具按钮，然后在图形上拖曳，可给图形填充渐变色和同心轮廓线，再拖曳调色板内的黄色色块到图形内结束控制柄之上，使渐变色为从红色到黄色，如图 1-2-34 所示。调整控制柄和透镜滑块，可改变图形的轮廓线的形状。

（3）“扭曲”工具：单击按钮，然后将鼠标指针移到任意图形的轮廓线上，再拖曳出一个箭头，会显示两个调节控制柄和蓝色变形的轮廓线，如图 1-2-35 左图所示。松开鼠标左键，即可改变对象的形状，如图 1-2-35 右图所示。

图 1-2-34 “轮廓图”工具使用效果

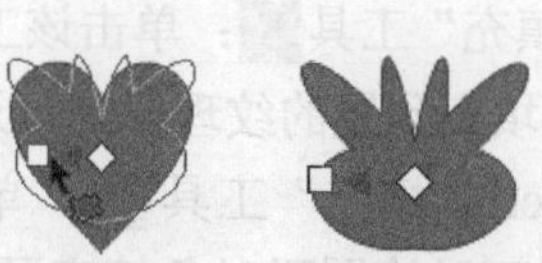

1-2-35 “扭曲”工具使用效果

（4）“阴影”工具：单击按钮，在对象上拖曳出一个箭头，即可沿箭头方向产生该对象的阴影，如图 1-2-36 所示。可以调整阴影的位置、颜色和颜色深浅等。

（5）“封套”工具：单击按钮，再单击一个图形，在图形周围会显示封装线，如图 1-2-37 所示。拖曳封装线，可以改变图形对象的形状，如图 1-2-38 所示。

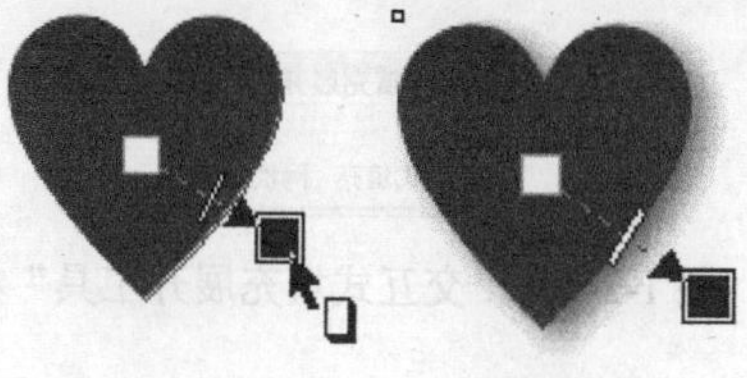

图 1-2-36 对象的阴影

图 1-2-37 封装线

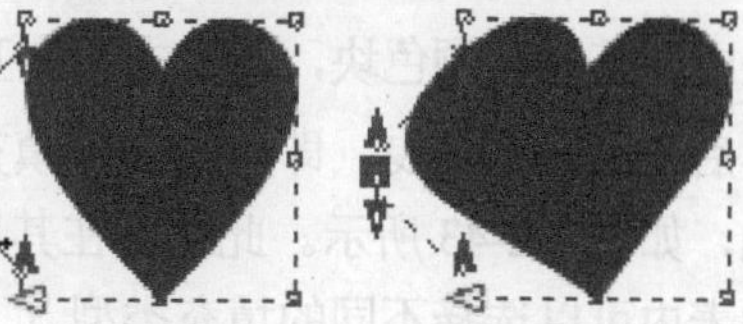

图 1-2-38 改变对象的形状

（6）“立体化”工具：选中一个图形，单击“立体化”按钮，再在对象上拖曳出一个箭头，即可使图形对象沿箭头方向产生三维立体形状效果，如图 1-2-39 所示。

（7）“透明度”工具：在一个矩形图形之上绘制一个心形图形，如图 1-2-40 左图所示。单击“透明度”按钮，在心形图形之上水平拖曳出一个箭头，即可使图形对象沿箭头方向产生透明度逐渐变化的透明效果，如图 1-2-40 右图所示。拖曳调整开始控制柄、结束控制柄和透镜滑块的位置，可以改变填充色透明度逐渐变化的状况。

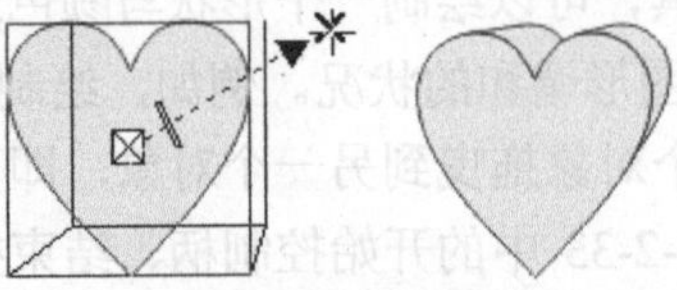

图 1-2-39　三维立体形状

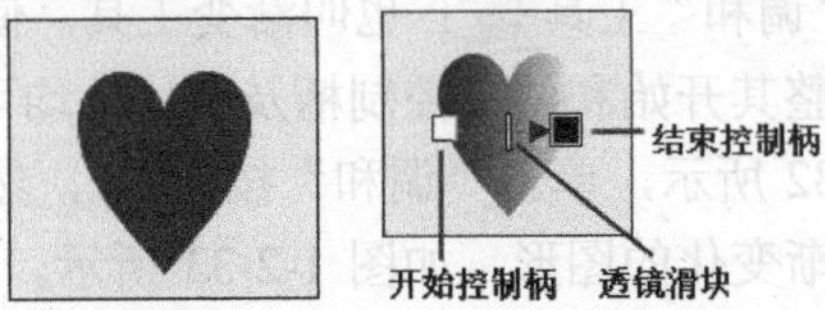

图 1-2-40　给对象填充透明度渐变色

3．填充展开工具栏

“填充展开工具栏”如图 1-2-41 所示。它有 7 个工具，可以用不同方式给图形填充图案或不同的颜色。其各工具的作用如下。

图 1-2-41　“填充展开工具栏”

（1）“均匀填充”工具：单击该工具按钮，可以调出“均匀填充”对话框（与图 1-2-29 相似），利用该对话框可以设置更多的颜色作为填充颜色，并可以添加到调色板内。

（2）“渐变填充”工具：单击该工具按钮，可以调出“渐变填充”对话框，利用该对话框可以为图形对象填充各种不同的颜色渐变效果。

（3）“图样填充”工具：单击该工具按钮，可以调出“填充图案”对话框，利用该对话框可以给图形对象填充“双色”、“全色”和“位图”等各种图案。

（4）“底纹填充”工具：单击该工具按钮，可以调出“底纹填充”对话框，利用该对话框可以给图形对象填充预置的纹理样式，还可以改变预置纹理样式，使纹理填充的内容更加丰富。

（5）“PostScript 填充”工具：单击该工具按钮，可以调出“PostScript 底纹”对话框，利用该对话框也可以给图形对象填充预置的纹理样式，底纹效果是用 PostScript 语言编写的。

（6）“无填充”工具：选中图形，再单击该工具按钮，可取消这个图形中的填充颜色。

（7）“彩色”工具：单击该工具按钮，可以调出“颜色”泊坞窗，如图 1-2-30 所示。

4．“交互式填充展开工具”栏

“交互式填充展开工具”栏有两个工具，如图 1-2-42 所示。

（1）“交互式填充”工具：单击选中对象，单击调色板中的某一种颜色块，再单击“交互式填充工具”按钮，然后在图形上拖曳，即可给图形填充色饱和度逐渐变化的颜色，如图 1-2-43 所示。此时，在其属性栏中的“填充类型”列表内可以选择不同的填充类型。

图 1-2-42　“交互式填充展开工具”栏

拖曳调整图 1-2-43 中的开始控制柄和结束控制柄的位置，以及调整小长条控制条（透镜）的位置，可以改变填充色饱和度逐渐变化的状况。还可以将调色板中的色块拖曳到开始和结束控制柄处，以改变渐变填充色。

（2）“网状填充”工具：选中要填充的图形，单击该按钮，则图形内会出现许多网线，如图 1-2-44（a）所示。网格密度可在属性栏中调整。单击选中网格内的一个节点，同时也选中与节点连接的网格线，单击调色板中的一个色块，可在选中的节点周围填充选中颜色，颜色的色饱和度按网状曲线形状逐渐变化，如图 1-2-44（b）所示。拖曳调色板中色块到网格内，可以给网格填充选定颜色。拖曳网状曲线可改变填充状况，如图 1-2-44（c）所示。

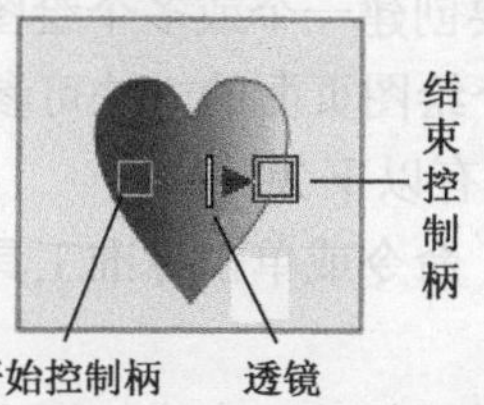

图 1-2-43　给图形填充色饱和度渐变色

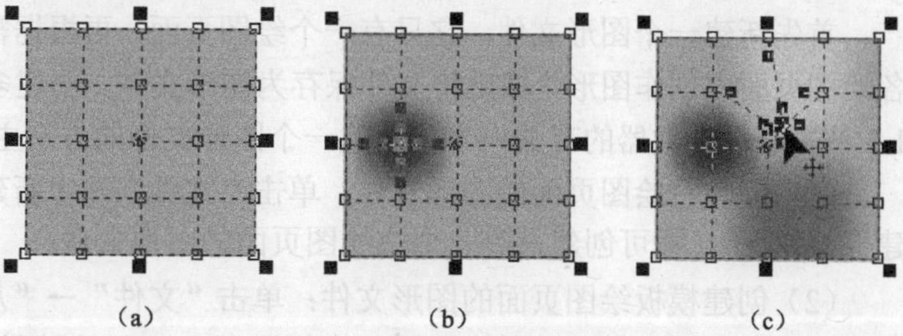

图 1-2-44　交互式网格填充

5．“连接工具展开”栏

使用工具箱“连接工具展开”栏内的“直线连接器”工具，在其“连接器”属性栏进行设置，再在绘图页内拖曳，可以绘制如图 1-2-45 所示的直线。

使用工具箱“连接工具展开”栏内的“直角连接器”，在其属性栏进行设置，再在绘图页内拖曳，可以绘制如图 1-2-46 所示的直角折线。

使用工具箱“连接工具展开”栏内的“直角圆角连接器”，在其属性栏进行设置，再在绘图页内拖曳，可以绘制直角圆角折线。

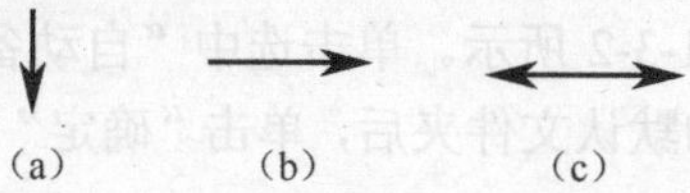

图 1-2-45　箭头连接直线

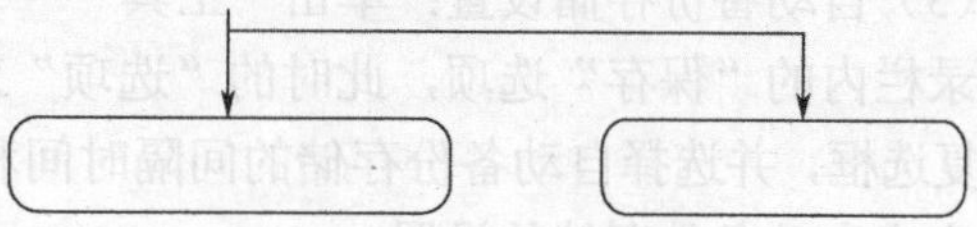

图 1-2-46　连接折线

实训 1-2

1. 在文档内创建 5 个绘图页面，分别绘制一幅蓝色轮廓线、填充黄色的八边形图形，一幅红色轮廓线、填充红色的五角星图形，一幅棕色旋转 6 圈的对称形螺旋管图形，一幅蓝色轮廓线、填充浅绿色的 6 行 4 列棋盘格图形，一幅红色轮廓线、填充绿色的三箭头图形。

2. 在绘图页中绘制一幅红色轮廓线（线粗 3mm）、填充红色的心形图形，一幅黄色轮廓线（线粗 1mm）、填充绿色的梯形，一幅红色轮廓线、填充黄色的人脸图形。

3. 绘制如图 1-2-47 所示的多幅图形。

图 1-2-47　绘制的各种图形

1.3 中文 CorelDRAW X5 的基本操作

1.3.1 文件基本操作

1. 新建图形文件

首先新建一个图形文件，它只有一个绘图页面，再根据需要创建一个或多个绘图页面，在各绘图页面内创作图形，然后将文件保存为图形文件。创建多个绘图页面的方法可参看本章第1.1节关于页计数器的有关内容。新建一个图形文件的方法主要有以下2种。

（1）创建空绘图页面的图形文件：单击“文件”→“新建”命令或单击标准工具栏的“新建”按钮，即可创建只有一个空绘图页面的图形文件。

（2）创建模板绘图页面的图形文件：单击“文件”→“从模板新建”命令，调出“从模板新建”对话框，它与图1-1-6所示的“从模板新建”对话框基本一样。

2. 保存文件

（1）文件的另存：单击“文件”→“另存为”命令，调出 “保存绘图”对话框，如图1-3-1所示。在“保存在”下拉列表中选择保存的文件夹，在“保存类型”下拉列表中选择文件类型，在“文件名”文本框中输入文件名称，单击“保存”按钮，保存文件。

（2）文件的保存：单击“文件”→“保存”命令或单击标准工具栏内的“保存”按钮，即可将当前的图形文件（包括该文件的所有绘图页面）以原来的文件名保存。

如果当前的图形文件还没有保存过，则会调出“保存绘图”对话框。

（3）自动备份存储设置：单击“工具”→“选项”命令，调出“选项”对话框。再单击左边目录栏内的“保存”选项，此时的“选项”对话框如图1-3-2所示。单击选中“自动备份间隔”复选框，并选择自动备份存储的间隔时间和保存文件的默认文件夹后，单击“确定”按钮，即可完成自动备份存储的设置。

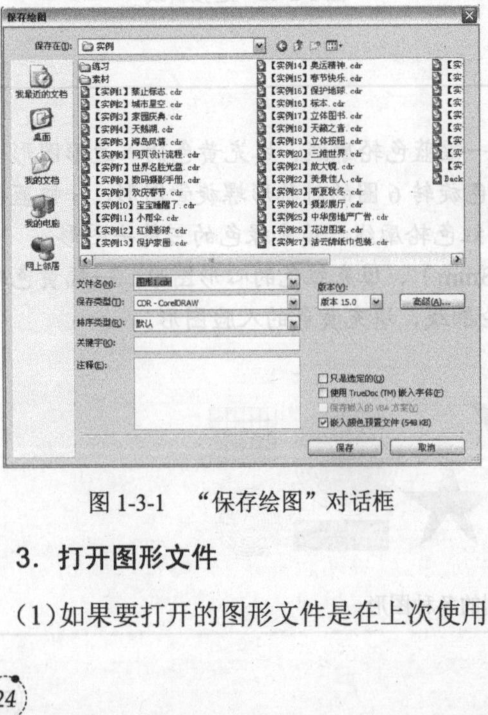

图1-3-1 “保存绘图”对话框

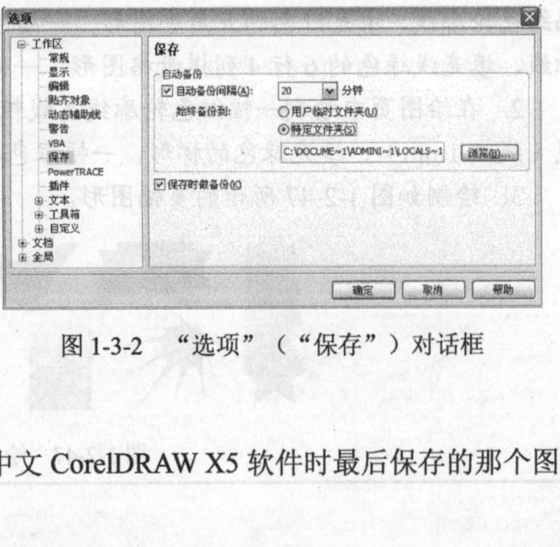

图1-3-2 “选项”（“保存”）对话框

3. 打开图形文件

（1）如果要打开的图形文件是在上次使用中文 CorelDRAW X5 软件时最后保存的那个图形

文件，则在如图 1-1-1 所示的“CorelDRAW X5”欢迎窗口—“快速入门”选项卡中直接单击该图形文件，即可打开该图形文件。

（2）单击“文件”→“打开”命令或单击标准工具栏的“打开”按钮，调出“打开绘图”对话框，它与通过单击“CorelDRAW X5”欢迎窗口—“快速入门”选项卡中的“打开其他文档”按钮，调出的是同一个“打开绘图”对话框，如图 1-1-3 所示。在该对话框内选择文件类型、文件目录和文件名，单击选中“预览”复选框，可以显示选中的图形文件的图形内容。然后，单击“打开”按钮，即可将选定的图形文件打开。

CorelDRAW X5 图形文件的扩展名为“.cdr”，范本文件的扩展名为“.cdt”。

4．导入图像文件

（1）单击“文件”→“导入”命令，调出“导入”对话框，在右下角的下拉列表中选择“全图像”默认选项，选中一幅图像，如图 1-3-3 所示。单击“导入”按钮，关闭“导入”对话框，单击绘图页，即可导入选中图像，图像大小与原图像一样。另外，在绘图页拖曳出一个矩形，可导入大小与拖曳出的矩形大小一样的选中图像。

（2）如果在“导入”对话框内右下角的下拉列表中选择“重新取样”选项，则单击“导入”按钮后会关闭该对话框，调出“重新取样图像”对话框，如图 1-3-4 所示。可以在该对话框内的“宽度”和“高度”栏设置导入图像的大小，如果选中“保持纵横比”复选框，在调整宽度或高度时可以保证宽高比不变。单击“确定”按钮，关闭该对话框。

在绘图页内拖曳或单击，都可导入选中的图像，图像大小与设置的大小一样。

（3）如果在“导入”对话框内右下角的下拉列表中选择“裁剪”选项，则单击“导入”按钮后，关闭“导入”对话框，调出“裁剪图像”对话框，如图 1-3-5 所示。在该对话框内显示导入的图像，拖曳 8 个黑色控制柄，可以裁剪图像，在“选择要裁剪的区域”栏内可以精确调整裁剪后图像的上边与左边距原图像上边缘和左边缘的距离，还可以调整裁剪或图像的宽度与高度。单击“全选”按钮，可以去除裁剪调整。

图 1-3-3　“导入”对话框

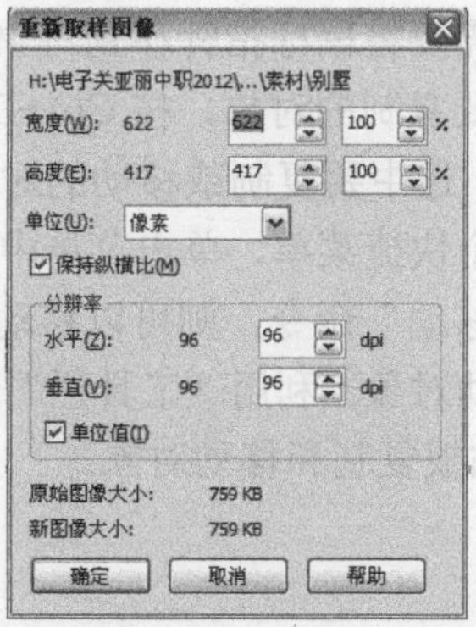

图 1-3-4　“重新取样图像”对话框

图 1-3-5　“裁剪图像”对话框

单击“确定”按钮，关闭“裁剪图像”对话框。在绘图页内拖曳一个矩形，可导入裁剪后的图像，大小决定于矩形大小。单击绘图页，可以导入裁剪后的图像。

5．关闭文件

（1）关闭当前文件：单击“文件”→“关闭”命令，或单击菜单栏右边的“关闭”按钮×，或者单击绘图页面内右上角的“关闭”按钮×，都可以关闭当前的图形文件（包括该文件的所有绘图页面）。如果当前的图形文件在修改后没有保存，会调出一个提示框。单击“是”按钮后可以保存该图形，然后关闭当前图形文件。

（2）关闭全部窗口：单击“文件”→“全部关闭”命令，或者单击“窗口”→“全部关闭”命令，都可以关闭所有打开的图形文件。

（3）退出程序：单击“文件”→“退出”命令或单击标题栏右边的“关闭”按钮，都可以关闭所有打开的图形文件，同时退出 CorelDRAW X5 应用程序。

1.3.2 对象基本操作

1. 选择对象

（1）选择对象：单击按下工具箱内的“选择工具”按钮，再单击某个对象（图形、位图和文字等），可以选中该对象。按住 Shift 键并单击各对象，可以同时选中多个对象；或拖曳出一个矩形选取框，圈中多个对象，也可以同时选中被圈中的多个对象。

选中的对象周围有 8 个黑色控制柄，中间有一个中心标记 ×。拖曳选中对象四周的控制柄，可以调整它的大小和形状；拖曳中心标记 ×，可以调整它的位置。再单击选中的对象，控制柄会变为双箭头状，中心标记变为 ⊙ 状。拖曳四周的双箭头状控制柄，可以旋转或倾斜对象。拖曳中心标记 ⊙，可以改变对象的旋转中心。

（2）选择重叠对象中的一个对象：对于多个重叠的对象，如果通过使用“选择工具”单击选中其中一个对象会比较困难，可以先单击“视图”→“线框”命令，使图形对象只显示线框，则会比较容易选择。另外，按住 Alt 键，一次或多次单击对象（即便该对象被遮挡住），依次选中重叠的对象中的不同对象，也可以方便地选中对象。

2. 复制与移动对象

（1）拖曳移动对象：选中要移动的对象，将鼠标指针移到对象中心处或外框线处（如果是已经填充颜色的对象，则只需要将鼠标指针移到对象处），拖曳对象，移到目标处即可。

（2）按键复制对象：选中要复制的对象，按 Ctrl+D 组合键或按小键盘的“+”键。

（3）菜单复制和移动对象：选中要复制或移动的对象，按下鼠标右键拖曳选中的对象到目标处，松开鼠标右键会调出一个快捷菜单，单击菜单中的“复制”命令，即可在新的位置复制一个选中的对象；如果单击“移动”命令，则可以移动选中的对象。

（4）利用剪贴板复制和移动对象：利用“工具栏”内的“复制”按钮、“剪切”按钮和“粘贴”按钮，通过剪贴板复制和移动对象。

3. 属性栏精确调整对象

（1）调整位置：使用“挑选工具”选中要调整的对象（如椭圆图形），调出它的属性栏，如图 1-3-6 所示。在属性栏内的“x”和“y”文本框内可以调整选中对象的位置。

（2）调整大小：在“”和“”文本框内可以调整选中对象的宽度和高度，在“成比例的比率”文本框内可以按照百分比调整选中对象的宽度和高度。如果“成比例的比率”按钮呈抬起状，则可以分别改变宽度和高度的大小；如果“成比例的比率”按钮处于按下状态，则在改变宽度或高度数值时，高度或宽度数值也会随之变化。

（3）调整旋转角度：在“旋转角度”文本框内可以调整选中对象的旋转角度。

（4）调整倾斜角度：同时调整旋转角度、“x”和“y”文本框内的一个数据、“”和“”

文本框内的一个数据，可以倾斜选中的对象。

（5）镜像对象：选中图形对象，单击其属性栏中的“水平镜像”按钮，可以以图形的中心为轴，产生水平镜像图形。单击其属性栏中的“垂直镜像”按钮，可以以图形的中心为轴，产生垂直的镜像图形。水平和垂直镜像效果如图 1-3-7 所示。

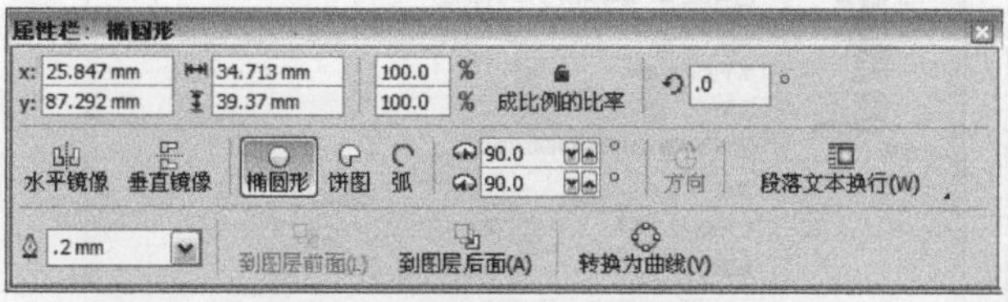

图 1-3-6　“椭圆形”属性栏

图 1-3-7　垂直和水平镜像图形

按住 Ctrl 键，向与它相对的一边或一角拖曳对象周围的控制柄，会产生不同的镜像图。

1.3.3　网格、标尺与贴齐

为了使绘图过程更为方便与准确，CorelDRAW X5 提供了标尺、网格及辅助线等辅助绘图工具。“视图”菜单如图 1-3-8 所示。

利用该菜单中的“标尺”、“网格”和“辅助线”菜单选项，可以设置标尺、网格、辅助线是否显示；利用 6 个关于对齐的菜单选项，可以用来确定所绘制的图形的对齐方式；单击“设置”命令，调出“设置”菜单，利用其内的 4 个命令，可以调出相应的对话框，进行标尺、网格、辅助线的设置。

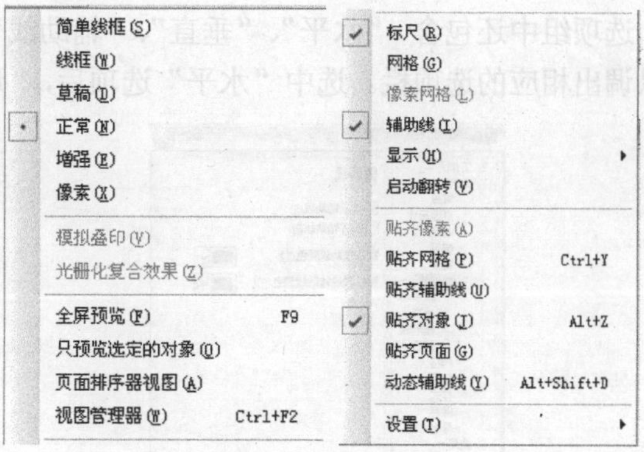

图 1-3-8　“视图”菜单

1. 网格和标尺

（1）网格的设置：单击“视图”→“设置”→“网格和标尺设置”命令，调出“选项”（网格）对话框，对话框右边为“网格”选项栏，如图 1-3-9 所示。利用它可以设置网格线显示形式、网格的线间距、网格线颜色和不透明度等参数。

（2）标尺的设置：单击选中左边目录栏中的“标尺”选项，调出“标尺”选项栏，如图 1-3-10 所示。利用它可以设置标尺的刻度单位、原点位置、标尺刻度的疏密、是否显示分数等。

设置标尺的原点位置，还可以用鼠标拖曳的方法完成。将鼠标指针指向水平标尺与垂直标尺的交点之上，拖曳出两条垂直相交的虚线，其交点位置就是鼠标指针的尖部，移动到适当位置后松开鼠标左键，标尺的原点也移到鼠标指针所指的位置上。注意，标尺刻度有正负，以坐标原点为中心，水平坐标轴从原点向右为正，从原点向左为负，垂直坐标轴从原点向上为正，从原点向下为负。

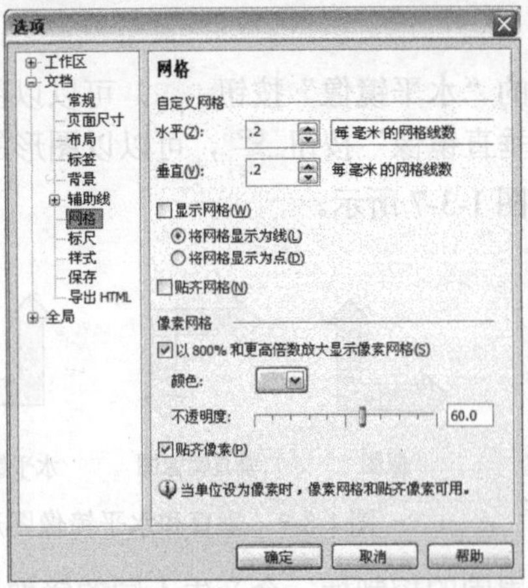

图 1-3-9 “选项”（网格）对话框

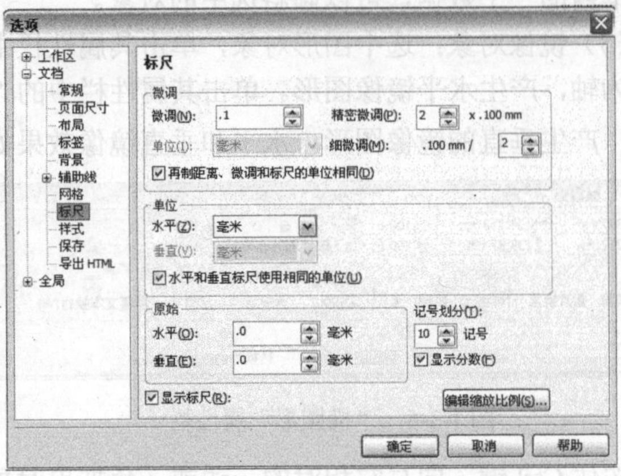

图 1-3-10 “选项”（标尺）对话框

2. 辅助线

单击“视图”→“设置”→“辅助线设置”命令，调出“选项”（辅助线）对话框，如图 1-3-11 所示。通过该对话框可以设置辅助线的颜色及是否显示辅助线，图形是否与辅助线对齐。“辅助线”选项组中还包含“水平”、“垂直”、“辅助线”和“预设”4 个子选项，单击每个子选项，可以调出相应的选项栏。选中“水平”选项后，“选项”对话框如图 1-3-12 所示。

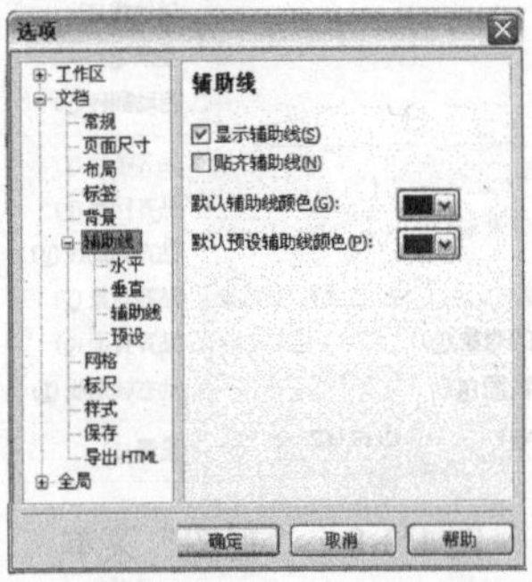

图 1-3-11 “选项”（辅助线）对话框

图 1-3-12 “选项”（水平）对话框

（1）设置水平辅助线：单击选中目录栏内的“水平”选项，切换到“水平”选项栏，如图 1-3-12 所示（还没有输入数据），在上面的文本输入框中，输入要设定水平辅助线的垂直标尺位置的数字，然后单击“添加”按钮，可以精确定位设置水平辅助线。

例如，在如图 1-3-12 所示的辅助线列表中已经设定了垂直标尺位置为 5.000、6.000、7.000、8.000 和 9.000 毫米的 5 条定位辅助线，在绘图区中显示的水平辅助线情况如图 1-3-13 所示。

如果要设定的辅助线不需要非常精确，可以用鼠标拖曳的方法设置水平辅助线，就是将鼠标指针指向水平标尺，向绘图区内拖曳，可以产生一条水平的辅助线。

（2）设置垂直辅助线：垂直辅助线的设置与水平辅助线的设置方法相同，其选项栏内的内容也相同。在设置垂直辅助线时要注意输入文本框的标尺位置是水平标尺的坐标位置。

如果要设定的辅助线不需要非常精确，也可以用鼠标拖曳的方法设置垂直辅助线，即将鼠标指针指向垂直标尺，向绘图区内拖曳，可以产生一条垂直的辅助线。

（3）设置倾斜辅助线：单击选中目录栏内“辅助线”选项，切换到“辅助线”选项栏。设置倾斜辅助线时需要在“指定”选项栏内的下拉列表中选择定义倾斜辅助线的方式，其方式有

“角度和 1 点”及“2 点”两个选项，此处选中“角度和 1 点”选项，在水平标尺位置即“X”数值框和垂直标尺位置即“Y”数值框中设置数值来确定一个点，在“角度”数值框中设置辅助线的倾斜角度，此处的设置如图 1-3-14 所示。然后单击“添加”按钮，就可以产生一条倾斜的辅助线。

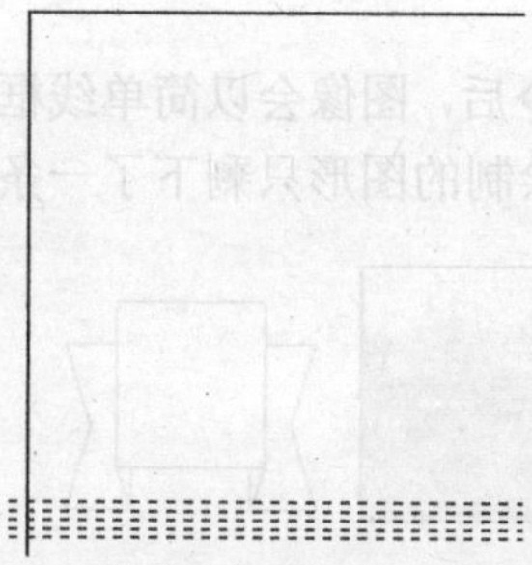

图 1-3-13 显示 5 条定位辅助线

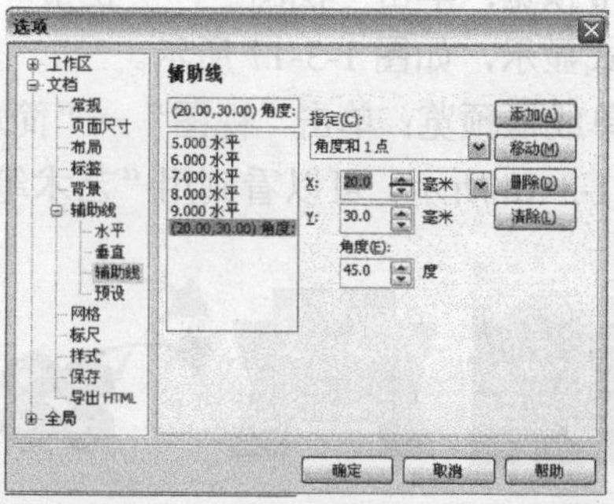

图 1-3-14 “选项”（辅助线）对话框

也可以单击选中某条辅助线，拖曳调整旋转中心标记的位置，再单击该辅助线，使辅助线产生双箭头控制柄，然后拖曳双箭头控制柄，使辅助线围绕其旋转中心标记旋转。

单击选中“视图”→“标尺”菜单选项、“视图”→“网格”菜单选项和“视图”→“辅助线”菜单选项，可以在绘图页面内显示出标尺、网格和辅助线，如图 1-3-15 所示。

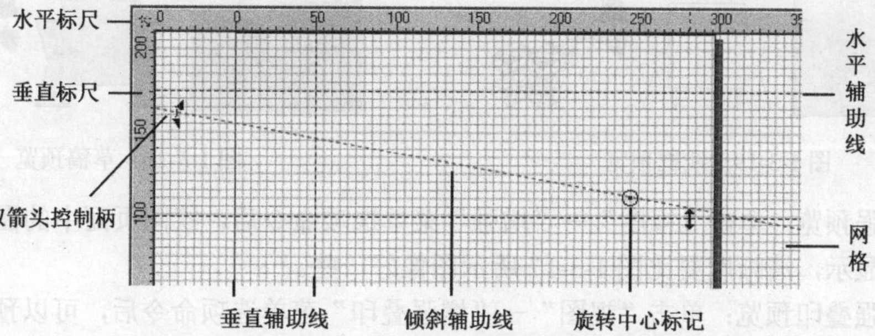

图 1-3-15 显示出标尺、网格和辅助线

3. 贴齐对象

单击“视图”→“设置”→“贴齐对象设置”命令，即可调出选中“贴齐对象”选项栏的“选项”对话框，如图 1-3-16 所示。在该对话框中的“模式”列表框内选中相应复选框，可以设置图形对象与图形对象之间的对齐方式。

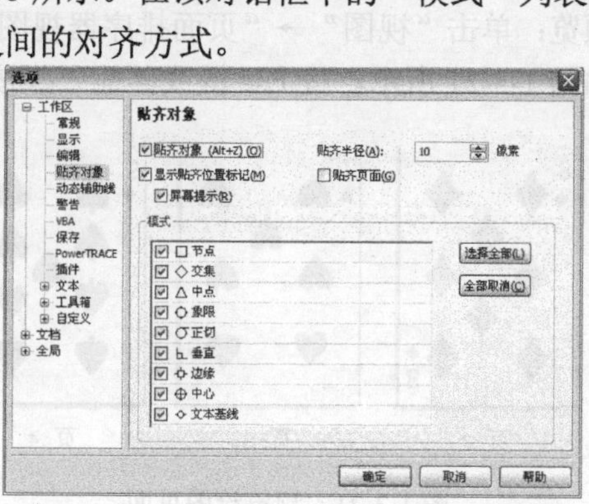

图 1-3-16 “选项”（贴齐对象）对话框

1.3.4 对象预览显示

1. 对象预览方式

（1）正常预览：单击“视图”→“正常”菜单选项命令，绘图页面中的图形和图像会以普通的色彩形式显示，如图1-3-17所示。

（2）简单线框预览：单击“视图”→“简单线框”命令后，图像会以简单线框的形式显示，其效果如图1-3-18所示。可以看到用“艺术笔工具”绘制的图形只剩下了一条很短的线条。

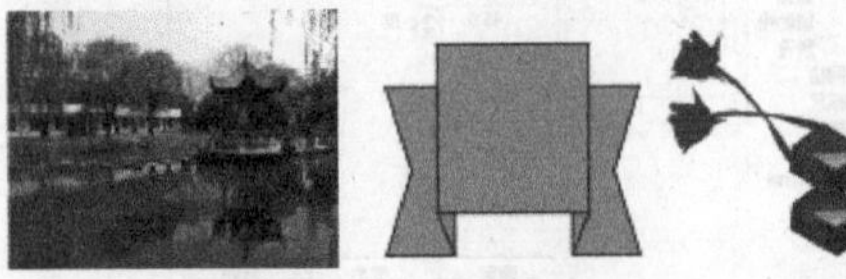

图1-3-17 正常预览

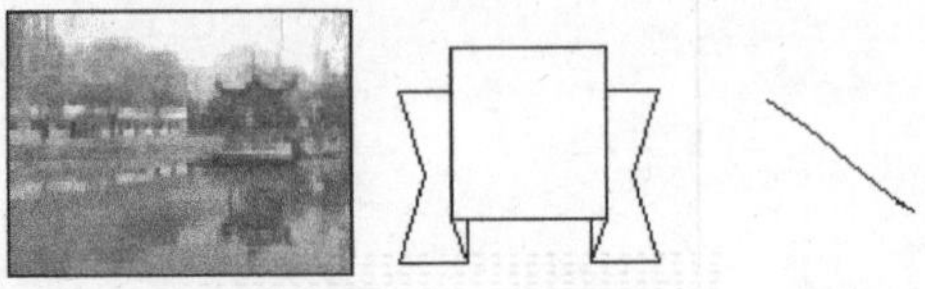

图1-3-18 简单线框预览

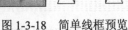

（3）线框预览：单击“视图”→“线框”命令，绘图页面中的图形和图像会以简单线框的形式显示，如图1-3-19所示。

（4）草稿预览：单击“视图”→“草稿”菜单选项命令后，绘图页面中的图像会以粗略的草稿形式显示，如图1-3-20所示，它的清晰度要比图1-3-17所示图像差一些。

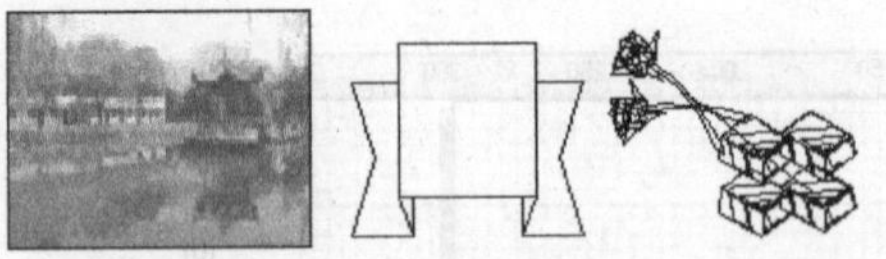

图1-3-19 线框预览

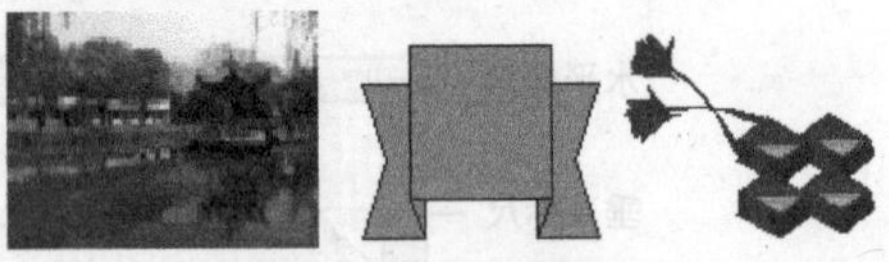

图1-3-20 草稿预览

（5）增强预览：单击“视图”→“增强”菜单选项命令后，绘图页面中的图像会以高质量的彩色形式显示，清晰度要比图1-3-17所示图像好一些。

（6）增强叠印预览：单击“视图”→“增强叠印”菜单选项命令后，可以预览叠印颜色的混合方式的模拟，该功能对于项目校样是非常有用的，有效地解决了印刷叠印的问题。

2. 页面视图预览方式

（1）全屏预览：单击“视图”→“全屏预览”命令或按F9键，可在整个屏幕预览绘图页面。按Esc键或其他一些按键，可以回到原状态。

（2）页面排序器视图预览：单击“视图”→“页面排序器视图”命令，即可在工作区内预览所有绘图页面的内容，如图1-3-21所示。按Esc键或其他一些按键，可以回到原状态。

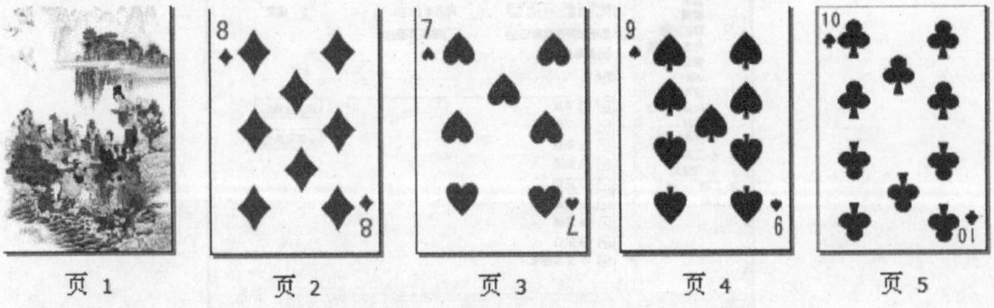

图1-3-21 预览绘图页面

（3）只预览选定对象：单击“视图”→“全屏预览对象”命令后，可以在整个屏幕内显示绘图页面中选中的对象。按 Esc 键或其他一些按键，可以回到原状态。

1.3.5 设置绘图页面

单击“布局”主菜单，调出“布局”菜单，如图 1-3-22 所示。利用该菜单可以进行绘图页面的设置。右击“页计数器”中的某一页号（例如：页 1），调出“页计数器”快捷菜单，如图 1-3-23 所示，用户可以通过该快捷菜单和“布局”菜单对页面进行相关的设置。

对于绘图页面设置中的一些常用参数，可以直接在属性栏中进行设置。

1. 插入页面

（1）使用“插入页面”命令：单击“布局”→“插入页面”命令，调出“插入页面”对话框，如图 1-3-24 所示。利用该对话框，可以对插入绘图页面的位置、大小和方向进行设置。设置完毕后，单击“确定”按钮，即可按要求插入新的页面。

（2）使用“页计数器”插入页面：单击“页计数器”中的按钮，只能在图形文件中第 1 页绘图页面之前或最末页绘图页面之后插入新的绘图页面。

（3）使用“页计数器”快捷菜单插入页面：右击“页计数器”中的页号，调出“页计数器”快捷菜单，如图 1-3-23 所示。再单击该菜单中的“在后面插入页面”或“在前面插入页面”命令，即可以在页号之前或之后插入新绘图页面。

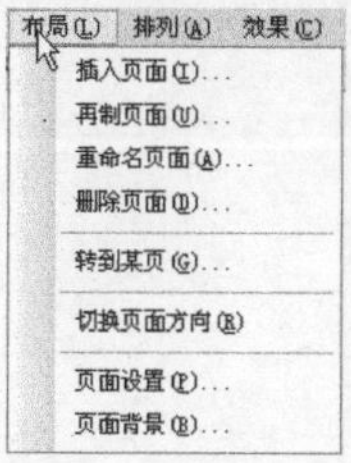

图 1-3-22 “布局”菜单

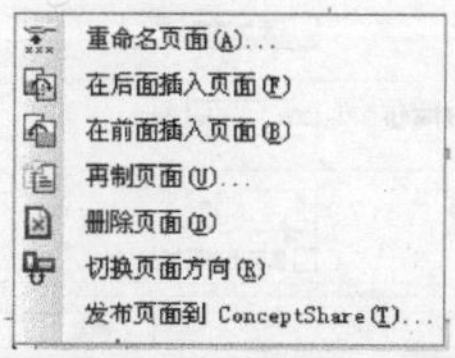

图 1-3-23 “页计数器”快捷菜单

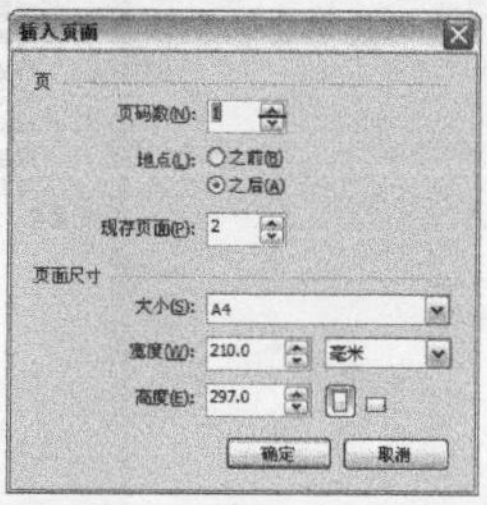

图 1-3-24 “插入页面”对话框

2. 绘图页面的更名与删除

（1）页面更名：单击“布局”→“重命名页面”命令或单击快捷菜单中的“重命名页面”命令，调出“重命名页面”对话框，如图 1-3-25 所示。在“页名”文本框内输入页面的名称，单击“确定”按钮，即可将当前的页面更名。

（2）删除页面：单击“布局”→“删除页面”命令，调出“删除页面”对话框，如图 1-3-26 所示。在“删除页面”文本框内输入页面的编号，单击“确定”按钮，即可删除指定的页面。也可以单击“页计数器”快捷菜单中的“删除页面”命令，直接删除选中的绘图页面。

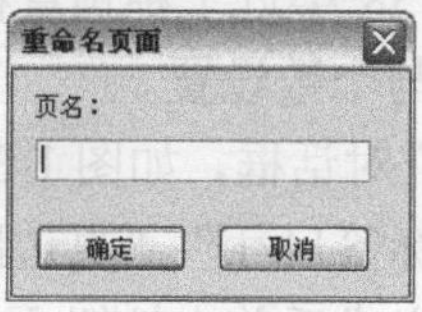

图 1-3-25 “重命名页面”对话框

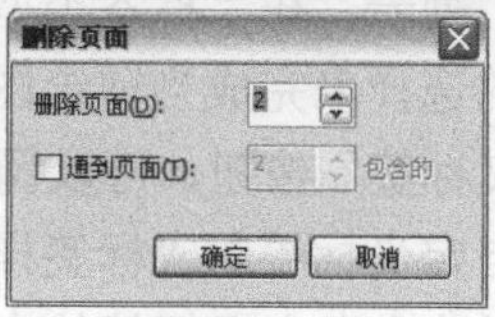

图 1-3-26 “删除页面”对话框

3．改变当前页面

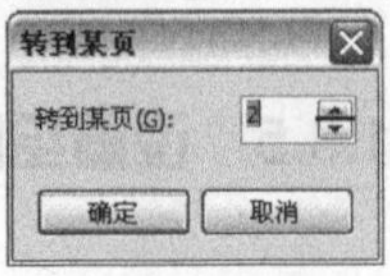

图1-3-27 “转到某页”对话框

（1）使用“布局”命令改变当前的页面：单击“布局”→“转到某页”命令，调出“转到某页”对话框，如图1-3-27所示。在该对话框的“转到某页”文本框内输入页号后，单击“确定”按钮，即可将选定页号的页面改变为当前页面。

（2）使用“页计数器”改变当前的页面：单击“页计数器”内的各相应的按钮，即可快速改变当前绘图页面。

4．改变页面方向

（1）单击“布局”→“切换页面方向”命令，或者单击“页计数器”快捷菜单中的“切换页面方向”命令，即可改变当前页面的方向，使纵向变为横向或使横向变为纵向。

（2）单击属性栏内的“横向”或“纵向”按钮，即可改变当前页面的方向。

5．页面设置

单击“布局”→“页面设置”命令或单击属性栏中的“选项”按钮，都可以调出“选项”（页面尺寸）对话框，如图1-3-28所示。利用该对话框，可以设置当前绘图页面的属性。

图1-3-28 “选项”（页面尺寸）对话框

（1）设置绘图页面的大小：通过“页面尺寸”选项栏内的“大小”下拉列表，可以选择预置的标准纸张样式，CorelDRAW X5为用户预置了60种标准纸张的样式。

◎ 通过对“宽度”和“高度”文本框中的数值进行调整，可以设置自定义纸张的尺寸。

◎ 通过对“纵向”及“横向”两个按钮的选择，可以设置纸张的方向。

◎ 单击选中“只将大小应用到当前页面”复选框，以上设置的各项参数，仅对当前绘图页面生效，不影响其他绘图页面内的纸张设置参数。

（2）设置绘图页面的标签：单击“标签”按钮，“选项”对话框如图1-3-29所示。其内有一个“标签类型”列表，在“标签类型”列表中包含了38类近千种预置标签，用户可以通过对预置类型选项的选择来完成当前绘图页面的标签大小与个数设置。

单击“自定义标签”按钮，可以调出“自定义标签”对话框，如图1-3-30所示。用户可以通过该对话框对自定义标签的“标签样式”、“布局”、“标签尺寸”、“页边距”及“栏间距”等参数进行设定，以确定自定义标签的大小和形式，设置完成后单击按钮➕或“确定”按钮，可以将自定义的绘图页面的标签参数保存到新文件中，生成新的标签样式。

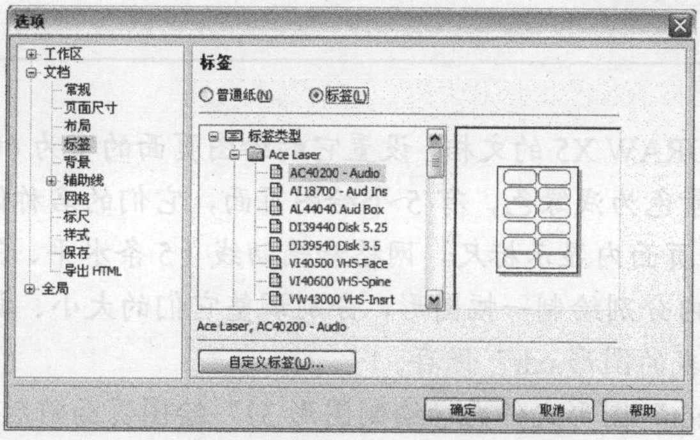

图 1-3-29 “选项”（标签）对话框

（3）设置绘图页面的背景：单击“选项”对话框左边选项栏内的“背景”选项，切换到“选项”（背景）对话框，如图 1-3-31 所示。通过对“选项”对话框中“背景”选项栏内各选项的设置，可以对当前绘图页面的背景颜色、背景图案等进行设置。

如果用户要将当前绘图页面的背景设置为位图，可以单击选中“位图”单选按钮，再单击“浏览”按钮，调出“导入”对话框，与图 1-3-3 所示基本一样。利用该对话框选择背景图像文件，单击“导入”按钮，即可导入图像，作为绘图页面的背景图像。

另外，在“导入”对话框中“文件类型”下拉列表右边的第 2 个下拉列表中也可以选择“裁剪”或“重新取样”选项。相关内容见本章 1.3.1 节。

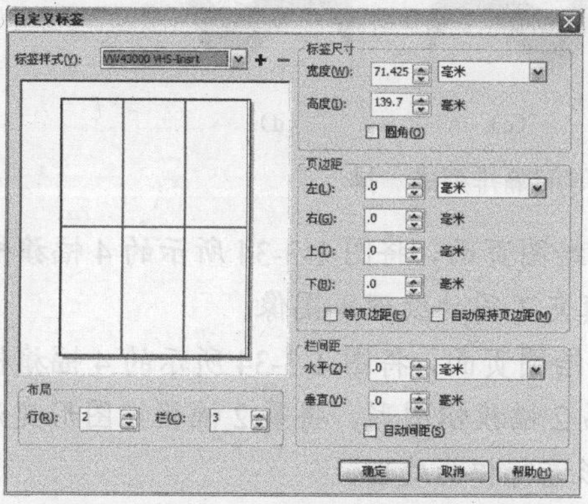

图 1-3-30 “自定义标签”对话框

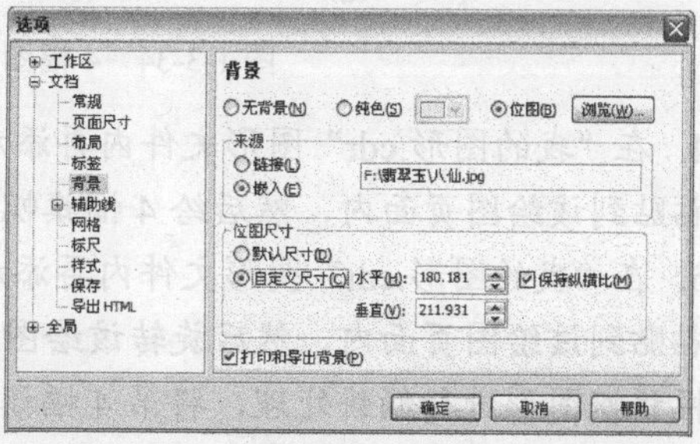

图 1-3-31 “选项”（背景）对话框

6. 设置打印选项

单击“文件”→“打印设置”命令，调出“打印设置”对话框，如图 1-3-32 所示。利用该对话框的“打印机”下拉列表，可以选择打印机类型。单击“首选项”按钮，调出“属性”对话框，如图 1-3-33 所示。利用该对话框，可以进行打印参数的设置。

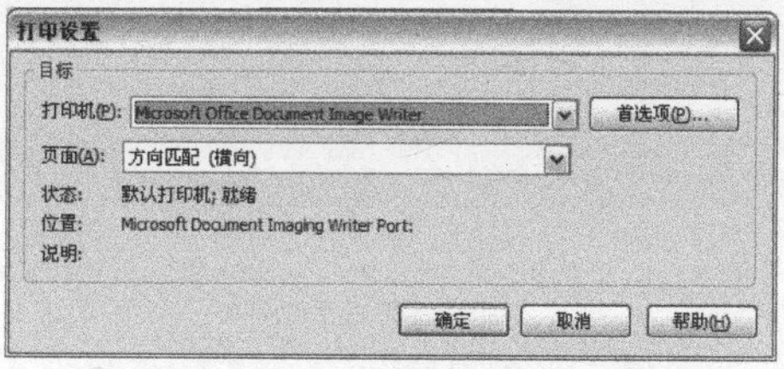

图 1-3-32 “打印设置”对话框

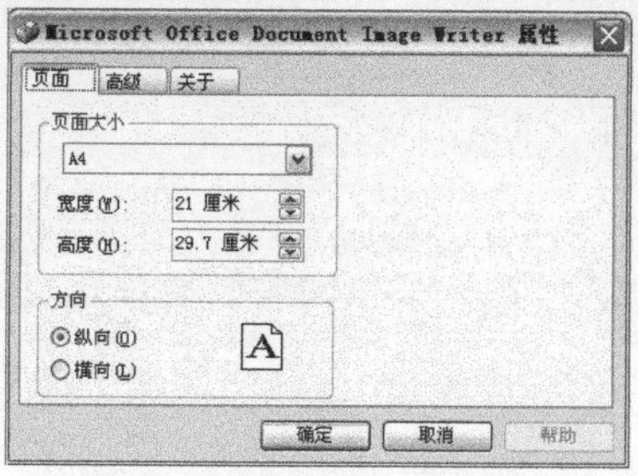

图 1-3-33 “属性”对话框

实训 1-3

1. 新建一个 CorelDRAW X5 的文档，设置它的绘图页面的宽为 600 像素，高为 400 像素，渲染分辨率为 150，背景色为浅绿色，有 5 个绘图页面，它们的名称依次为“绘制图形 1”～“绘制图形 5”。在绘图页面内显示标尺、网格和辅助线（5 条水平、3 条垂直和 2 条倾斜的辅助线）。在各绘图页面内分别绘制一幅图形，分别调整它们的大小、旋转和倾斜角度。然后将加工好的图形以名称“我的图形.cdr”保存。

2. 在“我的图形.cdr”图形文件内“绘制图形 31”绘图页面前后分别添加一个绘图页面，重新依次给各绘图页面命名为“绘制图形 1”～“绘制图形 7”。在新增的 2 个绘图页面内分别导入一幅图像，使图像刚好将整个绘图页面覆盖，分别在绘图页面内输入“图像 1”红色文字和“图像 2”蓝色文字。

3. 在“我的图形.cdr”图形文件内最后一个绘图页面的后边添加一个绘图页面，在该绘图页面内绘制一幅黄色轮廓线，填充红色的旗帜图形，如图 1-3-34（a）所示。然后，将该图形复制 3 份，再将复制的第 1 幅图形水平颠倒，如图 1-3-34（b）所示；将复制的第 2 幅图形垂直颠倒，如图 1-3-34（c）所示；将复制的第 3 幅图形水平且垂直颠倒，如图 1-3-34（d）所示。然后将 4 幅图像顶部对齐、水平等间隔排列成一排，如图 1-3-34 所示。

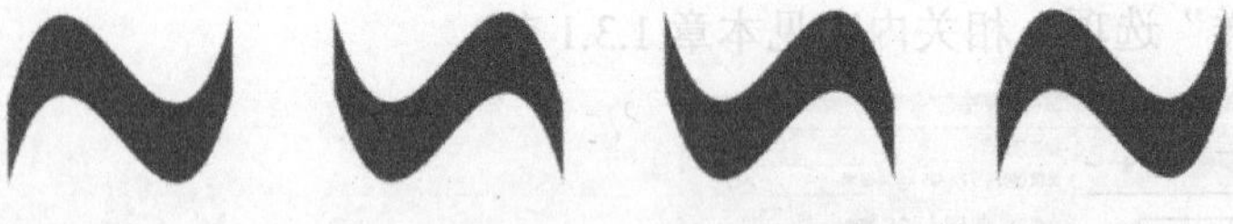

(a)　(b)　(c)　(d)

图 1-3-34　4 幅图形水平等间隔排列成一排

4. 在“我的图形.cdr”图形文件内再添加一个绘图页面，将图 1-3-34 所示的 4 幅旗帜图形复制粘贴到该绘图页面内，然后给 4 幅旗帜图形填充不同的纹理或图像。

5. 在“我的图形.cdr”图形文件内再添加一个绘图页面，将图 1-3-34 所示的 4 幅旗帜图形复制粘贴到该绘图页面内，然后旋转该绘图页面第 2 幅旗帜图形，将第 2 幅旗帜图形变形，将第 3 幅旗帜图形进行倾斜处理，将第 4 幅旗帜图形进行扭曲处理。

第2章

绘制和编辑简单矢量图形

本章提要：

在 CorelDRAW 中，一幅复杂的图形往往是由一些基本矢量图形组合而成的。基本矢量图形中有曲线、直线、矩形、椭圆形与多边形等。CorelDRAW 提供了很多工具，用来绘制和编辑这些基本图形。使用这些工具是 CorelDRAW 绘图中最基本的操作。本章通过制作 2 个实例，介绍了使用“矩形工具展开工具”、“椭圆形工具展开工具”和“对象展开式工具”绘制简单图形的方法，利用“插入字符”对话框插入特殊图形的方法，调整重叠对象的排列顺序的方法，以及将多个对象组成群组与取消群组的方法等。

2.1 【实例 1】禁止标志

“禁止标志”图形如图 2-1-1 所示。该图形是交通禁止标志中的 3 个图案，这 3 个图形分别是“禁止鸣笛”、“禁止停留”和“除公共汽车外”标志图形。“禁止鸣笛”标志图形如图 2-1-1（a）所示，其中有一个喇叭图案和一个代表禁止意义的叉形符号；“禁止停留”标志图形如图 2-1-1（b）所示，其中有一个站立的人物和一个代表禁止意义的斜杠符号；“除公共汽车外禁止停留”标志图形如图 2-1-1（c）所示，其中有一辆汽车和一个代表禁止意义的斜杠符号。本实例介绍“交通禁止标志”中 3 幅图形的绘制方法。

（a）禁止鸣笛　（b）禁止停留　（c）除公共汽车外禁止停留

图 2-1-1　交通禁止标志

通过本实例的学习，可以掌握设置绘图页面，使用标尺和辅助线，绘制圆形、梯形和直线图形，填充颜色，复制和移动对象等一些基本操作方法，还可初步掌握插入特殊的图案，将多个对象组成一个群组对象和调整对象前后顺序的方法等。该实例的制作方法和相关知识介绍如下。

制作方法

1. 页面设置

（1）单击“文件”→“新建”命令，新建一个 CorelDRAW 文档。单击“布局”→“页面设置”命令，调出“选项”（页面尺寸）对话框。在“单位”下拉列表中选择“像素”，在“宽度”和“高度”文本框内均输入 800，设置绘图页面的宽度和高度均为 800 像素，如图 2-1-2 所示。单击文本框右边的箭头按钮，可以使数字增加或减少，向上或向下拖曳上下两个按钮之间的水平线，也可以使文本框内的数字增加或减小。

（2）单击“添加页框”按钮，给绘图页面添加边框。在“大小”下拉列表中选中“自定义”选项或者已自定义并保存了的选项后，“保存”按钮变为有效，单击“保存”按钮，调出“自定义页面类型”对话框，在该对话框内的“另存自定义页面类型为”文本框中输入“有边框 800 像素-800 像素”，如图 2-1-3 所示。

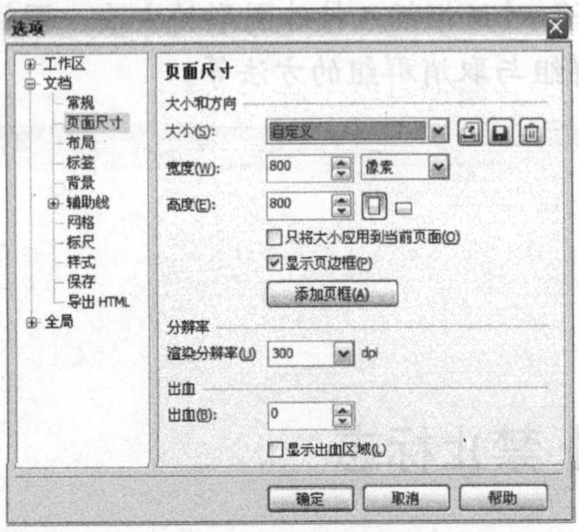

图 2-1-2 “选项”（页面尺寸）对话框

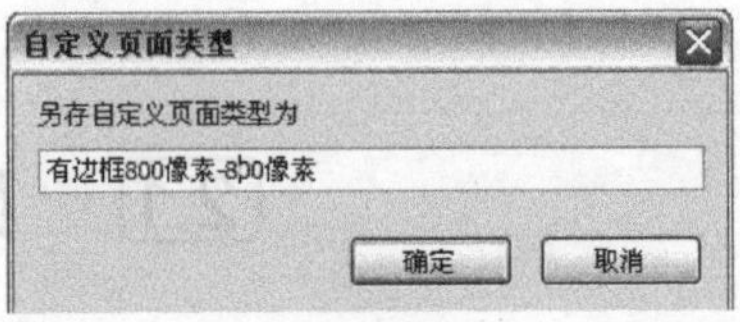

图 2-1-3 “自定义页面类型”对话框

（3）单击“自定义页面类型”对话框内的“确定”按钮，关闭该对话框，同时将设置的页面以名字“有边框 800 像素-800 像素”保存。此时，“选项”（页面尺寸）对话框内“大小”下拉列表中增加了“有边框 800 像素-800 像素”选项，可供用户以后使用。

（4）在“选项”（页面尺寸）对话框内的“大小”下拉列表中选中一个页面选项后，“删除”按钮变为有效，单击该按钮，可以删除在“大小”下拉列表中选中的页面选项。

（5）单击选中该对话框左边列表框中的“背景”选项，切换到“选项”（背景）对话框，如图 2-1-4 所示。单击选中“纯色”单选按钮，单击“纯色”单选按钮右边的下拉列表的箭头按钮，调出一个颜色板，如图 2-1-5 所示，单击该颜色板中的白色色块，设置绘图页面背景色为白色。

图 2-1-4 “选项”（背景）对话框

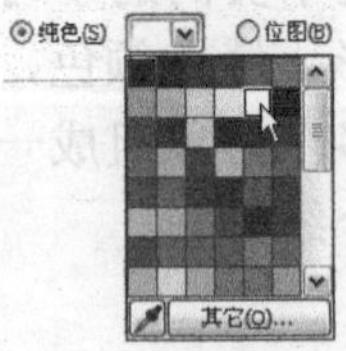

图 2-1-5 颜色板

（6）单击对话框中的“确定”按钮，关闭该对话框，完成页面大小和背景色的设置。

2. 绘制“禁止鸣笛”标志

（1）将鼠标指针指向水平标尺与垂直标尺交会处的坐标原点之上，向页面中心处拖曳，即可拖曳出两条垂直相交的虚线，其交点位置就是鼠标指针的尖部，当鼠标指针处出现“中心”两个字后，松开鼠标，此时标尺的原点位置就移到页面的中心处，如图 2-1-6 所示。如果没有显示两条垂直相交的虚线，可以单击选中“视图”→“辅助线”菜单选项。

此时可以看到，在垂直标尺 0 像素处产生一条水平虚线，在水平标尺 0 像素处产生一条垂直虚线，同时垂直和水平标尺的刻度都发生了变化，标尺刻度有正负之分，水平坐标轴从原点向右为正，反之为负，垂直坐标轴从原点向上为正，反之为负。

（2）单击“视图”→“设置”→“辅助线设置”命令，调出“选项”（辅助线）对话框，选中“贴齐辅助线”复选框，也可以设置辅助线颜色，如图 2-1-7 所示。单击“确定”按钮，关闭该对话框，启用“贴齐辅助线”功能，这样在绘图时，就可以将对象定义在辅助线上。

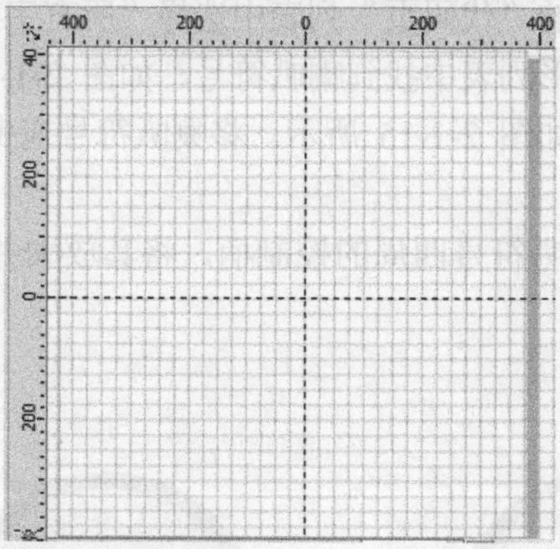

图 2-1-6 移动坐标原点并创建辅助线

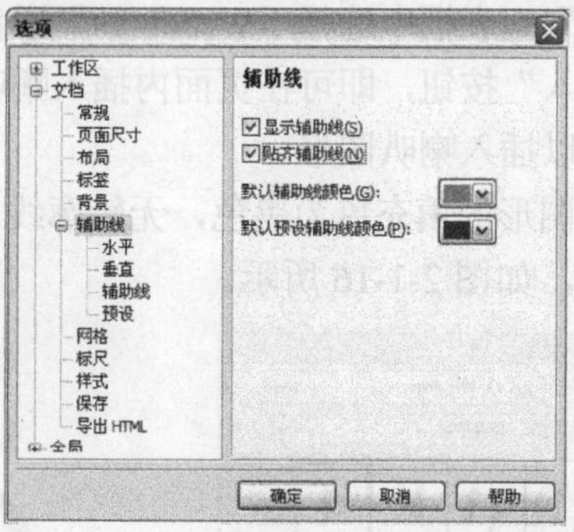

图 2-1-7 “选项”（辅助线）对话框

（3）使用工具箱中的“椭圆工具”，按下 Ctrl+Shift 组合键，将鼠标指针移到原点处，拖曳鼠标，绘制一个以原点为圆心的圆形。单击调色板中的黄色色块，为矩形的内部填充黄色，用鼠标右键单击调色板中的红色色块，将轮廓线设置为红色，如图 2-1-8 所示。

（4）选中绘制的圆形图形对象，在其“椭圆形”属性栏中设置对象的的宽度为 680px、高度为 680px，“轮廓宽度”为 3.0mm，“x”和“y”文本框内分别输入 15px 和-15px，使圆形图形居中，此时的“椭圆形”属性栏如图 2-1-9 所示。并按 Enter 键确认，效果如图 2-1-10 所示。

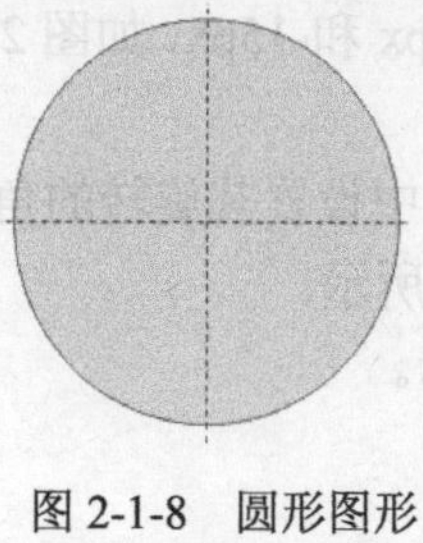

图 2-1-8 圆形图形

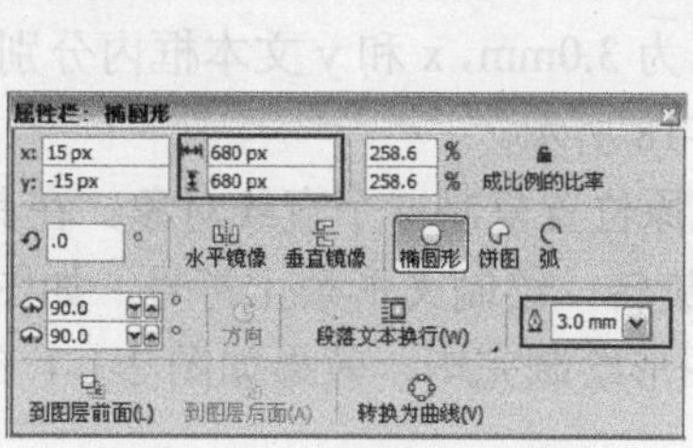

图 2-1-9 “椭圆形”属性栏

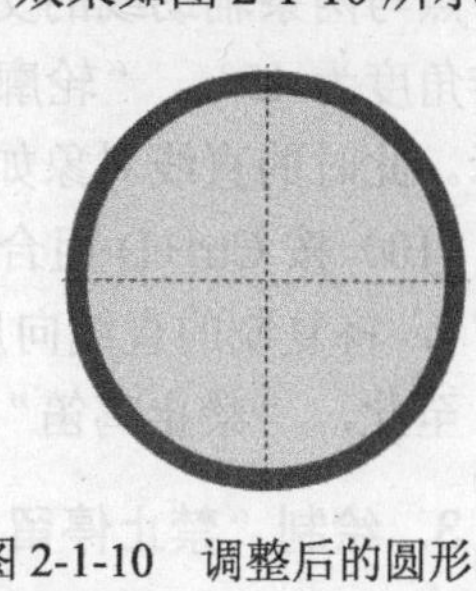

图 2-1-10 调整后的圆形图形

（5）使用工具箱中的“矩形工具”，在绘图页面内拖曳，绘制一幅矩形图形，设置图形的填充色和轮廓线颜色为黑色。单击选中绘制的矩形图形，在其“矩形”属性栏内设置宽度值为 95 px，高度值为 190 px，如图 2-1-11 所示。此时，矩形图形如图 2-1-12 所示。

（6）使用工具箱中的“折线工具”，依次单击矩形右上角点，单击梯形右上角点，单击梯形右下角点，单击矩形右下角点，单击矩形右上角点，即可绘制一幅梯形图形。然后，设置图形的填充色和轮廓线颜色为黑色，绘制的梯形图形如图 2-1-13 所示。

（7）按住 Shift 键，单击选中矩形图形和梯形图形，单击“排列”→“群组”命令，将选中的矩形和梯形图形两个对象群组成一个对象，构成喇叭图形。

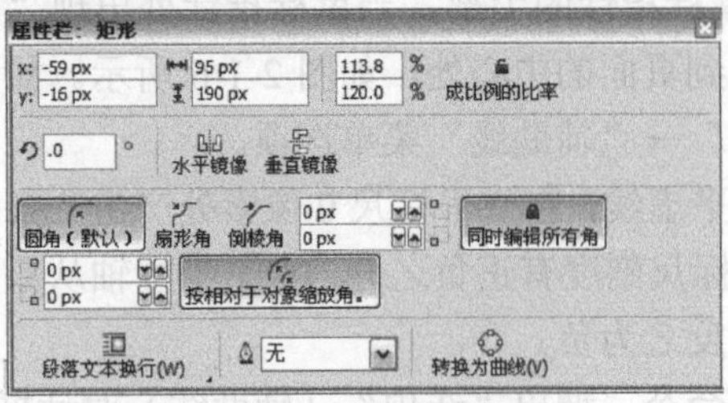

图 2-1-11 “矩形”属性栏

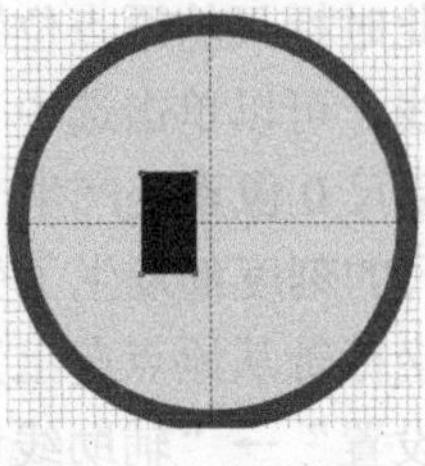

图 2-1-12 矩形图形

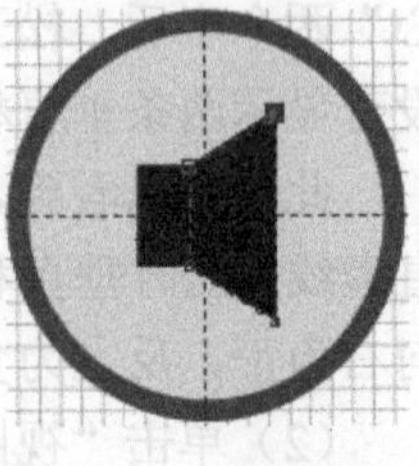

图 2-1-13 梯形图形

（8）另外，还可以采用插入喇叭字符的方法创建喇叭图形。单击“文本”→“插入符号字符”命令，调出“插入字符”对话框。在该对话框的“代码页”列表中选择“所有字符”选项，在“字体”列表框中选择“Webdings”字体，在图形列表中找到喇叭符号，如图 2-1-14 所示。单击“插入”按钮，即可在页面内插入喇叭图形，如图 2-1-15 所示。将喇叭符号拖曳到绘图页面中也可以插入喇叭图形。

设置图形的填充色为黑色，无轮廓线。拖曳喇叭符号四周的控制柄，将其放大并移动到页面的中央，如图 2-1-16 所示。

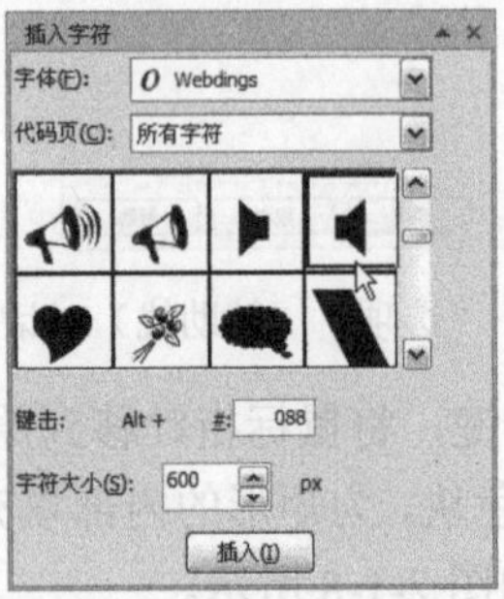

图 2-1-14 “插入字符”对话框

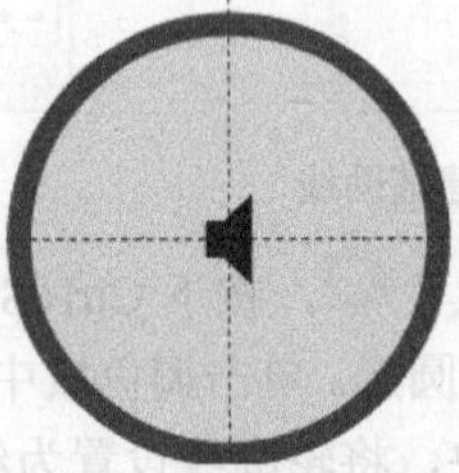

图 2-1-15 插入喇叭图形

图 2-1-16 放大并移动喇叭符号

（9）使用工具箱中的“手绘工具”，绘制一条红色的水平直线，拖曳水平直线，将它的中点与两条辅助线的交点对齐。在其“曲线”属性栏内将此直线的宽度和高度设置为 390px、旋转角度为 45°，“轮廓宽度”为 3.0mm，x 和 y 文本框内分别输入 15px 和-15px，如图 2-1-17 所示。此时的直线对象如图 2-1-18 所示。

（10）按 Ctrl+D 组合键，在原位置复制一个直线对象。在其属性栏中设置其旋转的角度为 135°，将复制的直线向反方向旋转，绘制叉形禁止符号，如图 2-1-19 所示。

至此，“禁止鸣笛”标志图形绘制完毕，效果如图 2-1-1（a）所示。

3. 绘制“禁止停留”标志

（1）单击“页计数器”内右边的按钮，在“页 1”绘图页面之后增加一个“页 2”绘图页面，同时切换到“页 2”绘图页面。单击“页计数器”内的“页 1”标签，切换到“页 1”绘图页面。

（2）单击按下“选择工具”按钮，单击选中红色圆形图形，单击标准工具栏内的“复制”

按钮，将选中的圆形图形复制到剪贴板内。

（3）单击“页计数器”内的“页 2”标签，切换到“页 2”绘图页面。单击标准工具栏内的“粘贴”按钮，将剪贴板内的圆形图形粘贴到“页 2”绘图页面内。

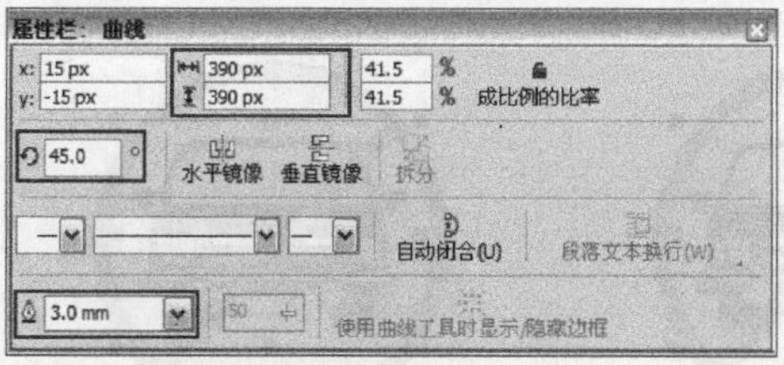

图 2-1-17　“曲线”属性栏

图 2-1-18　直线

图 2-1-19　复制并旋转直线

（4）单击“文本”→“插入符号字符”命令，调出“插入字符”对话框。在该对话框的“代码页”列表中选择“所有字符”选项，在“字体”列表中选择“Webdings”字体，单击选中图形列表中的人物符号，如图 2-1-20 所示。单击“插入”按钮，即可在页面内插入人物图形。将人物符号拖曳到绘图页面中也可以插入人物图形。

（5）设置人物图形的填充色为黑色，无轮廓线。然后，拖曳人物符号四周的控制柄，将其放大并移动到页面的中央，如图 2-1-21 所示。

（6）使用工具箱中的“手绘工具”，绘制一条与圆的直径一样长的红色水平直线，拖曳水平直线，将它的中点与两条辅助线的交点对齐。在其“曲线或连线”属性栏内将此直线的轮廓宽度设置为 3mm，旋转角度为 135°，此时的直线对象如图 2-1-22 所示。

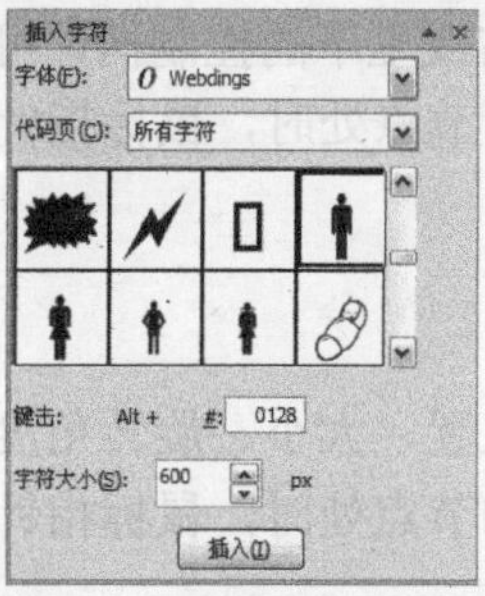

图 2-1-20　“插入字符”对话框

图 2-1-21　人物图形

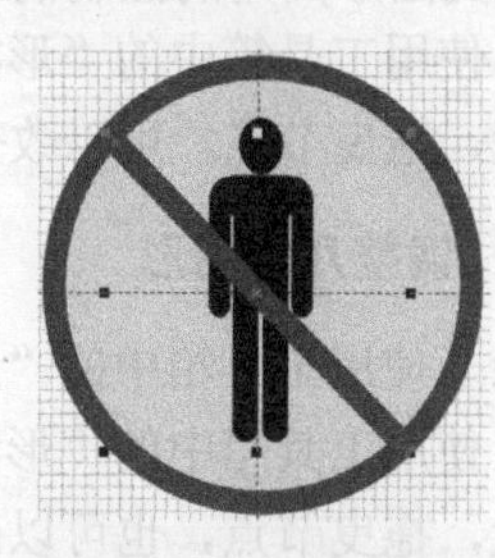

图 2-1-22　红色直线

至此，“禁止停留标志”图形绘制完毕，效果如图 2-1-1（b）所示。

4．绘制“除公共汽车外禁止停留”标志

（1）单击按下“选择工具”按钮，单击选中红色圆形图形和旋转 135° 后的红色直线，单击标准工具栏内的“复制”按钮，将选中的圆形图形和直线复制到剪贴板内。

（2）单击“页计数器”内右边的按钮，在“页 2”绘图页面之后增加一个“页 3”绘图页面，同时切换到“页 3”绘图页面。

（3）单击“粘贴”按钮，将剪贴板内的图形粘贴到“页 3”绘图页面内。

（4）单击“文本”→“插入符号字符”命令，调出“插入字符”对话框。在该对话框的“代码页”列表中选择“所有字符”选项，在“字体”列表中选择“Webdings”字体，单击选中图形列表中的汽车符号，如图 2-1-23 所示。单击“插入”按钮，即可在页面内插入汽车图形，设置填充色为黑色，无轮廓线。将汽车符号拖曳到绘图页面中也可以插入汽车。

（5）拖曳调整汽车符号四周的控制柄，将其放大并移动到页面的中央，如图 2-1-24 所示。

（6）单击选中汽车图形，单击“排列”→“顺序”→“向后一层”命令，将选中的汽车图形移到红色直线图形的后边，如图 2-1-25 所示。

图 2-1-23　“插入字符”对话框

图 2-1-24　汽车图形

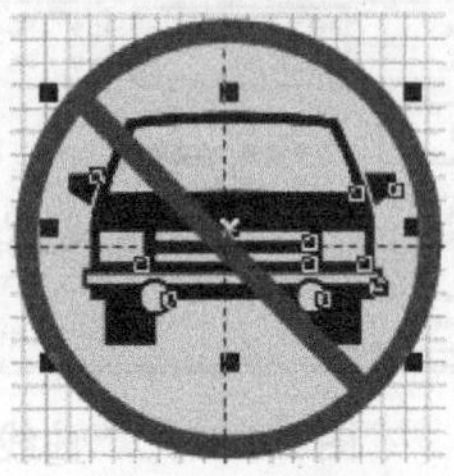

图 2-1-25　调整汽车图形顺序

至此，“除公共汽车外禁止停留标志”图形绘制完毕，效果如图 2-1-1（c）所示。

单击“视图”→“辅助线”命令，隐藏辅助线。单击“视图”→“网格”命令，隐藏网格线，完成“交通禁止标志”图形的绘制，如图 2-1-1 所示。

链接知识

使用工具箱中的“选择工具”，单击选中图形，拖曳图形周围的黑色句柄，可以调整图形的形状。拖曳图形中间的 ×，可以调整图形的位置。单击选中的图形，即可进入旋转状态，拖曳图形四角的控制柄，可以旋转图形；垂直或水平拖曳左右或上下的控制柄，可以斜切图形。使用工具箱中的“形状工具”，将鼠标指针移到图形的节点处时，鼠标指针变为大箭头状，拖曳节点，可以改变图形的形状。

1. 调整几何图形

除了使用工具箱中的“选择工具”可以调整几何图形的位置、大小、旋转角度、倾斜度等。使用工具箱中的“形状工具”，将鼠标指针移到图形的节点处时，鼠标指针变为大箭头状，拖曳节点，也可以改变图形的形状。

通过直接改变几何图形对象属性栏中的数据，可以精细调整几何图形的位置、大小、长宽比例、缩放比例、旋转角度和顶点的弧度等，在文本框内输入数值后，按 Enter 键即可按照新的设置改变几何图形。“椭圆形”属性栏如图 2-1-9 所示，“矩形”属性栏如图 2-1-11 所示，“星形”属性栏如图 2-1-26 所示，其各选项的作用如下。

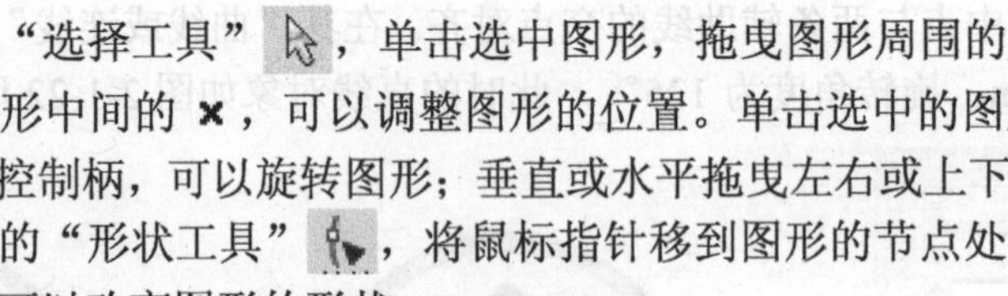

图 2-1-26　“星形”属性栏

（1）“x”和“y”文本框：分别用来调整图形的水平和垂直位置。

（2）和文本框：分别用来调整图形的宽度和高度。

（3）“成比例的比率”按钮：该按钮呈状，则可以分别改变宽度和高度的值；该按钮处于按下状态，则在宽度或高度数值时，高度或宽度数值也会随之变化。

（4）“旋转角度”文本框：用来调整图形的旋转角度。

（5）和“镜像”按钮：分别用来使选中图形产生水平和垂直镜像。

（6）“轮廓宽度”下拉列表：用来选择或输入轮廓线粗细值，调整轮廓线的粗细。

（7）“到图层前面”按钮：单击，可使选中的图形移到其他层图形的前面。

（8）“到图层后面”按钮：单击，可使选中的图形移到其他层图形的后面。

（9）“转换为曲线”按钮：单击，可使选中图形转换为曲线，同时产生一些曲线节点。

2．特殊调整椭圆形图形

（1）椭圆形改变为弧形或饼形的调整：单击工具箱中的“形状工具”按钮，将鼠标指针移到椭圆形的节点处，如图 2-1-27 所示。拖曳节点，可以将椭圆形改变为弧形或饼形，如图 2-1-28 所示。随着调整的进行，“椭圆形”属性栏中的数据会发生相应的变化。

图 2-1-27　鼠标指针移到椭圆形的节点处

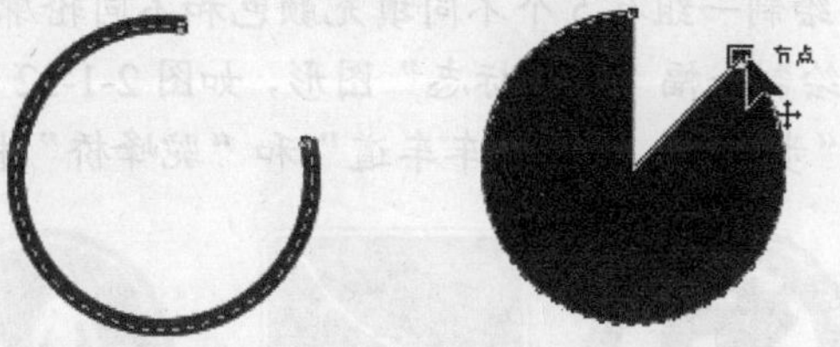

图 2-1-28　弧形图形和饼形图形

（2）图形转换：单击属性栏中的“饼图”按钮，可以将椭圆形转换为饼形图形；单击其“弧形”按钮，可以将椭圆形转换为弧形。调整两个“起始和结束角度”文本框内的数据，可以精确改变饼形或弧形的张角角度。

（3）方向转换：选中要转换的椭圆形图形对象，单击其“方向”按钮，可以改变饼形或弧形张角的方向与角度（用 360°减原来的角度）。

3．特殊调整矩形图形

（1）调整矩形边角圆滑度：调整 4 个“圆角半径”文本框内数值，可以精确调整矩形 4 个边角的圆滑度。

如果四个文本框右边的小锁按钮呈“闭锁”（处于按下）状态时，则四个矩形边角圆滑度同时变化，即改变一角的参数时，其他 3 组同时改变；如果四个文本框右边的小锁按钮处于“开锁”（抬起）状态，则可以分别改变矩形四个边角的圆滑度。

（2）使用工具箱中的“形状工具”，在 4 个节点被选中的情况下，拖曳其中任意一个节点，可以同时改变矩形 4 个边角的圆滑程度，产生圆角效果，如图 2-1-29 所示。

（3）使用工具箱中的“形状工具”，在 1 个节点被选中的情况下，对其进行任意拖曳，则只对选中节点的角产生圆角效果，其他的角没有变化，如图 2-1-30 所示。

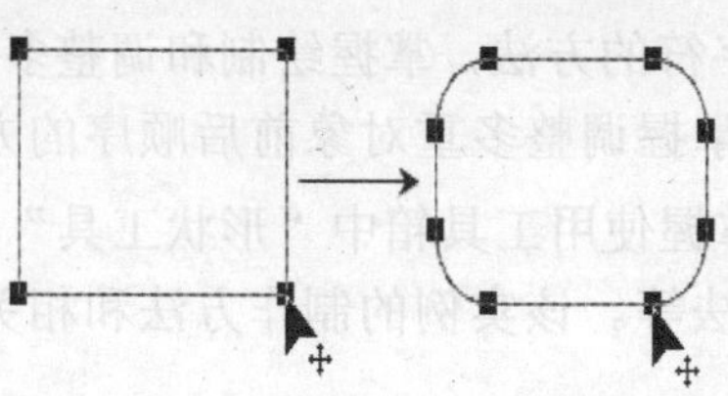

图 2-1-29　同时改变矩形 4 个边角的圆滑程度

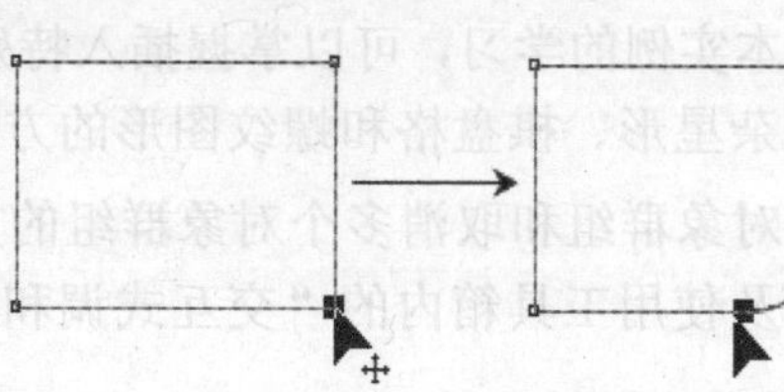

图 2-1-30　只对选中节点的角产生圆角效果

实训 2-1

1. 绘制一些不同填充色和轮廓线颜色的圆形和椭圆。绘制一些不同填充色和轮廓线颜色的正方形和矩形。

2. 绘制一幅“网页标志”图形，如图 2-1-31 所示。

图 2-1-31　“网页标志”图形

3. 绘制一组有 5 个不同填充颜色和不同轮廓线颜色的同心圆图形。

4. 绘制一幅“交通标志”图形，如图 2-1-32 所示。其中，依次是“禁止向左转弯”、“索道”、“步行”、“机动车车道”和“驼峰桥”标志图案。

图 2-1-32　“交通标志”图形

2.2 【实例 2】城市星空

“城市星空”图形如图 2-2-1 所示。可以看到，高楼大厦、体育馆、博物馆、汽车、飞机和人物，一派城市景象，夜空中繁星和月亮照亮了夜空，还有两柱探照灯照射到夜空当中。

图 2-2-1　“城市星空”图形

通过本实例的学习，可以掌握插入特殊图案形状字符的方法，掌握绘制和调整多边形、星形、复杂星形、棋盘格和螺纹图形的方法，还可以掌握调整多重对象前后顺序的方法，掌握多个对象群组和取消多个对象群组的方法，初步掌握使用工具箱中“形状工具”的方法，以及使用工具箱内的“交互式调和工具”的方法等。该实例的制作方法和相关知识介绍如下。

制作方法

1．绘制楼房图形

（1）设置绘图页面的宽度为 500 毫米，高度为 200 毫米，背景颜色为深灰色。

（2）单击“文本”→“插入符号字符”命令，调出“插入字符”对话框。在该对话框的“字体”下拉列表中选择“Webdings”字体，在“代码页”下拉列表中选择“所有字符”选项，如图 2-2-2 所示。将图形列表中的楼房图案拖曳到绘图页面内的左边，将楼房图形适当调大，如图 2-2-3 所示。

（3）单击选中楼房图形，按 Ctrl+D 组合键，复制一份选中的楼房图形，将复制的图形移到一旁。单击“排列”→“拆分曲线”命令，将选中的复制的楼房图形拆分为楼房主体图形和各窗户图形（被楼房主体图形遮挡住）。再给楼房主体图形填充黄色，如图 2-2-4 所示。

图 2-2-2　“插入字符”对话框

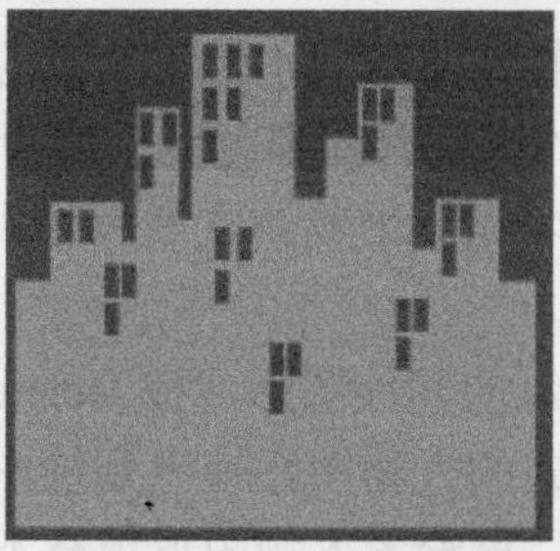

图 2-2-3　楼房图形

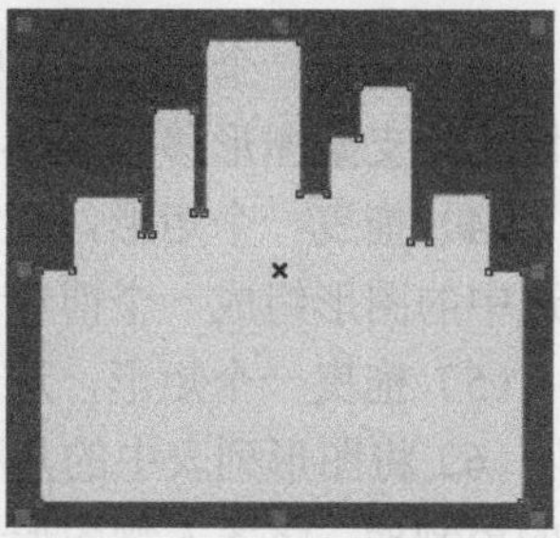

图 2-2-4　楼房主体图形

（4）将黄色楼房主体图形移到图 2-2-3 所示的楼房图形之上，让两幅图形完全重合，效果如图 2-2-4 所示，即黄色楼房主体图形完全将楼房图形遮挡住。

（5）单击“排列”→“顺序”→“到图层后面”命令，将选中的黄色楼房主体图形置于楼房图形的后边，效果如图 2-2-5 所示。拖曳一个矩形，选中楼房主体和楼房图形，单击“排列”→“群组”命令，将选中的楼房主体和楼房图形组成一个群组。拖曳一个矩形，选中所有复制的窗户图形，按 Delete 键，删除选中的窗户图形。

（6）使用工具箱中的“图纸工具”，在其“图纸和螺旋工具”属性栏内的“列数和行数”两个文本框中分别输入 80 和 8，如图 2-2-6 所示。创建一个 8 行 80 列的网格，拖曳到楼房下部，如图 2-2-7 所示。

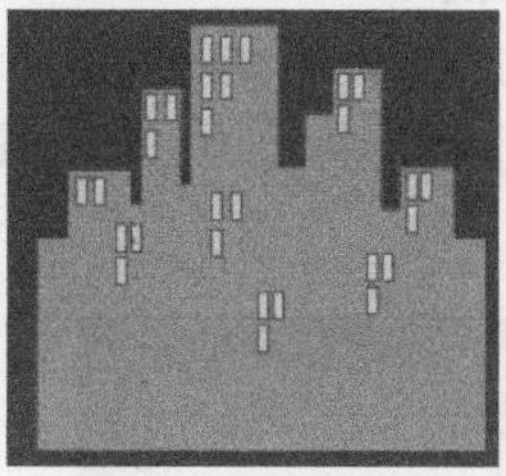

图 2-2-5　楼房图形

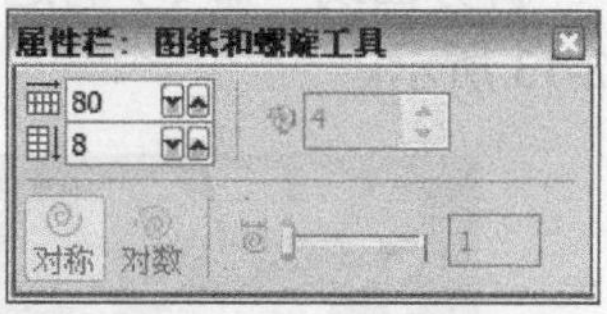

图 2-2-6　“图纸和螺旋工具”属性栏

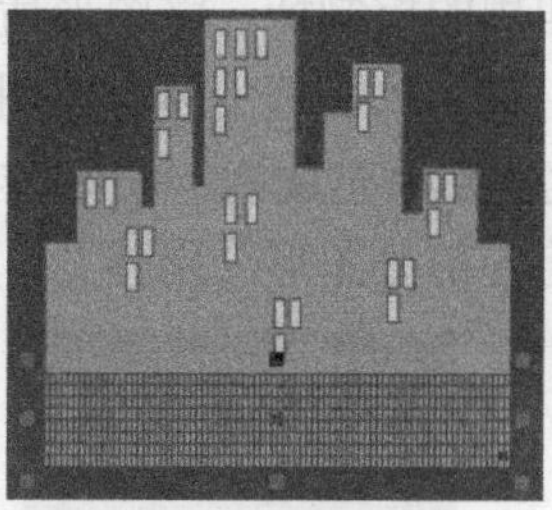

图 2-2-7　添加网格

（7）拖曳一个矩形，选中楼房图形和网格图形，单击“排列”→“群组”命令，将选中的楼房图形和网格图形组成一个楼房图形的群组。

（8）按 Ctrl+D 组合键，复制一份选中的楼房图形，将复制的图形水平移到页面的右边。

2．绘制博物馆图形

（1）将“插入字符”对话框内图形列表中的博物馆图案拖曳到绘图页面的中间，拖曳博物馆图形四周的控制柄，将图形适当调大，给图形填充黄色，如图 2-2-8 所示。

（2）单击选中博物馆图形，按 Ctrl+D 组合键，复制一份选中的图形，将复制的图形移到一旁。单击“排列”→“拆分曲线”命令，将选中复制的博物馆图形拆分为博物馆主体、支架和顶部图形，如图 2-2-9 所示。将各部分图形分别移开，给博物馆支架图形填充红色。

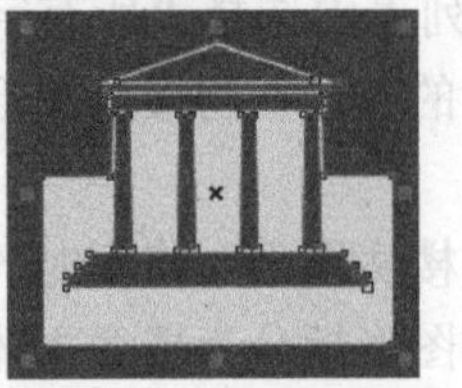

图 2-2-8　博物馆图形

图 2-2-9　博物馆各部分图形

（3）拖曳一个矩形，选中所有博物馆支架图形，将选中的图形组成一个群组。然后，将红色博物馆支架图形移到图 2-2-8 所示的博物馆图形之上，如图 2-2-10 所示。

（4）拖曳一个矩形，选中所有博物馆和博物馆支架图形，单击“排列”→“群组”命令，将选中的图形组成一个博物馆群组。

（5）拖曳一个矩形，选中所有复制的其他图形，按 Delete 键，删除选中的图形。

（6）将图形列表中的几种不同形式的人物图案拖曳到绘图页面内，分别拖曳各人物图形四周的控制柄，将各人物图形适当调大，再给各人物图形填充不同颜色，将各人物图形移到不同的位置，如图 2-2-11 所示。

图 2-2-10　博物馆图形

图 2-2-11　添加人物图形

3．绘制体育馆和汽车图形

（1）将“插入字符”对话框内图形列表中的体育馆图案拖曳到绘图页面内，拖曳体育馆图形四周的控制柄，将图形适当调大，给图形填充绿色，如图 2-2-12 所示。

（2）单击选中体育馆图形，按 Ctrl+D 组合键，复制一份选中的图形，将复制的图形移到一旁，并填充黄色。单击“排列”→“拆分曲线”命令，将选中的复制图形拆分为三部分图形。再将各部分图形分别移开，如图 2-2-13 所示。

图 2-2-12　体育馆图形

图 2-2-13　体育馆各部分图形

（3）拖曳选中图 2-2-13 中左边图形，按住 Shift 键，依次单击图 2-2-13 中左边图形下部的图形，取消选中这些图形，再将选中的图形移到一旁，如图 2-2-14 所示。将选中的图形移到绿色体育馆图形之上，如图 2-2-15 所示。然后，删除其余的复制图形。

（4）绘制一幅填充棕色的矩形图形，移到图 2-2-15 所示图形内体育馆大门之上。单击“排列”→“顺序”→“置于此对象后”命令。此时，鼠标指针呈大黑箭头状，将鼠标指针移到图 2-2-15 所示图形，效果如图 2-2-16 所示。

图 2-2-14　选中部分图形

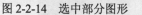

图 2-2-15　选中图形移到体育馆之上

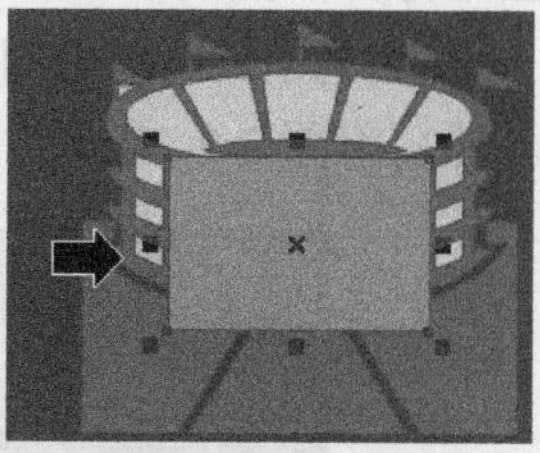

图 2-2-16　调整顺序

（5）单击鼠标左键，即可将选中的棕色矩形图形移到体育馆图形的后面。拖曳一个矩形，选中所有的体育馆图形，单击“排列”→“群组”命令，将选中的图形组成一个群组，如图 2-2-17 所示。

（6）将体育馆图形群组移到左边楼房图形的右边，可以看到体育馆图形在人物图形之上，如图 2-2-18 所示。按照上述方法，将体育馆图形群组移到人物图形的后边，如图 2-2-19 所示。

图 2-2-17　选中部分图形

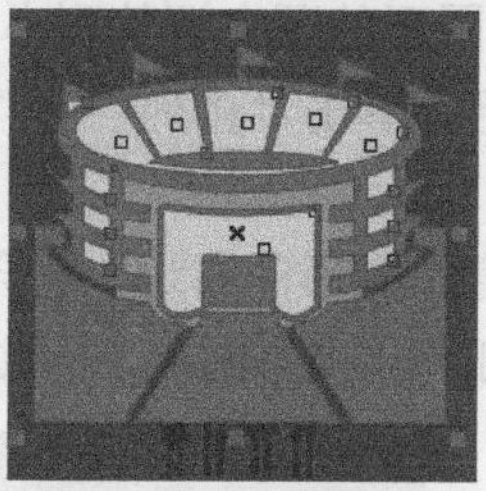

图 2-2-18　体育馆在人物之上

图 2-2-19　调整顺序后的效果

（7）将“插入字符”对话框内图形列表中的救护车图案拖曳到绘图页面内，将救护车图形调大，给图形填充蓝色，如图 2-2-20 所示。

（8）单击选中救护车图形，按 Ctrl+D 组合键，复制一份选中的图形，将复制的图形移到一旁。单击“排列”→“拆分曲线”命令，将复制图形拆分为几部分。将车头填充棕色，将车厢填充红色，如图 2-2-21 所示。

（9）将复制的救护车图形移到图 2-2-20 的蓝色汽车图形之上，再将该图形移到蓝色救护车图形的后面，然后将它们组成群组，如图 2-2-22 所示。

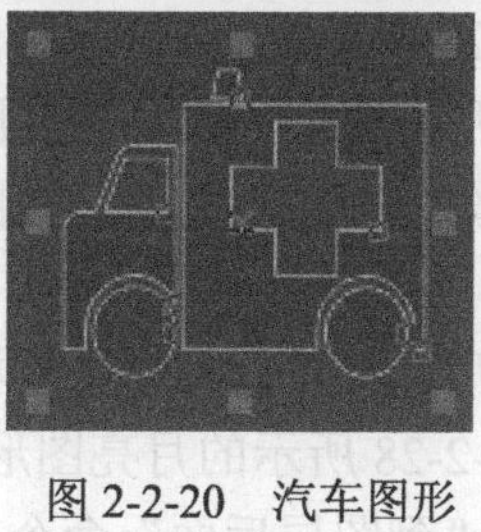

图 2-2-20　汽车图形

图 2-2-21　改变颜色

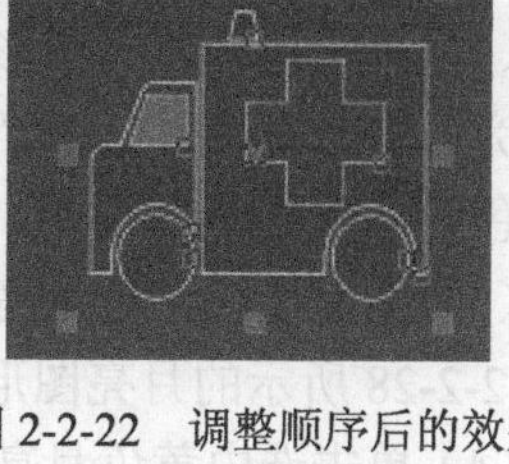

图 2-2-22　调整顺序后的效果

4．绘制小房屋

（1）将“插入字符”对话框内图形列表中的小房屋图案拖曳到绘图页面内，将小房屋图形调大。然后给小房屋图形填充绿色，设置轮廓线为棕色，如图 2-2-23 所示。

（2）将小房屋图形复制一份，选中复制的小房屋图形，单击“排列”→“拆分曲线”命令，将选中的小房屋图案中的各部分图形分离。单击按下工具箱内的“选择工具”按钮，将各部分图形分开，如图 2-2-24 所示（还没有更改颜色）。

（3）将图 2-2-24 中间的图形填充棕色，将图 2-2-24 右边的图形填充黄色，如图 2-2-24 所示。然后将图 2-2-24 左边的图形删除。

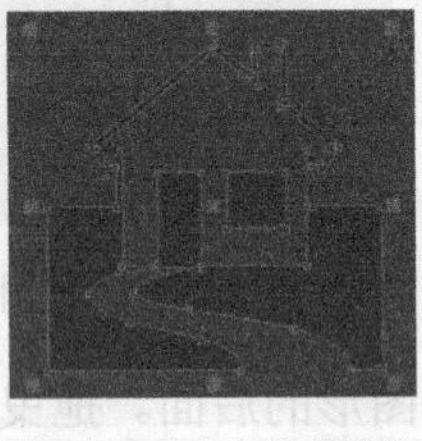

图 2-2-23　小房屋图形

图 2-2-24　分离的小房屋图形

（4）将图 2-2-24 中间的图形移到图 2-2-23 所示的小房屋图形之上，再将图 2-2-24 右边的窗户图形移到小房屋图形之上，如图 2-2-25 所示。在精细调整对象位置时，可以选中要调整的对象，再利用属性栏内的“x”和“y”文本框进行微调。

（5）按照上述方法，将黄色窗户图形的顺序调整到小房屋图形的最上边，如图 2-2-26 所示。拖曳一个矩形，选中所有小房屋图形，单击“排列”→“群组”命令，将选中的图形组成一个小房屋图形群组。

（6）将小房屋图形群组移到体育馆图形的右边，它会将两个人物图形遮挡住。采用上边介绍过的方法，将小房屋图形群组置于两个人物图形的后边，如图 2-2-27 所示。

图 2-2-25　移动图形

图 2-2-26　调整窗户图形顺序

图 2-2-27　调整图形位置和顺序

5．绘制月亮、星形和飞机图形

（1）将“插入字符”对话框内图形列表中的月亮图形拖曳到绘图页面左上边，适当调整月亮图形的大小。单击月亮图形，适当旋转月亮图形，效果如图 2-2-28 所示。

（2）单击选中月亮图形，按 Ctrl+D 组合键，复制一份选中的月亮图形，将复制的图形移到一旁。单击“排列”→“拆分曲线”命令，将复制的月亮图形拆分，再给复制的月亮图形填充黄色，如图 2-2-29 所示。

（3）拖曳选中黄色月亮图形，将选中的图形组成一个群组。然后，将黄色月亮图形群组移到图 2-2-28 所示的月亮图形之上。黄色月亮图形群组会遮挡住图 2-2-28 所示的月亮图形。

（4）单击选中黄色月亮图形群组，单击“排列”→“顺序”→“到图层后面”命令，将黄色月亮图形群组置于图 2-2-25 所示的月亮图形的后面，如图 2-2-30 所示。

（5）拖曳一个矩形，选中所有月亮图形，单击“排列”→“群组”命令，将选中的图形组成一个月亮图形群组。

（6）使用工具箱中的“星形工具”，在其“星形”属性栏内的“点数或边数”文本框中输入 5，按住 Ctrl 键的同时在绘图页内拖曳绘制一个正五角星形图形，调整该图形的大小，如图 2-2-31 所示。

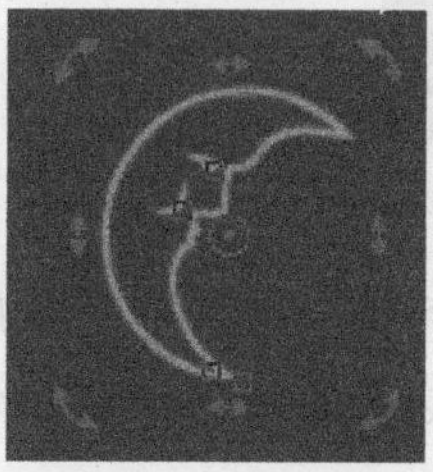

图 2-2-28　月亮图形

图 2-2-29　复制月亮

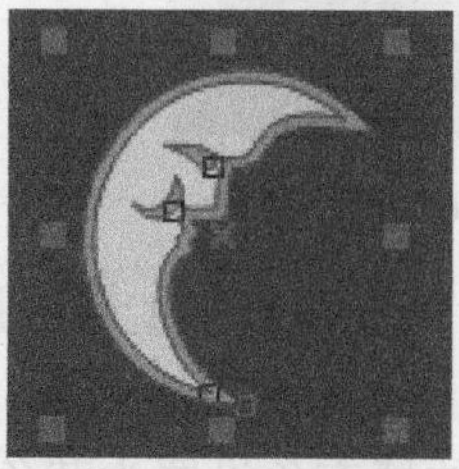

图 2-2-30　调整图形顺序

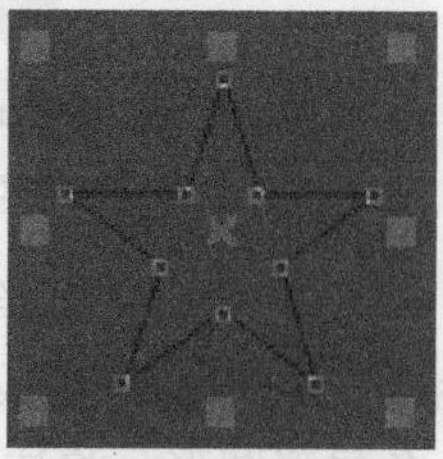

图 2-2-31　正五角星形

（7）将正五角星形图形的填充色和轮廓线颜色设置为黄色，如图 2-2-32 所示。选中五角星，按 Ctrl+D 组合键，将其复制一个。使用工具箱中的“选择工具”，将复制的五角星图形缩小并填充白色，将其移动到黄色五角星图形的中心，完成后的效果如图 2-2-33 所示。

（8）单击工具箱内的“调和”按钮，从中心白色的五角星向上拖曳到黄色五角星上，制作出白色到黄色的混合效果。再在其“交互式调和工具”属性栏内设置调和的步长数为 20，如图 2-2-34 所示。完成后的图形效果如图 2-2-35 所示。

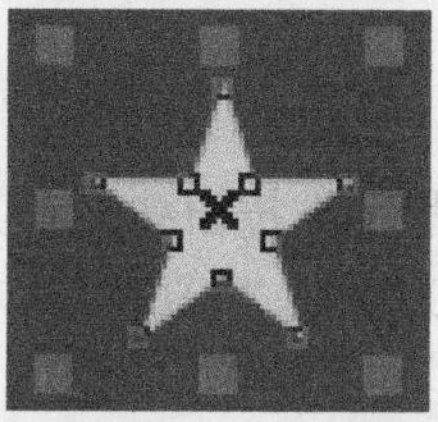

图 2-2-32　填充黄色

图 2-2-33　两个五角星

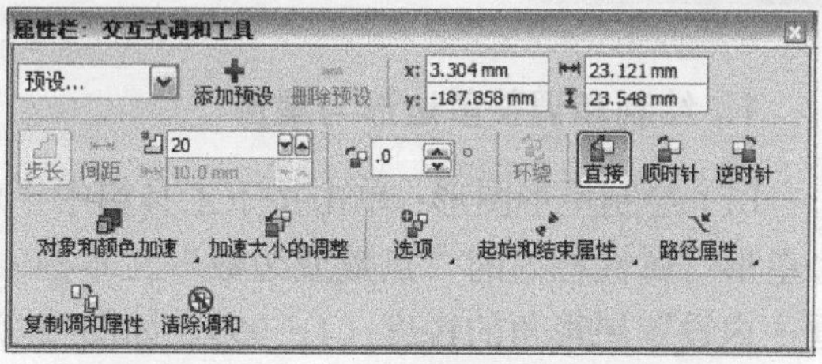

图 2-2-34　“交互式调和工具”属性栏

（9）将图 2-2-35 所示的星形图形组成群组，将该图形调小一些，然后复制多份，分别移到页面内上部的不同位置，如图 2-2-1 所示。

（10）绘制飞机图形是利用“插入字符”对话框内的飞机图案制作的，留给读者完成。

图 2-2-35　混合后的图形

6．绘制探照灯和礼花等图形

（1）使用工具箱内的“椭圆工具”，拖曳绘制一幅椭圆形图形，设置该图形的填充色和轮廓线颜色为黄色。将该图形复制一份，适当等比例地调大，再将图形的填充色和轮廓线颜色设置为白色，如图 2-2-36 所示。

（2）单击工具箱内的“调和”按钮，从黄色椭圆形图形向上拖曳到白色椭圆形图形上，制作出黄色到白色的混合效果，如图 2-2-37 所示。

（3）在其“交互式调和工具”属性栏中设置调和的步长数为 500。然后，调整两个椭圆形的大小和位置，形成探照灯效果，如图 2-2-1 所示。

（4）将整个探照灯图形组成群组。将该图形复制一份，适当调整复制图形的旋转角度和大小，将它移到绘图页面内的右边，如图 2-2-1 所示。

图 2-2-36　两个椭圆

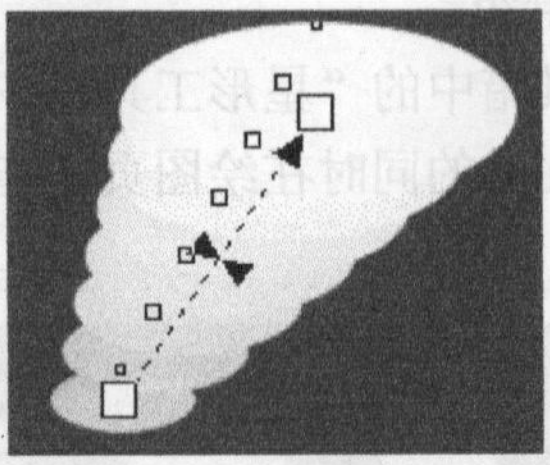

图 2-2-37　混合后图形

（5）使用工具箱内的“复杂星形工具”，在其“复杂星形”属性栏内“多边形、星形和复杂星形的点数或边数”文本框内输入 9，按住 Ctrl 键，在体育馆图形之上拖曳，绘制一个 9 角星形图形，将该图形的填充色设置为黄色，轮廓线颜色设置为棕色。

（6）调整 9 角星形图形大小，复制 3 份，将它们移到不同的位置，如图 2-2-1 所示。

（7）使用工具箱中的“矩形工具”，在绘图页面内下部拖曳，绘制一幅宽度为 500 毫米，高度为 50 毫米的矩形图形，设置图形的填充色和轮廓线颜色为金黄色。

（8）单击选中金黄色矩形图形，单击“排列”→“顺序”→“到页面后边”命令，将选中的金黄色矩形图形置于其他图形的后边，最终效果如图 2-2-1 所示。

链接知识

1．绘制和调整多边形与星形

（1）绘制星形图形：单击按下工具箱中“对象展开式工具”栏内的“星形”按钮，在其“星形”属性栏内的“点数或边数”文本框内设置角数或边数（3～500）；在“锐度”文本框内设置星形角的锐度（1～99），如图 2-2-38 所示。在页面内拖曳，即可绘制一个星形图形，如图 2-2-39 所示。

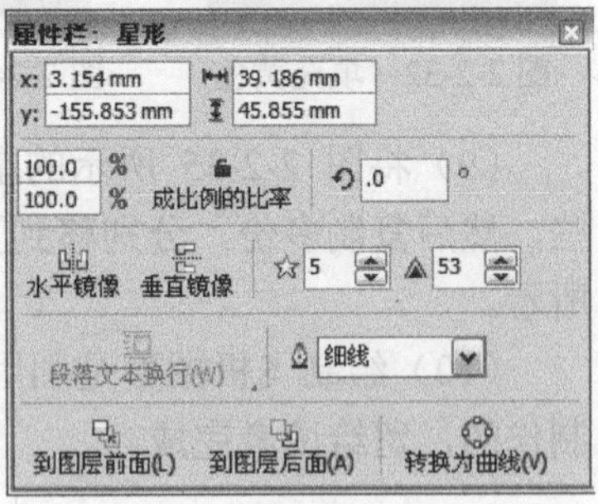

图 2-2-38　“星形”属性栏

在角数或边数为 5 的情况下，“锐度”文本框内的数值为 1 时，星形图形变为多边形，如图 2-2-39 所示；“锐度”文本框内的数值为 99 时，星形图形如图 2-2-40 所示。

（2）绘制多边形图形：单击按下工具箱中“对象展开式工具”栏内的“多边形工具”按钮，调整其“多边形”属性栏内的“点数或边数”文本框内的参数（3～500），可以改多边形图形的边数。

（3）绘制复杂星形图形：单击按下工具箱中“对象展开式工具”栏内的“复杂星形”按钮，在其“复杂星形”属性栏内的“点数或边数”文本框内设置点数或边数，再在页面内拖曳，即可绘制一个复杂星形。

当复杂星形图形的边数大于或等于 7 时，“锐度”文本框变为有效；当复杂星形图形的点数为 7 时，锐度可在 1～2 调节，边数每增加两个边，锐度最大值增加 1，最大数值为 248。复杂星形的点数为 10，锐度为 3 的图形如图 2-2-41 所示。

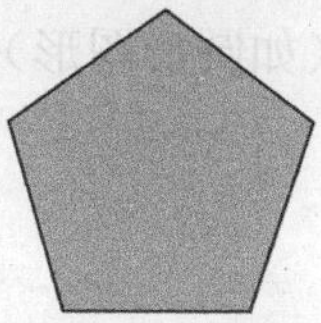

图 2-2-39 多边形

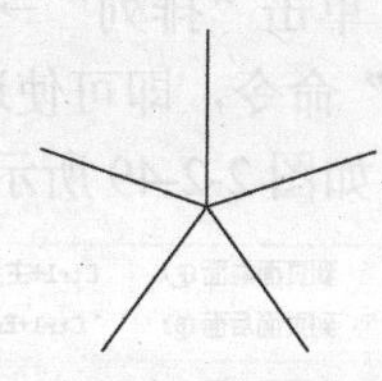

图 2-2-40 星形

图 2-2-41 复杂星形

2. 绘制和调整网格和螺纹线图形

（1）绘制网格图形：单击工具箱中的“图纸”按钮，在其“图纸和螺旋工具”属性栏内的“图纸行和列数”两个文本框内分别输入网格的行和列数(如 8 和 6)。然后在页面内拖曳，即可绘制出网格图形，如图 2-2-42 所示。

（2）绘制螺纹线图形：螺纹线有两种类型，一种是“对称式”，即每圈的螺纹间距不变；另一种是“对数式”，即螺纹间距向外逐渐增加。

单击工具箱中的“螺纹工具”按钮，单击按下其“图纸和螺旋工具”属性栏内的“对称”按钮，在“螺纹回圈”文本框内输入圈数，如图 2-2-43 所示。在页面内拖曳，即可绘制对称式螺纹线，如图 2-2-44 所示。单击按下其“图纸和螺旋工具”属性栏内的“对数”按钮，如图 2-2-45 所示，再拖曳鼠标，即可绘制对数式螺纹线，如图 2-2-46 所示。

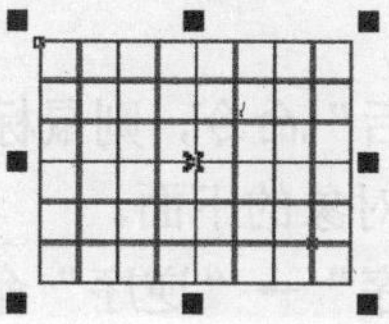

图 2-2-42 网格图形

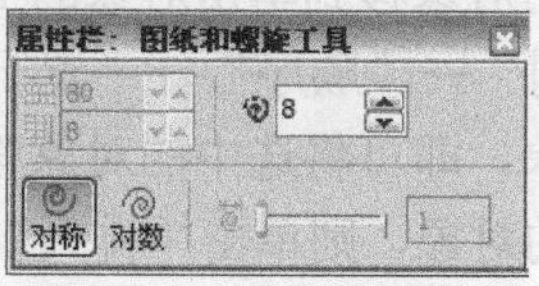

图 2-2-43 对称式螺纹线属性栏

图 2-2-44 对称式螺纹线

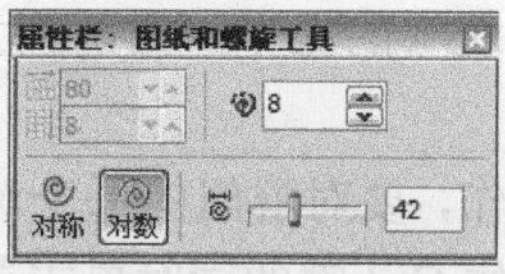

图 2-2-45 对数式螺纹线属性栏

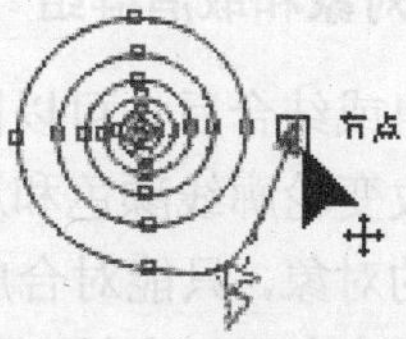

图 2-2-46 对数式螺纹线

单击按下“图纸和螺旋工具”属性栏内的“对数”按钮后，“图纸和螺旋工具”属性栏如图 2-2-45 所示。调整“螺纹扩展参数”文本框内的数值（拖曳滑块可以调整其数值），可改变对数螺纹线圈与圈之间间距的变化。

使用工具箱中的“形状工具”，单击选中螺纹线，因为螺纹线是曲线，所以曲线上的小圆点即为节点，将鼠标指针移到图形的节点处时，鼠标指针变为大箭头状，如图 2-2-46 所示。拖曳节点，可以调整螺纹线图形的形状。

3. 调整重叠对象的排列顺序

当多个对象相互重叠时，存在着前后顺序，如图 2-2-47 所示，矩形图形在最上边，其次是圆形图形，最下边是五角星图形。堆叠的顺序由绘图的过程来决定，最后绘制的图形堆叠的顺序最高（在最上边）。对象的堆叠顺序也叫对象排列顺序，对象排列顺序的调整可以通过执行命令来完成。常用的几种方法简介如下。

（1）选中一个对象（如圆形图形），单击“排列”→“顺序”命令，调出“顺序”的子菜单如图 2-2-48 所示。单击“到图层前面”命令，即可使选中对象（如圆形图形）的排列最高，即在所有对象的最上面（或叫最前面），如图 2-2-49 所示。

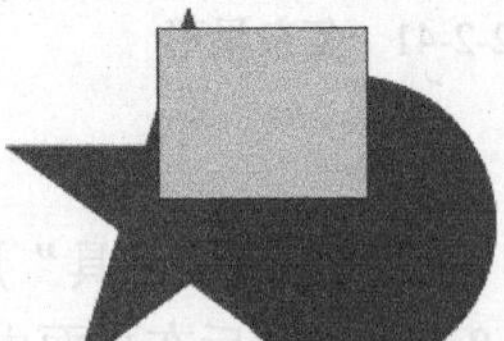

图 2-2-47　多个对象相互堆叠

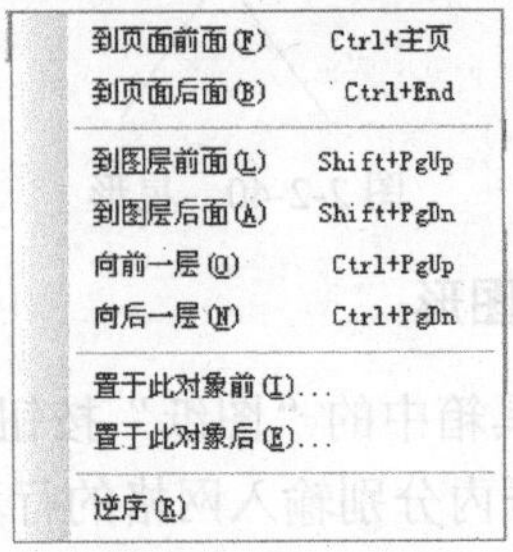

图 2-2-48　“顺序”命令

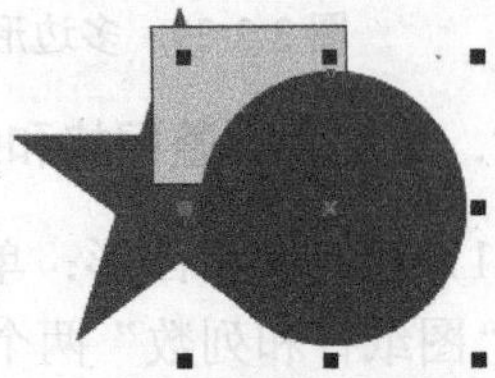

图 2-2-49　调整顺序后的效果

（2）单击“排列”→“顺序”→“到图层前面”命令，即可使选中对象的排列最高，即在所有对象的最上面（或叫最前面）。

（3）单击“排列”→“顺序”→“到图层后面”命令，即可使选中对象的排列最低。

（4）单击“排列”→“顺序”→“向前一层”命令，可使选中对象的排列向前提高一层。

（5）单击“排列”→“顺序”→“向后一层”命令，可使选中对象的排列向后降低一层。

（6）单击“排列”→“顺序”→“置于此对象前”命令，则鼠标指针会变为黑色的大箭头状，单击某一个对象，即可将选中的对象移到单击对象的上面。

（7）选中一个对象，单击“排列”→“顺序”→“置于此对象后”命令，则鼠标指针会变为黑色的大箭头状，单击某一个对象，即可将选中的对象移到单击对象的下面。

（8）如果选中两个或两个以上的对象，则单击“排列”→“顺序”→“逆序”命令，即可将选中的对象的排列顺序颠倒。

4．群组多个对象和取消群组

多个对象群组或结合后，可以同时对多个对象进行统一的操作，如调整大小，移动位置，改变填充颜色，改变轮廓线颜色和进行顺序的排列等。

对于群组后的对象，只能对合成的对象进行整体操作，要对群组中每个对象的各个节点进行调整，需要首先选中群组中的一个对象，其方法是按住 Ctrl 键的同时单击该对象。拖曳节点可以调整群组中单个对象的形状。

（1）多个对象的群组：选中多个图形后，单击其属性栏中的“群组”按钮，或单击“排列”→“群组”命令（或按 Ctrl+G 组合键），即可将选中的多个对象组成一个群组。例如，选中四个对象，将这四个对象组成群组后的效果如图 2-2-50 所示（4 个对象的颜色没有改变），其属性栏改为“组合”属性栏，如图 2-2-51 所示。

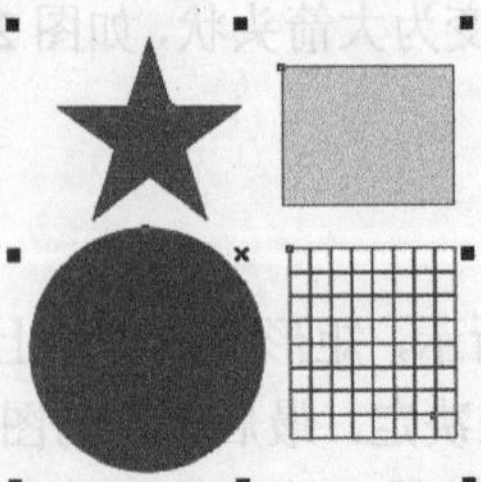

图 2-2-50　多个对象群组后的效果

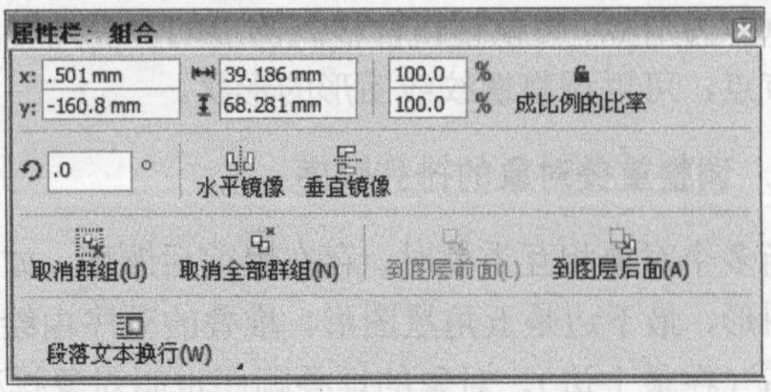

图 2-2-51　“组合”属性栏

将非群组的对象组成的群组叫第一层群组，将多个第 1 层群组对象与其他对象组成群组叫第 2 层群组，将多个第 2 层群组对象与其他对象组成群组叫第 3 层群组……

（2）取消群组：选中一个群组对象，单击“群组”属性栏中的“取消组合”按钮，单击“排列”→“取消群组”命令或按 Ctrl+U 组合键，可以取消多个对象的一层群组。如果单击属性栏中的“取消全部群组”按钮，可以取消多个对象的所有层次的群组。

实训 2-2

1. 使用“对象展开式工具”栏内的工具，绘制一幅边数为 9 的绿色多边形图形，一幅角数为 9 的黄色星形图形，一幅角数为 9 的蓝色复杂星形图形。

2. 使用“对象展开式工具”栏内的图纸工具，绘制一幅“棋盘格”图形，要求棋盘格有 20 行和 40 列，颜色为深蓝色。再使用表格工具，绘制一幅相同的“棋盘格”图形。

3. 使用“对象展开式工具”栏内的螺纹工具，绘制一幅“对称式”螺纹图形，要求螺纹圈数为 10，颜色为绿色；绘制一幅“对数式”螺纹图形，要求螺纹圈数为 15 色为蓝色。

4. 利用“插入字符”对话框，制作 16 幅如图 2-2-52 所示的图形。

5. 制作一幅“农家乐”图形，如图 2-2-53 所示。该图形是“农家乐”网页内的 LOGO。

图 2-2-52　16 幅图形

图 2-2-53　“农家乐”图形

6. 绘制一幅“运动之墙”图形，有 6 种代表不同体育运动形式的图形，如图 2-2-54 所示。

图 2-2-54　“运动之墙”图形

第3章
绘制和编辑矢量曲线

本章提要：

连续的线条可称为曲线，它是由一条或多条线段组成的，包括直线、折线和弧线等。线段是保持同一矢量特性的曲线。一条线段的起点、终点和转折点叫节点，节点有直线节点、曲线节点、尖角节点、平滑节点和对称节点五类。从起点到终点所经过的节点与线段组成了路径，路径分闭合路径和开路路径，闭合路径的起点与终点重合。只有闭合路径才允许填充。本章通过3个实例，介绍了使用“曲线展开工具”栏内工具绘制简单图形的方法。

3.1 【实例3】家园庆典

“家园庆典”图形如图3-1-1所示，它展示了一幅由2座彩色小屋、青草、蘑菇、小花、气球、月亮、五彩星星和礼花等构成的美丽家园的节日庆典画面。

通过本实例的学习，可以进一步掌握利用“插入字符”对话框插入特殊字符图形的方法，可以掌握使用艺术笔工具绘制各种图形的方法等。该实例的制作方法和相关知识介绍如下。

图3-1-1 “家园庆典”图形

制作方法

1. 绘制房屋图形

（1）设置绘图页面的宽度为300毫米，高度为150毫米，背景色为浅褐色。

（2）单击“文本”→“插入字符”命令，调出“插入字符”对话框。在该对话框的“字体”下拉列表中选择“Webdings”字体，在“代码页”下拉列表中选择“所有字体”选项。将图形列表中的小房屋图案拖曳到绘图页面的右边，将小房屋图案调大，不填充颜色，如图 3-1-2 所示。

（3）选中小房屋图形，单击“排列”→“拆分曲线”命令，将选中的小房屋图形中的各部分图形分离。将各部分轮廓线图形分开。给各轮廓线内填充不同的颜色，给背景图形填充绿色，再将黄色窗户图形移到小房屋原来的位置，如图 3-1-3 所示。

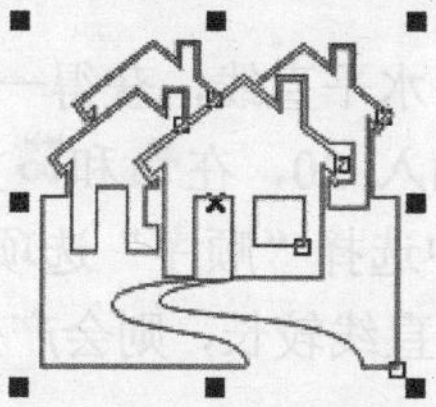

图 3-1-2 小房屋图形

图 3-1-3 分离的小房屋图形并填充颜色

（4）将图 3-1-3 中间的黄色窗户和小房屋图形移回原来的位置，调整各部分图形的前后顺序，效果如图 3-1-4 左图所示。拖曳出一个矩形，选中图 3-1-4 左图所示的所有房屋图形，再单击“排列”→“群组”命令，将选中的所有图形组成一个群组。

（5）将该群组移到图 3-1-4 右图所示的背景图形之上原来位置处，如图 3-1-5 所示。

（6）绘制一幅黄色填充的正方形图形，移到相应的位置，调整它的前后顺序，形成后面房屋的窗户，再绘制两幅填充深棕色的矩形图形，作为房屋的门。

（7）选中所有房屋图形，单击“排列”→“群组”命令，将选中的所有图形组成一个群组，如图 3-1-6 所示。然后，将该群组对象移到图 3-1-1 所示的位置。

图 3-1-4 小屋图形和背景图形

图 3-1-5 合成的图形

图 3-1-6 群组后的图形

（8）按照【实例 2】中介绍的方法，制作如图 2-2-26 所示的房屋图形，道路的颜色设置为浅橙色，由读者自行完成。另外，在房屋的走道上添加一些人物图形。也可以将【实例 2】中的房屋图形和人物图形复制粘贴到【实例 3】中。

2．绘制小草图形

（1）单击工具箱中“曲线展开工具栏”栏内的“艺术笔工具”按钮 ，单击按下其属性栏中的“喷涂”按钮 ，此时“艺术笔对象喷涂”属性栏如图 3-1-7 所示。

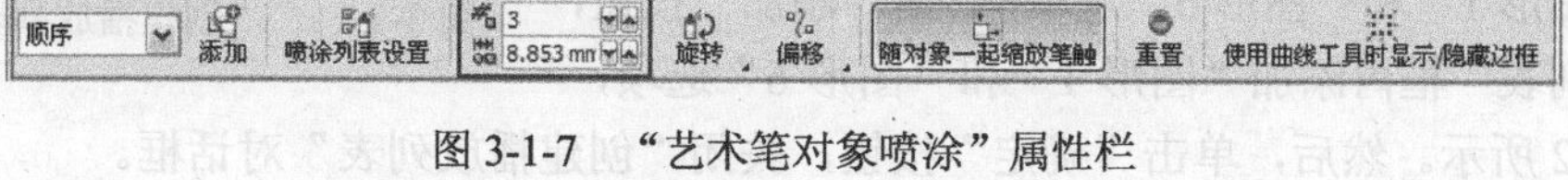

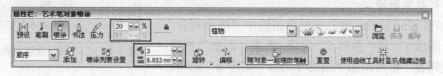

图 3-1-7 “艺术笔对象喷涂”属性栏

（2）在“类别”下拉列表中选择“植物”选项，在“喷射图样”下拉列表中选择“小草”图案，在“喷涂对象大小”文本框内输入确定小草对象大小的百分数；在“每个色块中的图形数”  和

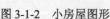

“图形间距”文本框内分别输入数值，调整小草图案的数量和间距，如图 3-1-7 所示。

（3）单击“喷涂列表设置”按钮，调出“创建播放列表”对话框，如图 3-1-8 所示。单击该对话框内的“清除”按钮，将“播放列表”框内的所有对象删除。

（4）按住 Shift 或 Ctrl 键的同时单击选中“喷涂列表”列表框内的“图形 1”和“图形 2”选项，再单击“添加”按钮，在“播放列表”框内添加“图形 1”和“图形 2”选项，设置这两个对象为喷涂艺术笔样式，如图 3-1-9 所示。然后，单击“确定”按钮，关闭“创建播放列表”对话框，完成艺术笔样式的设置。

（5）在浅褐色背景的绘图页面内水平拖曳鼠标，绘制一条水平直线，获得一行小草图形。再在“艺术笔对象喷涂”属性栏“喷涂对象大小”文本框内输入 20，在和文本框内分别输入 3 和 8.353，如图 3-1-7 所示。在“喷涂顺序”下拉列表中选择“顺序”选项。

（6）此时的小草图形，如图 3-1-10 所示。如果绘制的水平直线较长，则会产生较多的小草图形；如果绘制的水平直线较短，则会产生较少的小草图形。

图 3-1-8 “创建播放列表”对话框

图 3-1-9 在“播放列表”中添加选项

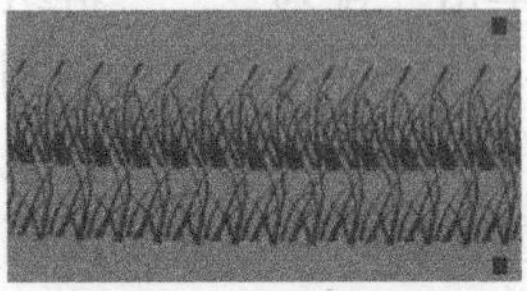

图 3-1-10 小草图形

（7）使用工具箱内的“选择工具”，单击选中小草图形，拖曳小草图形四周的控制柄，调整图形的大小。单击“排列”→“拆分艺术笔群组”命令，将选中的小草图形和一条水平直线分离。单击“排列”→“取消群组”命令，将多个小草图形分离，使小草图形独立。

（8）单击选中水平直线，按 Delete 键，删除选中的水平直线。然后，复制多幅小草图形，分别调整各幅小草图形的大小和位置。

3. 绘制小花和蘑菇图形

（1）使用“曲线展开工具栏”栏内的“艺术笔工具”，单击按下“艺术笔对象喷涂”属性栏内的“喷涂”按钮，在“类别”下拉列表中选择“植物”选项，在“喷射图样”下拉列表中选择“小花”图案，单击“喷涂列表设置”按钮，调出“创建播放列表”对话框，如图 3-1-11 所示。单击“清除”按钮，将“播放列表”框内的所有对象删除。

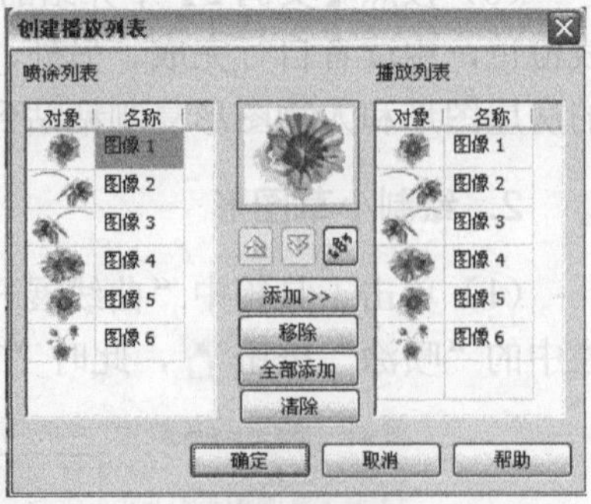

图 3-1-11 “创建播放列表”对话框

（2）按住 Shift 或 Ctrl 键的同时单击选中“喷涂列表”框内的“图形 1”和“图形 6”选项，单击“添加”按钮，在“播放列表”框内添加“图形 1”和“图形 6”选项，如图 3-1-12 所示。然后，单击“确定”按钮，关闭“创建播放列表”对话框。

（3）在“艺术笔对象喷涂”属性栏内的“喷涂对象大小”数值框中输入 30，设置绘制图形的百分数为 30%；在“喷涂顺序”下拉列表中选择“顺序”选项；在文本框内输入 1，在文本框内输入0.892。

（4）在浅褐色背景的绘图页面内拖曳绘制一些小花图形。然后调整图形的大小和位置，继续绘制多幅小花图形。

（5）在“艺术笔对象喷涂”属性栏内的“类别”下拉列表中选择“植物”选项，在“喷射图样”下拉列表中选择“蘑菇”图案，拖曳绘制一些蘑菇图形，调整它们的大小和位置。

（6）还可以按照上述方法再添加一些其他的小花和小草图形，如图3-1-13所示。

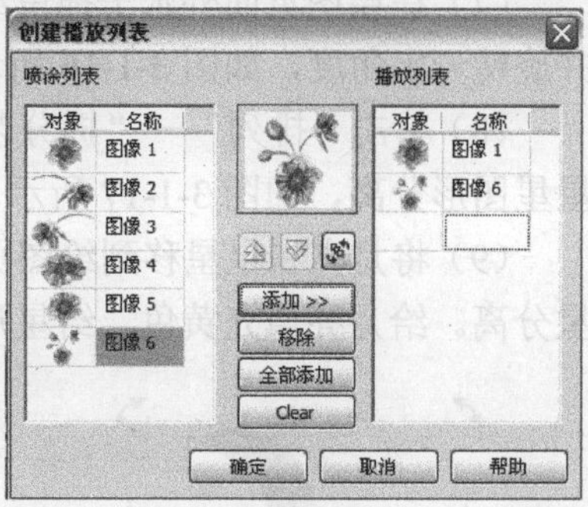

图3-1-12 在“播放列表”中添加选项

4．绘制礼花和气球等图形

（1）在“艺术笔对象喷涂”属性栏内的“类别”下拉列表中选择“对象”选项，在“喷射图样”下拉列表中选择“气球”图案，在小房屋图形两边水平拖曳绘制一些气球图形。

图3-1-13 绘制一些小草、蘑菇和小花图形

（2）在“艺术笔对象喷涂”属性栏内的“类别”下拉列表中选择“对象”选项，在“喷射图样”下拉列表中选择“礼花”图案，然后在小房屋图形上边拖曳绘制一些礼花图形。

（3）单击“曲线展开工具栏”内的“艺术笔工具”按钮，单击按下其属性栏中的“笔刷”按钮，在其“艺术笔刷”属性栏内的“类别”下拉列表中选择“符号”选项，在“笔刷笔触”下拉列表中选择一种星星图案，此时的“艺术笔刷”属性栏如图3-1-14所示。

（4）2次在绘图页面内的上边拖曳鼠标，绘制2条短线，绘制出2片星星图形。

（5）单击“曲线展开工具栏”栏内的“艺术笔工具”按钮，单击按下其属性栏中的“喷涂”按钮，在“类别”下拉列表中选择“其他”选项，在“喷射图样”下拉列表中选择“月亮星星”图案。单击“喷涂列表设置”按钮，调出“创建播放列表”对话框。单击该对话框内的“清除”按钮，将“播放列表”框内的所有对象删除。

（6）单击选中“喷涂列表”下拉列表中的“图形5”对象，再单击“添加”按钮，在“播放列表”框内添加“图形5”对象，设置“图形5”对象图案为喷涂艺术笔样式，如图3-1-15所示。然后，单击“确定”按钮，关闭“创建播放列表”对话框。

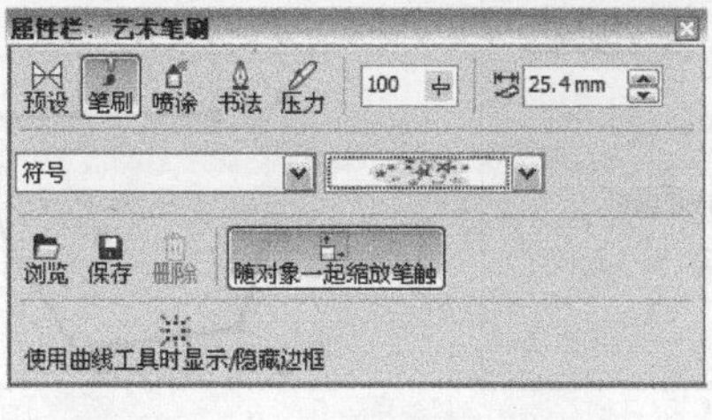

图3-1-14 “艺术笔刷”属性栏

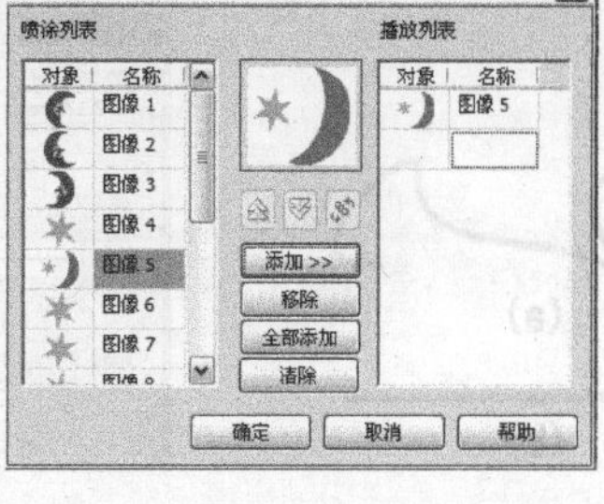

图3-1-15 “创建播放列表”对话框

（7）在绘图页面外水平拖曳绘制一个蓝色月亮和灰色星星图形，再调整它的大小、位置，并旋转一定角度，如图 3-1-16 所示。

（8）单击“排列”→“拆分艺术笔群组”命令，将选中的蓝色月亮图形中的线条与月亮和星星图形分离，如图 3-1-17 所示。单击选中分离出的线条，按 Delete 键，将线条对象删除。

（9）将月亮和星星移到绘图页面内，单击“排列”→“取消全部群组”命令，将月亮和星星分离。给月亮填充黄色，给星形填充白色，调整它们的大小和位置，如图 3-1-18 所示。

图 3-1-16　月亮和星星图形

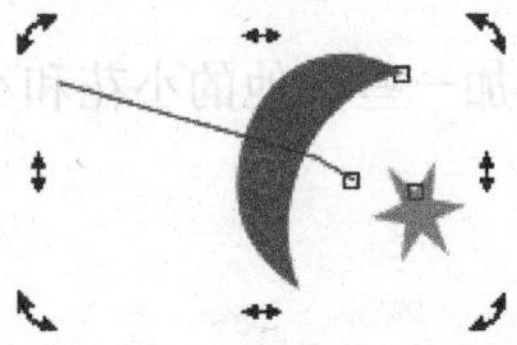

图 3-1-17　拆分艺术笔群组

图 3-1-18　填充颜色的月亮和星星

（10）使用工具箱内“形状编辑展开式工具”栏中的“形状”工具，调整月亮图形的形状。然后，复制多幅星星图形，将它们移到绘图页面内的不同位置。

（11）绘制一幅宽 300 毫米、高 90 毫米的蓝色矩形，移到绘图页面的上半部分，单击“排列”→“顺序”→“到页面后面”命令，将选中图形移到其他图形的后面，效果如图 3-1-1 所示。

链接知识

1．直线工具

绘制直线和折线主要使用工具箱内“曲线展开工具”栏中 “手绘工具”、“2 点线工具”和“折线工具”，以及“连接工具展开”栏内的“直线连接器”工具、“直角连接器”工具和“直角圆角连接器”工具等。它们的使用方法介绍如下。

（1）“手绘工具”工具：单击“手绘工具”按钮后，在页面内可以像使用笔一样拖曳绘制一条曲线，如图 3-1-19（a）所示；单击直线起点后再单击直线终点，可以绘制一条直线，如图 3-1-19（b）所示。绘制完线条后的“曲线”属性栏如图 3-1-20 所示。前面没有介绍过的选项作用介绍如下。

◎“自动闭合”按钮：使不闭合的曲线闭合，即起始端和终止端用直线相连接。

◎“起始箭头”下拉列表：用来选择线的起始端箭头的状态。

◎“线条样式”下拉列表：用来选择线的状态（实线或各种虚线）。

◎“终止箭头”下拉列表：用来选择线的终止端箭头的状态。

（2）“折线工具”工具：它的用法与“手绘工具”绘制直线的方法类似，单击折线起始端，再依次单击各端点，最后双击终点，即可绘制出一条折线，如图 3-1-21 所示。

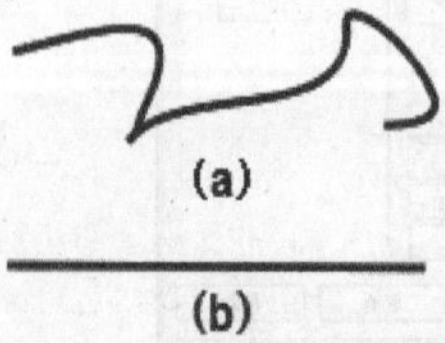

图 3-1-19　曲线和直线

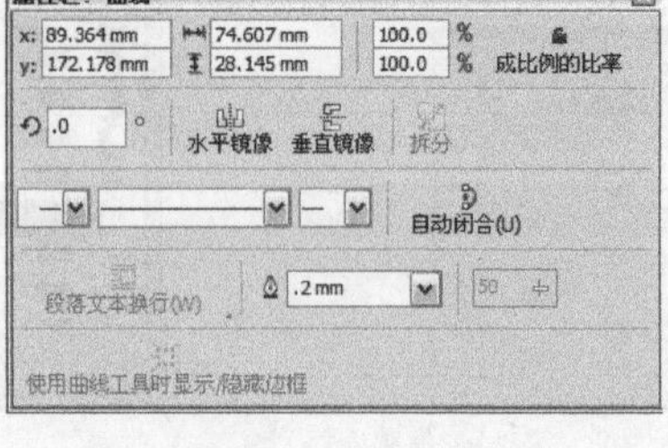

图 3-1-20　“曲线”属性栏

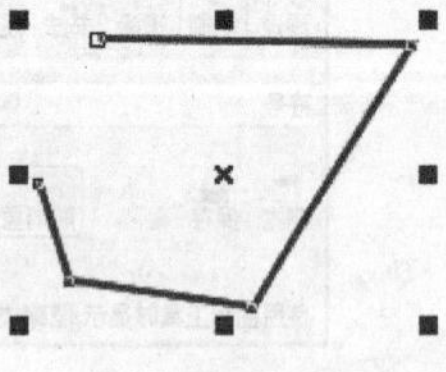

图 3-1-21　折线

“折线工具”属性栏如图 3-1-22 所示，其中各选项的作用均在前面介绍过了。

（3）“2 点线工具”：可以由 2 个点确定一条直线。单击“曲线展开工具”栏内“2 点线工具”按钮后，其“2 点线”属性栏如图 3-1-23 所示。其内第 2 行右边有三个按钮，单击按钮，可以切换到相应的“2 点线”工具。

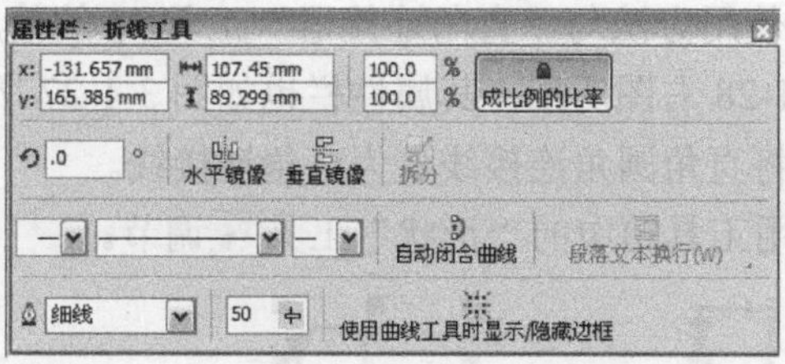

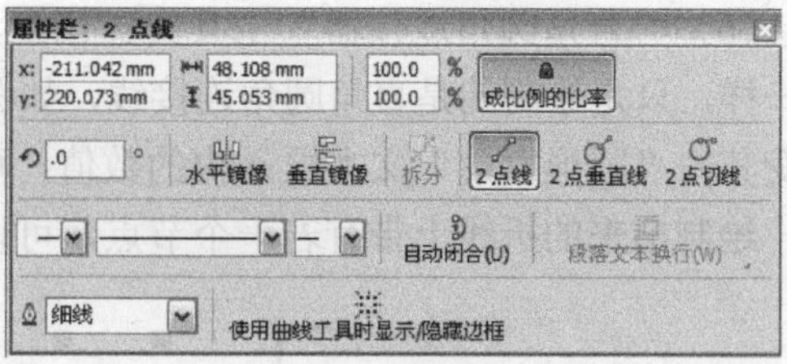

图 3-1-22　“折线工具”属性栏　　　　图 3-1-23　“2 点线”属性栏

◎“2 点线”工具：鼠标指针呈状，单击直线起点，拖曳鼠标到终点，松开鼠标左键，可绘制一条直线，如图 3-1-24 左图所示。

◎“2 点垂直线”工具：鼠标指针呈状，单击一条直线后拖曳鼠标，即可产生一条该直线的垂线，拖曳鼠标可以调整垂直线的整体位置，如图 3-1-24 中图所示。

◎“2 点切线”工具：鼠标指针呈状，单击一圆轮廓线或弧线后拖曳鼠标，即可产生圆或弧线的切线，拖曳鼠标可以调整切线的整体位置，如图 3-1-24 右图所示。

（4）“直线连接器”工具：单击工具箱中“连接工具展开”栏内的“直线连接器”按钮，其“连接器”属性栏如图 3-1-25 所示。同时，页面内所有线的两端和其他节点显示出红色正方形轮廓线状控制柄，如图 3-1-26 所示。

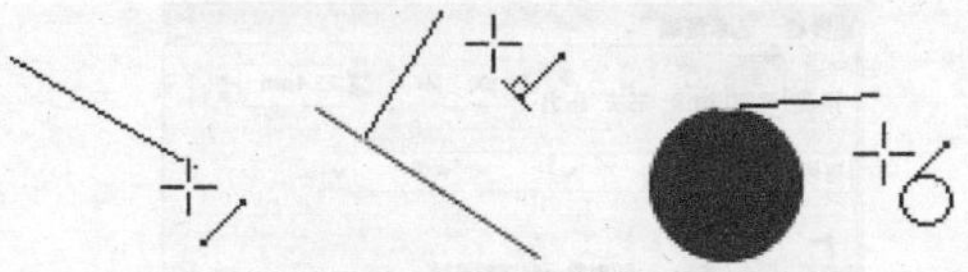

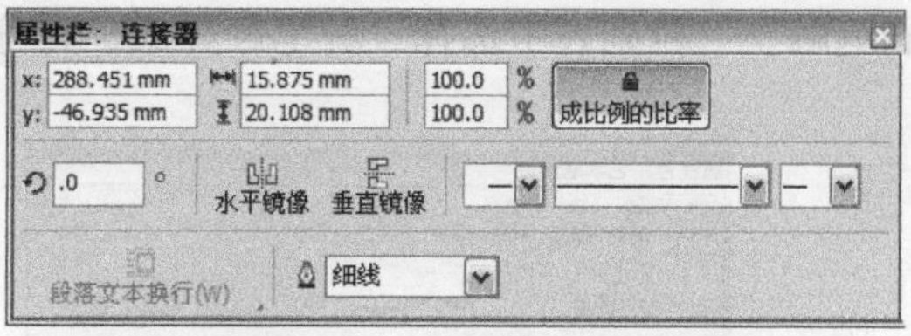

图 3-1-24　绘制直线、垂直线和切线　　　　图 3-1-25　“连接器”属性栏

然后，在两条线的端点节点之间拖曳，绘制出连接线，如图 3-1-26 左图所示。在其属性栏内可以设置线的粗细、线的类型，绘出的带箭头连接线如图 3-1-26 中图和右图所示。

（5）“直角连接器”工具：单击工具箱中“连接工具展开”栏内的“直角连接器”按钮，其“连接器直角”属性栏如图 3-1-27 所示。同时，页面内所有线的两端和其他节点显示出红色正方形轮廓线状控制柄，鼠标指针呈状。

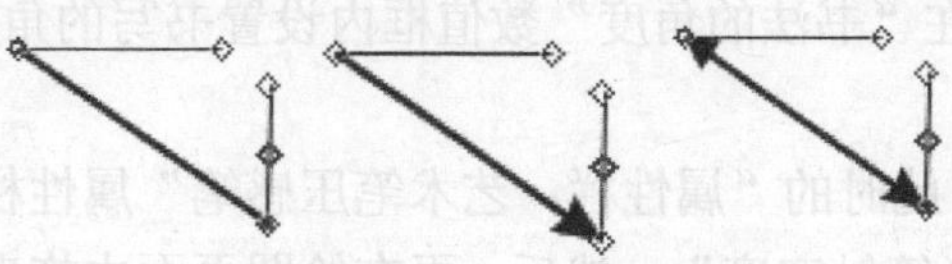

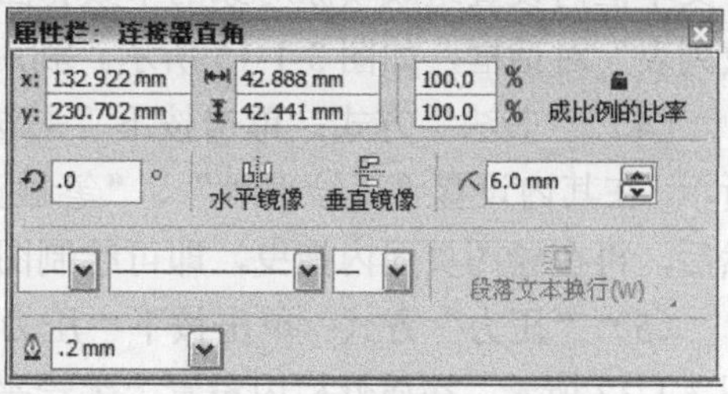

图 3-1-26　直线连接线　　　　图 3-1-27　“连接器直角”属性栏

然后，在两条线的端点节点之间拖曳，绘制连接线如图 3-1-28 左图所示。在其属性栏内可

以设置线的粗细、线的类型。使用工具箱内的“选择工具”，拖曳连接的对象，可以调整节点之间的直角连接线，绘出的带箭头直角连接线和调整后的结果如图3-1-28中图所示。

改变其属性栏内“圆形直角”文本框内的数值，可以调整使用工具箱内的“选择工具”选中的或当前的直角连接线的直角角度，使直角连接线变为直角圆角连接线。

（6）“直角圆角连接器”工具：该工具的使用方法与“直角连接器”工具的使用方法一样，只是绘制的是直角圆角连接线，如图3-1-28右图所示。其属性栏也如图3-1-27所示。改变其内“圆形直角”文本框内的数值，可以将直角圆角连接线变为直角连接线。

绘制出来的折线上带有若干个节点，可以使用工具箱中的“形状”工具调节。

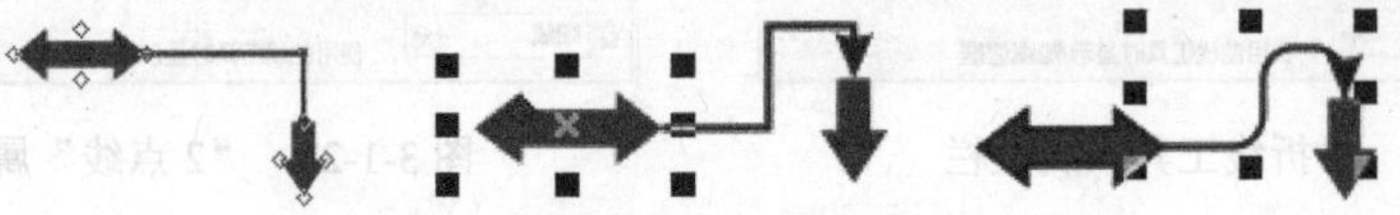

图3-1-28　直角连接线和直角圆角连接线

2. 艺术笔工具

单击按下“艺术笔工具”按钮，调出它的属性栏，艺术笔工具的使用方法如下。

（1）“预设”方式：单击按下“预设”按钮，此时“艺术笔预设”属性栏如图3-1-29所示。在“预设笔触”下拉列表中选择一种艺术笔触样式，在“手绘平滑”文本框内输入平滑度，在“笔触宽度”文本框内设置笔宽，再拖曳绘制图形。

（2）“笔刷”方式：单击按下“笔刷”按钮，此时的“艺术笔刷”属性栏如图3-1-30所示。在“类别”下拉列表中选择一种类型，设置“手绘平滑”、“笔触宽度”数值，在“笔刷笔触”下拉列表中选择一种笔触样式，再拖曳绘制图形。

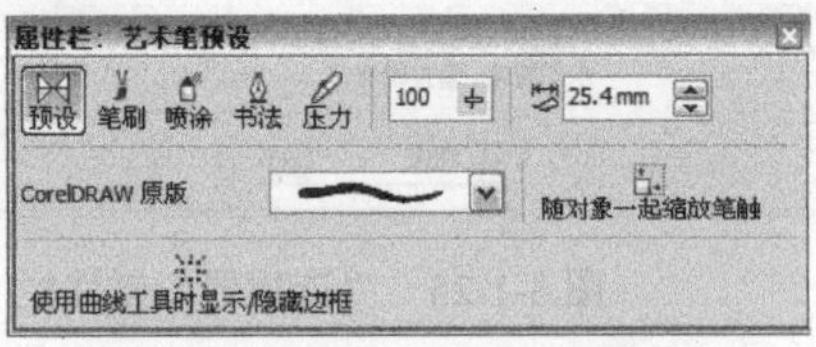

图3-1-29　“艺术笔刷”属性栏

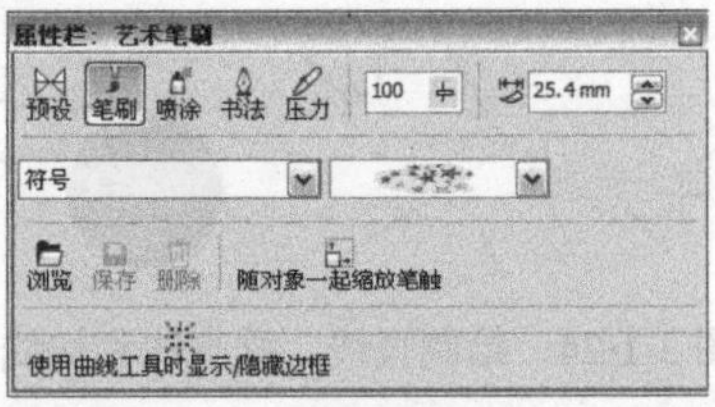

图3-1-30　“艺术笔刷”属性栏

（3）“喷涂”方式：单击按下“喷涂”按钮，此时的“艺术笔对象喷涂”属性栏如图3-1-7所示。在“类别”下拉列表中选择一种类型，在“喷射图样”下拉列表中选择一种喷涂图形样式。设置“喷涂对象大小”数值，在“喷涂顺序”下拉列表中选择一种喷涂对象的顺序，在两个文本框内设置组成喷涂对象的个数和图形间距。单击“喷涂列表设置”按钮，调出“创建播放列表”对话框，如图3-1-15所示。利用它可以设置喷涂图形的种类。

（4）“书法”方式：单击按下“书法”按钮，此时的“艺术笔书法”属性栏如图3-1-31所示。在其内设置“手绘平滑”、“笔触宽度”，在“书法的角度”数值框内设置书写的角度。然后，再在绘图页面内拖曳，即可绘制图形。

（5）“压力”方式：单击按下“压力”按钮，此时的“属性栏：艺术笔压感笔”属性栏如图3-1-32所示。在属性栏内设置“手绘平滑”、“笔触宽度”。然后，再在绘图页面内拖曳绘制图形。在绘图中，按键盘上的↑或↓方向键，可以增加或减小笔的压力。

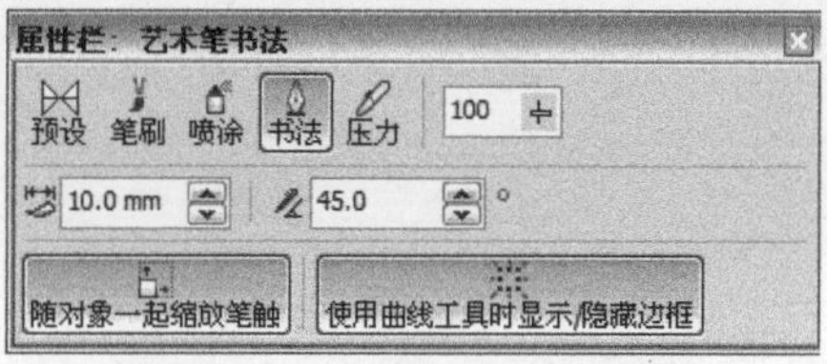

图 3-1-31 “艺术笔书法”属性栏

图 3-1-32 “艺术笔压感笔”属性栏

实训 3-1

1. 绘制一幅“春节礼物”图形，其中有气球、小花、珍珠、宝石等，如图 3-1-33 所示。

2. 绘制一幅“鸟”图形，其中有飞鸟、雪花和文字“鸟”图形，如图 3-1-34 所示。

3. 制作一幅“丘比特箭”图形，如图 3-1-35 所示。该图形是一支绿色的箭射穿红色的心脏。

图 3-1-33 “春节礼物”图形

图 3-1-34 “飞鸟”图形

图 3-1-35 “丘比特箭”图形

3.2 【实例 4】天鹅湖

“天鹅湖”图形如图 3-2-1 所示。图形背景的上半部分是蓝色，下半部分是从上到下、由浅蓝色到深蓝色的渐变色，画面的四角有一些由心形图形组成的图案，左右两边有两束小花，上边有一些气球，下边有许多金鱼。图形中央展示了一对由简单线条构成的白天鹅，相对浮在湖面上，在湖面呈现它们的倒影。

图 3-2-1 “天鹅湖”图形

通过本实例的学习，可以进一步掌握手绘工具和艺术笔工具的使用方法，初步掌握贝塞尔工具、钢笔工具、形状工具和渐变工具的使用方法。该实例的制作方法和相关知识介绍如下。

制作方法

1. 绘制天鹅轮廓线

（1）设置绘图页面的宽为220毫米，高为160毫米，背景色为深蓝色。

（2）使用工具箱中“曲线展开工具”栏内“贝塞尔工具”或者使用“钢笔工具”按钮，按照本节“链接知识”内介绍的方法绘制一条如图3-2-2所示的曲线。

（3）使用工具箱中“形状编辑展开式工具”栏内的“形状”工具，单击曲线上的节点，拖曳节点或者拖曳节点处的蓝色箭头状的切线，修改所绘制的曲线，如图3-2-3所示。修改好的曲线像天鹅的头部与颈部，如图3-2-4所示。

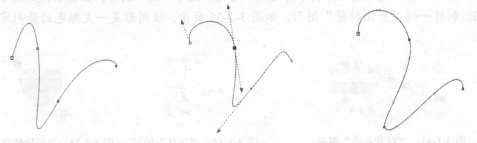

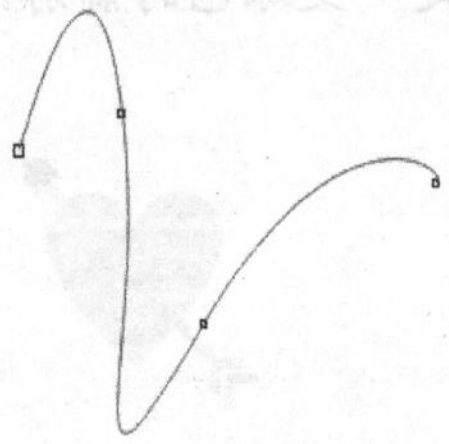

图3-2-2　绘制曲线

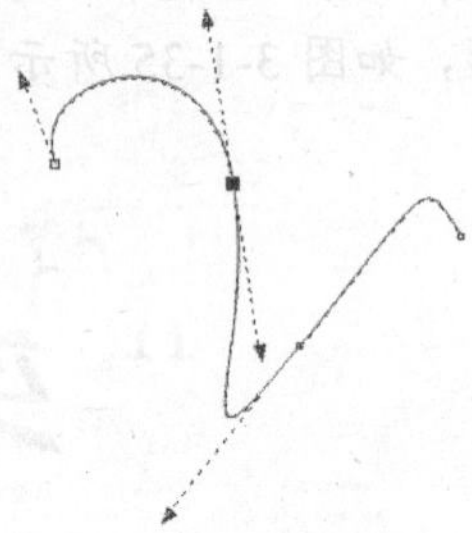

图3-2-3　调整曲线

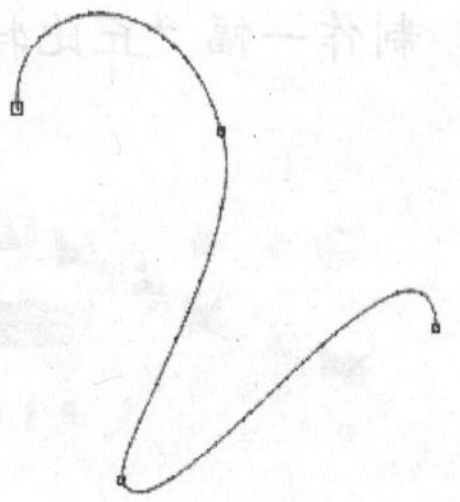

图3-2-4　天鹅的头部与颈部曲线

（4）选中该曲线，使用工具箱中“曲线展开工具”栏内的“艺术笔工具”，单击按下其“艺术笔预置”属性栏内的“预设”按钮，在“预设笔触”下拉列表中选择倒数第5种笔触，在“手绘平滑”文本框中输入数值100，在“笔触宽度”文本框中设置为1.9mm，如图3-2-5所示。

（5）沿着图3-2-4所示的曲线，从左上角端点向右下角端点拖曳，绘制出接近图3-2-6左图所示的曲线。然后使用工具箱中“形状”工具调整该曲线，如图3-2-6左图所示。调整完后，将原曲线删除，效果如图3-2-6右图所示。

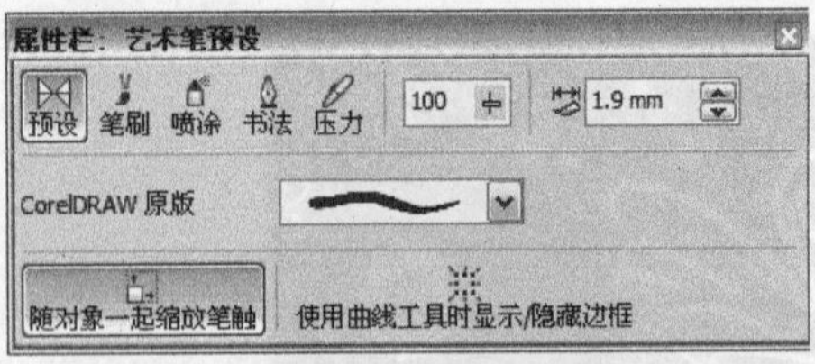

图3-2-5　“属性栏：艺术笔预设”属性栏

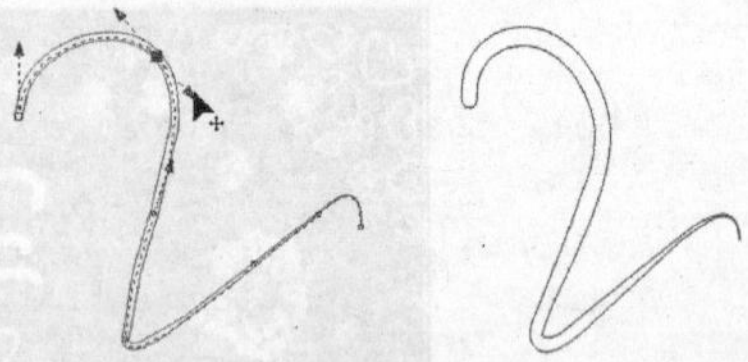

图3-2-6　使用“艺术笔工具”绘制的效果及调整后的效果

（6）采用同样的方法，绘制天鹅背部曲线，使用“艺术笔工具”，单击按下其属性栏内的“预设”按钮，在其“预设笔触列表”框中选择倒数第6种笔触，沿着曲线绘制新的曲线，使用工具箱中的“形状”工具进行修改。完成后的效果如图3-2-7所示。

（7）采用同样的方法，绘制其他曲线，根据不同的需要，选择不同设置的“艺术笔工具”进行绘制，使用“形状”工具修改。绘制完的天鹅轮廓线图形如图3-2-8所示。

（8）使用“贝塞尔工具”或“手绘工具”绘制出一条曲线，作为天鹅的嘴。

2. 制作天鹅轮廓线的镜像图形

（1）单击工具箱中的“选择工具”按钮，拖曳出一个矩形，将图形全部选中，单击“排列”→“群组”命令，将选中的图形组成一个群组。

（2）按Ctrl+D组合键，复制一份天鹅轮廓线，选中复制的天鹅轮廓线，单击“组合”属性栏内的“水平镜像”按钮，将复制的天鹅轮廓线水平镜像。然后，调整两幅天鹅轮廓线的位置，最后效果如图3-2-9所示。然后，将它们组成后一个群组图形。

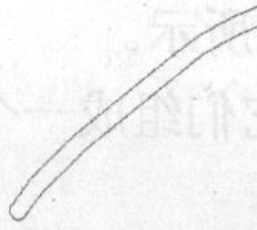

图3-2-7 天鹅的背部曲线

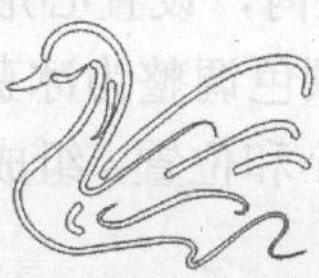

图3-2-8 天鹅的轮廓线

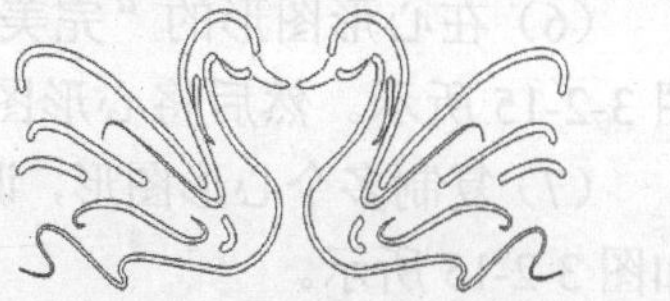

图3-2-9 两幅天鹅轮廓线

（3）选中群组图形，复制一份该图形，单击其“组合”属性栏内的“垂直镜像”按钮，将复制的天鹅轮廓线垂直镜像。调整其位置，使其位于图3-2-9所示图形的下部。

（4）单击工具箱内“交互式展开式工具”栏中的“扭曲”（也叫“变形”）按钮，再单击按下其属性栏内的“推拉”按钮，打开“交互式变形—推拉效果”属性栏，如图3-2-10所示。在“推拉失真振幅”文本框内输入3，使垂直镜像后的图形有一点变形。

（5）调整两个群组图形的位置，如图3-2-11所示。将两个群组图形组成一个群组。

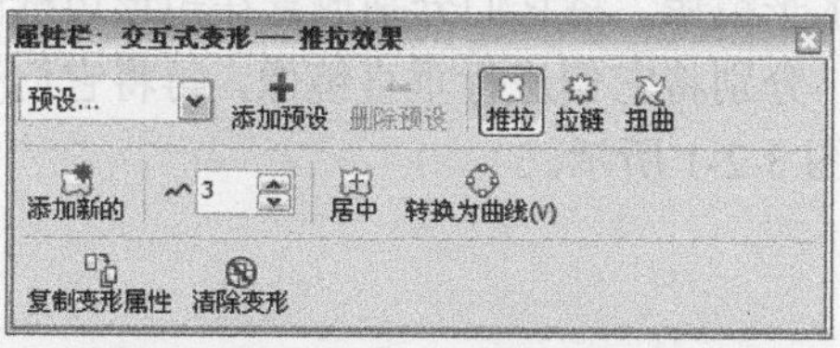

图3-2-10 “交互式变形—推拉效果”属性栏

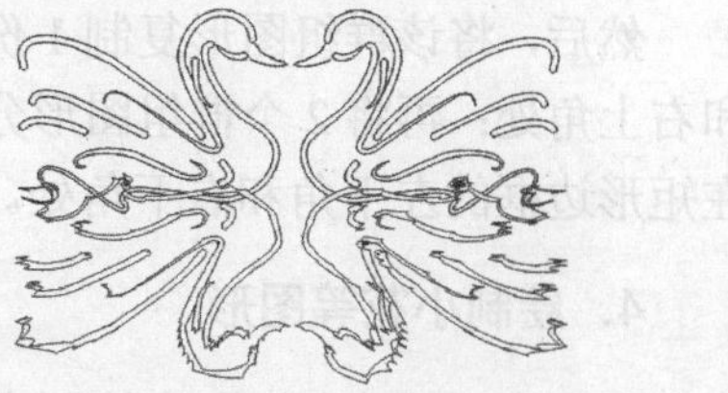

图3-2-11 天鹅和它的倒影图形

3．创建背景和心形曲线图案

（1）使用工具箱内的“矩形工具”，在蓝色背景的下半部分绘制一个浅蓝色轮廓的矩形，作为湖面。单击工具箱内“填充展开工具栏”中的“渐变填充”按钮，调出“渐变填充”对话框。

（2）在“渐变填充”对话框内的“类型”下拉列表中选择“线性”选项，设置填充的颜色为线性渐变类型，单击选中“颜色调和”栏内的“双色”单选钮。

（3）单击“从”按钮，调出它的颜色面板，如图3-2-12所示。单击该颜色面板内的“冰蓝”色块，设置起始填颜色；单击“到”按钮，调出它的颜色面板，单击该面板内的“天蓝”色块，设置终止填充色；在“中点”文本框内输入60，在“角度”文本框内输入90，在“边界”文本框内输入0。单击“确定”按钮，绘制的“背景”图形如图3-2-13所示。

（4）使用工具箱内的“选择工具”，单击选中天鹅轮廓线图形群组，将天鹅图形填充为白色。然后，单击“排列”→“顺序”→“到图层前面”命令，将它们移到“背景”图形之上，如图3-2-14所示。

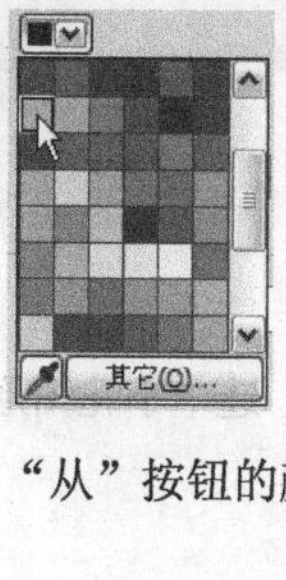

图3-2-12 “从”按钮的颜色面板

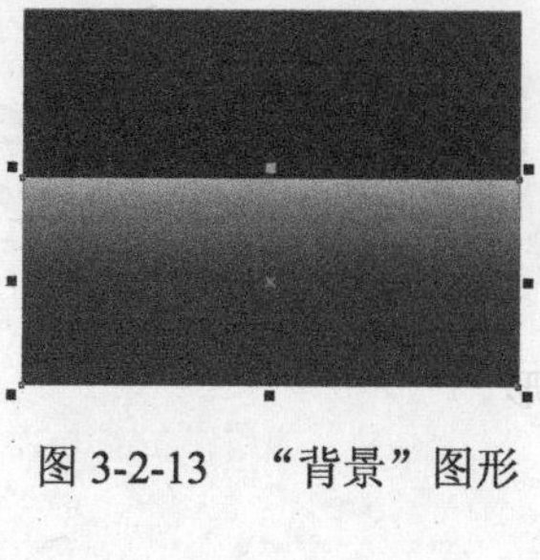

图3-2-13 “背景”图形

图3-2-14 天鹅着白色和背景图形

（5）单击按下工具箱内“完美形状展开工具栏”的“基本形状”按钮，然后单击其“完美形状”属性栏内的“完美形状”按钮，调出它的下拉面板，单击该面板内的心形图标，选择心形图形，然后在页面内拖曳绘制一个心形图形。

（6）在心形图形的“完美形状”属性栏内，设置心形图形的“轮廓宽度”为1.0mm，如图3-2-15所示。然后将心形图形的轮廓线颜色调整为冰蓝色，如图3-2-16所示。

（7）复制多个心形图形，调整它们的大小和位置，组成一个图案，再将它们组成一个群组，如图3-2-15所示。

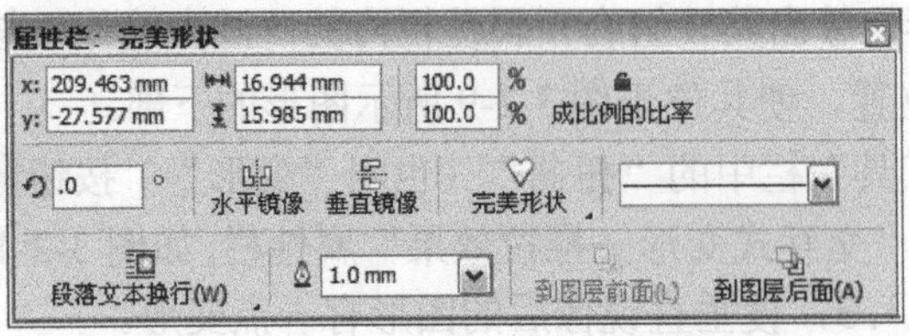

图3-2-15 “完美形状”属性栏

图3-2-16 多个心脏图形组成的图案

然后，将该群组图形复制1份，将它进行水平镜像，将它们分别放置在矩形边框的左上角和右上角处；再将2个群组图形分别复制1份，分别将它们进行垂直镜像，再将它们分别放置在矩形边框的左下角和右下角处。最后效果如图3-2-1所示。

4. 绘制小花等图形

（1）参看【实例3】中绘制小花图形的方法，使用工具箱中“曲线展开工具栏”内的“艺术笔工具”，调出“创建播放列表”对话框，参看图3-1-11和图3-1-12所示“创建播放列表”对话框进行设置。在“艺术笔对象喷涂”属性栏内的“喷涂对象大小”数值框中输入30，设置绘制图形的百分数为30%；在“喷涂顺序”下拉列表中选择“顺序”选项；在“”文本框内输入1，在“”文本框内输入0.9。

（2）在绘图页面内水平拖曳，绘制一条较长的水平直线，得到相应的小花图形，如图3-2-17所示。如果绘制的水平直线较长，则会产生较多的小花图形；如果绘制的水平直线较短，则会产生较少的小花图形。调整图形的大小和位置。

（3）使用工具箱内的“选择工具”，单击选中小花图形，单击“排列”→“拆分艺术笔群组”命令，将选中的小花图形和一条水平直线分离。单击“排列”→“取消群组”命令，将多个小花图形分离，使小花图形独立。

（4）单击选中如图3-2-18左图所示的一组小花图形，将它移到一旁，单击其“群组”属性栏内的“垂直镜像”按钮，使小花图形垂直翻转，如图3-2-18右图所示。拖曳选中剩余的水平直线和小花图形，按Delete键，删除选中的图形。

图3-2-17 小花图形

图3-2-18 选中小花图形

调整小花图形的大小。然后，复制一幅小花图形。

(5)分别将 2 幅小花图形移到天鹅图形的两边，单击选中右边的小花图形，单击其“组合”属性栏内的“水平镜像”按钮，将复制的小花图形水平镜像。

(6) 使用工具箱中“曲线展开工具栏”栏内的“艺术笔工具”按钮，单击按下其属性栏中的“喷涂”按钮，在“类别”下拉列表中选择“其他”选项，在“喷射图样”下拉列表中选择一种金鱼图案。按照上述方法，添加一些金鱼图形，效果如图 3-2-1 所示。

然后再按照上述方法，添加一些气球图形，效果如图 3-2-1 所示。

链接知识

1. 使用“贝塞尔工具”和“钢笔工具”绘制曲线

(1) 先绘制曲线再定切线方法：单击“贝塞尔工具”按钮，单击曲线起点处，然后松开鼠标左键，再单击下一个节点处，则在两个节点之间会产生一条线段；在不松开鼠标左键的情况下拖曳鼠标，会出现两个控制点和两个控制点间的蓝色虚线，如图 3-2-19（a）所示，蓝色虚线是曲线的切线。拖曳鼠标，可以改变切线的方向，以确定曲线的形状。

如果曲线有多个节点，则应依次单击下一个节点，并在不松开鼠标左键的情况下拖曳鼠标以产生两个节点之间的曲线，如图 3-2-19（b）所示。曲线绘制完成后，按空格键或双击鼠标，即可结束该曲线的绘制。绘制完成的曲线如图 3-2-19（c）所示。

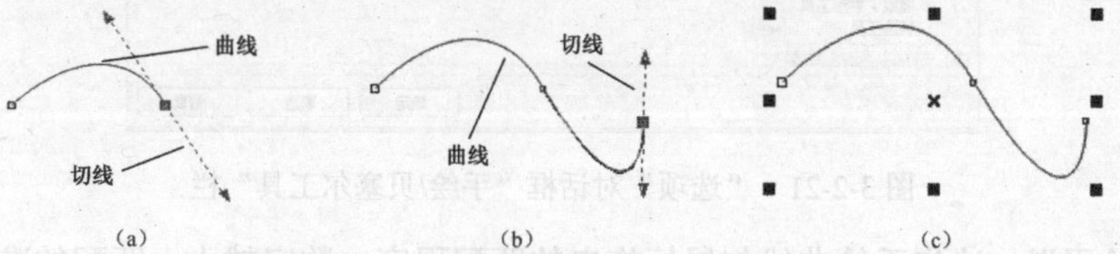

图 3-2-19　“贝塞尔工具”绘图方法之一

(2) 先定切线再绘制曲线方法：单击“贝塞尔工具”按钮，在绘图页面内，单击要绘制曲线的起点处，不松开鼠标左键，拖曳鼠标以形成方向合适的蓝色虚线的切线，然后松开鼠标左键此时会产生一条直线切线，如图 3-2-20（a）所示。再用鼠标单击下一个节点处，则该节点与起点节点之间会产生一条曲线。如果曲线有多个节点，则应依次单击下一个节点，并在不松开鼠标左键的情况下拖曳鼠标以产生两个节点之间的曲线，如图 3-2-20（b）所示。曲线绘制完后，按空格键或双击结束，即可绘制一条曲线，如图 3-2-20（c）所示。

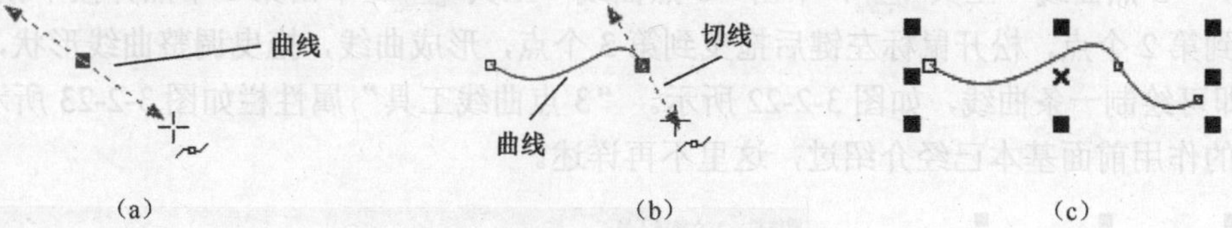

图 3-2-20　“贝塞尔工具”绘图方法之二

使用“贝塞尔工具”确定节点后，如果没有松开鼠标左键，则按下 Alt 键的同时拖曳鼠标，可以改变节点的位置和两节点之间曲线的形状。

使用“钢笔工具”绘制曲线的方法与使用“贝塞尔工具”绘制曲线的方法基本一

样，只是在拖曳鼠标时会显示出一条直线或曲线，而使用“贝塞尔工具”在拖曳鼠标时，不显示直线或曲线，只是在再次单击后才显示一条直线或曲线。

2.“手绘工具”与“贝塞尔工具”属性的设置

绘制完线后，“选择工具”按钮会自动呈按下状态，同时绘制的线会被选中，此时的“曲线”属性栏如图 3-1-20 所示。利用该属性栏可以精确调整曲线的位置与大小，以及设定曲线两端是否带箭头和带什么样的箭头、曲线的粗细和形状等。

单击“工具”→“选项”命令，调出“选项”对话框，再单击该对话框内右边目录栏中的“工具箱”→“手绘/贝塞尔工具”选项，这时的“选项”对话框内“手绘/贝塞尔工具”栏如图 3-2-21 所示。利用该对话框可以进行“手绘工具”与“贝塞尔工具”属性的设置。

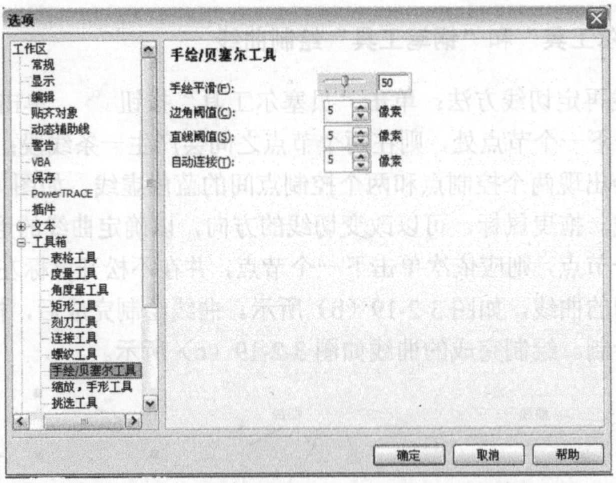

图 3-2-21 “选项”对话框“手绘/贝塞尔工具”栏

（1）手绘平滑：决定手绘曲线与鼠标拖曳的匹配程度，数字越小，匹配的准确度越高。

（2）边角阈值：决定边角突变节点的尖突程度，数字越小，节点的尖突程度越高。

（3）直线阈值：决定一条线相对于直线路径的偏移量，该线在直线阈值内视为直线。

（4）自动连接：决定两个节点自动接合所必须的接近程度。

3. 使用“3 点切线”和“B-Spline”工具绘制曲线

绘制曲线主要使用工具箱内“曲线展开工具栏”中的“3 点曲线工具”、“B-Spline 工具”、“贝塞尔工具”和“钢笔工具”。下面先介绍前两种工具的使用方法。

（1）“3 点曲线”工具：单击“3 点曲线”工具，单击第 1 个点并按下鼠标左键，再拖曳到第 2 个点，松开鼠标左键后拖曳到第 3 个点，形成曲线，拖曳调整曲线形状，单击第 3 点后即可绘制一条曲线，如图 3-2-22 所示。“3 点曲线工具”属性栏如图 3-2-23 所示，其中各选项的作用前面基本已经介绍过，这里不再详述。

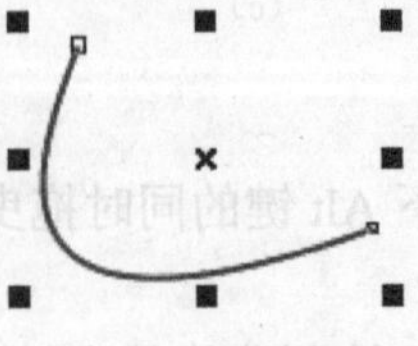

图 3-2-22 “3 点曲线”工具绘制曲线

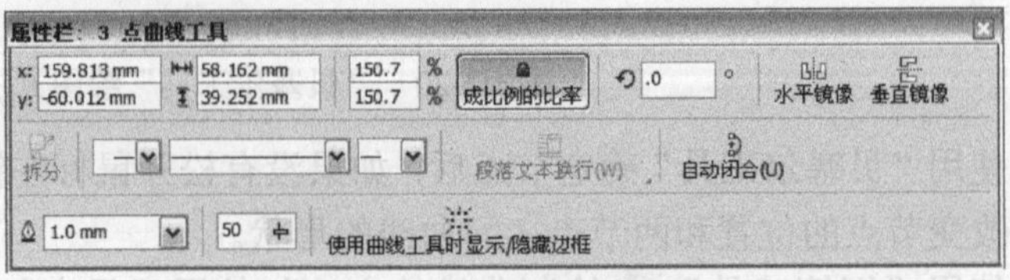

图 3-2-23 “3 点曲线工具”属性栏

（2）“B-Spline”工具 ：单击“B-Spline”按钮 ，拖曳出一条直线，如图 3-2-24 左图所示；单击后拖曳到第 3 点，如图 3-2-24 中图所示；单击后再移到下一点，如此继续，最后双击，完成曲线的绘制，如图 3-2-24 右图所示。

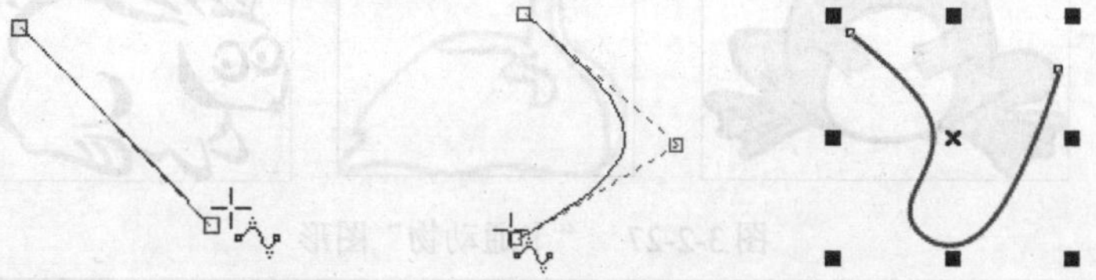

图 3-2-24　“B-Spline”项绘制曲线

4．节点基本操作

（1）选中节点：在对节点进行操作以前，应首先选中节点。要选中节点，应首先单击按下工具箱中的“形状”工具按钮 。选中节点的方法很多，简介如下。

◎ 曲线起始和终止节点：按 Home 按键，可以选中曲线起始节点；按 End 按键，可以选中曲线终止节点。

◎ 选中一个或多个节点：单击节点，可以选中该节点。按住 Shift 键，单击各个节点，可以选中多个节点。也可以拖曳鼠标框选要选择的所有节点，以选中多个节点。

◎ 选中所有节点：按住 Shift+Ctrl 组合键，同时单击任意一个节点，即可选中所有节点。

（2）取消选中节点：按住 Shift 键，同时单击选中的节点，可以取消节点的选中。

（3）添加节点：单击曲线上非节点处的一点，单击其“编辑曲线、多边形和封套”属性栏中的“添加”按钮，可以添加一个节点。双击曲线上非节点处的一点，也可以在双击点处添加一个节点。

（4）删除节点：选中曲线上一个或多个节点，单击其属性栏中的“删除”按钮或按 Delete 键，可以删除选中的节点。双击曲线上的一个节点，也可以删除该节点。

（5）调整节点位置：使用“形状”工具 ，单击选中节点。拖曳节点，可以调整节点的位置，同时也改变了曲线的形状。

（6）调整节点处的切线：对于一些曲线图形，选中的节点处有切线，切线两端有蓝色箭头，可以拖曳切线的箭头，调整曲线的形状，如图 3-2-25 所示。如果节点处没有切线，可单击其属性栏内的“转换为曲线”按钮 ，将选中的节点转换为曲线节点，曲线节点处会产生切线。

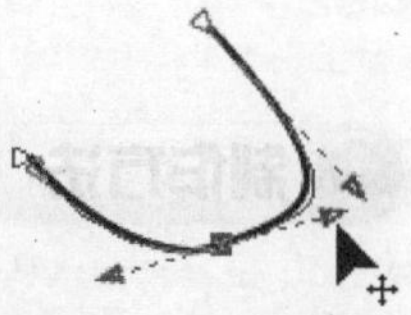

图 3-2-25　选中的节点

实训 3-2

1．使用“手绘工具”、“贝塞尔工具”、“钢笔工具”和“形状工具”等绘制如图 3-2-26 所示的图形。

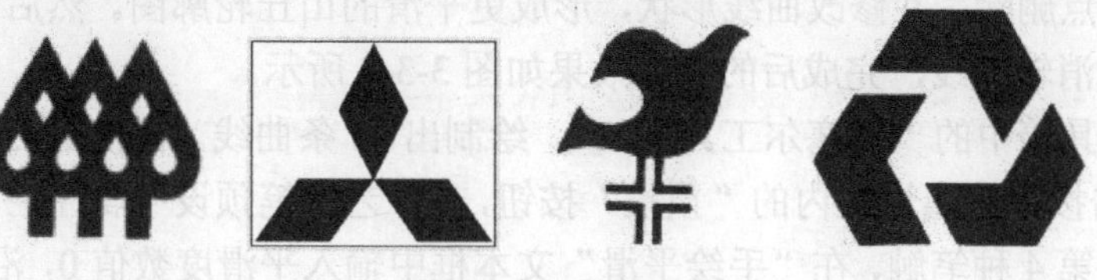

图 3-2-26　四幅图形

2. 绘制一幅“卡通动物”图形，其内有3幅卡通动物图形，如图3-2-27所示。

图3-2-27 “卡通动物”图形

3.3 【实例5】海岛风情

“海岛风情”图形如图3-3-1所示。这是一张海边小岛的旅游宣传海报。海报中蓝色的海洋中有一个小岛、岛上有椰子树、小河、草丛和山丘，太阳悄悄地从山丘的后面伸出头来，显示出环境的自然美感。充分体现了阳光、沙滩、海水和绿色植物的宣传主题。

通过本实例的学习，可以进一步掌握“手绘工具”和“艺术笔工具”的使用方法，掌握使用“形状工具”调整矢量图形的方法。该实例的制作方法和相关知识介绍如下。

图3-3-1 “海岛风情”图形

制作方法

1. 绘制海岛和太阳

（1）设置绘图页面的宽度为90毫米，高度为50毫米。设置背景颜色为白色。

（2）使用工具箱中的“手绘工具”，在其属性栏内的“手绘平滑”文本框中输入平滑度为68，在“轮廓宽度”下拉列表中选择“发丝”选项。然后在绘图页面的中间绘制一条不规则的封闭曲线，作为山丘的原始轮廓线。

（3）使用工具箱中的“形状工具”，单击选中多余的节点，单击其属性栏内的“删除”按钮，将多余节点删除，并修改曲线形状，形成更平滑的山丘轮廓图。然后，在封闭的曲线内填充灰蓝色，取消轮廓线，完成后的山丘效果如图3-3-2所示。

（4）使用工具箱中的“贝塞尔工具”，绘制出11条曲线。再使用工具箱中的“艺术笔工具”，单击按下其属性栏内的“预设”按钮，在“艺术笔预设”属性栏内的“预设笔触”下拉列表中选择第4种笔触，在“手绘平滑”文本框中输入平滑度数值0，沿着曲线拖曳鼠标，将画布上的曲线变成了一头粗一头细的折线。单击调色板中的“白色”，将所画的折线填充成白色，取消轮廓线，完成后的效果如图 3-3-3 所示。

（5）使用工具箱中的“手绘工具”，在其属性栏的“手绘平滑”文本框中输入 50，在“轮廓宽度”下拉列表中选择“发丝”选项。然后在绘图页面的中间绘制一条不规则的封闭曲线。为其内部填充黄色，取消轮廓线，作为太阳图形，如图 3-3-4 所示。

图 3-3-2　绘制山丘

图 3-3-3　绘制山峰

图 3-3-4　绘制太阳

（6）使用工具箱中的“艺术笔工具”，单击其属性栏内的“预设”按钮，在其“预设笔触”下拉列表中选择第 5 种笔触，在其属性栏的“手绘平滑”文本框中输入平滑度为 100，在“笔触宽度”文本框中输入 2.0mm，此时的属性栏如图 3-3-5 所示。

（7）在太阳的周围绘制出 5 条长短不一的线段。为其内部填充黄色，取消轮廓线，作为太阳光芒图形，完成后的效果如图 3-3-6 所示。

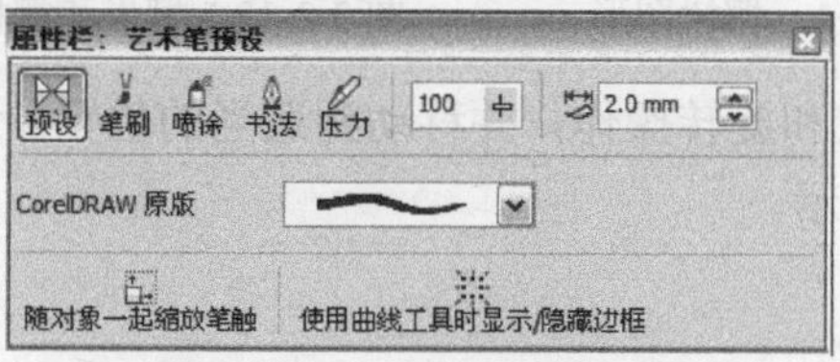

图 3-3-5　“艺术笔预设”属性栏

图 3-3-6　绘制太阳光芒

（8）使用工具箱中的“手绘工具”，在其属性栏的“手绘平滑”文本框中输入平滑度为 50，在“轮廓宽度”下拉列表中选择“发丝”选项。然后在山丘下面绘制一条不规则的封闭曲线，为其内部填充浅蓝色，取消轮廓线，作为小河图形，效果如图 3-3-7 所示。

（9）使用工具箱中的“手绘工具”，在其属性栏的“手绘平滑”文本框中输入平滑度为 50，在“轮廓宽度”下拉列表中选择“发丝”选项。在河水的下面绘制一条不规则的封闭曲线，为其内部填充绿色，取消轮廓线，作为草丛图形，效果如图 3-3-8 所示。

2．绘制沙滩和椰树

（1）使用工具箱中的“手绘工具”，在其属性栏的“手绘平滑”文本框中输入平滑度数值 50，在“轮廓宽度”下拉列表中选择“发丝”选项。在河水右侧绘制一条不规则的封闭曲线，为其内部填充棕黄色，取消轮廓线，作为沙滩图形。

（2）选中沙滩图形，单击“排列”→“顺序”→“到图层后面”命令，将沙滩图形移到所有图形对象的后面，效果如图 3-3-9 所示。

图 3-3-7　绘制海水图形

图 3-3-8　绘制草丛图形

图 3-3-9　绘制沙滩图形

（3）使用工具箱中的“手绘工具”，在其属性栏的“手绘平滑”文本框中输入平滑度数50，在“轮廓宽度”下拉列表中选择“发丝”选项。在沙滩上绘制3条不规则的封闭曲线，分别为其内部填充土橙黄色，取消轮廓线，作为石头图形，效果如图3-3-10所示。

（4）在沙滩上绘制2条对称的不规则封闭曲线，分别为其内部填充土黄色和橙红色，取消轮廓线，作为椰树图形，效果如图3-3-11所示。

（5）在椰树上绘制1条不规则的封闭曲线。再分别为其内部填充嫩绿色，取消轮廓线，作为椰树的叶子图形。使用“椭圆形工具”，绘制3个椭圆形图形。为其内部填充桃黄色，轮廓线填充橙红色，作为椰果图形，效果如图3-3-12所示。

如果椰树叶图形在上面，可以选中椰树叶图形，单击“排列”→“顺序”→“到图层后面”命令，将椰树叶图形移到其他图形的后面。

图3-3-10　石头图形

图3-3-11　椰树图形

图3-3-12　椰果和椰树叶图形

（6）将椰树叶图形复制3个。对其进行缩放和旋转操作，并移动到适当的位置。这样就完成了海中风情图形的绘制，其效果如图3-3-1所示。

链接知识

1. 使用“形状工具”调整曲线

曲线是由一条或多条线段组成的，包括直线、折线和弧线等。线段是保持同一矢量特性的曲线。一条线段的起点、终点和转折点叫节点。从起点到终点所经过的节点与线段组成了路径，路径分闭合路径和开路路径，闭合路径的起点与终点重合。只有闭合路径才允许填充。

在绘图页面内绘制一个图形，再单击其属性栏内的“转换为曲线”按钮，使几何图形转换为曲线图形。使用工具箱中的“形状”工具单击选中一个节点，此时的“编辑曲线、多边形和封套”属性栏如图3-3-13所示。利用该属性栏可以对节点进行操作。

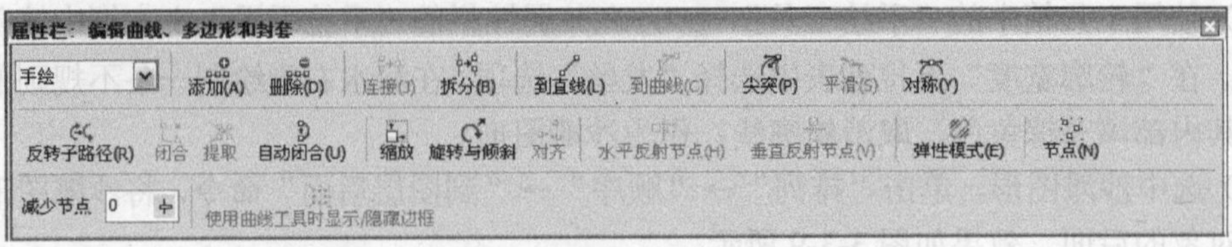

图3-3-13　“编辑曲线、多边形和封套”属性栏

（1）调整节点和节点切线：使用工具箱中的“形状”工具，选中一个或多个节点。拖曳节点可以调整节点的位置，同时也改变与节点连接的曲线的形状。拖曳曲线节点的切线两端的蓝色箭头，可以调整曲线的形状。如果节点处没有切线，可单击其属性栏内的“转换为曲线”按钮，将选中的节点转换为曲线节点。

（2）缩放曲线图形：使用“形状”工具，选中一个或多个节点。其属性栏中的“缩放”与“旋转与倾斜”按钮变为有效。单击其内的“缩放”按钮，则选中的节点与它们之间的曲线周围有 8 个黑色控制柄，如图 3-3-14 左图所示。此时拖曳句柄，可以缩放选中的与节点相连接的曲线图形，如图 3-3-14 右图所示。

（3）旋转曲线图形：选中一个或多个节点。单击其属性栏中的“旋转与倾斜”按钮，则选中的节点及与它们相连的曲线周围出现 8 个双箭头句柄，如图 3-3-15 左图所示。此时拖曳句柄，可以旋转或倾斜选中的与节点相连接的曲线图形，如图 3-3-15 右图所示。

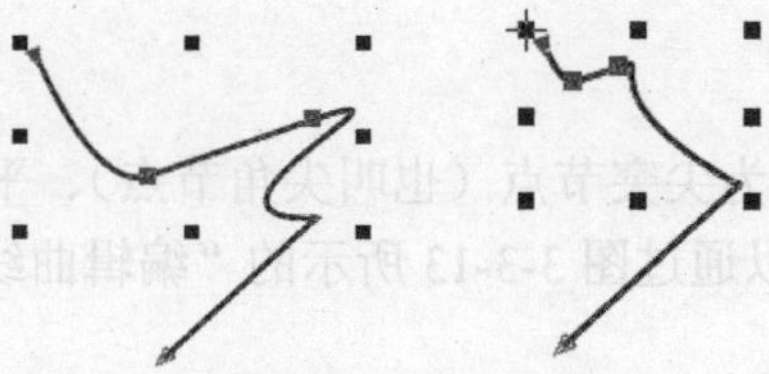

图 3-3-14　缩放图形

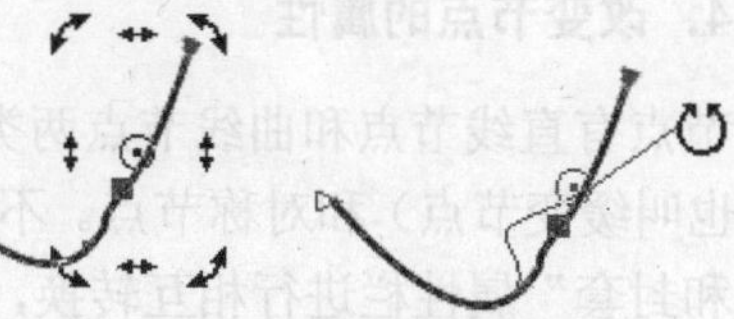

图 3-3-15　旋转或倾斜图形

2．合并节点与拆分节点

（1）合并节点：单击按下工具箱中的“形状”按钮，按住 Shift 键，单击选中两个节点，此时“编辑曲线、多边形和封套”属性栏中的“连接”按钮变为有效，单击该按钮，即可合并节点，如图 3-3-16 所示。

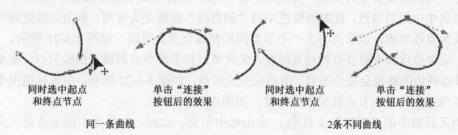

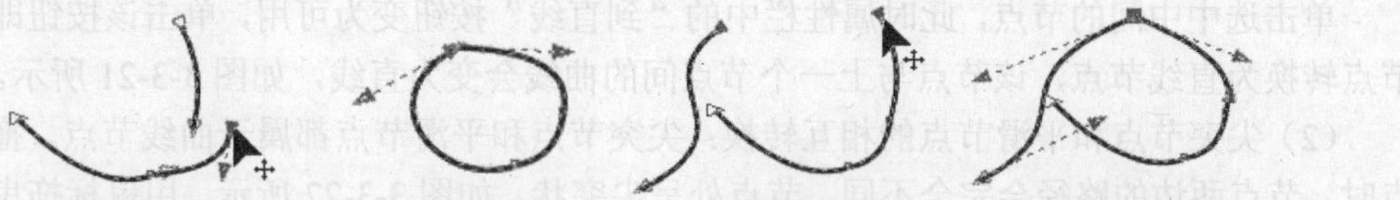

图 3-3-16　合并节点

另外，还可以将不同图形的起点和终点节点合并，但是需要在合并前，先将 2 个图形进行结合，方法是，选中 2 幅图形，按 Ctrl+L 组合键。

（2）拆分节点：使用“形状”工具，单击选中一个节点（不是起点或终点节点），此时“编辑曲线、多边形和封套”属性栏中的“拆分”按钮变为可用，单击“拆分”按钮，即可拆分该节点。拖曳拆分的节点，可将两个节点分开，如图 3-3-17 所示。

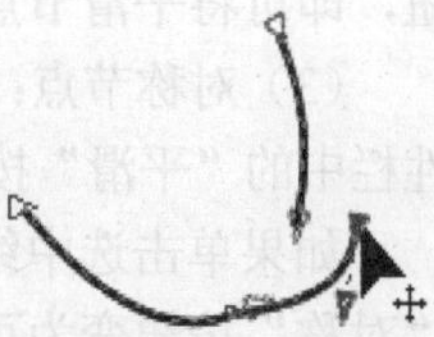

图 3-3-17　拆分节点

3．反转曲线方向和曲线封闭

（1）反转曲线方向：一条非封闭的曲线，有起始节点与终止节点之分，可以通过按 Home 键或 End 键来选择判断。选中一条或多条非封闭的曲线（如图 3-3-16 第 3 幅图所示），使用工具箱中的“形状”工具，再单击“编辑曲线、多边形和封套”属性栏中的“反转子路径”按钮，即可将选中曲线的起始与终止节点互换，如图 3-3-18 所示。

（2）曲线闭合：绘制两条线，使用工具箱中的“形状”工具，选中两条线各一个节点，如图 3-3-19 所示。再单击“编辑曲线、多边形和封套”属性栏中的“闭合”按钮，即可产生一条连接两个节点的直线，如图 3-3-20 所示。

（3）曲线封闭：选中曲线的起始与终止节点，如图 3-3-20 左图所示，单击其属性栏的“自动闭合”按钮，可产生一条连接起始节点与终止节点的直线，将曲线封闭，如图 3-3-20 所示。

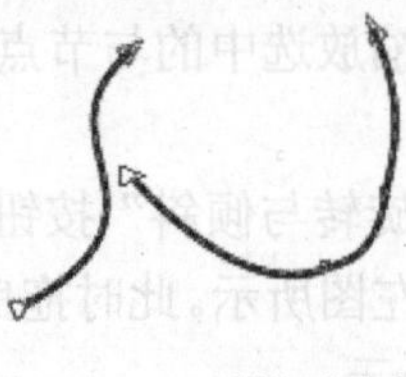

图 3-3-18 反转子路径

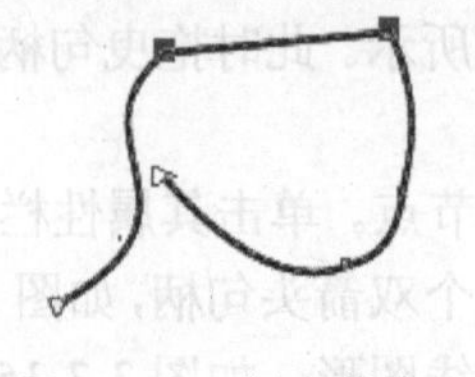

图 3-3-19 闭合曲线

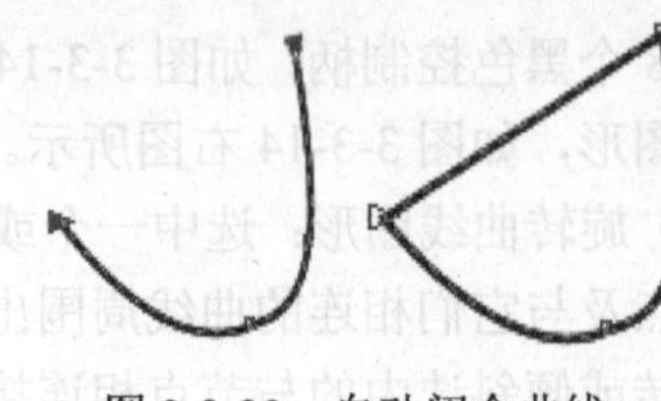

图 3-3-20 自动闭合曲线

4．改变节点的属性

节点有直线节点和曲线节点两类，曲线节点又可分为尖突节点（也叫尖角节点）、平滑节点（也叫缓变节点）和对称节点。不同类型节点之间可以通过图 3-3-13 所示的“编辑曲线、多边形和封套”属性栏进行相互转换，转换的方法如下。

（1）直线节点和曲线节点的相互转换：使用工具箱中的“形状”工具，单击选中图 3-3-21 所示折线中间的节点，拖曳中间的节点，会发现随着节点位置的变化，两边直线的长短也会随之变化，但仍为直线。这说明该节点是一个直线节点。

此时，属性栏中的“到曲线”按钮变为可用，单击“到曲线”按钮，即可将直线节点转换为曲线节点。拖曳中间的节点，会发现随着节点位置的变化，该节点与上一个节点（本例中的起始节点）间的直线会变为曲线，如图 3-3-22 所示，这说明该节点是曲线节点。

单击选中中间的节点，此时属性栏中的“到直线”按钮变为可用，单击该按钮即可将曲线节点转换为直线节点，该节点与上一个节点间的曲线会变为直线，如图 3-3-21 所示。

（2）尖突节点和平滑节点的相互转换：尖突节点和平滑节点都属于曲线节点。拖曳尖突节点时，节点两边的路径会完全不同，节点处呈尖突状，如图 3-3-22 所示。用鼠标拖曳平滑节点时，节点两边的路径在节点处呈平滑过渡，如图 3-3-23 所示。

使用工具箱中的“形状”工具，单击选中节点。此时，如果选中的节点是尖突节点，则属性栏中的“平滑”按钮变为可以使用，单击“平滑”按钮，即可将尖突节点转换为平滑节点；如果选中的节点是平滑节点，则属性栏中的“尖突”按钮变为可以使用，单击“尖突”按钮，即可将平滑节点转换为尖突节点。

（3）对称节点：使用“形状”工具，单击选中图 3-3-21 所示图形中间的节点，再单击属性栏中的“平滑”按钮，使该节点变为曲线节点，则中间的曲线节点两边的线均变为曲线。

如果单击选中终点或起始节点，则“平滑”按钮无效。选中中间的曲线节点时属性栏中的“对称”按钮变为可使用，单击“对称”按钮，即可将该节点变为对称节点。

拖曳对称节点时，对称节点两边的路径的幅度会有相同的变化，变化的方向相反，而且在同一条直线上，如图 3-3-24 所示。拖曳平滑节点时，平滑节点一边的路径幅度会有变化。

图 3-3-21 直线节点

图 3-3-22 曲线节点

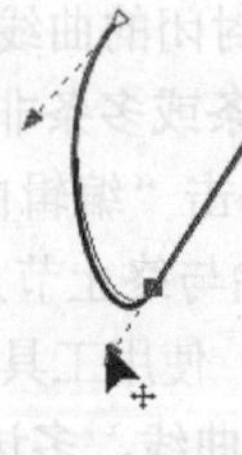

图 3-3-23 平滑节点

图 3-3-24 对称节点

5．对齐节点与弹性模式设定

（1）对齐节点：将几条曲线进行结合，选中两个或两个以上的节点，例如，选中两个节点，如图 3-3-25 所示。此时“编辑曲线、多边形和封套”属性栏中的“对齐”按钮变为可用，单击“对齐”按钮，调出“节点对齐”对话框，如图 3-3-26 所示。

选择对齐方式后（如只选中“垂直对齐”复选框），单击“确定”按钮，即可将选中的节点按要求（此处为垂直对齐）对齐，如图 3-3-27 所示。

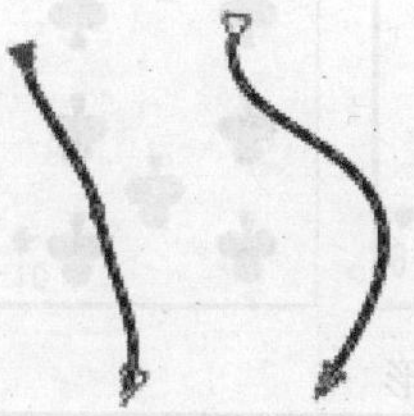

图 3-3-25　选中两个节点

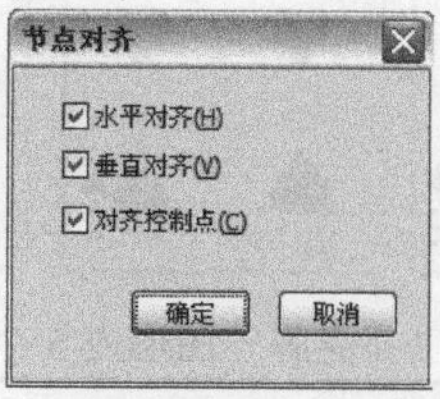

图 3-3-26　“节点对齐”对话框

图 3-3-27　将选中节点对齐

（2）弹性模式设定：使用工具箱中的“形状”工具，单击其属性栏中的“节点”按钮，选中图 3-3-25 所示图形中 4 个节点，然后拖曳一个节点，会发现整个图形会随之移动。如图 3-3-28 所示。此时单击属性栏中的“弹性模式”按钮，再拖曳一个节点（如终止节点），会发现起始节点位置不变，曲线随之移动，如图 3-3-29 所示。

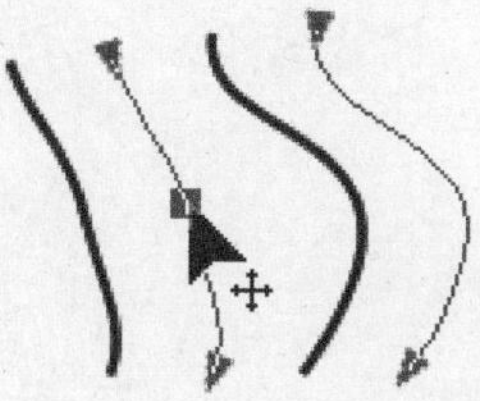

图 3-3-28　整个图形会随之移动

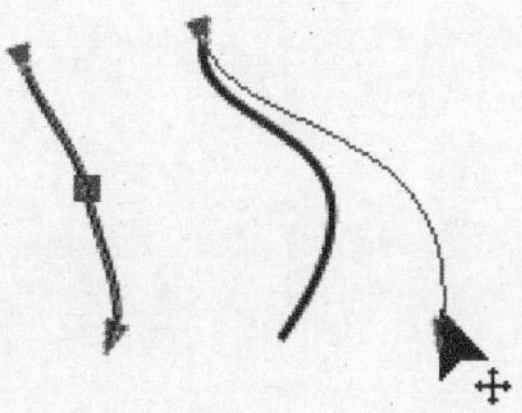

图 3-3-29　其他节点与曲线随之移动

实训 3-3

1．绘制一幅“CPU”咖啡杯图形，该图形是由三个字母组成的咖啡杯图标，如图 3-3-30 所示。CPU 是中央处理器的简称。“CPU”咖啡杯图形由 CPU 这三个字母组成的，其中咖啡杯的上半部分由字母“C”组成；咖啡杯的把手由字母“P”组成；咖啡杯的下半部分是由字母“U”组成。从整体看，这是一杯香浓的咖啡杯。

2．绘制一幅如图 3-3-31 所示的“海中小岛”图形，图形中绘制的是海洋中的小岛，岛上生长着一棵椰子树，有一个小孩在上面坐着，海面上有白色的波浪。

3．使用“手绘工具”、“贝塞尔工具”、“钢笔工具”和“形状工具”等绘制如图 3-3-32 所示的 2 幅图形。

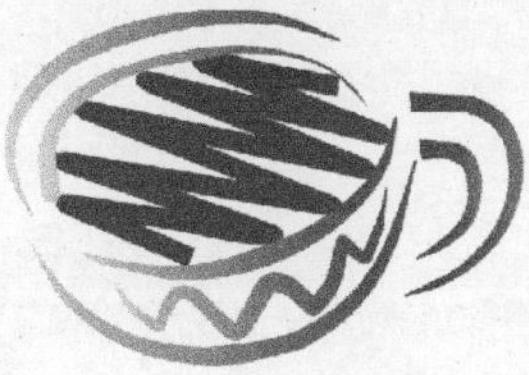

图 3-3-30“CPU”咖啡杯

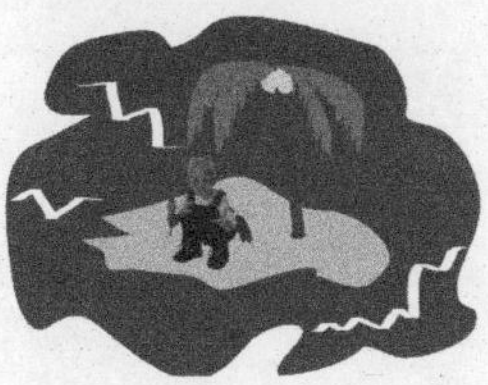

图 3-3-31　“海中小岛”图形

图 3-3-32　2 幅图形

4. 绘制一幅“扑克牌”图形，如图 3-3-33 所示。其中左图是扑克牌的背面，其余是扑克牌的正面，有方片 8、红桃 7、黑桃 9、梅花 10。

图 3-3-33　“扑克牌”图形内 5 个页面中的图形

第4章

绘制完美形状图形和编辑文本

本章提要：

绘制完美形状图形主要使用“完美形状展开工具栏”内的 5 个工具，它们的使用方法比较简单，有许多共性。本章通过 4 个实例，介绍使用“完美形状展开工具栏”中工具绘制完美形状图形的方法，以及文本的输入和编辑方法。另外，还介绍了“尺度工具”和“连接工具展开”栏中工具的使用方法，插入外部对象、条形码和因特网对象的方法等。

4.1 【实例 6】网站设计流程

“网站设计流程”图形如图 4-1-1 所示，它是设计一个普通网站的流程简图。通过制作该简图，可以掌握“完美形状展开工具栏”内的一些工具的使用方法。

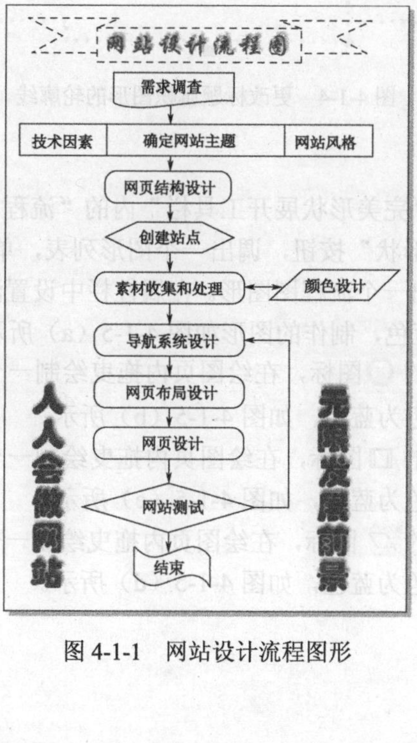

图 4-1-1　网站设计流程图形

制作方法

1．绘制标题旗帜图形

（1）设置绘图页面的宽度为 260 毫米，高度为 400 毫米。

（2）单击按下工具箱中“完美形状展开工具栏”内的“标题形状”按钮，单击“完美形状”属性栏内的“完美形状”按钮，调出一个图形列表，单击选中该图形列表中的“标题旗帜”图案。然后，在绘图页内拖曳绘制出一个标题旗帜图形，设置其轮廓线为蓝色，效果如图 4-1-2 所示。

（3）使用工具箱中的“选择工具”，单击选中图 4-1-2 所示的标题旗帜图形，单击其“完美形状”属性栏中“线条样式”下拉列表中的“其他”按钮，调出“编辑线条样式”对话框，拖曳三角滑块，可以调整虚线的间隔量，设置点状线后单击“添加”按钮，如图 4-1-3 所示，即可将设计的线样式添加到“轮廓样式选择器”下拉列表中。

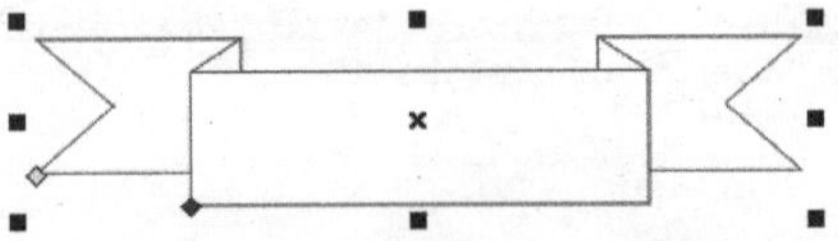

图 4-1-2　绘制标题旗帜图形

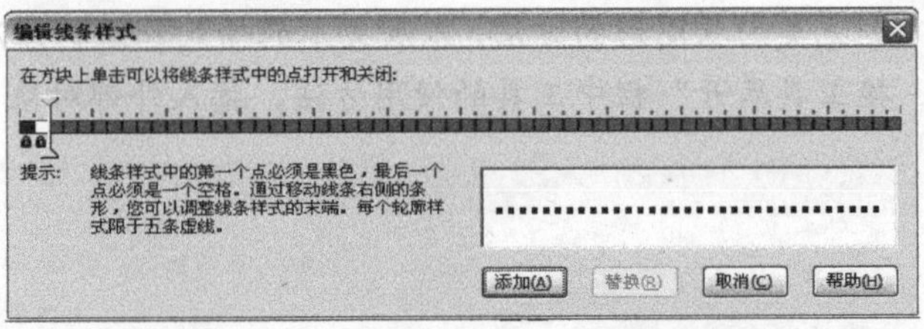

图 4-1-3　“编辑线条样式”对话框

（4）在属性栏中的“轮廓宽度”下拉列表内选择 1.5mm 选项，设置线宽度为 1.5mm，更改标题旗帜图形轮廓线宽度为 1.5mm，效果如图 4-1-4 所示。

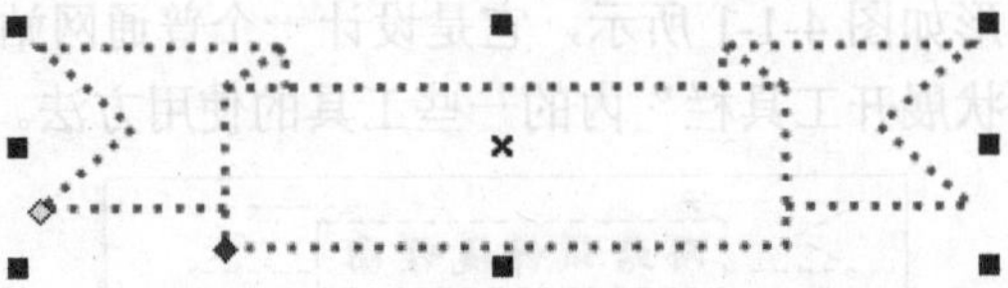

图 4-1-4　更改标题旗帜图形的轮廓线

2．绘制流程图图形

（1）单击按下工具箱中“完美形状展开工具栏”内的“流程图形状”按钮，单击“完美形状”属性栏内的“完美形状”按钮，调出一个图形列表，单击该图形列表中的图标。然后在绘图页内拖曳，绘制出一个流程图图形。在属性栏中设置流程图图形的“轮廓宽度”为 1.0mm，设置轮廓线颜色为蓝色，制作的图形如图 4-1-5（a）所示。

（2）单击该图形列表中的图标，在绘图页内拖曳绘制一个流程图图形。图形的“轮廓宽度”为 1.0mm，轮廓线颜色为蓝色，如图 4-1-5（b）所示。

（3）单击该图形列表中的图标，在绘图页内拖曳绘制一个流程图图形。图形的“轮廓宽度”为 1.0mm，轮廓线颜色为蓝色，如图 4-1-5（c）所示。

（4）单击该图形列表中的图标，在绘图页内拖曳绘制一个流程图图形。图形的“轮廓宽度”为 1.0mm，轮廓线颜色为蓝色，如图 4-1-5（d）所示。

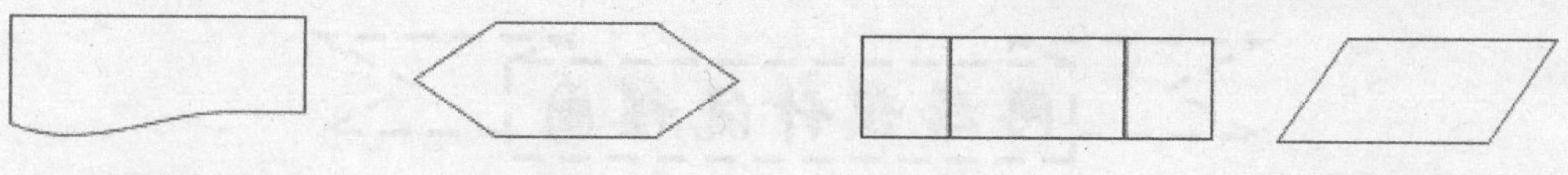

(a)　(b)　(c)　(d)

图 4-1-5　绘制流程图图形

（5）使用工具箱中的“矩形工具”，在页面中绘制一个矩形。在属性栏中设置矩形 4 个角的“圆角半径”为 4.137mm，“轮廓宽度”为 1.0mm，轮廓线为蓝色，完成后的图形如图 4-1-6（a）所示。复制 4 份放在一边。

（6）使用工具箱中的“多边形工具”，在其属性栏内设置多边形的边数为 4。然后，在绘图页面内拖曳绘制一个菱形，在其属性栏中选择“轮廓宽度”为 1.0mm，轮廓线为蓝色，如图 4-1-6（b）所示。

（7）单击按下工具箱中“完美形状展开工具栏”内的“标题形状”按钮，单击“完美形状”属性栏内的“完美形状”按钮，调出一个图形列表，单击选中该图形列表中的“标题旗帜”图形。然后，在绘图页内拖曳绘制出一个标题旗帜图形，再在其属性栏中选择“轮廓宽度”为 1.0mm，轮廓线为蓝色，如图 4-1-6（c）所示。

(a)　(b)　(c)

图 4-1-6　绘制流程图图形

（8）同时选中垂直排列的 9 个对象（不包括图 4-1-5（c）所示图形），单击其属性栏中的“对齐和分布”按钮，调出“对齐与分布”（对齐）对话框。在该对话框中单击选中垂直“中”复选框，如图 4-1-7 所示。然后，单击“应用”按钮，将所有的对象以垂直居中的方式对齐。其他图形也调至相应位置，效果如图 4-1-8 所示。

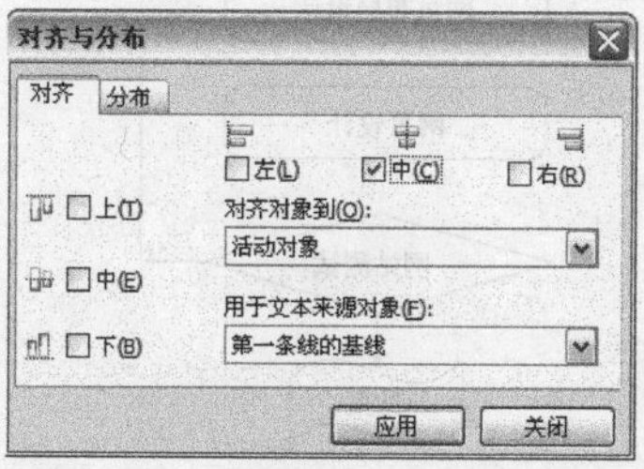

图 4-1-7 “对齐与分布”（对齐）对话框

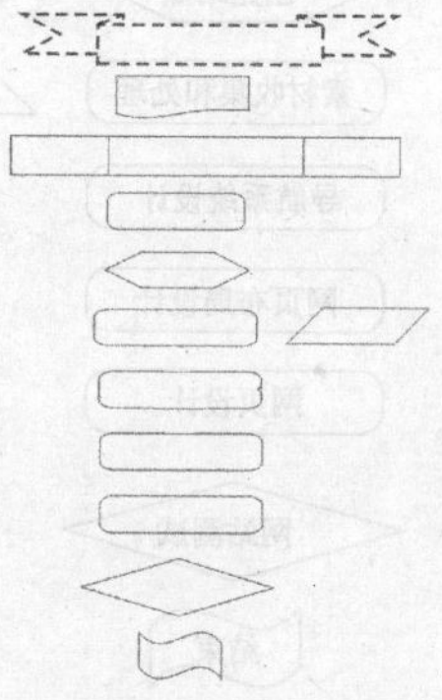

图 4-1-8　图形对齐后的效果

3．输入文字与绘制连线

（1）单击工具箱内的“文本工具”按钮，在其“文本”属性栏内，设置字体为华文行楷，大小为 48pt，单击按下“水平文本”按钮。然后，在标题旗帜内输入“网站设计流程图”6 个红色文字。

（2）使用工具箱中“交互式展开式工具”栏内的“交互式阴影工具”，在文字之上向右上方微微拖曳，即可产生阴影，效果如 4-1-9 所示。

图 4-1-9　添加阴影

（3）使用工具箱内的“文本工具”按钮字，在属性栏中设置文字的字体为宋体，大小为30pt，在页面输入“需求调查”文字。然后，将“需求调查”文字复制 12 份，将复制的文字分别更改为“技术因素”、“确定网站主题”、“网站风格”、“网页结构设计”等文字，再将它们分别移到相应的图框中，如图 4-1-10 所示。

（4）在“素材收集和处理”和“颜色设计”图框之间绘制一条水平直线，选中该直线，在其“曲线”属性栏内的“起始箭头”下拉列表中选中一种起始箭头，“终止箭头”下拉列表中选中一种终止箭头，设置“轮廓宽度”为 1.5mm，效果如图 4-1-11 所示。

（5）使用工具箱“连接工具展开”栏内的“直角连接器”工具，在“网站测试”和“导航系统设计”图框之间沿直线折线拖曳绘制一条折线。

（6）使用工具箱中的“选择工具”，单击选中连接“导航系统设计”图框的水平短直线，在其“曲线”属性栏内的“起始箭头”下拉列表中选中一种起始箭头，设置“轮廓宽度”为 1.5mm，效果如图 4-1-11 所示。

（7）采用相同方法，在“网站测试”和“结束”图框之间绘制一条带箭头的垂直直线。产生的效果如图 4-1-11 所示。再将该直线复制多份，分别移到相应的位置，分别调整它们的“轮廓宽度”为 1.5mm，效果如图 4-1-1 所示。

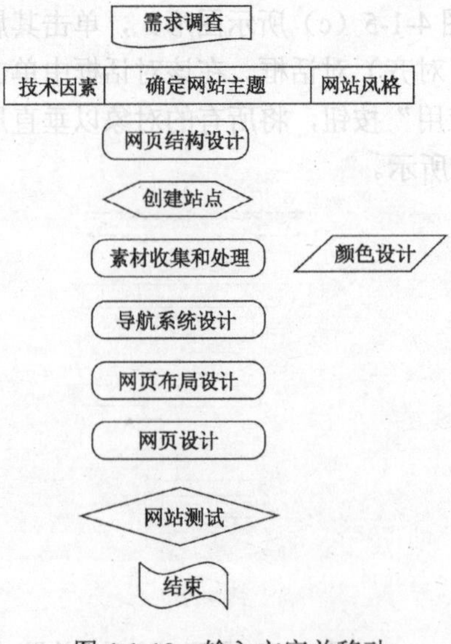

图 4-1-10　输入文字并移动

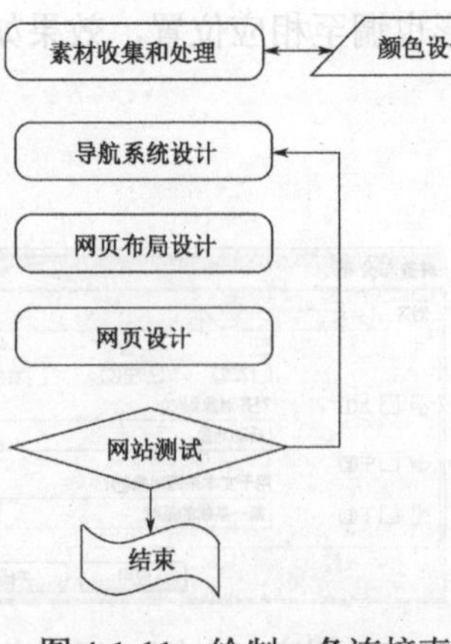

图 4-1-11　绘制一条连接直线

（8）另外，“颜色设计”和“素材收集和处理”图框之间绘制的水平直线可以用完美形状图形来替代，方法是：使用工具箱中“完美形状展开工具栏”内的“箭头形状”工具，单击其属性栏中的“完美形状”按钮，调出它的面板，单击“图案”按钮，然后在绘图页内拖曳绘制一个箭头图形，为其内部填充红色。在属性栏中设置箭头图形的“轮廓宽度”为“细线”，如图 4-1-12 所示。

（9）单击工具箱内的“文本工具”按钮字，在其“文本”属性栏内，设置字体为华文琥珀，大小为 60pt，单击按下“垂直文本”按钮。然后在标题旗帜内输入“无限发展前景”绿色文字，再输入“人人会做网站”绿色文字。

（10）使用工具箱中“交互式展开式工具”栏内的“阴影”工具，分别在两竖行文字之上向右上方微微拖曳，即可产生阴影，效果如 4-1-1 所示。

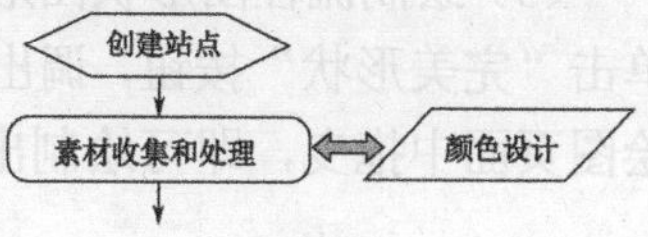

图 4-1-12　绘制箭头完美形状图形

链接知识

1. 绘制完美形状图形

使用工具箱中“完美形状展开工具栏”内的工具，可以在绘图页面内绘制各种形状的自选图形。单击该栏内的“基本形状”按钮，其属性栏如图 4-1-13 所示。选择“完美形状展开工具栏”内的其他工具，则属性栏中“完美形状”按钮的图标会发生变化，单击该按钮后调出的图形列表也会随之变化。

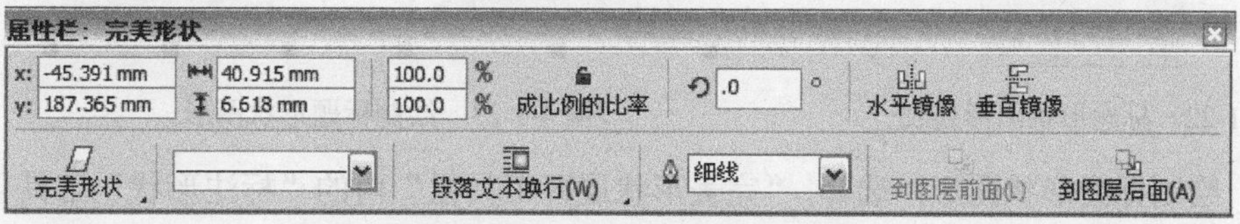

图 4-1-13　“完美形状”属性栏

（1）绘制基本形状图形：单击“完美形状展开工具栏”内的“基本形状”按钮，再单击其属性栏内的“完美形状”按钮，调出的图形列表如图 4-1-14 所示。单击其中的一种图案后，在绘图页面中拖曳，即可绘出相应的图形，如图 4-1-15 所示。将鼠标指针移到红色菱形控制柄（有的图形还有黄色控制柄）处，当鼠标指针变为黑色箭头状时，拖曳图形中的菱形控制柄，可以调整图形的形状，如图 4-1-16 所示。

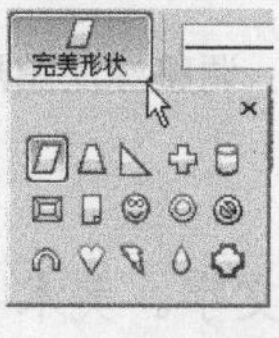

图 4-1-14　形状图形列表

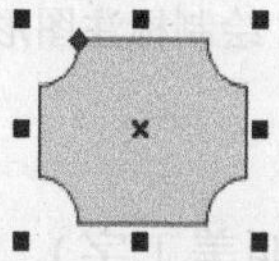

图 4-1-15　绘制图形

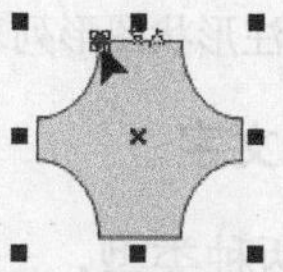

图 4-1-16　调整图形的形状

（2）绘制箭头形状图形：选择“完美形状展开工具栏”内的“箭头形状”工具，单击其属性栏内的“完美形状”按钮，调出的图形列表如图 4-1-17 所示。选中一种图形后，在绘图页面中拖曳，即可绘制出相应的图形，如图 4-1-18 所示。拖曳图形中的各种彩色菱形控制柄，可以调整图形的形状，如图 4-1-19 所示。

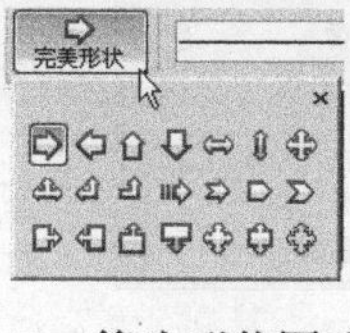

图 4-1-17　箭头形状图形列表

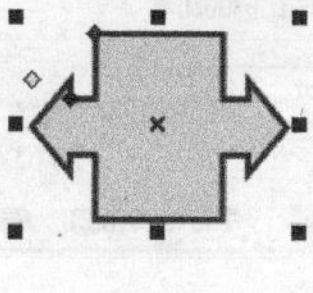

图 4-1-18　绘制十字箭头

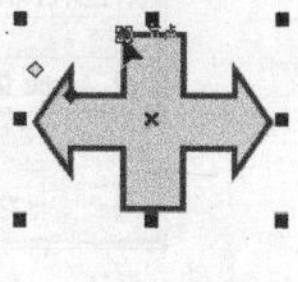

图 4-1-19　调整箭头形状

（3）绘制流程图形状图形：选择了“完美形状展开工具栏”内的“流程图形状”工具，单击“完美形状”按钮，调出的图形列表如图 4-1-20 所示。单击其中的一种图案后，用鼠标在绘图页面中拖曳，即可绘制出相应的图形，如图 4-1-21 所示。

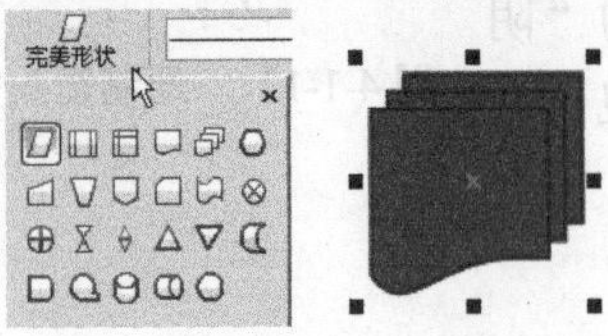

图 4-1-20　流程图形状图形列表

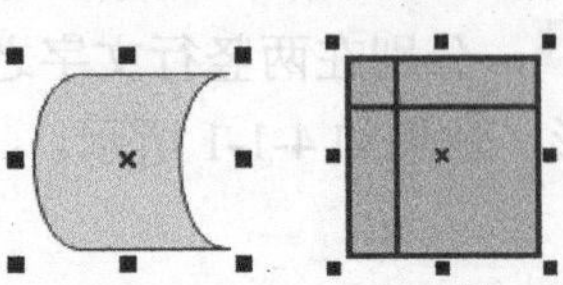

图 4-1-21　绘制的流程图形状

（4）绘制标题形状图形：选择了“完美形状展开工具栏”内的“标题形状”工具，单击“完美形状”按钮，调出的图形列表如图 4-1-22 所示。单击其中一种图案后，在绘图页面中拖曳，可绘制出相应的图形，如图 4-1-23 所示。拖曳图形中的各种菱形控制柄，可以调整图形的形状。

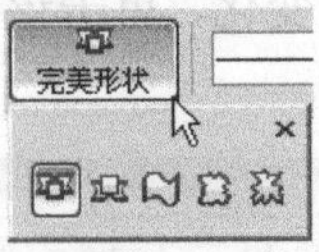

图 4-1-22　标题形状图形列表

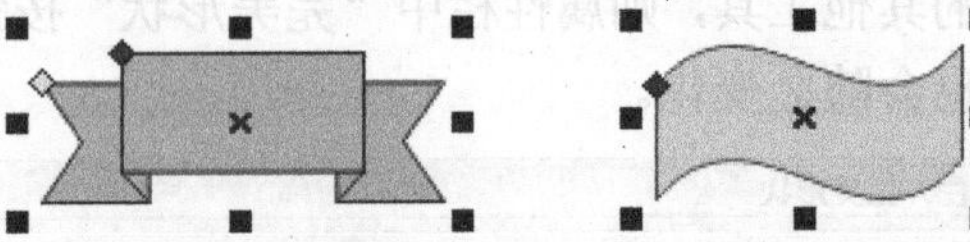

图 4-1-23　绘制标题形状图形

（5）绘制标注形状图形：选择 “完美形状展开工具栏”内的“标注形状”工具后，单击“完美形状”按钮，调出的图形列表如图 4-1-24 所示。单击其中一种图形后，在绘图页面中拖曳，可绘制出相应的图形，如图 4-1-25 所示。拖曳图形中的菱形控制柄，可以调整图形的形状，如图 4-1-26 所示。

图 4-1-24　标注形状图形列表

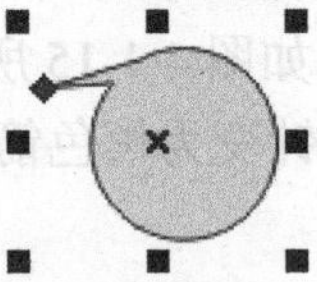

图 4-1-25　绘制标注图形

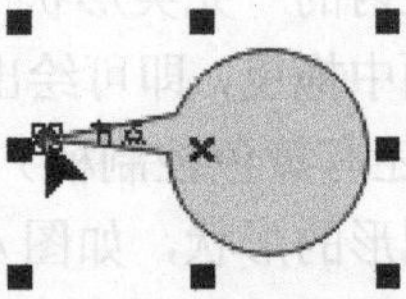

图 4-1-26　调整标注图形

2. 输入文字

文本有两种类型，一种是美术字（或叫美工字），另外一种是段落文字。美术字可以加工成醒目的艺术效果，段落文字可以方便编排。

（1）输入美术字：单击按下工具箱中的“文本工具”按钮 字，单击绘图页面，进入美术字输入状态，绘图页面出现一条竖线光标，同时调出“文本”属性栏，如图 4-1-27 所示。在该属性栏中的下拉列表框中选择字体与字号等，然后，即可输入美术字。

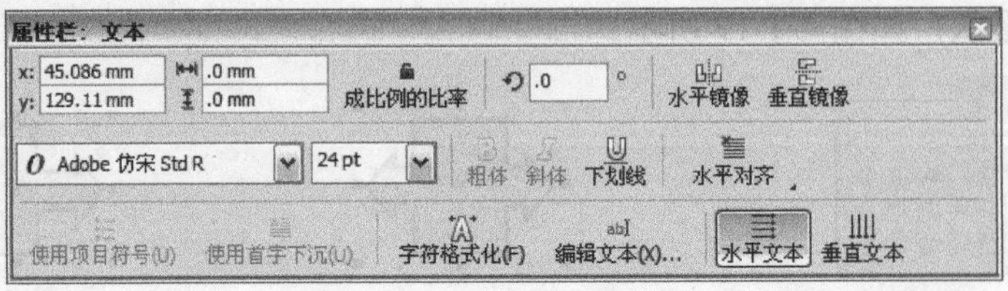

图 4-1-27　“文本”属性栏

如果要改变美术字的颜色，可以单击按下工具箱内的“选择工具”按钮，单击选中美术字，再单击调色板内的一个色块。如果要改变美术字轮廓线的颜色，可以在单击选中美术字的情况下，右击调色板内的一个色块。

（2）输入段落文字：文本框有两种，一是大小固定的文本框，另一个是大小可以自动调整的文本框。默认的状态是大小固定的文本框。如果要将默认的状态改为大小可以自动调整的文本框，可单击“工具”→“选项”命令，调出“选项”对话框，在该对话框内左边的显示框中单击选择“文本”→“段落”命令，在右栏出现如图 4-1-28 所示“段落”对话框。在该对话框内单击选中“按文本缩放段落文本框”复选框。然后，单击“确定”按钮即可完成设置。

（3）添加段落文字：单击按下工具箱中的“文本工具”按钮 字，调出相应的“文本”属性栏。然后，在绘图页内拖曳出一个矩形，即可产生一个段落文本框。在文本框内可以像输入美术字那样输入段落文字，如图 4-1-29 所示。

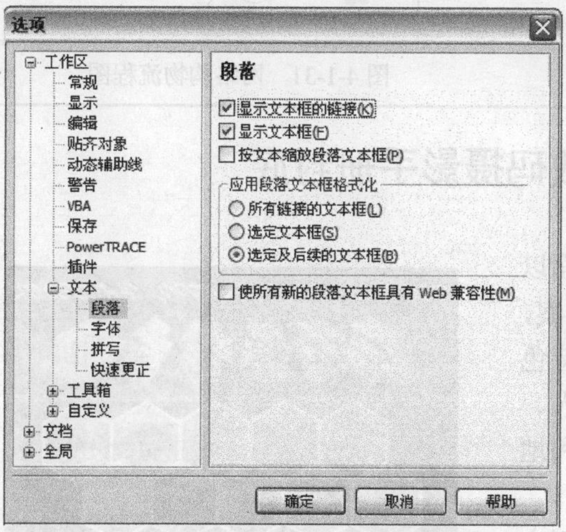

图 4-1-28 “选项”（段落）对话框

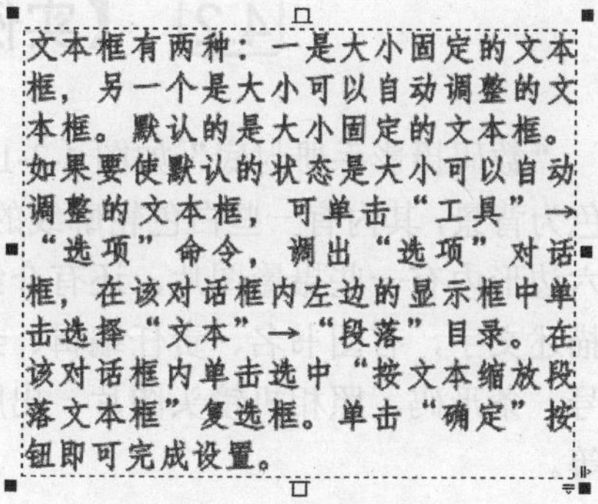

图 4-1-29 输入段落文字

（4）用其他方法输入文字：使用工具箱中的“文本工具” 字，在绘图页内单击或拖曳出一个文本框，单击“文件”→“导入”命令，调出“导入”对话框。利用该对话框选择文本文件，单击“导入”按钮，关闭该对话框。然后，在绘图页面内拖曳，即可导入文本。如果文字量较多，在一个绘图页面内放不下，则会自动增加绘图页面，放置剩余的文字。

另外，单击“编辑”→“粘贴”命令，即可将剪贴板内的文字粘贴到绘图页面内。

实训 4-1

1. 参考【实例 6】“网站设计流程”图形的绘制方法，绘制一幅“就诊流程图”图形，如图 4-1-30 所示。该图形是表达医院就诊流程的简图。

2. 绘制一幅“网络购物流程图”图形，如图 4-1-31 所示，它是一个介绍在网络上购物的流程图。

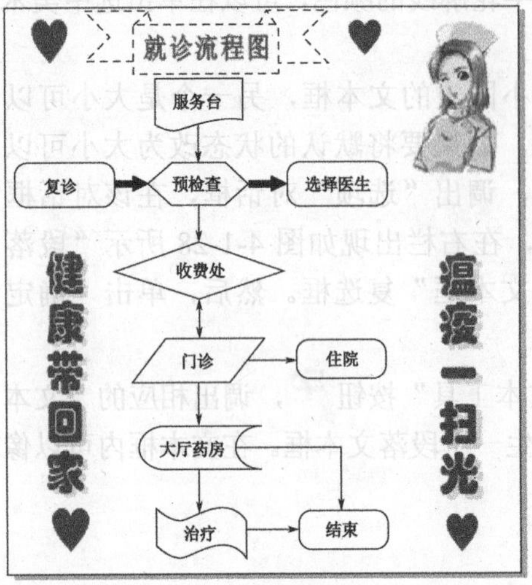

图 4-1-30　就诊流程图

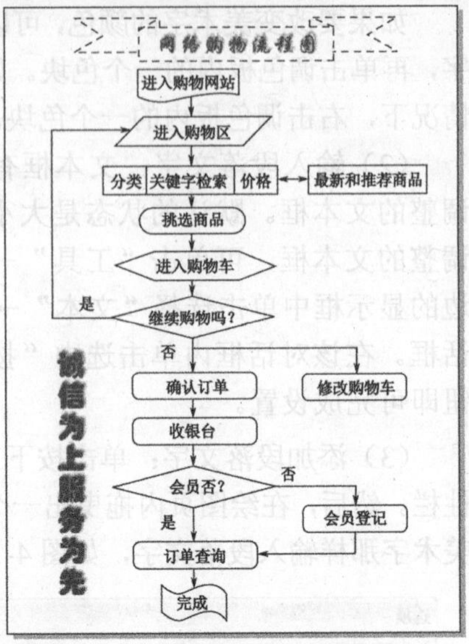

图 4-1-31　网络购物流程图

4.2 【实例 7】数码摄影手册封底

“数码摄影手册封底”如图 4-2-1 所示。画面以黑色为背景，其内有一些白色轮廓线的六边形图案，各六边形内有一些摄影图片，还有介绍本图书特色的描述文字，有图书名、责任编辑、封面设计人、书号、条形码、照相机镜头图片、出版社名称和地址等。

通过本实例的学习，可以进一步掌握绘制正六边形图形的方法，掌握导入图形、在图形内镶嵌图形、在图形内填充底纹、多个对象的分布与对齐、插入条形码、输入美术字和段落、选择和编辑文本的方法，初步掌握交互式调和、拆分的方法。该实例的制作方法和相关知识介绍如下。

图 4-2-1　“数码摄影手册封底”图像

制作方法

1. 制作立体文字

（1）设置绘图页面的宽度为 168 毫米，高度为 240 毫米，背景色为黑色。

（2）单击按下工具箱中的“文本工具”按钮 字，在绘图页内单击，在其“文本”属性栏内的“字体列表”下拉列表中选择“华文行楷”字体选项，在“字体大小”下拉列表中选择 25pt，单击按下“水平文本”按钮。然后，输入艺术字“DIGITAL PHOTOGRAPHY HANDBOOK”。

（3）使用工具箱中的“选择工具”，单击选中刚刚输入的文字，单击调色板内的黄色色块，给输入的文字着黄色。按 Ctrl+D 组合键，复制一份文字，将原文字的颜色改为白色。按住 Alt 键的同时拖曳复制的黄色文字，使该文字与白色文字接近重叠（稍微错开一些），如图 4-2-2 所示。

图 4-2-2　　黄色和白色文字稍微错开一些

（4）使用工具箱中的“文本工具”字，在图 4-2-2 上述文字的下边单击，在其“文本”属性栏内的“字体列表”下拉列表中选择“华文行楷”字体选项，在“字大小”下拉列表中选择 55pt。然后，输入艺术字“数码摄影手册”。

（5）使用工具箱中的“选择工具”，单击调色板内的紫色色块，右击调色板内的黄色色块，将文字填充色改为紫色，文字轮廓线的颜色改为黄色，如图 4-2-3 所示。

（6）单击工具箱“交互式展开式工具”栏内的“立体化”工具，在“数码摄影手册”艺术字上垂直向上拖曳一点距离，形成立体文字，如图 4-2-4 所示。或者，在其“立体化”属性栏中“预设列表”下拉列表内选择“立体化”选项，调整“灭点坐标” -5.828 mm 和 160.016 mm 的值分别为-5.828 和 160.06。然后，拖曳微调消失点控制柄 × 到文字的正上方的位置。调整透镜控制柄改变立体化深度，也可以获得如图 4-2-4 所示的效果。

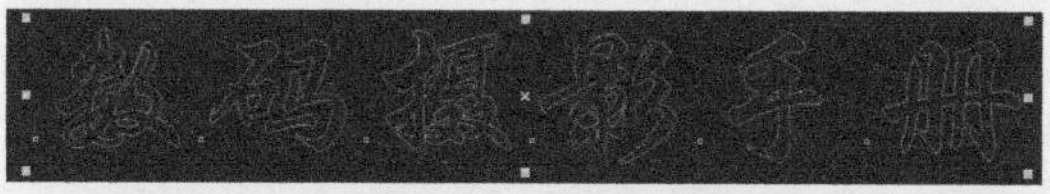

图 4-2-3　输入“数码摄影手册”艺术字

图 4-2-4　形成立体文字

（7）单击“立体化”属性栏中的“照明”按钮，调出一个“照明”面板，如图 4-2-5 所示。可以看到，预设的第 1 种立体样式已经添加了一个“光源 1”①。单击其中的“光源 2”按钮②，产生第 2 个光源，将第 2 个光源②移到左上角，并在“强度”文本框中输入光源的强度为 50，单击滑块，使输入有效；单击选中“光源 1”光源①，并在“强度”输入框中输入光源的强度为 70，单击滑块，使输入有效。选中“使用全色范围”复选框。最后按 Enter 键，给文字添加灯光效果，如图 4-2-6 所示。

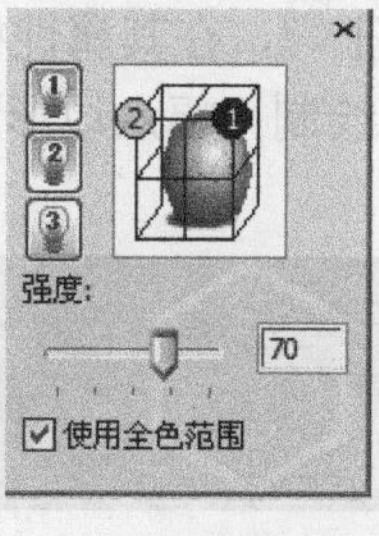

图 4-2-5　“照明”面板

图 4-2-6　添加光源和微调立体形状后的立体文字

（8）单击“立体化”属性栏中的“颜色”按钮，调出一个“颜色”面板，单击按下“颜色”面板中的“使用递减的颜色”按钮。然后，单击“到”按钮，调出它的颜色面板，单击其中的白色色块，将“到”的颜色改为白色；再将“从”的颜色改为蓝色，如图 4-2-7 所示。此时的立体文字如图 4-2-8 所示。

（9）使用工具箱中的“选择工具”，单击选中立体文字，单击“排列”→“拆分立体化群组”命令，将原文字与其立体部分分离。

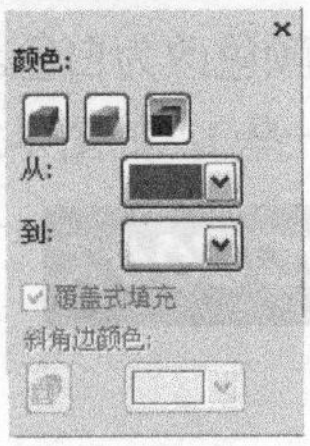

图 4-2-7 “颜色”面板

图 4-2-8 改变立体文字的颜色

（10）单击选中上边的原文字。单击工具箱内“填充展开工具栏”内的“底纹填充”按钮，调出“底纹填充”对话框，如图 4-2-9 所示在“底纹库”下拉列表中选择“样品”选项，在“底纹列表”中选中“砖红”选项，设置“色调”颜色为橙色，设置“亮度”颜色为白色。单击“确定”按钮，给文字填充“砖红”底纹。

（11）使用工具箱中的“选择工具”，拖曳选中全部立体文字，单击“排列”→“群组”命令，将立体文字组成一个群组，如图 4-2-10 所示。

图 4-2-9 立体文字“数码摄影手册封底”

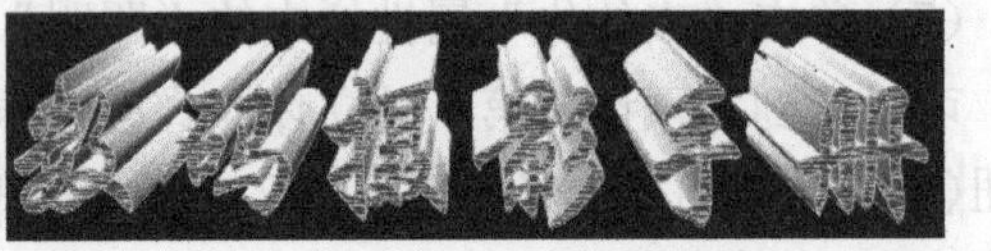

图 4-2-10 立体文字“数码摄影手册封底”

2．绘制六边形图案

（1）单击工具箱中“对象展开式工具”栏内的“多边形”按钮，在其属性栏内的“点数或边数”数字框内输入 6。在按 Ctrl 键的同时在绘图页面内拖曳，绘制一幅六边形图形。设置该六边形无填充，轮廓线宽 1.5mm，颜色为白色。

（2）按 Ctrl+D 组合键，复制一份，并将它们分别移到绘图页面内文字的下边。使用工具箱中的“选择工具”，拖曳出一个矩形，选中两个六边形图形。单击“排列”→“对齐和分布”→“底端对齐”命令，将两个六边形图形水平直线排列，如图 4-2-11 所示。

图 4-2-11 两个六边形图形

（3）使用工具箱中“交互式展开式工具”栏内的“调和”工具，在两个六边形图形之间拖曳，将“交互式调和工具”属性栏中“步数或调和形状之间的偏移量”数值框内的数值改为 3。

（4）使用工具箱中的“选择工具”，拖曳 5 个六边形图形中右边的六边形图形，调整 5 个六边形图形的间距离，使它们紧密排列，既无缝隙也无重叠，效果如图 4-2-12 所示。

（5）单击“排列”→“拆分”命令或按 Ctrl+K 组合键，单击“排列”→“取消全部群组”命令，将 5 个六边形图形分离。

另外，也可以在绘制一幅六边形图形后，4 次按 Ctrl+D 组合键，复制 4 份，使用工具箱中的“选择工具”，初步调整它们的位置，使它们的排列方式接近图 4-2-12 所示形式。

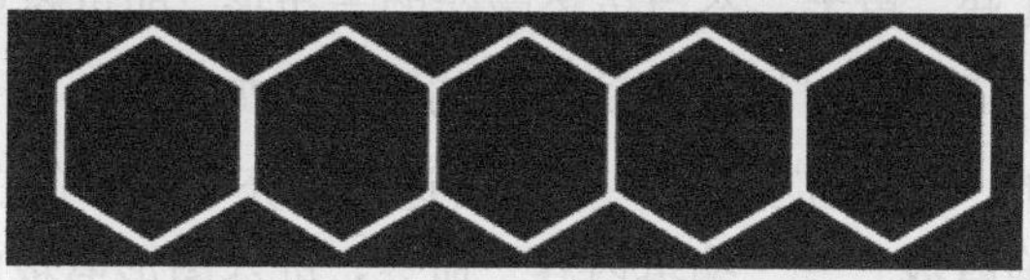

图 4-2-12　两个六边形图形的调和

拖曳出一个矩形，选中这 5 个六边形图形。单击“排列”→“对齐和分布”→“对齐和分布”命令，调出“对齐和分布”对话框中的“对齐”选项卡，选中“下”复选框，如图 4-2-13 左图所示。单击“应用”按钮，将 5 个六边形图形呈水平直线排列。

单击“对齐和分布”对话框的“分布”标签，切换到“分布”选项卡，选中“间距”复选框，如图 4-2-13 右图所示。单击“应用”按钮，使 5 个六边形图形水平间距相等。如果 5 个六边形图形之间有重叠或缝隙，需要调整右边六边形图形的水平位置，再单击“应用”按钮。如此进行多次，即可使 5 个六边形图形排列如图 4-2-12 所示。

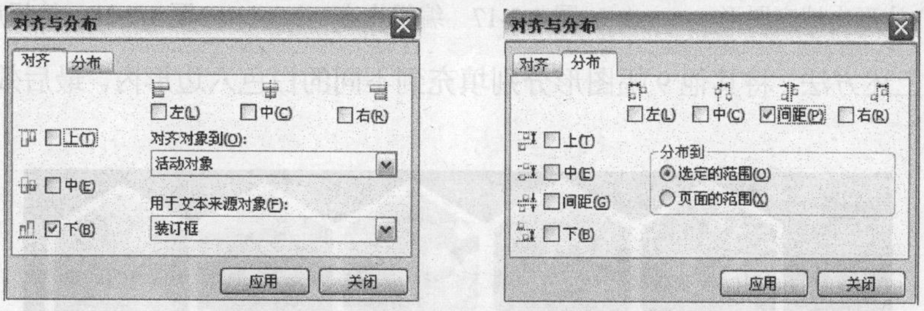

图 4-2-13　“对齐与分布”对话框中的“对齐”选项卡和“分布”选项卡

（6）使用工具箱中的“选择工具”，拖曳出一个矩形，选中 5 个六边形图形。按 Ctrl+D 组合键，复制一份，移到如图 4-2-14 所示合适的位置。

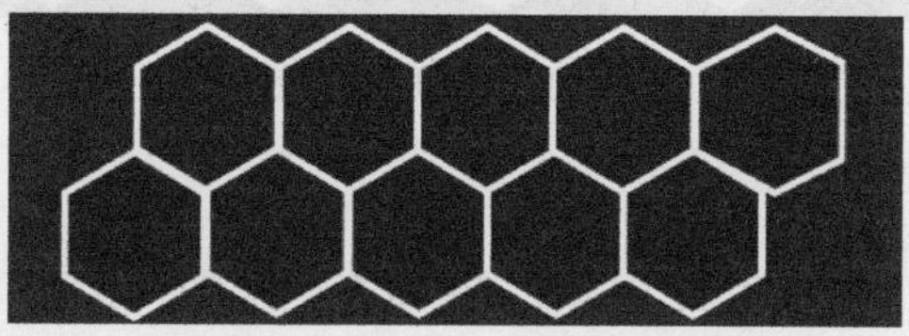

图 4-2-14　10 个六边形图形的位置

3．导入图形和填充图形

（1）单击“文件”→“导入”命令，调出“导入”对话框，按住 Ctrl 键的同时单击选中 10 幅图形。再单击“导入”按钮，关闭“导入”对话框。

（2）在绘图页面外拖曳一个矩形，导入第 1 幅图形，接着依次拖曳 9 个矩形，再导入选中的其他 9 幅图形，如图 4-2-15 所示。

图 4-2-15　导入的 10 幅图形

（3）单击选中第 1 幅图形，单击“效果”→“图框精确剪裁”→“放置在容器中”命令，此时鼠标指针呈大黑箭头状，单击一个白色轮廓线的六边形，即可将导入的图形填充到该白色轮廓线包围的六边形内，通常此时还看不到填充的图形，如图 4-2-16 所示。

（4）使用工具箱中的“选择工具”，单击选中填充了图形的白色轮廓线六边形，再单击“效果”→“图框精确剪裁”→“编辑内容”命令，进入图形剪裁的编辑状态，拖曳图形到白色轮廓线的六边形内，如图 4-2-17 所示。调整六边形内填充的图形的大小和位置等。调整好后，单击“效果”→“精确剪裁”→“结束编辑”命令，效果如图 4-2-18 所示。

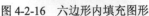

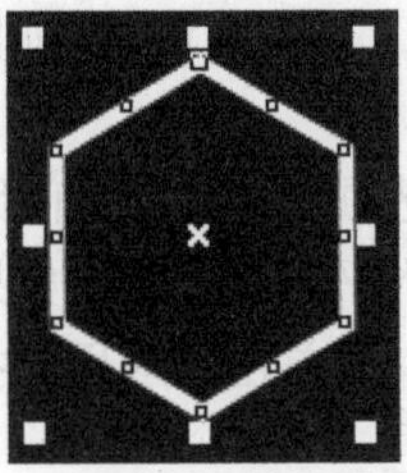
图 4-2-16　六边形内填充图形

图 4-2-17　编辑内容

图 4-2-18　编辑后的效果

（5）按照上述方法，将其他 9 幅图形分别填充到不同的白色六边形内。最后效果如图 4-2-19 所示。

图 4-2-19　图形填充效果

4．输入文字

（1）使用工具箱中的“文本工具”字，在填充图形的六边形下边拖曳出一个输入段落文字的矩形框。然后，在其“文本”属性栏内的“字体”下拉列表中选择“黑体”，在“字大小”下拉列表中选择 18pt。

（2）输入字体为黑体，大小为 18pt，填充颜色为金黄色，轮廓颜色为金黄色的一段文字。适当调整文字的大小和位置。

（3）使用工具箱中的“文本工具”字，在绘图页内段落文字的下边拖曳出一个输入段落文字的矩形框，在其属性栏内设置字体为黑体，大小为 16pt，填充颜色为金黄色，轮廓颜色为金黄色。然后输入一行文字“责任编辑：关亚丽　封面设计：杨波”。

（4）使用工具箱中的“文本工具”字，在上述文字的下边单击，接着输入一行美工字“电子工业出版社”，按 Enter 键，将光标移到下一行，再输入第 2 行美工字“地址：海淀新华大街 206 号”。

（5）按照上述方法，输入白色的美工字“ISBN 988-7-118-12345-9”和金黄色的美工字“定价：50.00 元”。最后效果如图 4-2-1 所示。

5. 插入条形码和图形

（1）单击“编辑”→“插入条形码”命令，调出“条码向导”对话框，选择“EAN-13”选项，在“输入 12 个数字”文本框中输入条形码的编码，在“检查数字”文本框中输入数字两个或五个数字，如图 4-2-20 所示。

（2）单击“下一步”按钮，调出图 4-2-21 所示的“条码向导”对话框。在该对话框中，根据需要对分辨率进行设置。

图 4-2-20　“条码向导”对话框 1

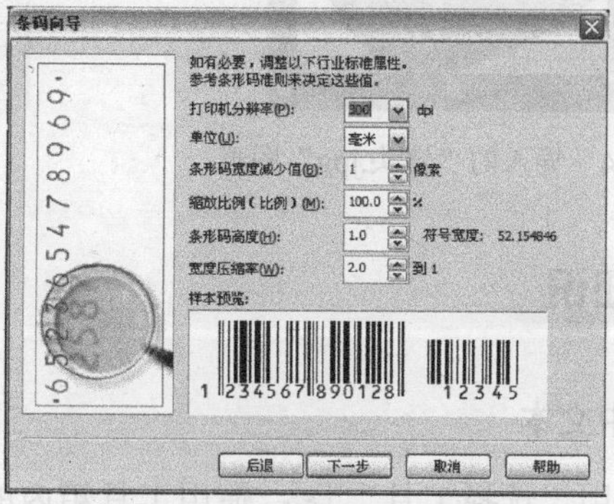

图 4-2-21　“条码向导”对话框 2

（3）单击“下一步”按钮，调出如图 4-2-22 所示的“条码向导”对话框。在该对话框中，根据需要对属性进行设置。然后单击“完成”按钮，制作出标准的条形码图形，如图 4-2-23 所示。

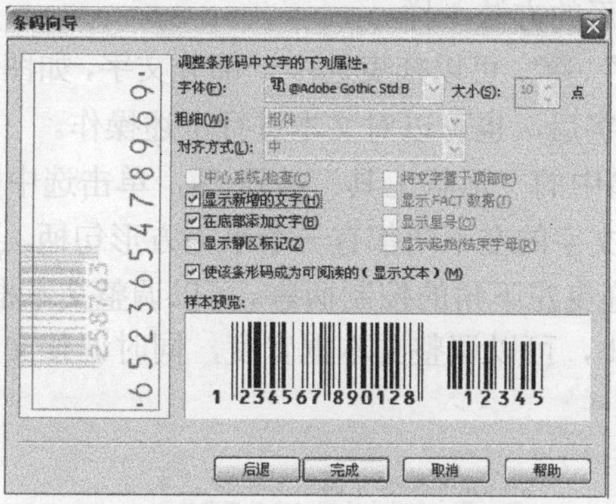

图 4-2-22　“条码向导”对话框 3

图 4-2-23　制作出的标准的条形码图形

（4）使用“选择工具”，将条形码缩小并移动到画面右下角位置，如图 4-2-1 所示。

（5）单击“文件”→“导入”命令，调出“导入”对话框，选中“镜头.jpg”图形文件，单击“导入”按钮，关闭“导入”对话框。然后在段落文字的右边拖曳出一个矩形，导入镜头图形，如图 4-2-24 所示。

（6）单击“窗口”→“泊坞窗”→“位图颜色遮罩”命令，调出“位图颜色遮罩”泊坞窗，如图 4-2-25 左图所示。在该泊坞窗内，单击选中“隐藏颜色”单选按钮，单击“颜色选择”按钮，再单击图形的白色背景，单击选中第 1 个复选框，在“容限”文本框内输入 30，如图 4-2-25 右图所示。单击“应用”按钮，隐藏图形的白色背景，效果如图 4-2-1 所示。

图 4-2-24 导入的"镜头.jpg"图形

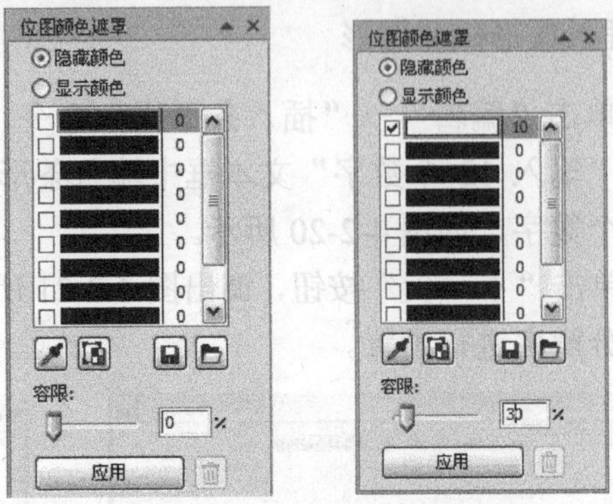

图 4-2-25 "位图颜色遮罩"泊坞窗

链接知识

1. 选中文本

（1）使用"选择工具"：使用工具箱内的"选择工具"，单击文本对象，可以选中一个文本；按住 Shift 键的同时单击文本，或者拖曳一个矩形圈住所有要选中的文本，可以选择一个或多个美术字或段落文本对象。

选中文本后，可以像对图形一样对选择的文本进行剪切、复制、移动、调整大小、旋转、倾斜、镜像、封套和格式化等操作。还可以对美术字进行透视、阴影、立体化、调和、透镜和轮廓线等操作。选中文本的方法与选中图形、图形的方法一样。

（2）使用"文本工具"字：使用"文本工具"字，可以拖曳选中一部分文字，如图 4-2-26 所示。双击段文字，可以选中这段文字。选中文字后，也可以对文本进行上述操作。

（3）使用"形状工具"：单击按下工具箱中的"形状工具"按钮，单击选中美术字或段落文本，如图 4-2-27 所示。可以看出，每个文字的左下角都有一个小正方形句柄，整个文字段左下角和右下角各有一个特殊形状的句柄。拖曳左下角的控制柄，可以调整文本框高度，同时调整文字的行间距；拖曳右下角的控制柄，可以调整文本框宽度，同时调整文字的行间距。

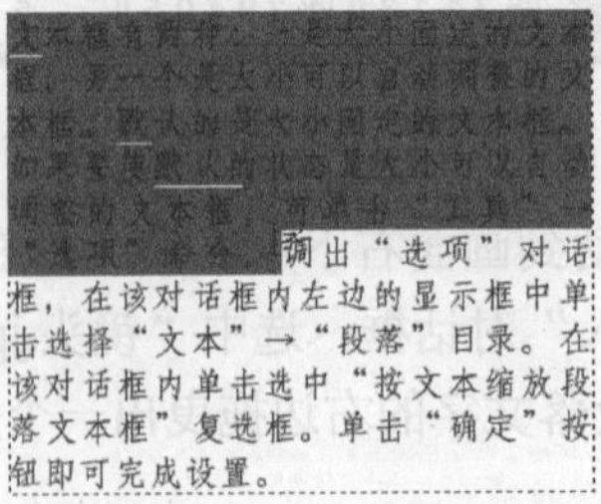

图 4-2-26 选择一部分文本

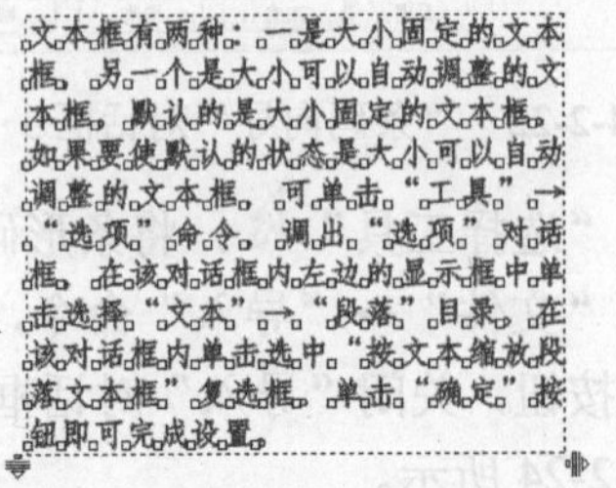

图 4-2-27 利用"形状工具"选择文本

单击某个文字左下角的小正方形句柄，可以选中这个文字。如果要选中多个文字，可以在按住 Shift 键的同时，单击各个文字左下角的小正方形句柄，如图 4-2-28 所示。

在选中一个或多个文字时，其属性栏变为"调整文字间距"属性栏，如图 4-2-29 所示。利用该属性栏可以对选定文字的字体、大小和格式等进行调整。用鼠标拖曳选中的句柄，可以移动选中的单个文字。

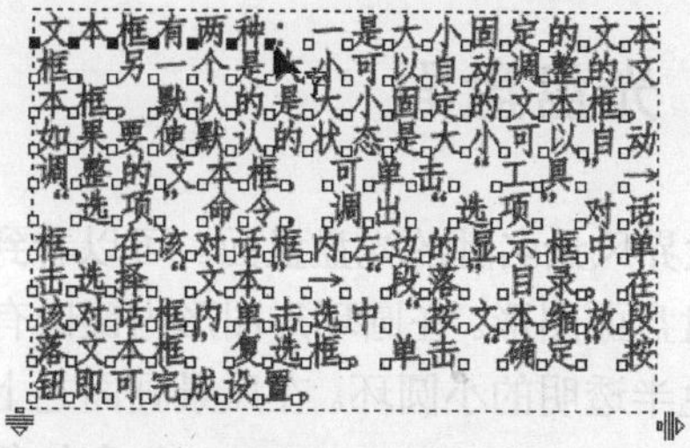

图 4-2-28　选中多个文字

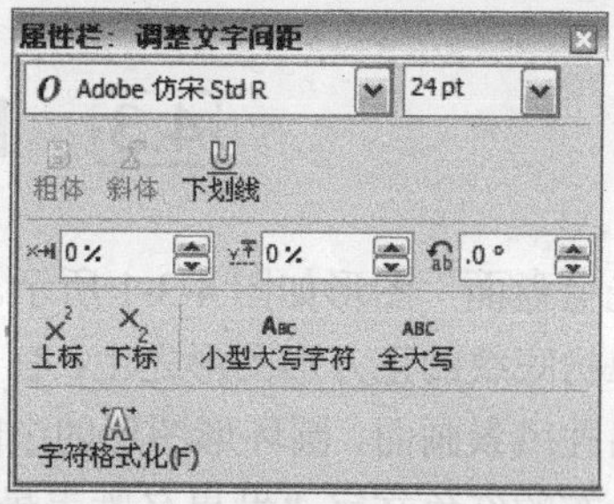

图 4-2-29　“调整文字间距”属性栏

2．美术字与段落文本的相互转换

（1）美术字转换成段落文本：单击工具箱中的“选择工具”按钮，再单击选中美术字，然后单击“文本”→“转换为段落文本”命令即可。

（2）段落文本转换成美术字：单击工具箱中的“选择工具”按钮，再单击选中段落文本，然后单击“文本”→“转换为美术字”命令即可。

实训 4-2

1．绘制一幅“学生成绩表”图形，如图 4-2-30 所示。“学生成绩表”三个标题字是红色、黄色轮廓线的立体文字。表格的底色为黄色。

2．制作一幅“用镜头探索大自然”图书的封底，如图 4-2-31 所示。

3．制作“中文 CorelDRAW X5 设计 100 例”图书的封面、封底和书脊。

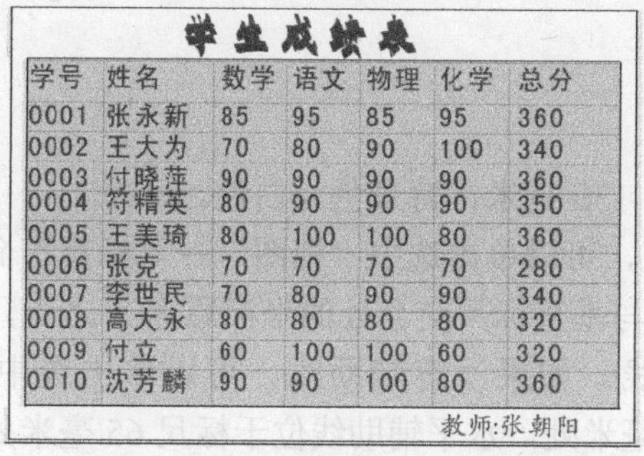
学生成绩表

学号	姓名	数学	语文	物理	化学	总分
0001	张永新	85	95	85	95	360
0002	王大为	70	80	90	100	340
0003	付晓萍	90	90	90	90	360
0004	符精英	80	90	90	90	350
0005	王美琦	80	100	100	80	360
0006	张克	70	70	70	70	280
0007	李世民	70	80	90	90	340
0008	高大永	80	80	80	80	320
0009	付立	60	100	100	60	320
0010	沈芳麟	90	90	100	80	360

教师:张朝阳

图 4-2-30　“学生成绩表”图形

图 4-2-31　“用镜头探索大自然”图书封底

4.3 【实例 8】光盘盘面

“光盘盘面”图形如图 4-3-1 所示。它是介绍世界风景名胜的光盘盘面。可以看到，在填充蓝色颗粒状底纹的正方形图形之上，有一幅圆形光盘盘面图形。在圆环形图形内镶嵌有一幅美丽的世界名胜风景画面，圆环形图形的中间有一个灰色半透明的小圆环。在风景画面之上有按照弧形曲线分布的红色文字“世界名胜美景”、蓝色文字“SHI JIE MING SHENG”和红色“介绍全世界 100 个著名的世界名胜，有中国长城、颐和园、九寨沟等”文字。

图 4-3-1　光盘盘面图形

光盘盘面应与主题贴近，如为书制作光盘，光盘的盘面风格最好与书的封面风格一致。除了要与主题贴近外，设计盘面还需要考虑光盘本身的形状。目前市场上标准光盘盘面的外直径一般为 117mm 或 118mm，内直径范围一般在 15～35mm。有时会把图形铺满整个光盘盘面，即内直径设为 15mm。对于盘面的内、外径的设置，可以在以上的范围内，根据设计需求自行调整。通过制作该图形，可以进一步掌握“完美形状展开工具栏”内的一些工具的使用方法——输入文字、插入条形码、导入图形、精确剪裁图形、在图形内镶嵌图形、在图形内填充底纹的方法，以及掌握使文字环绕路径分布的方法等。

制作方法

1．制作光盘盘面背景图

（1）设置绘图页面的宽度为 130 毫米，高度为 130 毫米，背景色为白色。

（2）如果绘图页面内左边和上边没有显示标尺，可以单击选中“视图”→“标尺”命令，在绘图页面内显示标尺。将鼠标指针指向水平标尺与垂直标尺交会处的坐标原点之上，向页面中心处拖曳，可拖曳出两条垂直相交的辅助线。如果没有辅助线，可以单击选中“视图”→“辅助线”命令。垂直辅助线位于标尺 65 毫米处，水平辅助线位于标尺 65 毫米处。

（3）使用工具箱中的“矩形工具”，在绘图页面内拖曳绘制一幅与绘图页面一样大小的矩形图形，中心点在 x=65mm，y=65mm。单击工具箱中“填充展开工具栏”内的“底纹填充”按钮，调出“底纹填充”对话框，如图 4-3-3 所示。在“底纹库”下拉列表中选择“样品”选项，在“底纹列表”中选中“砖红”选项，“色调”设置为浅蓝色，如图 4-3-2 所示。单击

“确定”按钮，给矩形填充“砖红”底纹。

图 4-3-2　“底纹填充”对话框

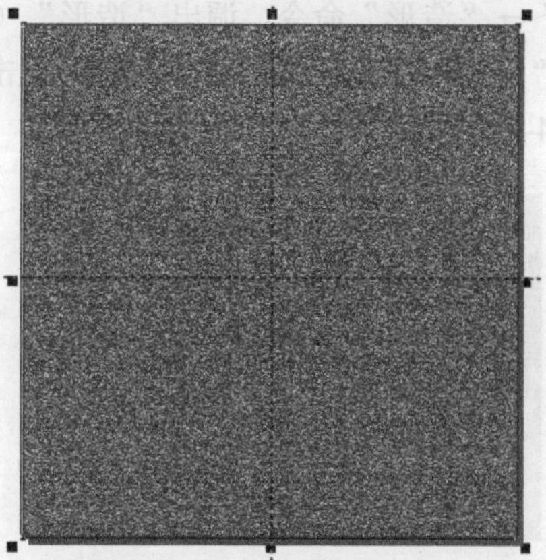

图 4-3-3　在矩形内填充底纹

（4）使用工具箱中的“椭圆形”工具，按住 Ctrl+Shift 组合键的同时从两条辅助线交点处向外拖曳绘制一幅圆形图形。在其“椭圆形”属性栏内的“x”和“y”数字框内均输入 65mm，“对象大小”栏内“宽”和“高”数字框内均输入 118mm，圆形图形如图 4-3-4 所示。

（5）单击“文件”→“导入”命令，调出“导入”对话框，选中“风景 10.jpg”图形（宽和高均为 215mm）文件。然后，单击“导入”按钮，关闭“导入”对话框。然后，单击绘图页面外部，导入一幅风景图形，如图 4-3-5 所示。

（6）单击“效果”→“图框精确剪裁”→“放置在容器中”命令，这时鼠标指针呈黑色大箭头状，将它移到圆形图形轮廓线处，单击鼠标左键，将选中的风景图形镶嵌到圆形图形内。单击“效果”→“图框精确剪裁”→“编辑内容”命令，进入图形剪裁的编辑状态，拖曳图形到白色轮廓线的六边形内，调整图形的大小和位置等，再单击“效果”→“精确剪裁”→“结束编辑”命令，效果如图 4-3-6 所示。

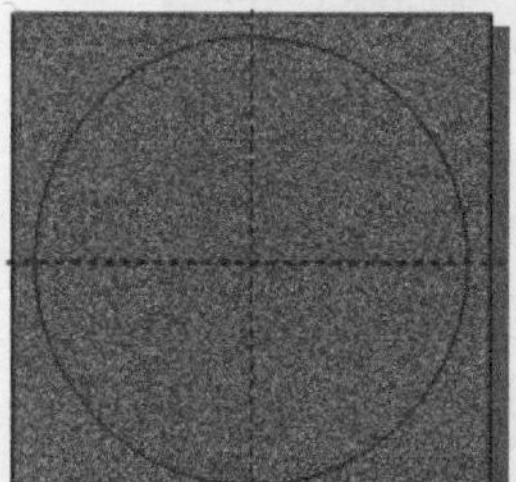

图 4-3-4　圆形图形

图 4-3-5　导入图形

图 4-3-6　镶嵌风景图形

（7）绘制一幅圆形图形，在“椭圆形”属性栏内的“x”和“y”数字框内均输入 65mm，“对象大小”栏内“宽”和“高”数字框内均输入 27mm，填充浅灰色。

（8）单击按下工具箱中的“交互式展开式工具栏”内的“透明度”按钮，在圆形图形之上拖曳，添加透明效果。然后，在“交互式渐变透明”属性栏内的“透明度类型”下拉列表中选择“辐射”选项，效果如图 4-3-7 所示。

（9）使用工具箱中的“选择工具”，拖曳选中镶嵌的图形和交互式透明效果的圆形图形，将它们组成一个群组。

（10）绘制一幅圆形图形，在其“椭圆形”属性栏内的“x”和“y”数字框内均输入 65mm，

"对象大小"栏内"宽"和"高"数字框内均输入 15mm。选中该图形，单击"窗口"→"泊坞窗"→"造形"命令，调出"造形"（修剪）泊坞窗，不选中任何复选框，如图 4-3-8 所示。单击"应用"按钮，鼠标指针呈，单击群组图形，将刚绘制的圆形图形内的群组删除，效果如图 4-3-9 所示。

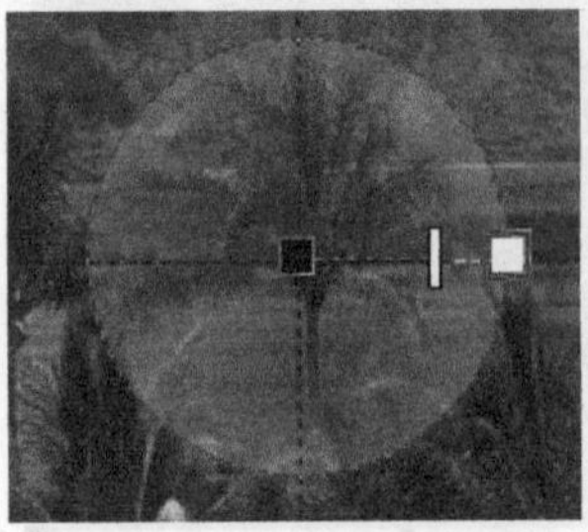

图 4-3-7 交互式渐变透明

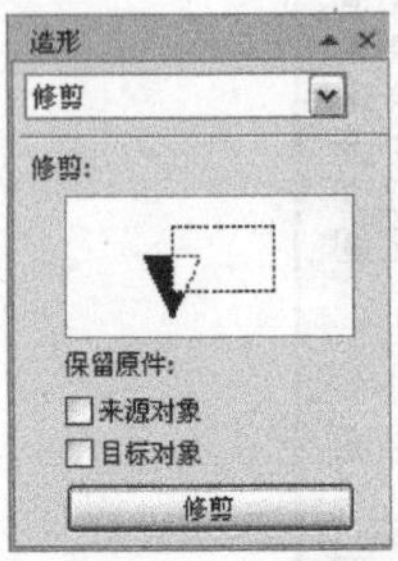

图 4-3-8 "造形"（修剪）泊坞窗

图 4-3-9 删除群组后的效果

2. 制作环绕文字

（1）使用工具箱中的"文本工具"，在绘图页中输入字体为隶书，字号为 53pt 的"世界名胜美景"美术字，给该美术字填充红色，如图 4-3-10 所示。

（2）使用工具箱中的"椭圆工具"，绘制一个圆形图形，作为文字旋绕的路径，在其"椭圆形"属性栏内的"x"和"y"数字框内均输入 65mm，"对象大小"栏内"宽"和"高"数字框内均输入 65mm。

（3）使用"选择工具"，单击选中文字。单击"文字"→"使文本适合路径"命令，这时鼠标指针呈黑色大箭头状，将它移到刚刚绘制的圆形上半边路径线处，即在路径线处出现沿路径线分布的文字，可以拖曳调整文字的位置，单击鼠标左键，则将美术字沿圆形路径环绕，如图 4-3-11 所示。如果，美术字沿圆形图形路径环绕的效果不理想，可以重新进行上述操作。

图 4-3-10 输入文字

图 4-3-11 美术字沿圆形路径环绕

（4）使用工具箱中的"文本工具"，输入字体为 Rosewood Std Regular，字号为 16pt 的美术字"SHI JIE MING SHENG"，设置文字颜色为紫色，效果如图 4-3-12 所示。

图 4-3-12 美术字"SHI JIE MING SHENG"

（5）使用工具箱中的"选择工具"，单击选中圆形路径，单击"排列"→"拆分在一路经上的文本”命令，将圆形路径与环绕它的“世界名胜美景”美术字分离。

（6）单击选中紫色美术字“SHI JIE MING SHENG”，单击“文字”→“使文本适合路径”命令，这时鼠标指针呈黑色大箭头状，将它移到刚刚绘制的圆形的上半边路径线的下边，在路径线下边出现沿路径线分布的文字，拖曳调整文字的位置，单击鼠标左键，则将“SHI JIE MING SHENG”美术字沿圆形路径环绕，如图 4-3-13 所示。

图 4-3-13　美术字沿圆形路径环绕

（7）使用工具箱中的“文本工具”字，输入“字体”为 Rosewood Std Regular，字号为 16pt 的美术字“介绍全世界 100 个著名的世界名胜，有中国长城、颐和园＼九寨沟等。”，设置文字颜色为红色，如图 4-3-14 所示。

介绍全世界100个著名的世界名胜，有中国长城、颐和园、九寨沟等。

图 4-3-14　美术字

（8）使用“选择工具”，单击选中圆形路径，单击“排列”→“拆分在一路经上的文本”命令，将圆形路径与环绕它的美术字分离。在绘图页外单击，再单击选中圆形路径，在其“椭圆形”属性栏内“宽”和“高”数字框内均输入 85mm，将圆形路径调大一些。

（9）单击选中红色美术字，单击“文字”→“使文本适合路径”命令，将鼠标指针移到圆形路径下半边路径线的下边，在圆形路径线下边出现文字，拖曳调整文字的位置，单击鼠标左键，则将选中的美术字沿圆形路径环绕，如图 4-3-15 所示。

图 4-3-15　美术字沿圆形路径环绕

（10）使用工具箱中的“选择工具”，选中圆形路径线，右击调色板的☒，隐藏路径。

链接知识

1. 插入对象

（1）单击“编辑”→“插入对象”命令，调出“插入新对象”对话框，如图 4-3-16 所示。该对话框是选择了“新建”单选项后的“插入新对象”对话框。

（2）单击“对象类型”列表框中的一个选项，例如，单击选中“Adobe Photoshop Image”选项。然后，单击“确定”按钮，即可调出相应的软件窗口，此处调出了“Adobe Photoshop”窗口，新建一个空白文档，如图 4-3-17 所示。

此时，可以在 Photoshop 窗口之中绘制一幅图形，也可以打开一幅图形，将该图形复制粘贴到新建的空白文档内，再进行裁剪等加工处理。

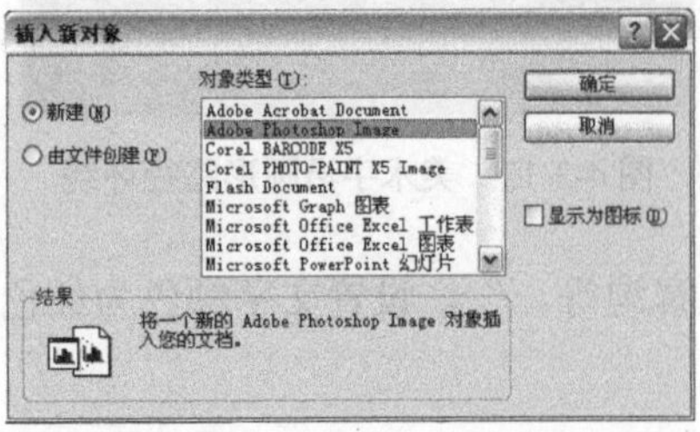

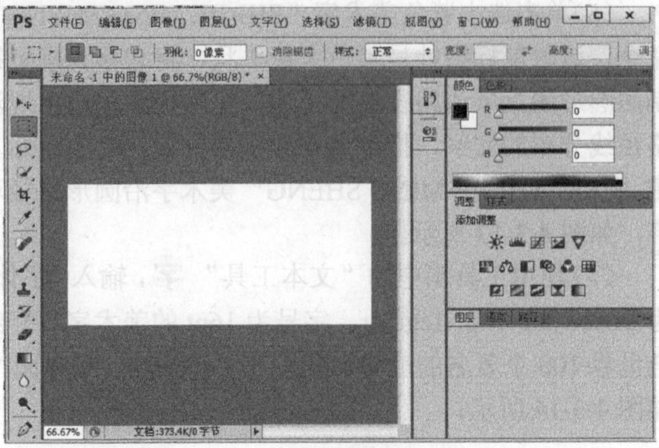

图 4-3-16 “插入新对象”对话框　　图 4-3-17 “Adobe Photoshop”窗口

例如，打开一幅“圣诞老人.jpg”图形，如图 4-3-18 所示，复制粘贴到新建的空白文档内再进行加工处理后。然后，保存和关闭该文件，即可回到 CorelDRAW X5 的绘图页面，其内已经插入 Photoshop 中新建文档中的图形。

（3）如果在出现如图 4-3-16 所示的“插入新对象”对话框时，选择该对话框中的“由文件创建”单选钮，则“插入新对象”对话框如图 4-3-19 所示。利用该对话框可以导入选择的图形，而且还可以与指定的图形处理软件建立链接。

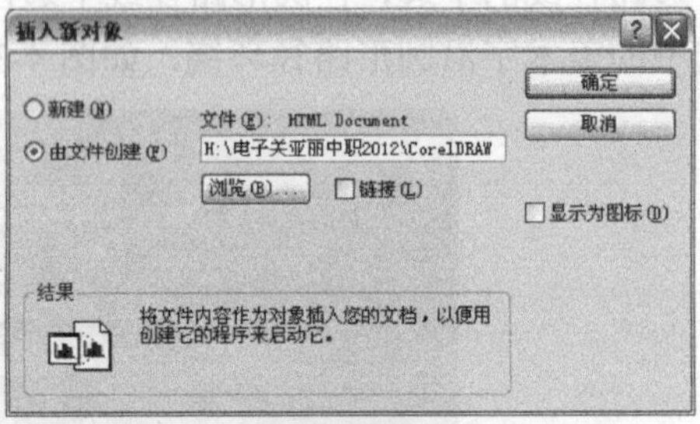

图 4-3-18 “圣诞老人”图形　　图 4-3-19 “插入新对象”对话框

以后，在 CorelDRAW X5 中双击插入的图形对象时，会自动打开相应的建立链接的图形处理软件，并在该软件中打开相应的图形。

2. 将文字填入路径

（1）输入一段美术字，例如：“世界正在进入信息时代”。然后绘制一个轮廓线或曲线图形，如椭圆形图形，单击选中这段美术字，如图 4-3-20 所示。

（2）单击“文字”→“使文本适合路径”命令，这时鼠标指针呈浮动光标形状，将鼠标指针移到图形路径处，可以随意调节文本排列的形状和位置，图中会出现美术字的蓝色虚线，调节好之后单击，即可将选定的美术字沿路径排列，如图 4-3-21 所示。

（3）使用“选择工具”按钮，选中美术字，调出“曲线/对象上的文字”属性栏，如图 4-3-22 所示。在其内的“文本方向”下拉列表中选择，向内拖曳文字左边的红色控制柄，文字环绕如图 4-3-23 所示。利用属性栏还可以调整环绕字的形状和与路径的间距等。

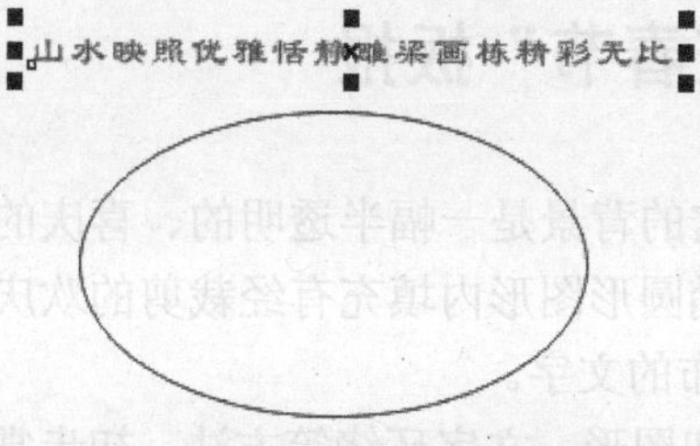

图 4-3-20　输入文字与绘制图形

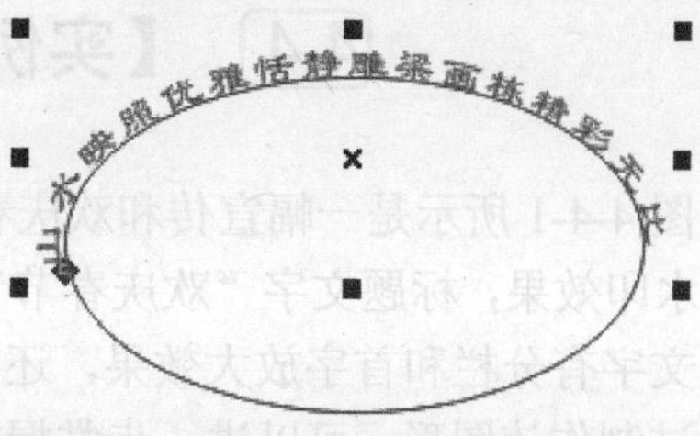

图 4-3-21　将选定的美术字沿路径排列

图 4-3-22　“曲线/对象上的文字”属性栏

（4）单击工具箱中的“形状工具”按钮，再单击选中路径图形，然后单击标准工具栏的“剪切”按钮，删除路径图形。经调整和删除路径图形后的美术字如图 4-3-24 所示。

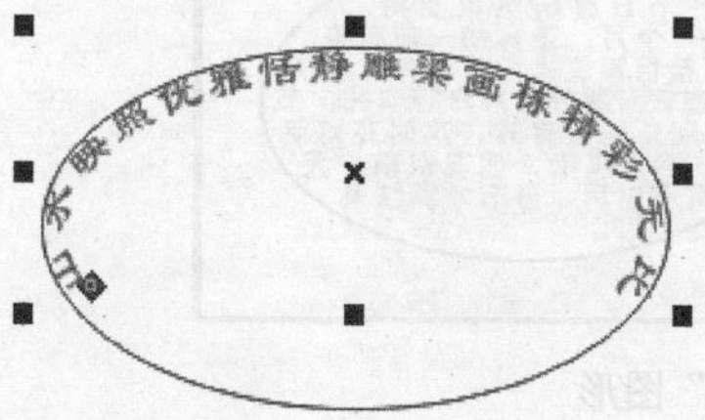

图 4-3-23　调整环绕文字

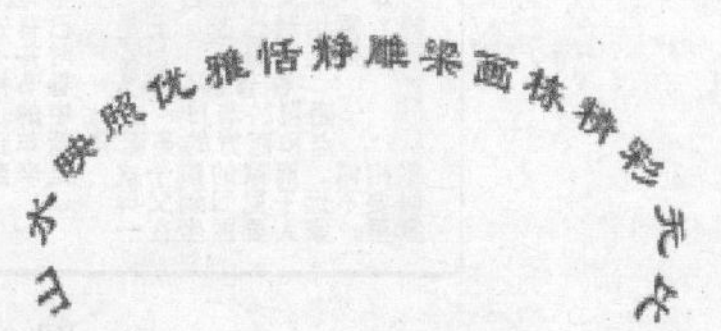

图 4-3-24　调整和删除路径后的美术字

实训 4-3

1. 绘制一幅有插入对象和环绕文字的图形。

2. 绘制“图形素材集锦”套装光盘盒的封面和封底图形。封面图形如图 4-3-25 左图所示，它以填充蓝色颗粒状底纹为背景，由叠放的 6 张光盘盘面、立体标题名称和各种文字组成。封底图形如图 4-3-25 右图所示，其内有一些白色轮廓线的六边形图案，各六边形内有图形，有介绍光盘的段落文字，段落文字有分栏和首字放大效果，按椭圆形状分布的文字，以及条形码等。

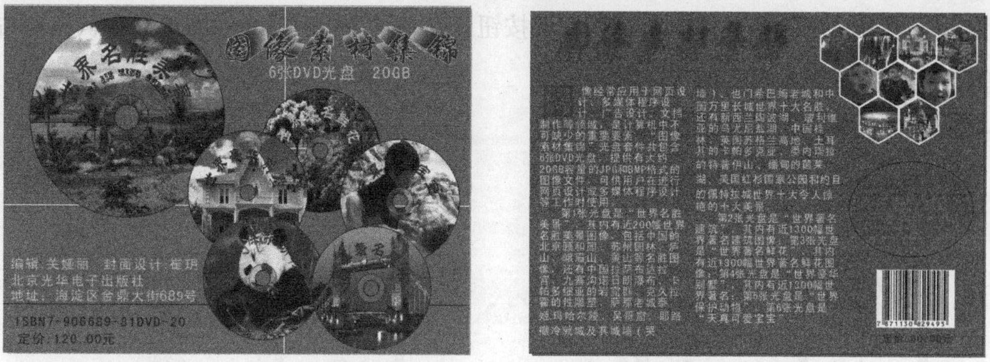

图 4-3-25　“图形素材集锦”图形

4.4 【实例 9】“欢庆春节”板报

如图 4-4-1 所示是一幅宣传和欢庆春节的板报，它的背景是一幅半透明的、喜庆的节日图形，有水印效果，标题文字“欢庆春节”是立体字，椭圆形图形内填充有经裁剪的欢庆春节的图形，文字有分栏和首字放大效果，还有按椭圆状分布的文字。

通过制作该图形，可以进一步掌握文字编辑、裁切图形、文字环绕等方法，初步掌握创建交互式透明的方法等，掌握段落文字的编辑方法，以及段落文字首字下沉和分栏等技术。该实例的制作方法和相关知识介绍如下。

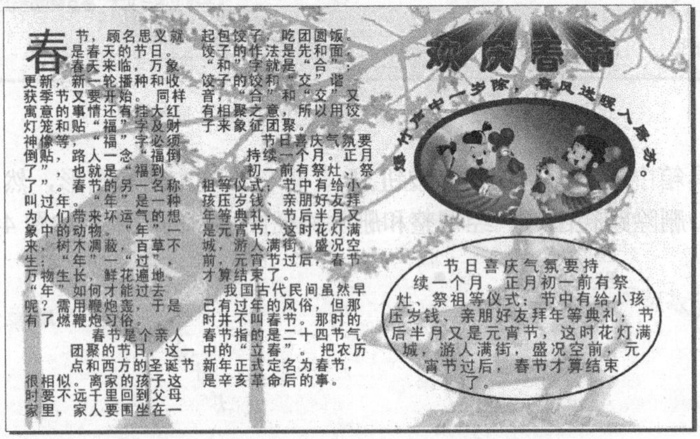

图 4-4-1 “欢庆春节”图形

制作方法

1．制作背景与标题

（1）设置页面的宽为 300 毫米，高为 180 毫米，背景色为白色。

（2）单击“文件”→“导入”命令，调出“导入”对话框，选择一幅“春节 1.jpg”图形文件，单击“确定”按钮。然后在绘图页面内拖曳出一个与页面一样大小的矩形，即可导入“春节 1.jpg”图形，如图 4-4-2 所示。然后，将该图形移到绘图页面的外边。

（3）使用工具箱中的“选择工具”，单击选中“春节 1.jpg”图形，单击按下工具箱中的“交互式展开式工具栏”内的“透明度”按钮，在“春节 1.jpg”图形之上从左向右水平拖曳，添加透明效果，如图 4-4-3 所示。

图 4-4-2 导入”春节 1.jpg”图形

图 4-4-3 添加透明效果

（4）在其“交互式渐变透明”属性栏内，在“透明度类型”下拉列表中选择“线性”选项，在“透明度操作”下拉列表中选择“常规”选项，在“透明中心点”文本框内输入 50，其他设置如图 4-4-4 所示。

（5）图形右边的控制柄颜色为黑色，右边图形完全透明；图形左边的控制柄颜色为白色，左边图形完全不透明。将调色板内的灰色色块拖曳到左边和右边的控制柄处，改变两个控制柄的颜色为灰色，使整幅图形呈半透明状。此时的效果如图 4-4-5 所示。

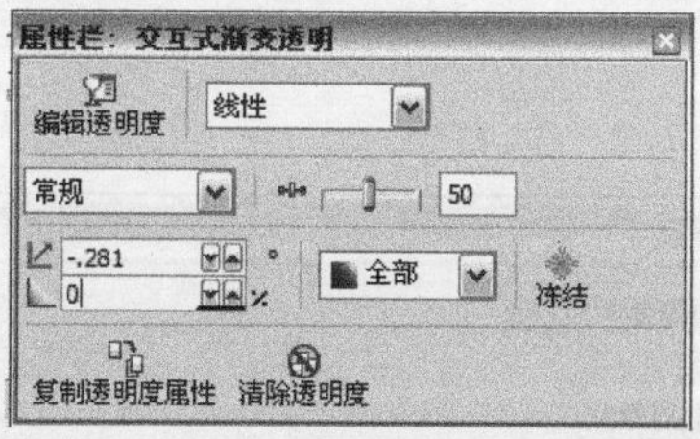

图 4-4-4　“交互式渐变透明”属性栏

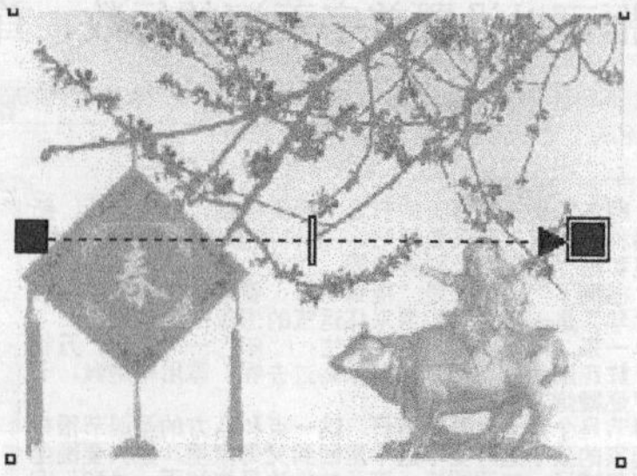

图 4-4-5　呈半透明状的图形

（6）使用工具箱中的“文本工具”字，在绘图页中输入字体为华文琥珀，字号为 43pt 的“欢庆春节”美术字。单击选中它，单击调色板内的红色色块，给“欢庆春节”美术字填充红色；右击调色板内的黄色色块，给“欢庆春节”美术字轮廓着黄色。

（7）使用工具箱中“交互式展开式工具栏”内的“立体化”工具，在美术字之上向上拖曳，产生立体字，如图 4-4-6 所示。单击“立体化”属性栏内的“颜色”按钮，调出“颜色”面板，如图 4-4-7 所示。在该面板内，单击按下“使用递减颜色”按钮，设置“从”颜色为红色，“到”颜色为黄色，美术字效果如图 4-4-8 所示。

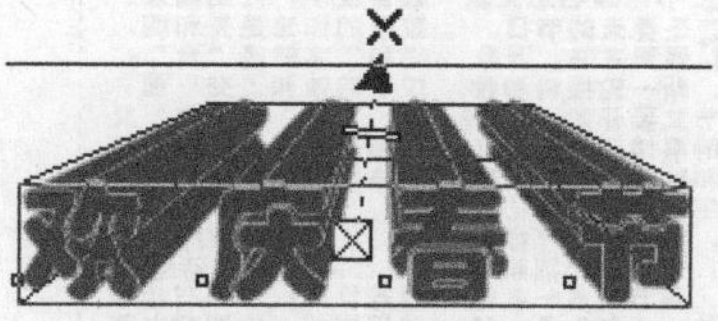

图 4-4-6　产生立体字

图 4-4-7　“颜色”面板

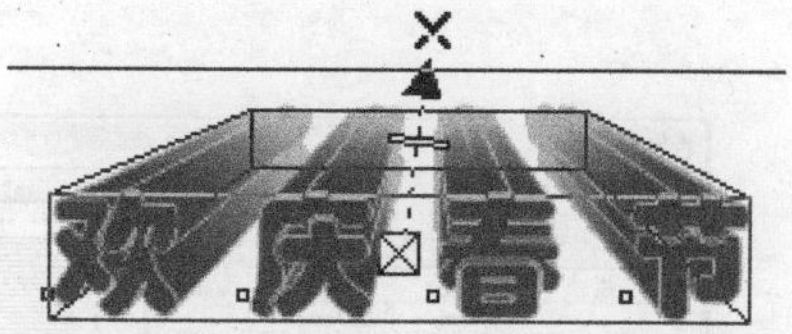

图 4-4-8　调整颜色后的立体文字

（8）使用工具箱中的“选择工具”，适当调整立体美术字的大小，将它移到绘图页面内的右上角。

2．制作段落文字

（1）使用工具箱中的“文本”工具字，设定文字的字体为黑体，字号为 18pt，颜色为绿色，然后输入左边的段落文字。另外，也可以在 Word 文档或文本文件中选取一段文字，将文字复制到剪贴板中。回到 CorelDRAW X5，然后单击“编辑”→“粘贴”命令，将剪贴板内的文字粘贴到段落文本框内。注意：第一个文字左边没有空格。

（2）使用工具箱中的“选择工具”，单击选中该段落文字。然后，单击其属性栏内的“编辑文本”按钮或单击“文本”→“编辑文本”命令，调出“编辑文本”对话框，如图 4-4-9 所示。利用该对话框可以以段落形式编辑文字。

（3）使用工具箱中的“文本工具”字，拖曳选中第 1 个字“春”，将其颜色设置为红色。再拖曳选中其他段落文字。单击“文本”属性栏内的“文本格式化”按钮，调出“格式化文本”对话框。利用该对话框可以调整字体、字号等。

（4）拖曳选中所有段落文字，单击“文本”属性栏内的“使用首字下沉”按钮，使选中的文字段内的第 1 个字“春”首字放大并下沉。

（5）单击“文本”→“首字下沉”命令，调出“首字下沉”对话框，如图 4-4-10 所示。利用该对话框可以设置首字下沉的行数、首字下沉后的空格多少等特性。

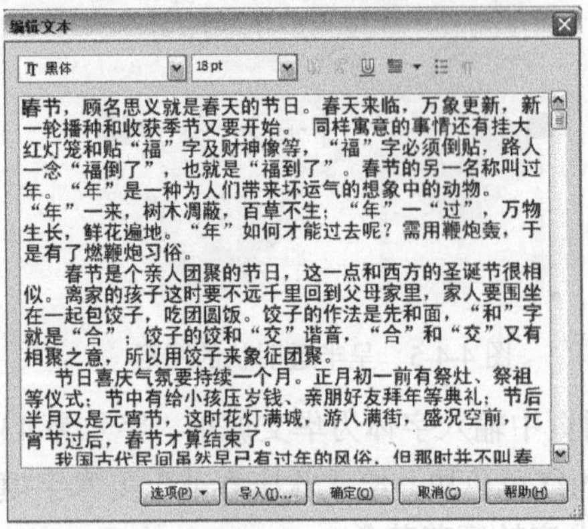

图 4-4-9 “编辑文本”对话框

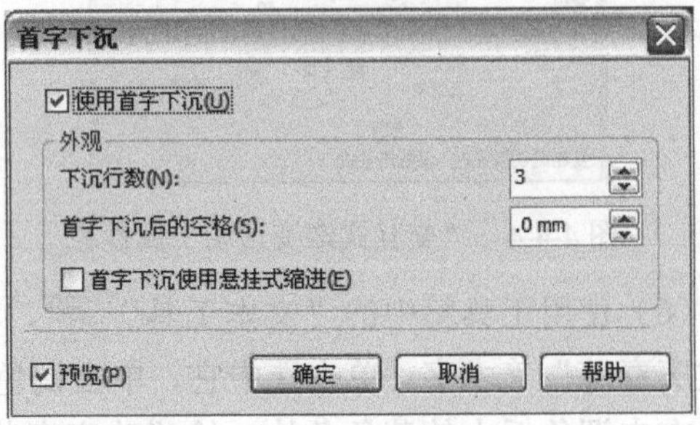

图 4-4-10 “首字下沉”对话框

（6）单击“文本”→“栏”命令，调出“栏设置”对话框，利用“栏设置”对话框可以调整段落文字的分栏数、栏宽和栏间距等。在该对话框内的“宽度”数字框内输入 74.994mm，在“栏间宽度”数字框内选择 3.287mm，选中“保持当前图文框宽度”单选钮，单击选中“栏宽相等”复选框，如图 4-4-11 所示。最后，单击“确定”按钮，关闭“栏设置”对话框，完成分栏工作。分栏后的效果图如图 4-4-12 所示。

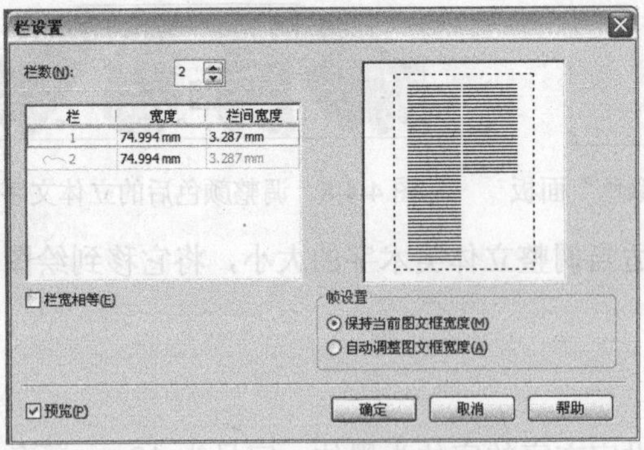

图 4-4-11 “栏设置”对话框

图 4-4-12 分栏效果

3. 制作椭圆内文字和环绕文字

（1）使用工具箱中的“椭圆形”工具，绘制一幅椭圆形图形。再使用工具箱中的“文本工具”字，按住 Shift 键，单击椭圆顶部的外缘边线处，这时鼠标指针变为“I”字形。然后单击鼠标左键，则椭圆内部会出现一个虚线的椭圆，如图 4-4-13 所示。

（2）单击椭圆顶部中间处，然后输入文字，如图 4-4-14 所示。可以看出文字自动在椭圆内分布。然后单击工具箱内的“选择工具”，结束椭圆形分布文字的制作。适当调整按椭圆分布的美术字大小，将它移到背景图形之上的右下方。

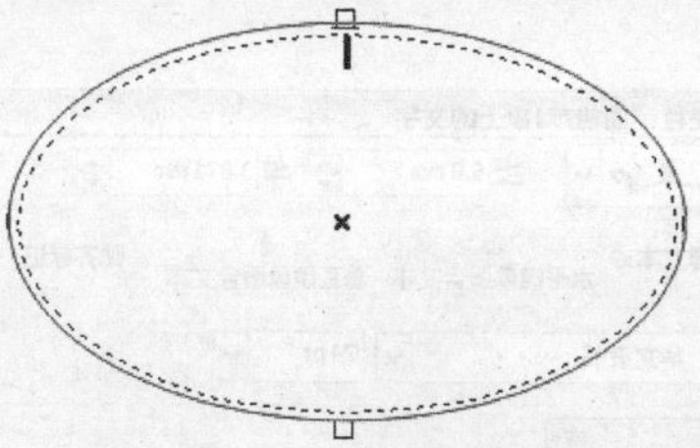
图 4-4-13　虚线的椭圆

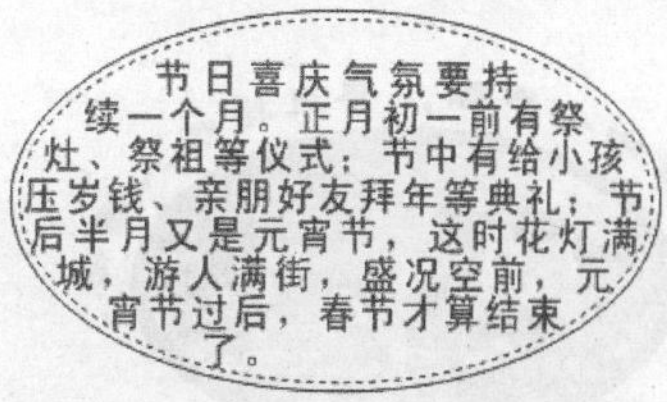

图 4-4-14　输入文字

（3）单击“文件”→“导入”命令，调出“导入”对话框，选中“节日 1.jpg”图形，单击“确定”按钮。然后，在绘图页面内拖曳导入选中的图形，如图 4-4-15 所示。

（4）使用工具箱中的“选择工具”，单击选中节日图形。使用工具箱中的“椭圆形”工具，绘制一个椭圆形图形，设置轮廓线颜色为黄色，轮廓宽度为 1.4mm。

（5）单击“效果”→“图框精确剪裁”→“放置在容器中”命令，单击椭圆形的边线，将图形镶嵌到椭圆内。单击“效果”→“图框精确剪裁”→“编辑内容”命令，进入图形剪裁的编辑状态，拖曳图形到白色轮廓线的六边形内，调整图形的大小和位置等，效果如图 4-4-16 所示。

（6）单击“效果”→“图框精确剪裁”→“结束编辑”命令，可以使画面回到图 4-4-17 所示状态，只是椭圆形内的图形已改为调整后的内容。

图 4-4-15　“节日 1.jpg”图形

图 4-4-16　调整图形

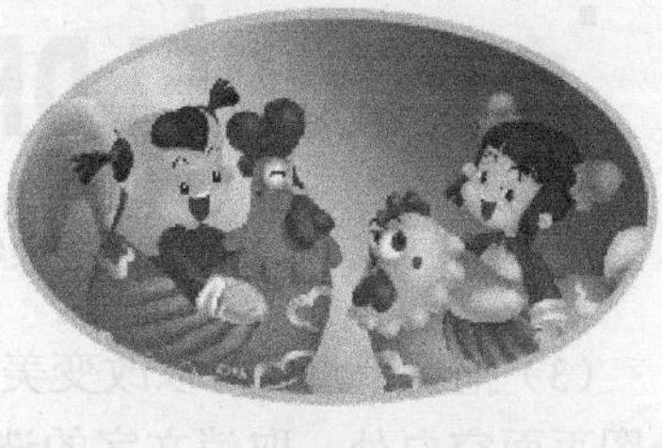
图 4-4-17　图形镶嵌到椭圆形内

（7）选中椭圆形的节日图形，单击工具箱中“轮廓展开工具栏”栏内的“8 点轮廓”按钮，将椭圆线改为宽度 8 个点。右击调色板内的绿色色块，使椭圆线颜色为绿色。

（8）使用工具箱中的“文本”工具，输入字体为隶书，字号为 24pt，颜色为红色的美术字“爆竹声中一岁除，春风送暖入屠苏。”。

（9）使用工具箱中的“选择工具”，单击选中美术字。然后，单击“文字”→“使文本适合路径”命令，这时鼠标指针呈黑色大箭头状，将它移到刚画的同心椭圆形的边线处，单击鼠标左键，则美术字沿正圆上半边的外部呈弧形分布，如图 4-4-17 所示。

（10）单击选中图 4-4-18 所示的文字对象，在其“曲线/对象上的文字”属性栏中，选择“文字方向”下拉列表（在该对话框内的左上角）中的第 2 个选项；在“与路径距离”数字框内输入 5mm，表示环绕的文字与椭圆的间距为 5mm；调整“偏移”数字框内的数字，改变环绕文字的起始和终止位置。此时，“曲线/对象上的文字”属性栏如图 4-4-19 所示，美术字的效果如图 4-4-1 所示。

（11）调整图中各个对象的大小与相对位置。按住 Shift 键，单击选中所有对象，然后单击“排列”→“群组”命令，将它们组成一个对象。

（12）使用工具箱中的“选择工具”，将绘图页面外部的图形移到绘图页面内。单击“排列”→“顺序”→“到图层后面”命令，将它置于其他对象的下边，最终效果如图 4-4-1 所示。

图 4-4-18　美术字沿圆上半边外部呈弧形分布

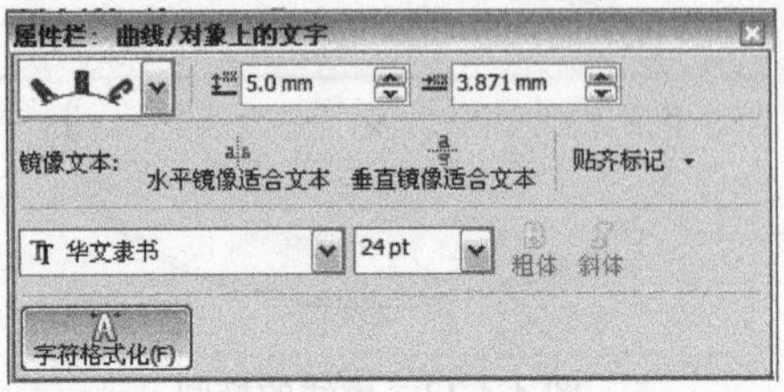

图 4-4-19　“曲线/对象上的文字”属性栏

链接知识

1. 将美术字转换为曲线

（1）单击工具箱中的“选择工具”按钮，再单击选中美术字，如图 4-4-20 所示。单击“排列”→“拆分美术字”命令，将选中的美术字拆分为独立的文字。拖曳选中全部文字，右击选中的文字，调出快捷菜单，单击该菜单中的“转换为曲线”命令，将文字转换成曲线。

（2）单击工具箱内的“形状工具”按钮，转换为曲线的文字上的节点会显示出来，如图 4-4-21 所示，它有许多曲线节点。

图 4-4-20　选中美术字

图 4-4-21　将美术字转换成曲线

（3）拖曳节点，可以改变美术字曲线的形状。单击工具箱中的“选择工具”按钮，单击绘图页面空白处，取消文字的选取。此时的文字如图 4-4-22 所示。

图 4-4-22　改变转换为曲线的文字的形状

2. 段落文本分栏

单击工具箱中的“选择工具”按钮，再单击选中段落文字，单击“文本”→“栏”命令，调出“栏设置”对话框，如图 4-4-23 所示。在该对话框内各选项的作用如下。

（1）“栏数”数字框：用来设置分栏的个数。

（2）“宽度”数字框：单击列表框内“宽度”列，会显示出数字框的箭头按钮，可以用来设置栏宽度。

（3）“栏间宽度”数字框：单击列表框内“栏间宽度”列，会显示出数字框的箭头按钮，可以用来设置栏的间距。

（4）“保持当前图文框宽度”单选按钮：单击选中该单选按钮后，可以保持当前图文框宽度。

（5）“自动调整图文框宽度”单选按钮：单击选中该单选按钮后，可以自动调整图文框宽度。

（6）“栏宽相等”复选框：单击选中该复选框后，可以自动使栏宽相等。

段落文字按照图 4-4-23 所示进行文字分栏设置后，单击“确定”按钮，关闭“栏设置”对话框，分栏效果如图 4-4-24 所示。

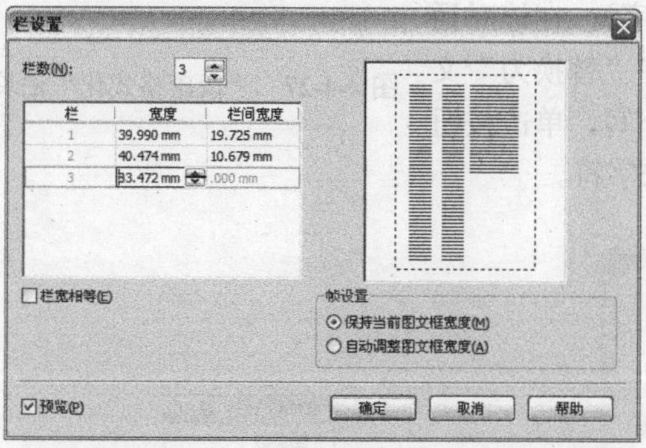

图 4-4-23 “栏设置”对话框

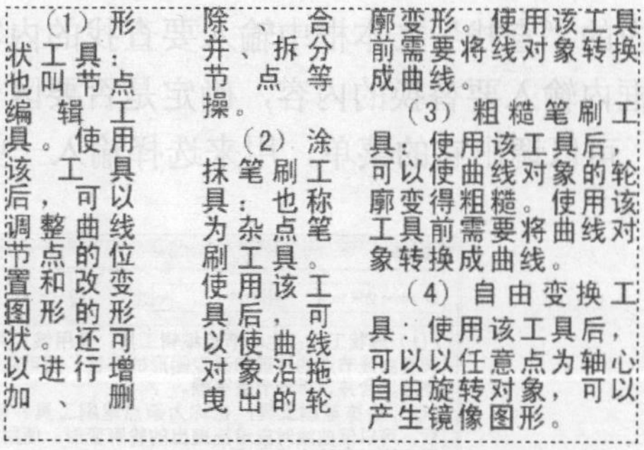

图 4-4-24 分栏效果

3．编辑文本

（1）字符格式化：单击选中段落文本，再单击其“文本”属性栏中的“字符格式化”按钮，或单击“文本”→“字符格式化”命令，调出“字符格式化”泊坞窗，如图 4-4-25 所示。利用该泊坞窗可调整字体、大小、字符效果、对齐方式和字符偏移量等。

单击“字符格式化”泊坞窗内的“字符效果”按钮 ⌄ 后，“字符格式化”泊坞窗如图 4-4-26 左图所示。单击按下“文本”按钮 字，拖曳选中段落文本，单击“字符格式化”泊坞窗内的“字符位移”按钮后，“字符格式化”泊坞窗如图 4-4-26 右图所示。

图 4-4-25 “字符格式化”泊坞窗 1

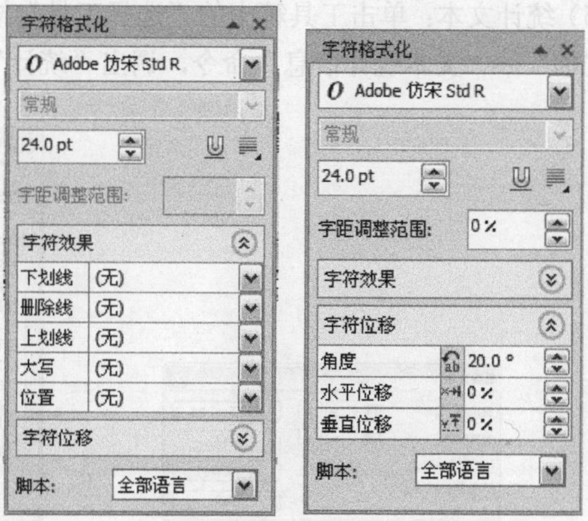

图 4-4-26 “字符格式化”泊坞窗 2

（2） 段落格式化：单击“文本”→“段落格式化”命令，调出“段落格式化”泊坞窗，如图 4-4-27 所示。利用该泊坞窗，可以调整段落文字的参数。

（3） 编辑文本：利用“编辑文本”对话框编辑文本，选中要编辑的文本对象。再单击“文本”属性栏的“编辑文本”按钮或单击“文本”→“编辑文本”命令，可调出“编辑文本”对话框，如图 4-4-28 所示。利用该对话框可以进行导入文本、格式化文本和检查文本等操作。

（4）文本替换、查询、校对与统计：单击图 4-4-28 所示的“编辑文本”对话框内的“选项”按钮，调出一个菜单，如图 4-4-29 所示。利用该菜单可以进行文字的大小写转换、查询与替换、拼字与文法检查等操作。

例如，单击该菜单的“替换文本”命令，会弹出“替换文本”对话框，如图 4-4-30 所示（还没有输入文字）。在该对话框内的“查找”文本框中输入要查找的内容，在“替换为”文本框内输入要替换的内容，确定是否要区分大小写，单击按钮 ▶，可以调出它的菜单，用来选择输入一些特殊字符。

图 4-4-27 “段落格式化”泊坞窗

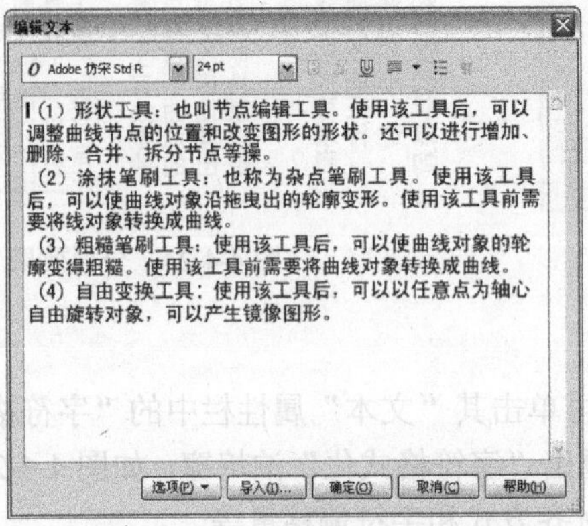

图 4-4-28 “编辑文本”对话框

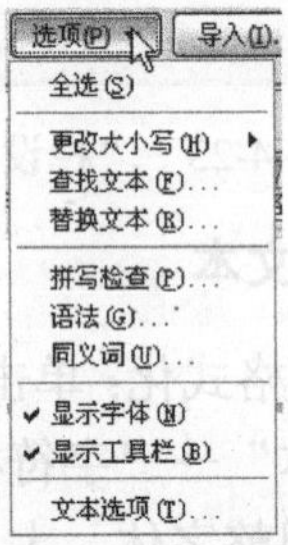

图 4-4-29 “选项”菜单

单击“替换”或“全部替换”按钮。如果单击的是“替换”按钮，则指替换第一个要替换的文字，要替换下一个文字还需单击“查找下一个”按钮。

（5）统计文本：单击工具箱中的“选择工具”按钮，再单击选中要统计的文字，然后单击“文本”→“文本统计信息”命令，调出“统计”对话框，如图 4-4-31 所示。

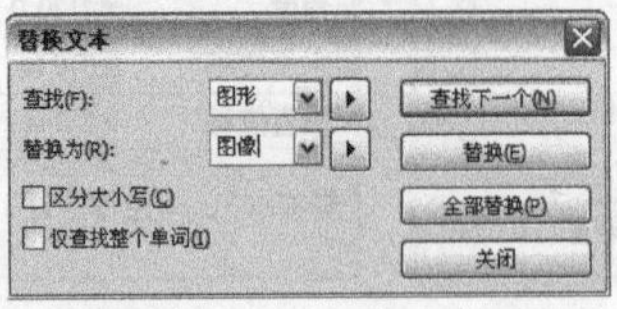

图 4-4-30 “替换文本”对话框

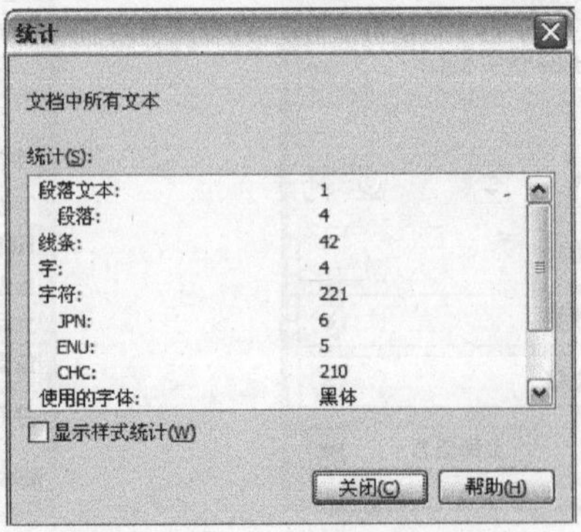

图 4-4-31 “统计”对话框

实训 4-4

1. 制作一幅“月历”图形。该图形中有 2013 年 12 月的月历，有装饰的图形。
2. 参考【实例 9】的制作方法，制作一幅“北京旅游”宣传画。

3. 制作一幅“北京颐和园”宣传画，如图 4-4-32 所示。

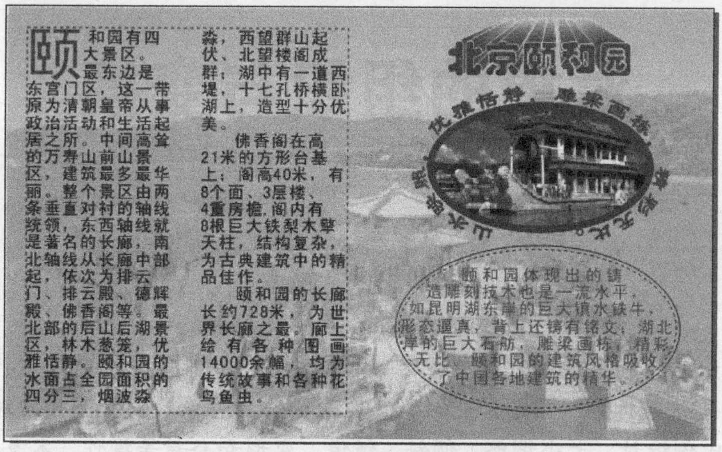

图 4-4-32　“北京颐和园”宣传画

第5章

对象的组织与变换

本章提要：

对象的组织是指利用多重对象属性栏来加工多个对象，对多个对象进行群组、变换、对齐、分布、合并、拆分、锁定、造形和管理等操作。对象的变换是指对对象进行移动定位、旋转、等比例缩放、大小调整、倾斜、镜像、变形和套封等操作。本章通过5个实例，介绍了对象的组织和变换，特别介绍了“变换”和“造形”泊坞窗的使用方法等。

5.1 【实例10】宝宝醒了

“宝宝醒了”图形如图5-1-1所示。在图形中，小闹钟响了，3个小动物都睡醒了，可爱动人，主题画面周围是一些装饰图案。

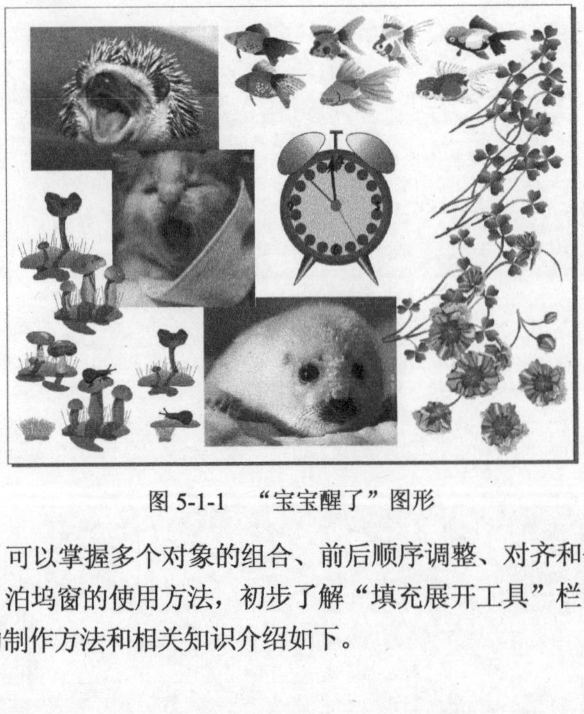

图5-1-1 “宝宝醒了”图形

通过制作该实例，可以掌握多个对象的组合、前后顺序调整、对齐和分布调整的方法，初步掌握“变换”（旋转）泊坞窗的使用方法，初步了解“填充展开工具”栏内“渐变填充”工具的使用方法等。该实例的制作方法和相关知识介绍如下。

制作方法

1．绘制表盘

（1）新建一个文档，设置绘图页面的宽度为 230 毫米，高度为 180 毫米。

（2）使用工具箱中的“椭圆工具”，绘制 3 个分别填充砖红色、天蓝色和黄色，无轮廓线，直径分别为 35 毫米、32 毫米和 29 毫米的圆形，作为闹钟底盘图形，如图 5-1-2 所示。

（3）将 3 个圆形图形全部选中，单击其属性栏内的“对齐与分布”按钮，调出“对齐与分布”（对齐）对话框。单击选中该对话框内水平和垂直方向的“中”复选框，如图 5-1-3 所示。然后，单击“应用”按钮，即可以将圆形图形水平和垂直居中对齐，如图 5-1-4 所示。

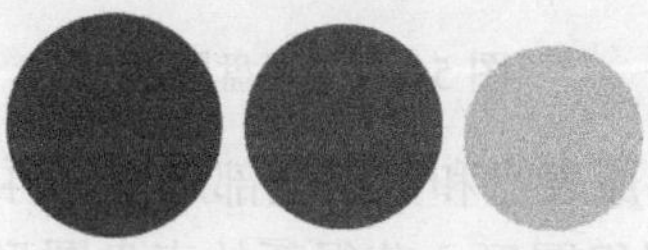

图 5-1-2　绘制 3 个圆形图形

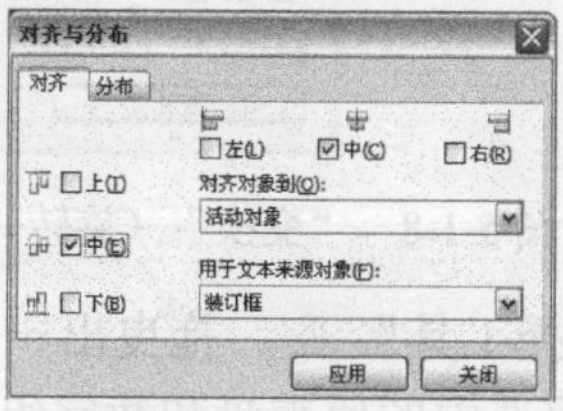

图 5-1-3　“对齐与分布”（对齐）对话框

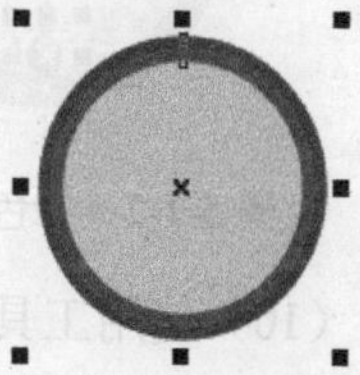

图 5-1-4　对齐对象效果

（4）单击“排列”→“群组”命令，将三个圆形图形组成一组，在“组合”属性栏内的 2 个“对象大小”数字框内均输入 45.658mm，如图 5-1-5 所示。将群组图形调大，形成表盘图形。在页面标尺处向内拖曳出一条水平和一条垂直辅助线，使辅助线交点（坐标原点）位于表盘图形的中心处，如图 5-1-6 所示。

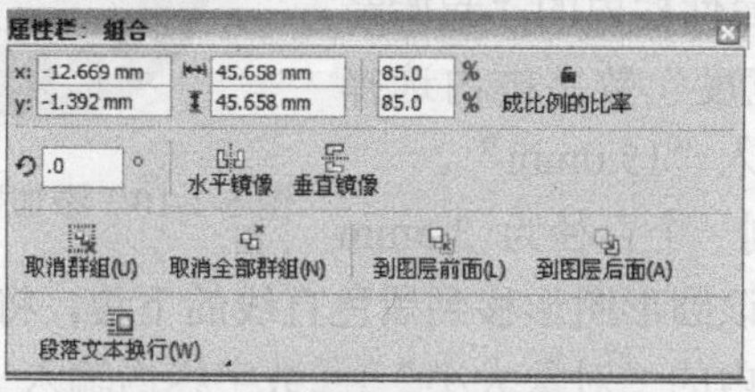

图 5-1-5　“组合”属性栏

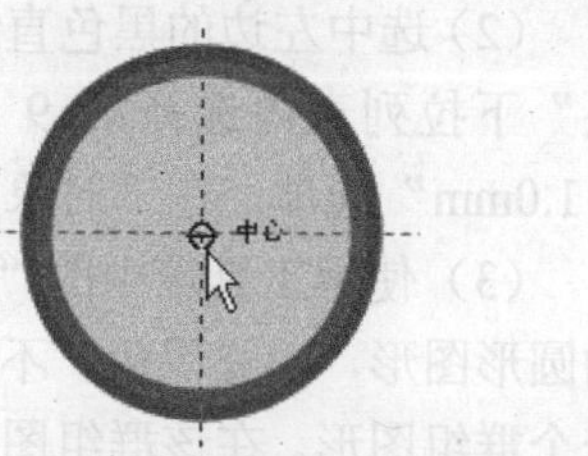

图 5-1-6　水平与垂直辅助线交点位于中心

（5）使用工具箱中的“椭圆工具”，绘制一个直径为 4mm 的圆形图形，为其内部填充绿色，取消轮廓线。选中深绿色圆形图形和表盘图形，单击其属性栏中的“对齐与分布”按钮，调出“对齐与分布”（对齐）对话框，选中垂直“中”复选框，单击“应用”按钮，将绿色圆形图形和表盘图形垂直居中对齐。

（6）选中绿色圆形图形，在其属性栏内的“y”数字框内调整数值，使绿色圆形图形位于表盘图形内框底部中间位置，如图 5-1-7 所示。

（7）单击“窗口”→“泊坞窗”→“变换”→“旋转”命令，调出“变换”（旋转）泊坞窗。在该泊坞窗中的“角度”数字框中输入 20，在“水平”和“垂直”数字框内均输入数值 0，在“副本”数字框内输入 17，如图 5-1-8 所示。然后，单击“应用”按钮，围绕中心点（0，0）转圈复制 17 个绿色圆形图形，绿色圆形图形角度间隔为 20 度。然后，将它们组成群组，形成表盘图形，如图 5-1-9 所示。

（8）使用工具箱中的“文本工具”字，在其属性栏中的“字体列表”中选择“华文琥珀”选项，设置文字的字体为“华文琥珀”，再设置字体大小为 16pt，输入数字“3”，为其填充黑色。

（9）将数字“3”复制 3 份，分别将复制的数字改为“12”、“6”和“9”。使用工具箱中的“选择工具” 将每个数字移到表盘内相应的位置处。

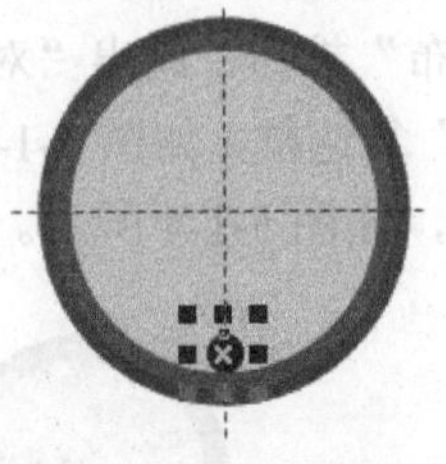

图 5-1-7　绿色圆形位置

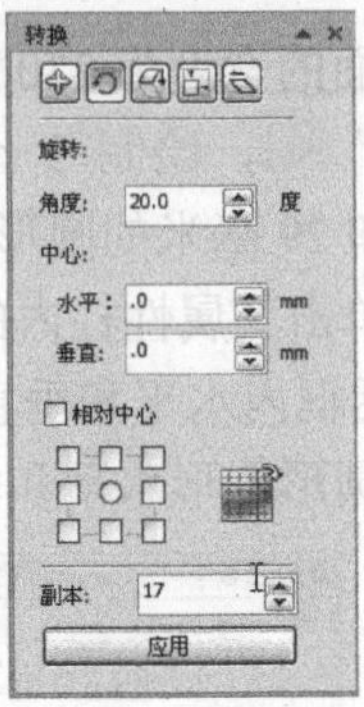

图 5-1-8　“变换”（旋转）泊坞窗

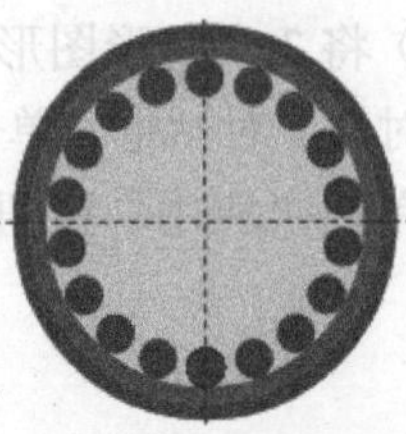

图 5-1-9　表盘图形

（10）使用工具箱中的“选择工具” ，拖曳出一个矩形将原表盘和数字全部选中，再单击“排列”→“群组”命令，将选中的原表盘和数字组成一个群组图形，获得新的表盘图形。然后，适当调整新表盘的大小和位置，如图 5-1-10 所示。

2．绘制表针

（1）使用工具箱中的“手绘工具” 或“贝塞尔工具” ，绘制 3 条直线，将 3 条直线的颜色分别设置为黑色、绿色和红色。

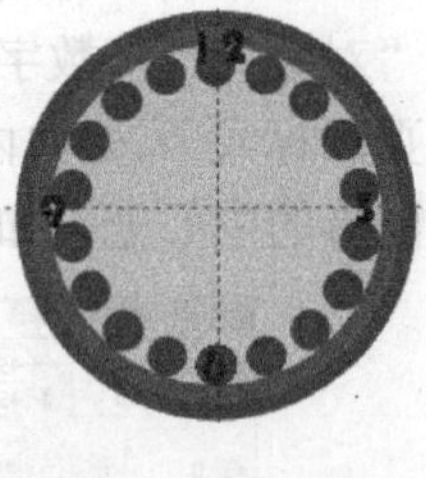

图 5-1-10　添加数字的表盘

（2）选中左边的黑色直线，在它的“曲线”属性栏内的“起始箭头”下拉列表内选择第 9 种箭头，在“轮廓宽度”数字框内选择“1.0mm”选项，在“对象大小” 数字框内输入“15.0mm”。

（3）使用工具箱中的“椭圆工具” ，绘制一个直径为 3.5mm 的圆形图形，填充黑色，不要轮廓线。然后，将该圆形图形移到黑色直线的下边，将它们组成一个群组图形。在该群组图形的“组合”属性栏内的“对象大小” 数字栏内输入“4mm”，确定秒针宽度，在“对象大小” 数字框内输入“20mm”。

（4）选中中间的绿色直线，在它的“曲线”属性栏内“轮廓宽度”数字框内选择“0.7mm”选项，在“对象大小” 数字框内输入“15mm”。选中右边的红色直线，在它的“曲线”属性栏内“轮廓宽度”数字框内选择“0.5mm”选项，在“对象大小” 数字框输入“20mm”。

三条直线分别表示时针、分针和秒针，如图 5-1-11 所示。

（5）双击左边的黑色时针，进入旋转状态，拖曳中心点标记到直线的底部，在其“组合”属性栏内的“旋转角度”文本框内输入 6.0，将黑色时针逆时针旋转 6 度。

（6）双击中间的绿色分针，进入旋转状态，拖曳中心点标记到直线的底端，在其“曲线”属性栏内的“旋转角度”文本框内输入 45，将绿色分针逆时针旋转 45 度。

（7）双击右边的红色秒针，进入旋转状态，拖曳中心点标记到直线的底部，再在其“曲线”属性栏内的“旋转角度”文本框内输入 30，将红色秒针逆时针旋转 30 度。

旋转后的表针图形如图 5-1-12 所示。

（8）使用工具箱中的“选择工具” ，将刚绘制好的 3 个表针移到表盘中，表针的底端与辅助线的交叉点对齐。

（9）使用工具箱中的“椭圆工具”，以辅助线的交点为中心，绘制一个宽度和高度都为 1.2 mm 的圆形图形，为其内部填充金黄色，作为表针的旋转轴，如图 5-1-13 所示。

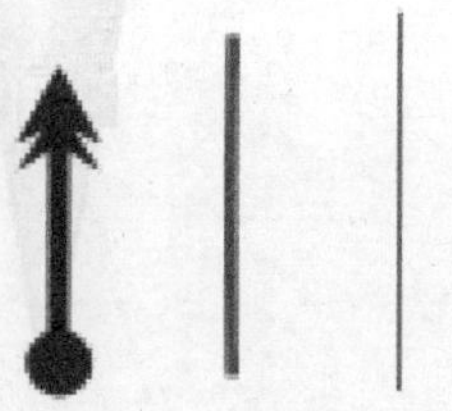

图 5-1-11　绘制表针

图 5-1-12　旋转表针

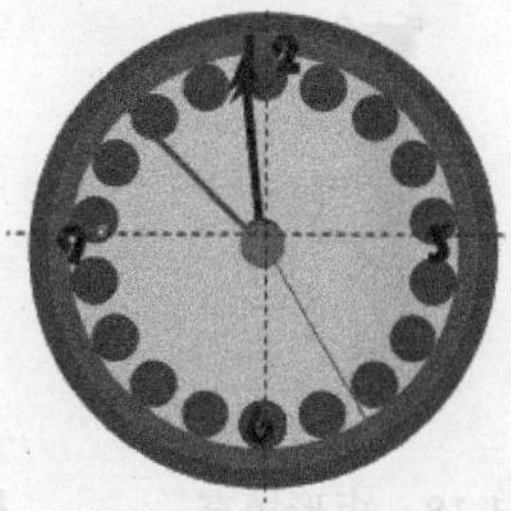

图 5-1-13　绘制表针的旋转轴

3．绘制提手和钟锤

（1）使用工具箱中的“椭圆工具”，绘制一个椭圆形图形，单击属性栏中的“转换为曲线”按钮，将图形转换为曲线，作为闹铃的轮廓线。使用工具箱中的“形状工具”，对椭圆曲线的节点进行调整，制作出闹铃的轮廓，如图 5-1-14 所示。

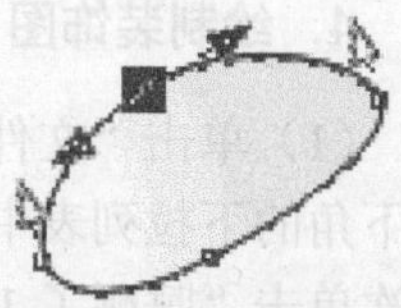

图 5-1-14　闹铃盖轮廓线

（2）单击选中闹铃盖的轮廓，单击工具箱中“交互式填充展开工具”栏内的“交互式填充”工具，在闹铃盖轮廓内拖曳填充渐变色，如图 5-1-15 所示，其内有控制柄和箭头线。将调色板内的橘红色色块拖曳到左边的方形控制柄内，将白色色块拖曳到右边的方形控制柄内，为闹铃盖填充“橘红色到白色”的渐变色，如图 5-1-16 所示。

如果将调色板内的色块拖曳到交互填充的线条之上，可以在起始颜色和终止颜色之间添加一种新颜色。拖曳方形控制柄和条状控制柄，都可以调整渐变填充效果。

（3）选中闹铃盖图形并将其复制一个。单击其属性栏中的“水平镜像”按钮，将复制的闹铃盖图形进行水平镜像，完成后的效果如图 5-1-17 所示。将其移动到闹钟的顶部。

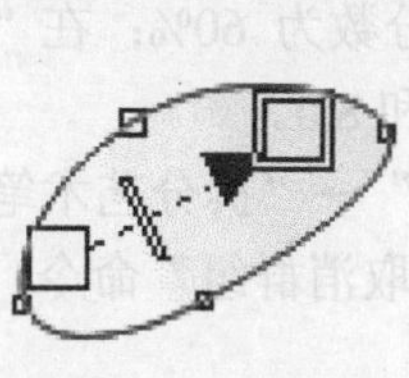

图 5-1-15　交互式填充

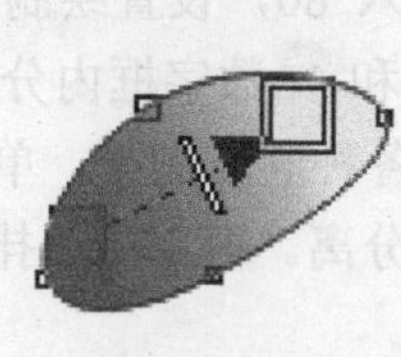

图 5-1-16　填充渐变色

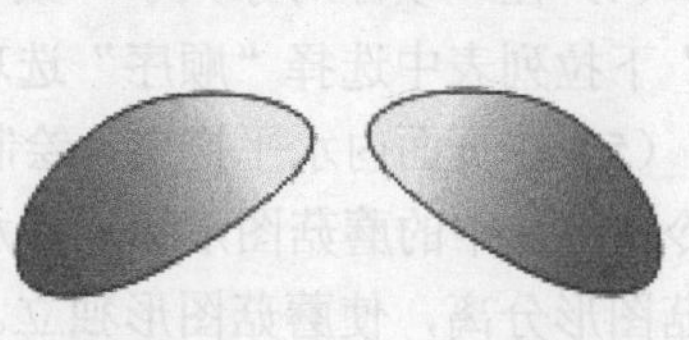

图 5-1-17　镜像闹铃盖

（4）使用工具箱中的“矩形工具”，绘制一个矩形。使用工具箱中的“交互式填充”工具，为矩形图形填充“黑色到白色”的线性渐变色，效果如图 5-1-18 所示。

（5）使用工具箱中的“选择工具”，选中矩形图形并将其复制一个。在其属性栏中设置“旋转角度”为 90，将复制的矩形图形旋转 90 度。然后将两个图形组成一个 T 形，调整其大小后移到两个闹铃盖中间的位置，形成闹铃的小锤，如图 5-1-19 所示。

（6）绘制一个矩形，单击其属性栏中的“转换为曲线”按钮，将其转换为曲线。使用工具箱中的“形状工具”，将矩形调整为闹钟的支脚形状，如图 5-1-20 所示。

（7）使用工具箱中的“交互式填充”工具，依次将调色板内的黑色、白色、黑色色块拖曳到交互式填充产生的控制线上，并从左到右排列方形控制柄，为闹钟的支脚填充“黑色—白色—黑色”的线性渐变颜色，效果如图 5-1-21 所示。

图 5-1-18　矩形填充

图 5-1-19　闹铃小锤

图 5-1-20　支脚轮廓

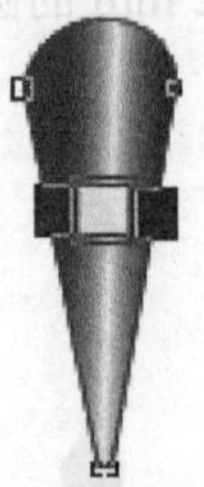

图 5-1-21　闹钟支脚

（8）使用工具箱中的“选择工具”，调整支脚图形大小和旋转角度。将其复制一个，单击其属性栏中的“水平镜像”按钮，将复制的支脚水平镜像。然后，分别将两个支脚图形移到表盘的下边，形成表的支脚，如图 5-1-22 所示。

图 5-1-22　闹钟图形

4．绘制装饰图

（1）单击“文件”→“导入”命令，调出“导入”对话框，右下角的下拉列表中选择“全图形”（默认选项），按住 Ctrl 键，依次单击“睡醒了 1.jpg”、“睡醒了 2.jpg”和“睡醒了 3.jpg”三幅图形文件，将三个文件同时选中。然后，单击“导入”按钮，关闭“导入”对话框。

（2）在绘图页拖曳出三个矩形，分别导入“睡醒了 1.jpg”图形、“睡醒了 2.jpg”图形、“睡醒了 3.jpg”图形。调整 3 幅图形的大小和位置，如图 5-1-1 所示。

（3）使用工具箱“曲线展开工具栏”栏内的“艺术笔工具”，单击按下其“艺术笔对象喷涂”属性栏中的“喷涂”按钮。在“类别”下拉列表中选择“植物”选项，在“喷射图样”下拉列表中选择“蘑菇”图案。

（4）在“喷涂对象大小”数字框中输入 80，设置绘制图形的百分数为 60%；在“喷涂顺序”下拉列表中选择“顺序”选项；在和数字框内分别输入 1 和 8.0。

（5）在页面内水平拖曳，绘制出一行各种蘑菇图形。单击“排列”→“拆分艺术笔群组”命令，将选中的蘑菇图形和一条水平直线分离。再单击“排列”→“取消群组”命令，将多个蘑菇图形分离，使蘑菇图形独立。

（6）单击选中水平直线，按 Delete 键，删除选中的水平直线。然后，分别将各种蘑菇图形移到绘图页面内的左边和左下角，调整各幅蘑菇图形的大小和位置。

（7）按照上述方法，再绘制金鱼、小树叶和小花图形，最终效果如图 5-1-1 所示。

链接知识

1．多重对象的对齐和分布

（1）多重对象的对齐：选中多个图形对象，如图 5-1-23 所示。调出如图 5-1-24 所示的“多个对象”属性栏。单击该属性栏内的“对齐与分布”按钮，调出“对齐与分布”（对齐）对话框，如图 5-1-3 所示。单击选中该对话框中的一种或多种对齐方式复选框，然后，单击“应用”按钮，即可按选择的方式对齐对象。

（2）多重对象的分布：选中多个图形后，单击属性栏中的“对齐与分布”按钮，调出 “对齐与分布”对话框，单击该对话框中的“分布”标签，切换到“分布”选项卡，如图 5-1-25 所示。选中其内的一种分布方式，单击“应用”按钮，即可按选择的方式分布对象。

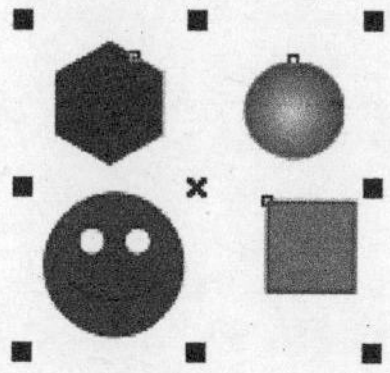

图 5-1-23 选中多个对象

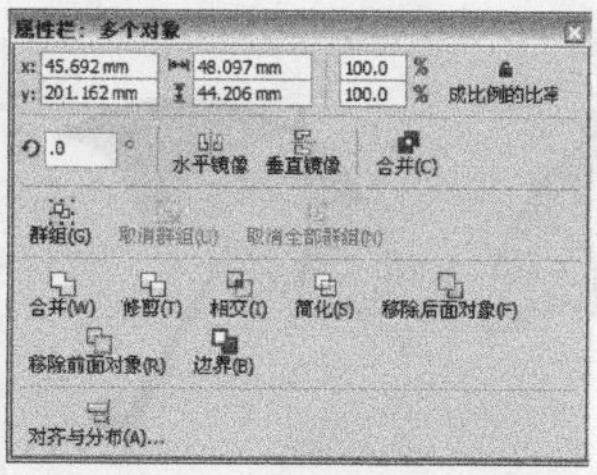

图 5-1-24 “多个对象”属性栏

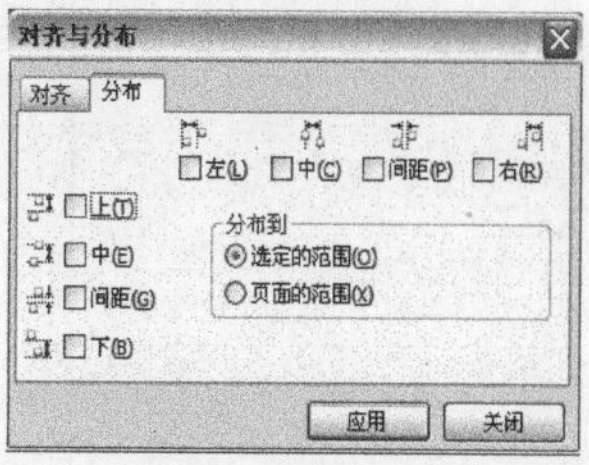

图 5-1-25 “对齐与分布”（分布）对话框

同时设置完对齐和分布方式后，单击“应用”按钮，则同时进行对齐和分布调整。顶部对齐和水平等间距分布后的效果如图 5-1-26 所示。

2．对象的锁定和解锁

（1）对象的锁定：使一个或多个对象不能被鼠标移动，这样可以防止对象被意外地修改。首先选中要锁定的对象，如图 5-1-26 所示，单击“排列”→“锁定对象”命令，可将选定的对象锁定，如图 5-1-27 所示。

（2）对象的解锁：选中锁定的对象，如图 5-1-27 所示，单击“排列”→“解除锁定对象”命令，即可将锁定的对象解锁。单击“排列”→“解除锁定全部对象”命令，即可将多层次的锁定对象解锁。

图 5-1-26 顶部对齐和水平等间距分布效果

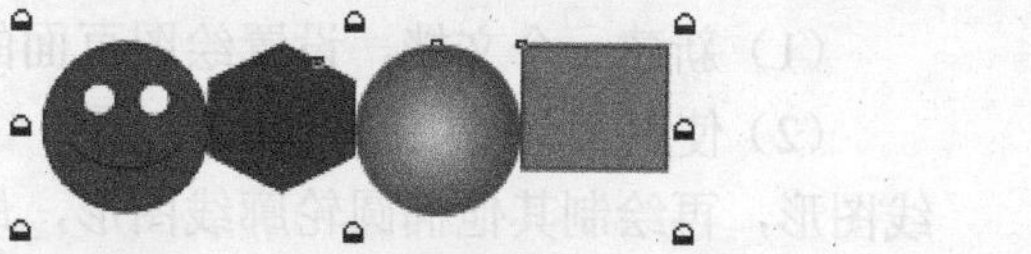

图 5-1-27 对象已被锁定

实训 5-1

1．绘制一幅“学贵心悟”图形，如图 5-1-28 所示。

2．绘制一幅“甜蜜蜜”图形，如图 5-1-29 所示。

图 5-1-28 “学贵心悟”图形

图 5-1-29 “甜蜜蜜”图形

5.2 【实例 11】小雨伞

“小雨伞”图形如图 5-2-1 所示。可以看到，背景是白色的，其上左边是一幅蓝色小雨伞图形，右边是一幅红色小雨伞图形，下边是一些蘑菇和小草图形。

图 5-2-1 “小雨伞”图形

通过本案例的学习，可以进一步掌握多个对象合并的方法，初步掌握多重对象的修整方法，使用“填充展开工具”栏内“渐变填充”工具的方法等。该实例的制作方法和相关知识介绍如下。

制作方法

1. 绘制伞面图形

（1）新建一个文档，设置绘图页面的宽度为 400px，高度为 300 px。

（2）使用工具箱中的“椭圆工具”，绘制 4 个椭圆轮廓线图形，先绘制最大的椭圆轮廓线图形，再绘制其他椭圆轮廓线图形，最大的椭圆形图形放在最后面，如图 5-2-2 所示。

（3）使用工具箱中的“选择工具”，同时选中 4 个椭圆形图形。单击“排列”→“造形”→“移除前面对象”命令，用后面的椭圆形图形减去前面的椭圆形图形，如图 5-2-3 所示。

（4）选中造形后的图形，单击“排列”→“拆分曲线”命令，将其拆分为 2 个图形。选中下半部分无用的图形，按 Delete 键，将其删除。使用工具箱中的“形状”工具，分别将图形两侧的节点向两外移动一些，形成伞形图形，如图 5-2-4 所示。

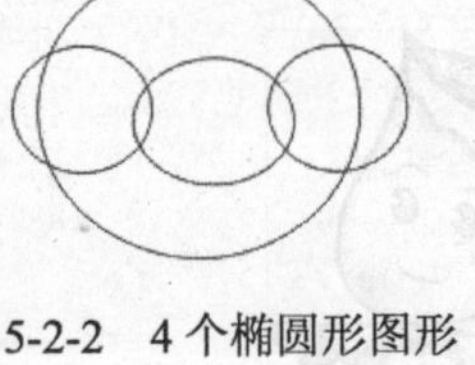

图 5-2-2 4 个椭圆形图形

图 5-2-3 “后减前”命令效果

图 5-2-4 周整后的伞形图形

（5）单击工具箱中“填充展开工具栏”栏内的“渐变填充”按钮，调出“渐变填充”对话框，如图 5-2-5 所示。在“类型”下拉列表中内选择“辐射”选项，在“水平”和“垂直”数字框内分别输入 37 和−37，在“边界”数字框内输入 0；选中“双色”单选钮，单击“从”按钮，调出它的颜色面板，如图 5-2-6 所示。单击颜色面板内的天蓝色，设置为“从”颜色为天蓝色；接着设置“到”颜色为白色，其他设置如图 5-2-5 所示。然后，单击“确定”按钮，完成对图形的渐变填充，形成小伞图形，如图 5-2-7 所示。

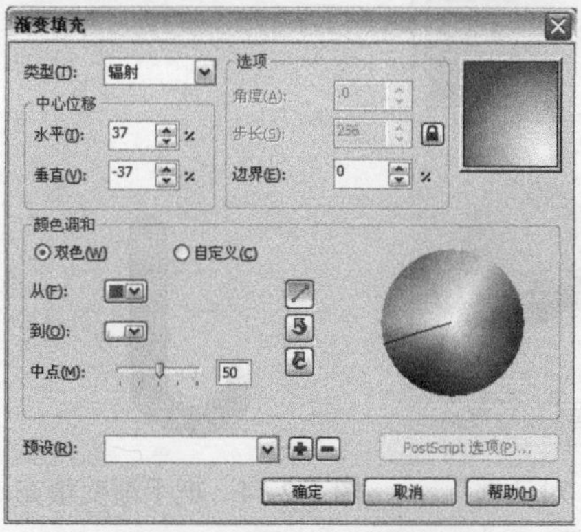

图 5-2-5　“渐变填充”对话框

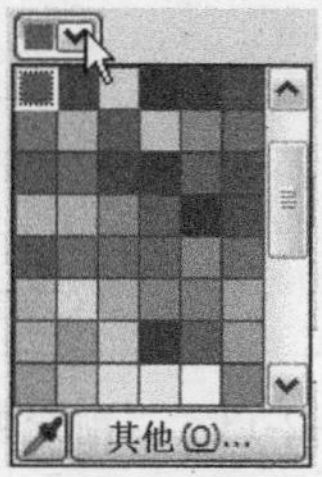

图 5-2-6　颜色面板

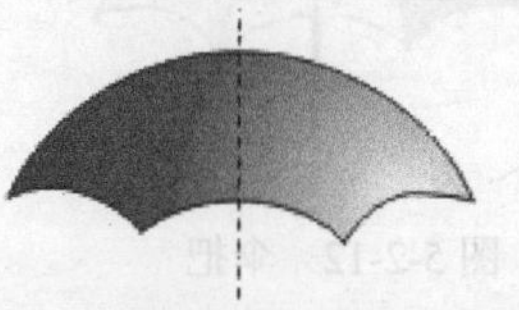

图 5-2-7　渐变填充后的小伞图形

（6）使用工具箱中的“贝塞尔工具”，在小伞的中间绘制一个三角形图形，为其填充灰白色，形成小伞图形的一个面，如图 5-2-8 所示。

（7）使用工具箱中的“椭圆工具”，绘制一个小椭圆形图形，填充天蓝色，设置轮廓线为黑色，如图 5-2-9 所示。使用工具箱中的“选择工具”，单击选中小椭圆形图形，4 次按 Ctrl+D 组合键，复制 3 个小椭圆形图形。

（8）分别调整 4 个小椭圆形图形的旋转角度，形成 4 个伞骨，使用工具箱中的“选择工具”，将这 4 个伞骨图形移到伞面下边的四个尖端部位，如图 5-2-10 所示。

（9）使用工具箱中的“钢笔工具”，绘制一个矩形图形和一个梯形图形，为其填充海军蓝色，构成伞把的 2 个部件，如图 5-2-11 所示。使用工具箱中的“选择工具”，将 2 个部件移到伞的顶部，作为伞把顶部的图形，如图 5-2-10 所示。

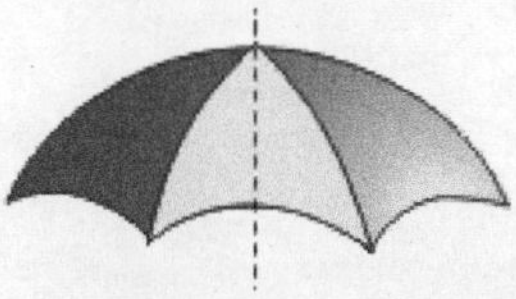

图 5-2-8　绘制一个三角形

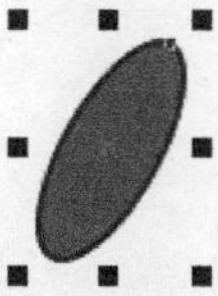

图 5-2-9　椭圆形图形

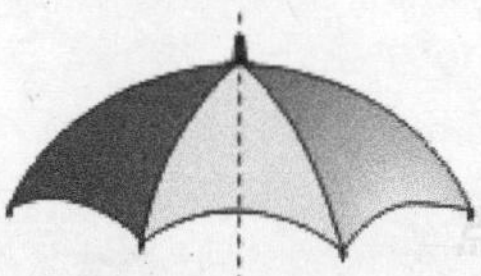

图 5-2-10　伞骨和伞把顶部

图 5-2-11　伞把的 2 个部件

2．绘制小雨伞图形和其他图形

（1）使用工具箱中的“矩形工具”，绘制 1 个矩形图形，为其填充海军蓝色。单击“排列”→“顺序”→“到图层后边”命令，将其放置在小伞图形的后面，作为伞把，如图 5-2-12 所示。

（2）使用工具箱中的“贝塞尔工具”，绘制 1 个封闭的把手图形。单击工具箱中“填充展开工具栏”内的“渐变填充”按钮，调出“渐变填充”对话框。在该对话框中的“类型”下拉列表中选中“线性”选项；在“颜色调和”栏中选中“双色”单选钮，设置“从”颜色为海军蓝色，“到”颜色为冰蓝色，其他设置保持不变，如图 5-2-13 所示。然后，单击“确定”按钮，完成对把手图形的渐变填充，效果如图 5-2-14 所示。

（3）使用工具箱中的“选择工具”，将把手图形移动到伞把的下面。然后选中所有的图形，将所有的图形组合成一个组合，如图 5-2-15 所示。选中组合后小雨伞图形，在其属性栏中设置“旋转角度”为 330 度，完成旋转后的小雨伞图形如图 5-2-16 所示。

（4）将小雨伞图形复制一个。将其移动到原图形的右边，如图 5-2-17 所示。

图 5-2-12　伞把

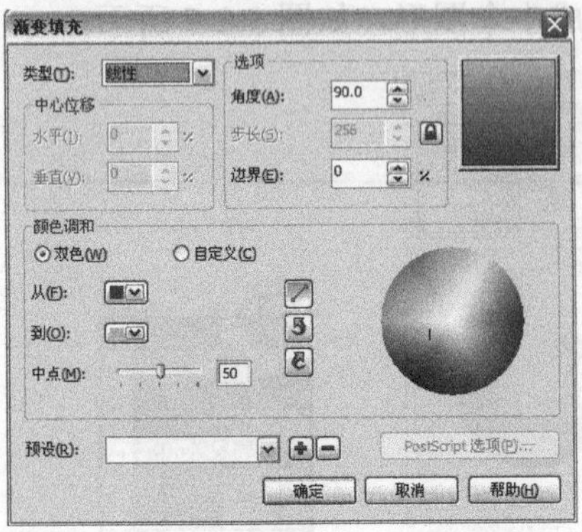

图 5-2-13　“渐变填充”对话框

图 5-2-14　把手渐变填充

图 5-2-15　小雨伞

图 5-2-16　旋转小雨伞

图 5-2-17　复制小雨伞图形

（5）选中右侧的小雨伞图形，单击“排列”→“取消组合”命令，将右侧的小雨伞图形分解成单个的图形对象。调整其颜色为紫色。然后，将组成小雨伞图形的各部分图形组成群组。单击其“组合”属性栏内的“水平镜像”按钮，使紫色小雨伞水平翻转。

（6）按照前面介绍的方法，在小雨伞图形的下边绘制一些蘑菇和小草图形。至此，完成整幅图形的绘制，如图 5-2-1 所示。

链接知识

1. 合并与群组的特点

选中多个对象后，其“多个对象”属性栏如图 5-2-18 所示。利用“排列”菜单内有“群组”和“合并”命令或单击“多个对象”属性栏内的“群组”和“合并”按钮，可以将多个对象进行群组或合并。多个对象群组或合并后，可以同时对它们进行统一的操作，例如调整大小，移动位置，改变填充和轮廓线颜色，进行顺序的排列等。群组和组合的区别如下。

（1）合并后对象的颜色会变为一样，合并的各个对象仍保持每个对象各个节点的可编辑性，可以使用工具箱内的“形状工具”，调整各个对象的节点，改变每一个对象的形状。

（2）群组后的对象只能对合成的对象进行整体操作，要对每个对象的各个节点进行调整，改变单个对象的形状，需要首先选中群组中的一个对象，其方法是，按住 Ctrl 键的同时，单击该对象。

2. 多个对象的合并与取消合并

选中多个图形对象后，单击属性栏中的“合并”按钮，或单击“排列”→“合并”命令（或按 Ctrl+L 组合键），即可完成多个对象的合并，如图 5-2-19 所示（注意 4 个对象的颜色均变为同一种颜色，例如红色），其属性栏改为“曲线”属性栏，如图 5-2-20 所示。

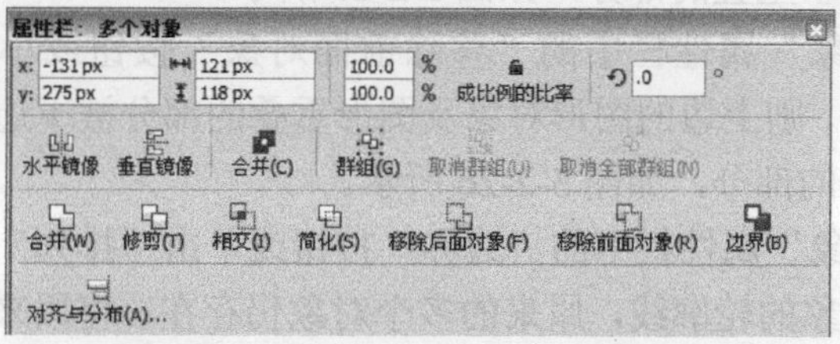

图 5-2-18　“多个对象”属性栏

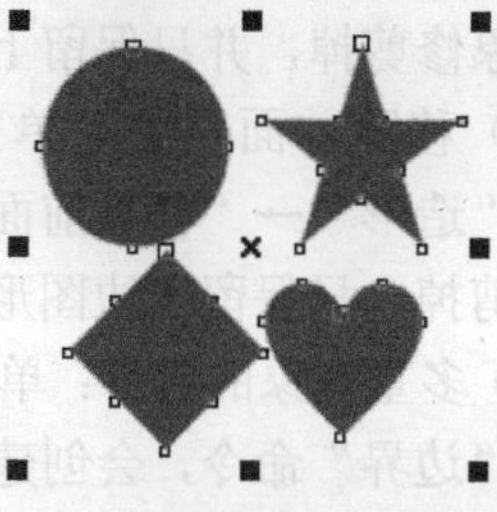

图 5-2-19　多个对象合并后的效果

单击“曲线”属性栏中的“拆分曲线”按钮，单击“排列”→“拆分曲线”命令或按 Ctrl+K 组合键，可以取消多个对象的合并，但是颜色都变为相同的一种颜色。

3．多重对象造形处理

绘制如图 5-2-21 所示两个有相互重叠一部分的图形（下边的图形是绿色的，上边的图形是红色的）。选中它们，此时的“多个对象”属性栏如图 5-2-18 所示。

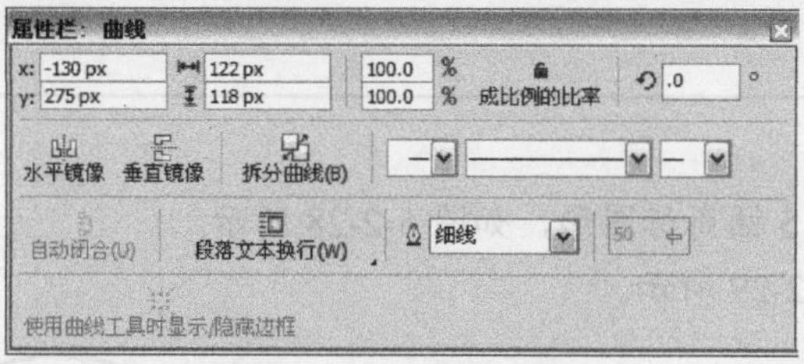

图 5-2-20　“曲线”属性栏

图 5-2-21　相互重叠一部分

（1）多重对象的焊接：多重对象的焊接就是多重对象的合并。单击“多个对象”属性栏中的“合并”按钮或单击“排列”→“造形”→“合并”命令，两个有重叠部分的对象变为一个只有单一轮廓的一个对象，如图 5-2-22 所示（两幅图形的颜色均变为绿色）。

（2）多重对象的修剪：单击“多个对象”属性栏中的“修剪”按钮或单击“排列”→“造形”→“ 修剪”命令，则下边的对象与上边对象重叠的部分被修剪掉，同时选中被修剪的对象。移开左边的图形，如图 5-2-23 所示。

如果按住 Shift 键进行多个对象的选择，则最后被选中的对象是被修剪的对象。

（3）多重对象的相交：单击“多个对象”属性栏中的“相交”按钮或单击“排列”→“造形”→“相交”命令，两个对象重叠部分的图形会形成一个新对象，而且处于被选中状态，用鼠标拖曳它，将它单独移出来，如图 5-2-24 所示。

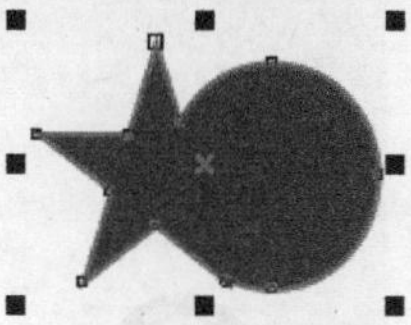

图 5-2-22　焊接效果

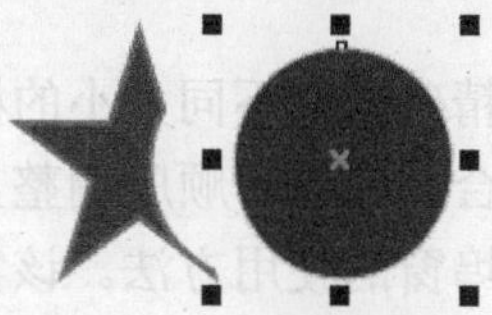

图 5-2-23　修剪效果

图 5-2-24　相交效果

（4）多重对象的简化：单击“多个对象”属性栏中的“简化”按钮或单击“排列”→“造形”→“简化”命令，则下边图形对象中被上边图形对象遮挡的部分被简化掉，效果与“修剪”效果基本一样，如图 5-2-23 所示，只是简化后仍选中所有对象。

（5）移除后面对象：单击“多个对象”属性栏中的“移除后面对象”按钮或单击“排列”→“造形”→“移除后面对象”命令，则下边的图形对象（包括图形重叠部分）被上边的图形对象修剪掉，并只保留上边图形对象不重叠的部分，如图 5-2-25 所示。

（6）移除前面对象：单击“多个对象”属性栏中的“移除前面对象”按钮或单击“排列”→“造形”→“移除前面对象”命令，则上边的图形对象及图形重叠的部分被下边的图形对象修剪掉，只保留下边图形对象不重叠的部分，如图 5-2-26 所示。

（7）多重对象的边界：单击“多个对象”属性栏中的“边界”按钮或单击“排列”→“造形”→“边界”命令，会创建一个多重对象的轮廓线，原来的多个对象仍存在，将原来的多个对象拖曳出来，剩下的多重对象的轮廓线如图 5-2-27 所示。

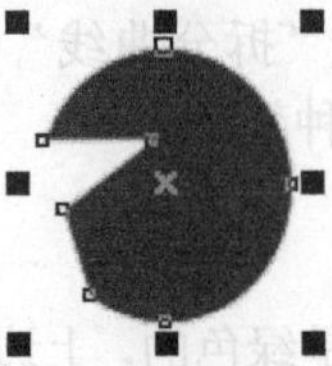

图 5-2-25　前减后效果

图 5-2-26　后减前效果

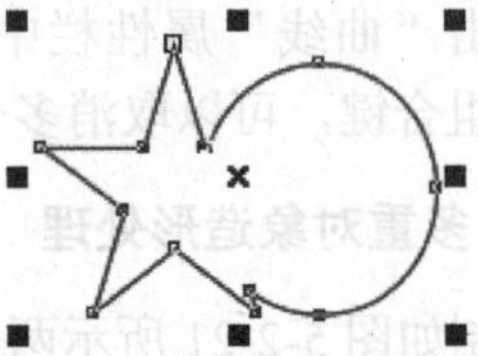

图 5-2-27　创建边界

实训 5-2

1. 绘制一幅“商标”图形，其内有 5 幅商标图形，如图 5-2-28 所示。
2. 绘制一幅“卡通”图形，如图 5-2-29 所示。

图 5-2-28　“商标”图形

图 5-2-29　“卡通”图形

5.3　【实例 12】红绿彩球

“红绿彩球”图形如图 5-3-1 所示。可以看到，背景是金光四射的图形，在背景图形之上，下边中间位置处，有一个红绿相间的彩球。

通过本实例的学习，可以进一步掌握精确绘制不同大小的椭圆形图形，图形的渐变填充，多重对象的合并、前后顺序调整方法等，掌握“转换”泊坞窗和“造形”泊坞窗的使用方法。该实例的制作方法和相关知识介绍如下。

图 5-3-1　“红绿彩球”图形

制作过程

1．绘制背景图形

（1）设置绘图页面的宽度为 200 毫米，高度为 300 毫米，背景色为白色。

（2）单击工具箱内的“矩形工具”按钮，在绘图页面外拖曳，绘制一幅宽度为 200 毫米，高度为 300 毫米的矩形图形。选中该矩形图形。

（3）单击工具箱中“填充展开工具栏”内的“渐变填充”按钮，调出“渐变填充”对话框。在该对话框内的“类型”下拉列表中选中“线性”选项，在“角度”数字框内输入-90，在“边界”数字框内输入 15。在“颜色调和”栏内选中“双色”单选钮，单击“从”按钮，调出它的颜色面板，单击其内的“浅橘红”色块，设置“从”颜色为浅橘红色，再设置“到”颜色为白色，如图 5-3-2 所示。单击“确定”按钮，对矩形图形渐变填充，效果如图 5-3-3 所示。

将图 5-3-3 所示矩形图形复制一份，再将复制的矩形图形移到绘图页面内，刚好将整个绘图页面完全覆盖。然后，再绘制一幅矩形，如图 5-3-4 左图所示。

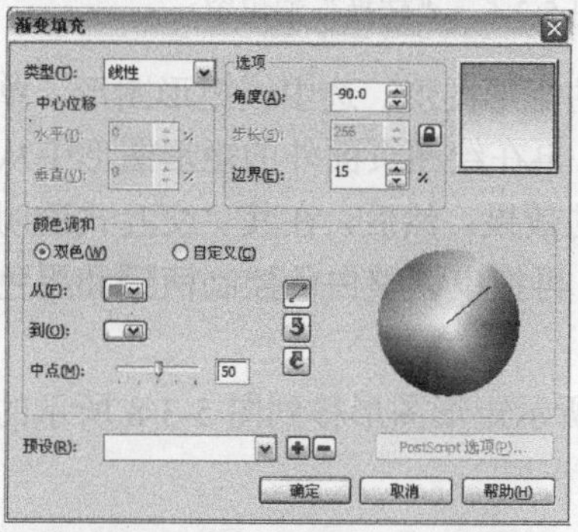

图 5-3-2 “渐变填充”对话框

图 5-3-3 填充矩形图形

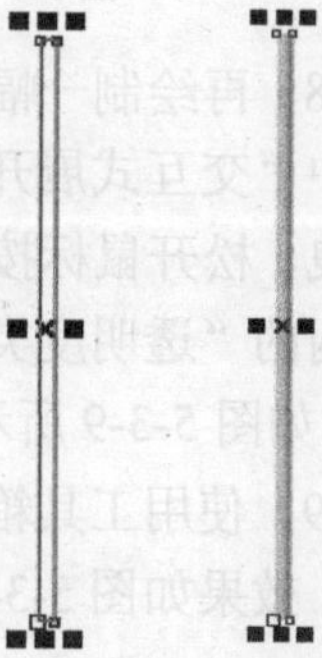

图 5-3-4 矩形和填充

（4）调出“渐变填充”对话框，设置类型为“线性”，角度为 180，边界为 0，选中“自定义”单选按钮，在“颜色调和”栏内单击预览带上边中间处，使预览带上边出现一个标记。单击选中预览带左上角的标记，在右边的调色板内单击金黄色色块，设置起始颜色为金黄色。按照相同方法，设置预览带中间处标记处的颜色为黄色，预览带右上角标记的颜色为黄金色。设置线性渐变色为金黄色到黄色，再到金黄色，如图 5-3-5 所示，单击“确定”按钮，填充矩形，再取消轮廓线，效果如图 5-3-4 右图所示。

（5）选中图 5-3-4 右图所示图形。单击“排列”→“变换”→“旋转”命令，调出“转换”（旋转）泊坞窗。在其内“角度”数字框内输入-90，选中“相对中心”复选框，选中下边中间的复选框，在“副本”数字框内输入 0，如图 5-3-6 左图所示。单击“应用”按钮，可以将选中的矩形图形以底部为中心，顺时针旋转 90 度，使矩形图形水平放置。

（6）重新设置“转换”（旋转）泊坞窗，在该泊坞窗中的“角度”数字框内输入 5（180÷5=36），选中“相对中心”复选框，选中左边中间的复选框，在“副本”数字框内输入 36（表示复制 36 个图形副本），如图 5-3-6 右图所示。

单击“应用”按钮，可以将选中的矩形图形以左边中心点为中心，逆时针旋转 5 度，同时复制一份图形，一共复制 36 个，效果如图 5-3-7 所示。然后，使用工具箱中的“选择工具”，将它们都选中，再组成群组，并选中该群组。

（7）选中图 5-3-7 所示的群组图形，单击“效果”→“图框精确剪裁”→“放置在容器中”命令，这时鼠标指针呈黑色大箭头状，单击图 5-3-3 所示图形，将选中的群组图形拖曳到矩形图形内。同时，绘图页面外部导入的风景图形会消失。单击“效果”→“图框精确剪裁”→“编辑内容”命令，显示出镶嵌的图形。调整该图形的大小和位置，再单击“效果”→“图框精确剪裁”→“结束编辑”命令，完成背景图形的制作，效果如图 5-3-8 所示。

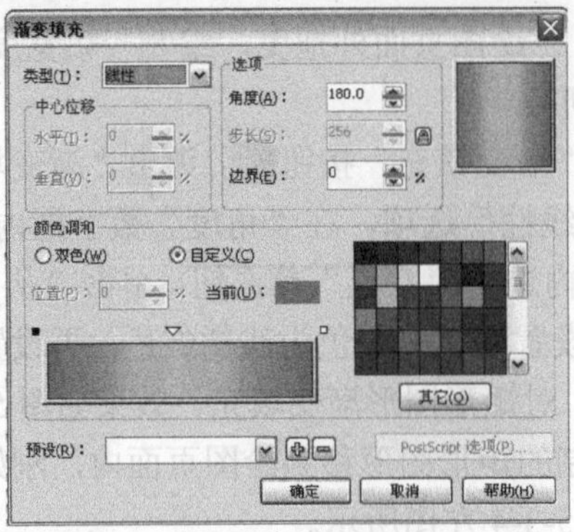

图 5-3-5 “渐变填充”对话框

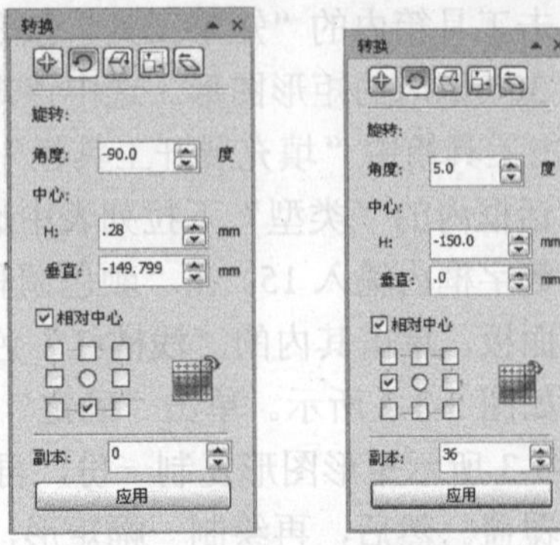

图 5-3-6 “转换”泊坞窗

（8）再绘制一幅宽度为 200 毫米，高度为 300 毫米的矩形图形。选中该矩形图形，单击工具箱中“交互式展开式工具”栏的“透明度”按钮，再在绘图页面外的矩形图形中从下向上拖曳，松开鼠标按键后，即可产生从下向上逐渐透明的效果。然后，在其“交互式透明”属性栏内的“透明度类型”下拉列表中选择“辐射”选项，再拖曳调整白色控制柄□和黑色控制柄■，如图 5-3-9 所示。

（9）使用工具箱中的“选择工具”，将图 5-3-9 所示矩形图形移到图 5-3-8 所示的图形之上，效果如图 5-3-10 所示。

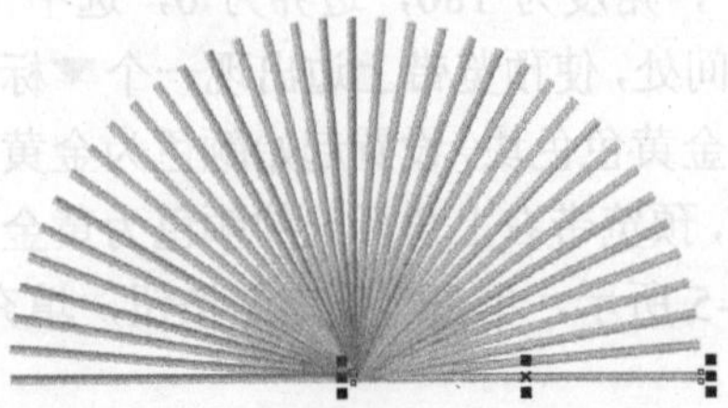

图 5-3-7 37 个角度相差 5 度的矩形

图 5-3-8 图形填充

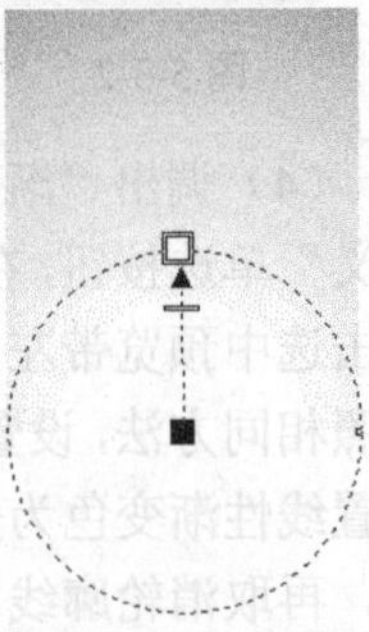

图 5-3-9 渐变透明

2. 绘制红绿彩球

（1）使用“椭圆工具”按钮，按住 Ctrl 键的同时在绘图页面外拖曳绘制一个圆形。单击“排列”→“变换”→“大小”命令，或者单击“窗口”→“泊坞窗”→“变换”→“大小”命令，调出“转换”（大小）泊坞窗，如图 5-3-11 所示。在该泊坞窗内的“大小”栏中设置水平与垂直数值均为 100mm，单击“应用”按钮。

（2）选中刚刚绘制的圆形图形，按 Ctrl+D 组合键，复制一个圆形图形，移到绘图页面外，以备后用。然后，单击选中“视图”→“辅助线”菜单选项，用鼠标从左标尺处向右拖曳，产生一条垂直的辅助线，将辅助线移到与椭圆竖轴相同的位置。

（3）选中绘制的圆形图形，将复制的圆形移到其垂直直径与辅助线重合的位置。在泊坞窗内不选中“按比例”复选框，在“大小”栏中设置“水平”数字框数值为 70，在“副本”数字框内输入 1，单击“应用”按钮，复制一个水平半径变为圆半径的 70%的椭圆，如图 5-3-12（a）所示。

图 5-3-10 背景图形

（4）选中绘制的圆形图形，将“转换”（大小）变泊坞窗“大小”栏中的“水平”数字框数值改为 35，单击“应用”按钮，再复制一个水平半径变为圆半径的 35%的同心椭圆，如图 5-3-12（b）所示。

（5）选中绘制的圆形图形，将“转换”（大小）泊坞窗“大小”栏中的“垂直”数字框数值改为 70，单击“应用”按钮，再复制一个垂直半径变为圆半径的 70%的椭圆；再将“转换”（大小）泊坞窗“大小”栏中的“垂直”数字框数值改为 35，单击“应用”按钮，再复制一个垂直半径变为圆半径的 35%的椭圆。最后效果如图 5-3-12（c）所示。

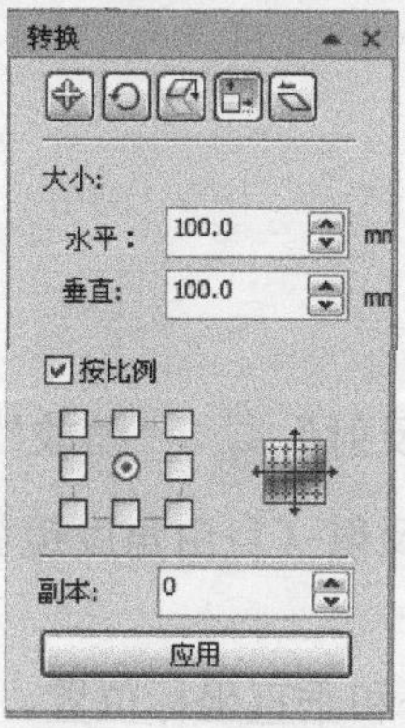

图 5-3-11　“转换”泊坞窗

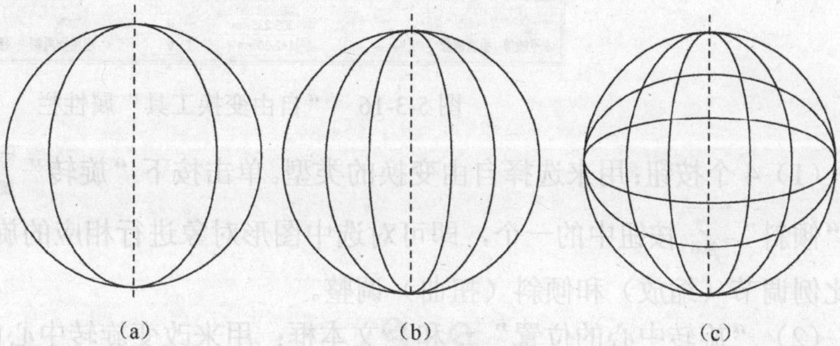

图 5-3-12　同心椭圆

（6）选中全部椭圆，单击“排列”→“合并”命令，将它们合并成一个对象。再填充红色，右击调色板内的☒按钮，取消轮廓线，效果如图 5-3-13 所示。

（7）选中前面复制的圆形图形。单击工具箱中“填充展开工具栏”内的“渐变填充”按钮，调出了一个“渐变填充”对话框。在“类型”下拉列表中选中“辐射”选项，选中“双色”单选钮，设置“从”颜色为绿色，“到”颜色为白色，设置中间点值为 50，在“中心位移”一栏中“水平”偏移值设为-21，“垂直”偏移值设为 21，如图 5-3-14 所示。单击“确定”按钮，绘制一个绿色彩球，然后取消它的轮廓线，如图 5-3-15 所示。

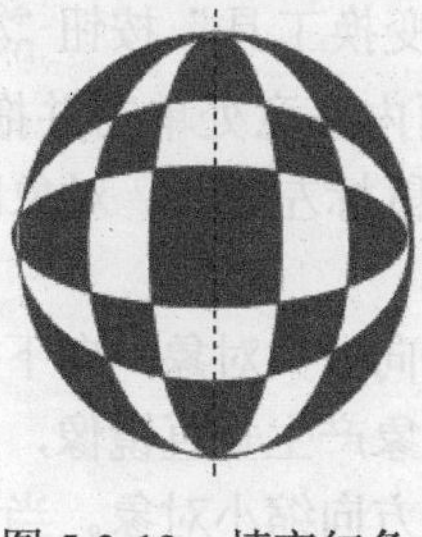

图 5-3-13　填充红色

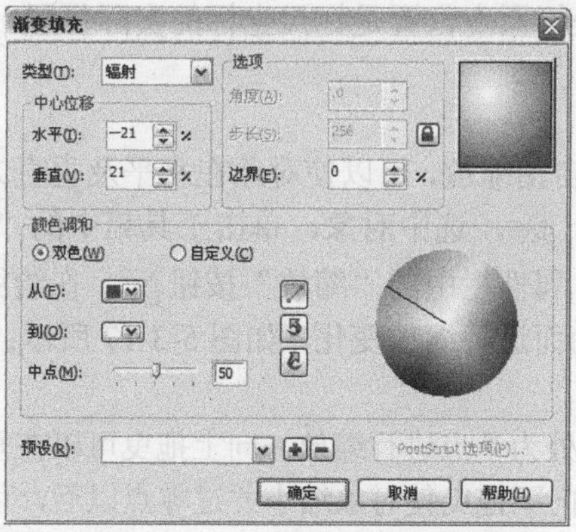

图 5-3-14　“渐变填充”对话框

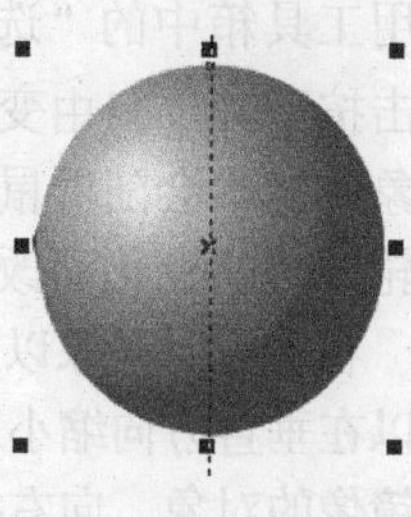

图 5-3-15　绿色彩球

（8）将绿色彩球移到红色球之上，与红颜色球重合，单击“排列”→“顺序”→“到页面后面”命令，可得到如图 5-3-1 所示图形。

链接知识

1. 自由变换工具简介

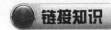

单击工具箱中的“形状编辑展开式工具”栏中的“自由变换工具”按钮，此时的属性栏变为“自由变换工具”属性栏，如图 5-3-16 所示。该属性栏内一些前面没有介绍过的选项介绍如下。

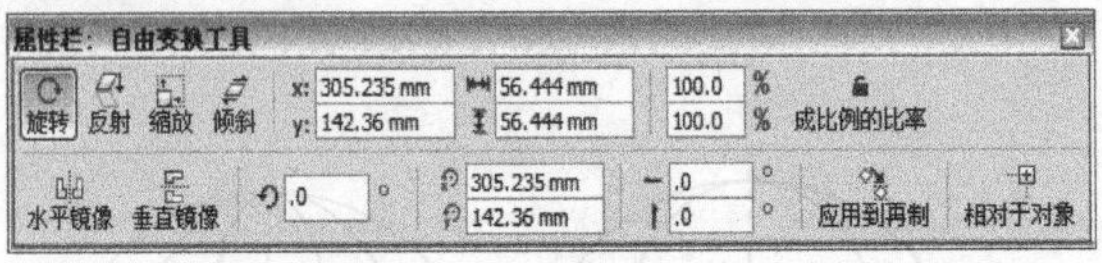

图 5-3-16 “自由变换工具”属性栏

（1）4 个按钮：用来选择自由变换的类型。单击按下“旋转”、“反射”、“缩放”和“倾斜”按钮中的一个，即可对选中图形对象进行相应的旋转、反射（自由角度镜像）、按比例调节（缩放）和倾斜（扭曲）调整。

（2）“旋转中心的位置”和文本框：用来改变旋转中心的水平和垂直坐标位置。

（3）“旋转角度”文本框：用来调节选中对象的旋转角度。

（4）“倾斜角度”和文本框：用来改变选中对象的水平和垂直倾斜角度。

（5）“应用到再制”按钮：用来控制是否应用于复制对象。当“应用到再制”按钮呈按下状态时，表示在对图形对象做变形操作时，是将原图形对象复制后，再对图形副本做变形操作，而不改变原图形的位置和形状；当“应用到再制”按钮呈抬起状态时，表示在对图形做变形操作时，只是对原图形进行变形操作。

（6）“相对于对象”按钮：它的作用是改变选中的图形对象的坐标原点。当“相对于对象”按钮呈按下状态时，其坐标原点位置是相对于图形对象中心的位置；当“相对于对象”按钮呈抬起状态时，其坐标原点位置是标尺坐标的实际位置。

2. 自由变换调整

（1）缩放调节：缩放也叫自由缩放，可以使对象在水平及垂直方向上做任意的延展和收缩。使用工具箱中的“选择工具”，选中对象，单击工具箱中的“自由变换工具”按钮。单击按下其“自由变换工具”属性栏中的“缩放”按钮，在绘图页面内任意处单击并拖曳，对象的轮廓会随着鼠标的移动而进行缩放变化，如图 5-3-17 所示；松开鼠标左键后，对象即按照轮廓线的变化而改变。

在拖曳时对象以鼠标单击处为基点进行缩放，向上拖曳可以在垂直方向放大对象，向下拖曳可以在垂直方向缩小对象。当向下拖曳使对象缩小并过零点以后，可使对象产生垂直镜像，并放大镜像的对象。向右拖曳可以在水平方向放大对象，向左拖曳可以在水平方向缩小对象。当鼠标向左拖曳使对象缩小并过零点以后，即可使对象产生水平镜像，并放大镜像的对象。

（2）旋转：可以使对象围绕任意的轴心进行任意角度的旋转。使用“选择工具”，选中对象，单击工具箱中的“自由变换工具”按钮。单击按下其“自由变换工具”属性栏中的“旋转”按钮，在“旋转中心的位置”文本框中设置旋转中心的坐标值。然后，在绘图页面内任意处单击并拖曳，此时屏幕上会产生一条以单击处为起点的直线，如图 5-3-18 所示，辐射及对象的轮廓会以直线的起点为圆心而旋转，松开鼠标左键，旋转操作结束。

（3）倾斜：可以使对象进行任意角度的倾斜扭曲。使用“选择工具”，选中对象，单击工具箱中的“自由变换工具”按钮。单击按下“自由变换工具”属性栏中的“倾斜”按钮。在绘图页面内任意处拖曳，拖曳时对象轮廓会随着拖曳而变化，如图 5-3-19 所示。

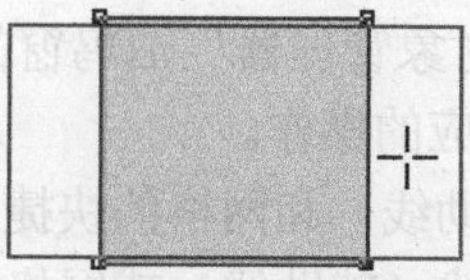
图 5-3-17　缩放效果

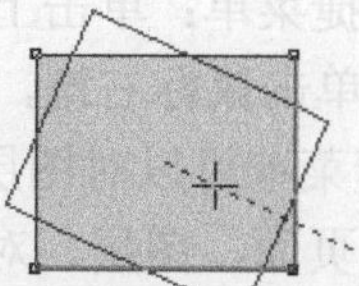
图 5-3-18　旋转效果

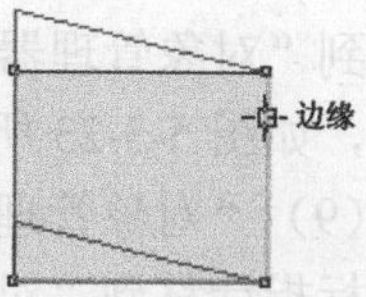

图 5-3-19　倾斜效果

（4）反射：也称“自由角度反射”或“镜像”，可以使对象在镜像后围绕着任意的轴心进行任意角度的旋转。使用“选择工具”，选中对象，单击工具箱中的“自由变换工具”按钮。单击按下其“自由变换工具”属性栏内的“反射”按钮，然后在绘图页面内任意处单击并拖曳，会产生一条以鼠标单击处为起点的直线，并产生以直线为镜面的镜像对象的轮廓，拖曳时直线及对象的轮廓会以直线的起点为圆心而旋转，如图 5-3-20 所示。

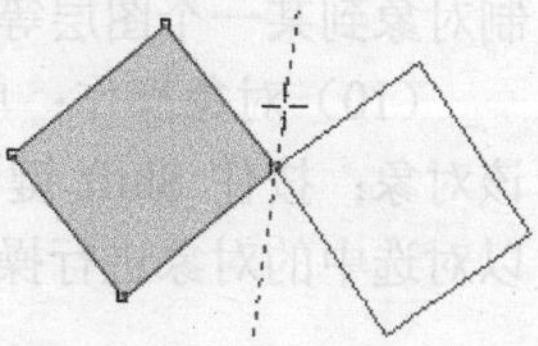
图 5-3-20　反射效果

3．对象管理器

“对象管理器”是以分层结构的形式显示当前文档的页面情况，以及各页面内的对象、图层和各个对象的特点（填充颜色、轮廓颜色、形状、排列顺序等）。

（1）调出对象管理器：打开一幅图形，例如打开【实例 12】中制作的图形，再单击“工具”→“对象管理器”命令，或者单击“窗口”→“泊坞窗”→“对象管理器”命令，调出“对象管理器”泊坞窗，如图 5-3-21 左图所示。

（2）“显示对象属性”按钮：单击按下它（这种状态是默认状态），可以在各对象的右边显示各个对象的填充与轮廓等属性，如图 5-3-21 左图所示。该按钮处于抬起状态时，不显示各个对象的填充与轮廓等属性，如图 5-3-21 中图所示。

（3）“跨图层编辑”按钮：它处于按下状态时，允许编辑跨越图层中的对象；它处于抬起状态时，不允许编辑跨越图层中的对象。

（4）“图层管理器视图”按钮：它处于按下状态时，即可进入“图层管理器视图”状态，“对象管理器”泊坞窗如图 5-3-21 右图所示。此时，可以对桌面、图层、辅助线和网格进行显示或不显示等操作。例如，单击图标，将它隐藏，即可将相应的内容隐藏；再单击此处，可使隐藏的内容显示出来。

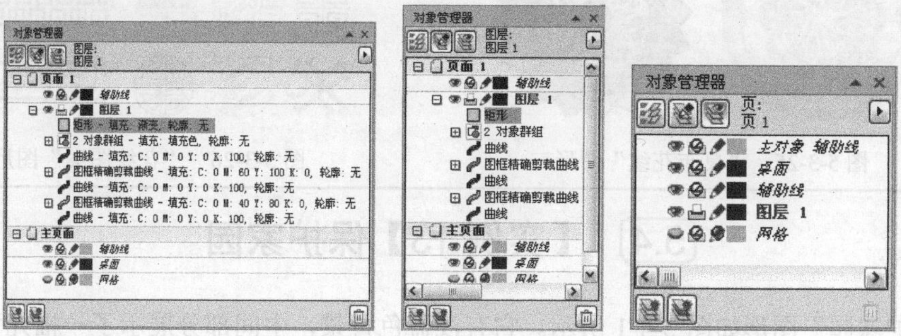

图 5-3-21　“对象管理器”泊坞窗

（5）“新建图层”按钮：单击它，可以增加一个新图层，如图 5-3-22 所示。

（6）“新建主图层”按钮：单击它，可以增加一个新的主图层。

（7）“删除”按钮：单击选中“对象管理器”内的图层或对象后，单击此按钮可以删除选中的内容。

（8）“对象管理器”泊坞窗的快捷菜单：单击上边按钮栏内右边的按钮，或者将鼠标指针移到“对象管理器”泊坞窗内，并单击鼠标右键，都可以调出“对象管理器”泊坞窗的快捷菜单，如图 5-3-23 所示。利用该快捷菜单可以对图层和对象进行相应的操作。

（9）“对象管理器”泊坞窗内的页面、图层、对象、导线（辅助线）和网格的快捷菜单：将鼠标指针移到“对象管理器”泊坞窗内的页面、图层、对象、导线（辅助线）或网格等处，单击鼠标右键，可以调出相应的快捷菜单。

利用这些快捷菜单可以有针对性地进行新增图层、删除图层、移动对象到某一个图层、复制对象到某一个图层等操作。例如，图层的快捷菜单如图 5-3-24 所示。

（10）对象操作：单击“对象管理器”泊坞窗内的某一个对象说明，即可在绘图页内选中该对象；按住 Shift 键的同时，单击多个对象说明，即可在绘图页内选中这些对象。然后，可以对选中的对象进行操作。

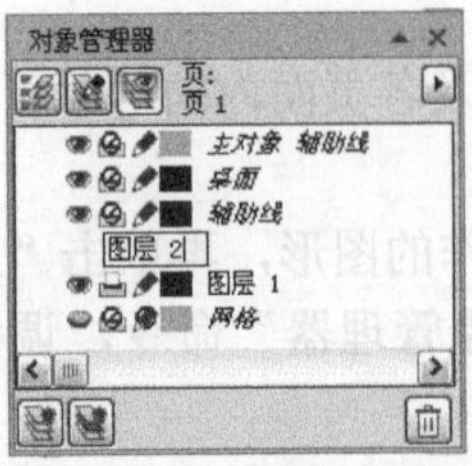

图 5-3-22 增加新图层

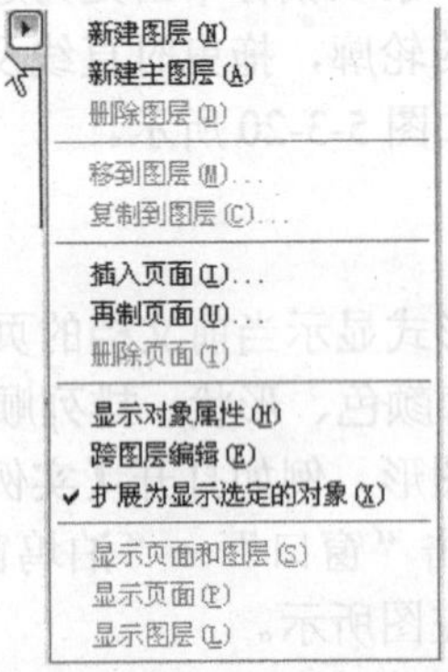

图 5-3-23 “对象管理器”泊坞窗快捷菜单

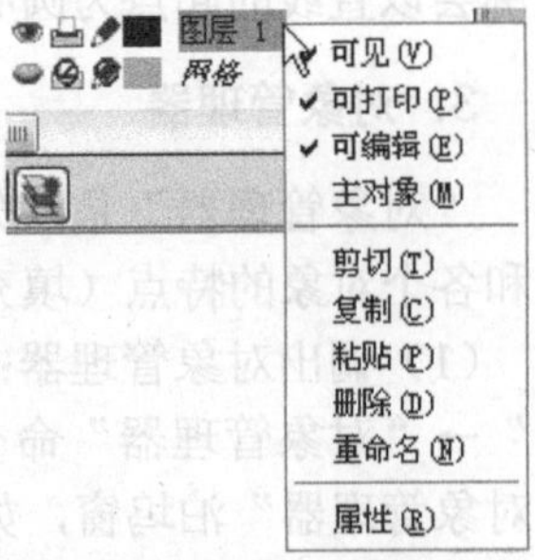

图 5-3-24 图层快捷菜单

实训 5-3

1. 绘制 2 幅“桌布花纹”图形，如图 5-3-25 所示。
2. 绘制如图 5-3-26 所示“花纹图案”图形中的 2 幅“花纹图案”图形。

图 5-3-25 “桌布花纹”图形

图 5-3-26 “花纹图案”图形

5.4 【实例 13】保护家园

“保护家园”图形如图 5-4-1 所示。它有浅蓝色背景，中间部分展示了一幅儿童图片，四周是 4 幅美丽的大自然风景图片，这 5 幅图片分别镶嵌在一个象征地球的圆形图形中的 5 部分

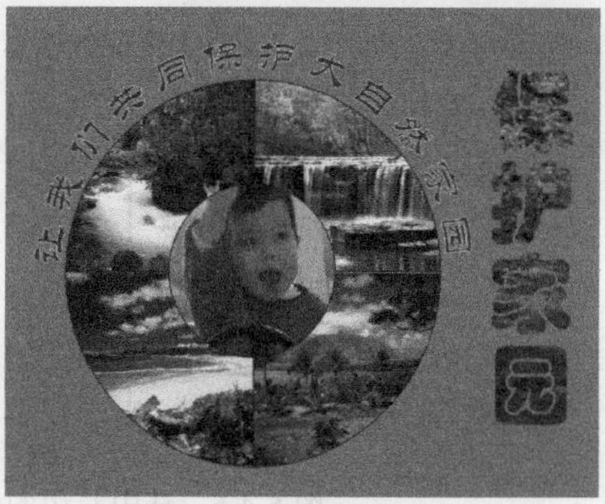

图 5-4-1　“保护家园”图形

轮廓线内。圆形图形的上方有呈弧形分布的宣传词“让我们共同保护大自然家园”，圆形图形的右边有用自然风景图片填充的镂空标题文字“保护家园”。“保护家园”宣传画结构合理，形象地展示出大自然是地球上人类生存的保证，号召人们要共同保护我们的家园，保护大自然。

通过本实例的学习，可以进一步掌握多个对象的修剪、图框精确剪裁和文字沿路径分布，以及制作镂空标题文字的方法等，掌握“造形”泊坞窗和“变换”泊坞窗的使用方法。该实例的制作方法和相关知识介绍如下。

制作方法

1. 绘制四个等分圆

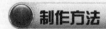

（1）新建一个文档，设置页面宽为 160 毫米，高为 120 毫米，背景色为白色。

（2）使用工具箱中的“椭圆工具”，在绘图页面内偏左边绘制一个圆形图形。同时在圆形图形的垂直与水平直径处添加两条辅助线，如图 5-4-2 所示。

（3）沿垂直辅助线绘制一条比圆形图形的直径稍长一些的竖直直线，如图 5-4-3 所示。

（4）单击“窗口”→“泊坞窗”→“造形”命令，调出“造形”泊坞窗。在其下拉列表中选中“修剪”选项，不选中任何复选框，如图 5-4-4 所示。

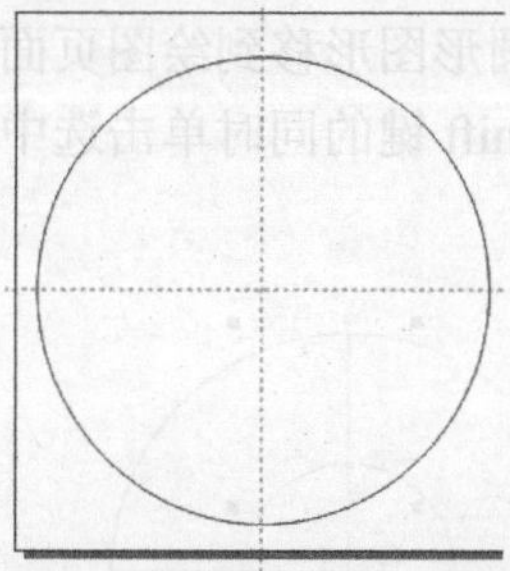
图 5-4-2　圆形图形和辅助线

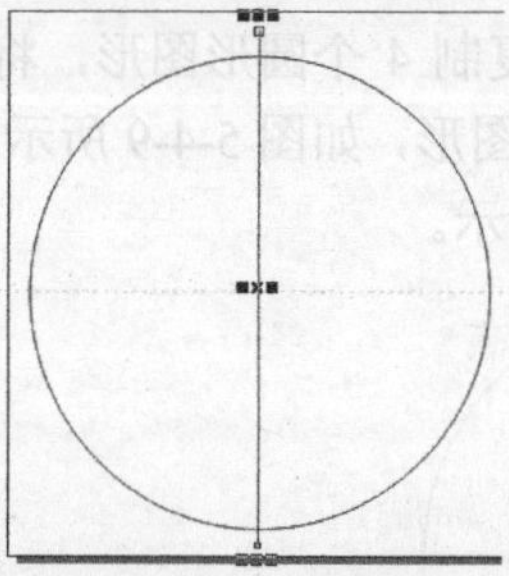
图 5-4-3　绘制直线

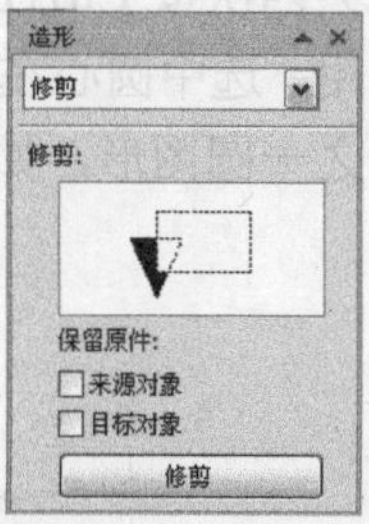

图 5-4-4　“造形”（修剪）泊坞窗

（5）单击“造形”泊坞窗内的“修剪”按钮。将鼠标的箭头指针移到圆形图形的轮廓线上，单击即可将圆形图形沿竖直直线分割为两个半圆形图形，只是还没有拆分开来。

（6）单击“排列”→“拆分曲线”命令，将两个半圆分离成两个独立的对象。再单击选中右边的半圆，如图 5-4-5 所示。

（7）沿水平辅助线画一条直线，同时选中它。再按照上述方法，将右边的半圆图形分割成上下两个四分之一圆图形，如图 5-4-6 所示。然后将两个四分之一圆图形分离。

（8）单击绘图页面的空白处，取消对象的选中，再按照上述（7）的方法将左边的半圆图形分割成上下两个四分之一圆图形，如图 5-4-7 所示。

然后将两个四分之一圆图形分离。此时圆形图形已经被分割成四等份，成为四个对象，单击其中一个对象的边框线，只会选中该对象，如图 5-4-8 所示。

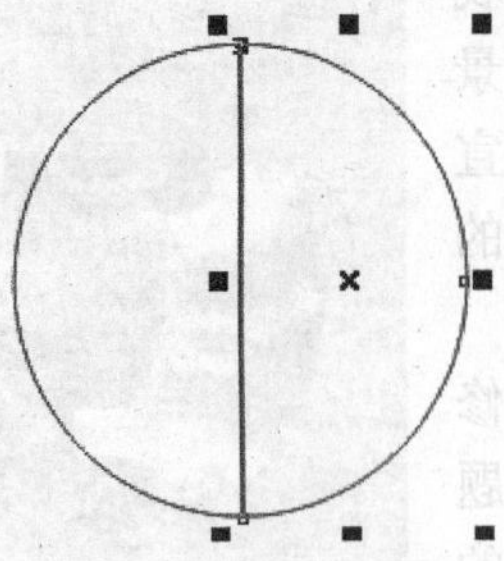

图 5-4-5　选中右边的半圆

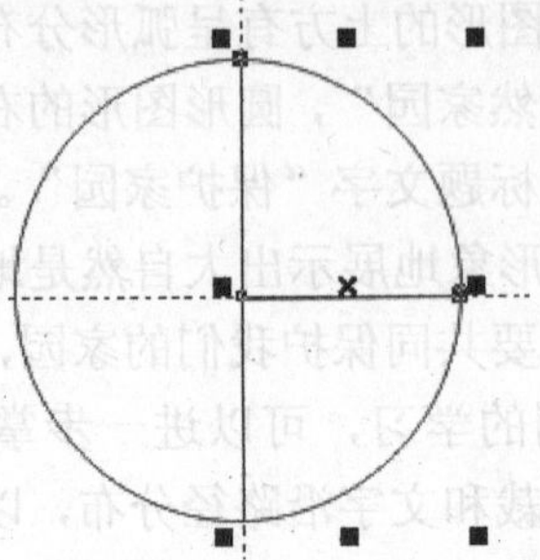

图 5-4-6　上下两个四分之一圆

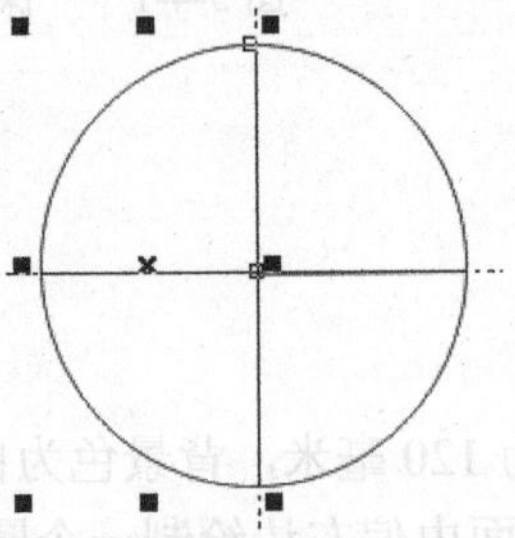

图 5-4-7　将左边的半圆图形分成两个四分之一圆

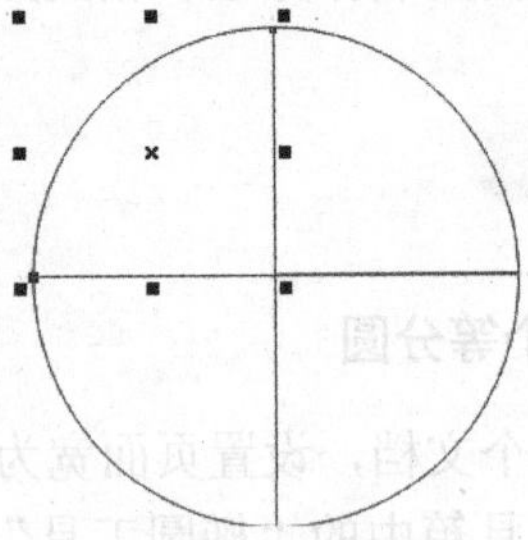

图 5-4-8　四个对象

2. 绘制镶嵌位图的轮廓线

（1）使用工具箱中的“椭圆工具”，按下 Ctrl+Shift 组合键，将鼠标指针移到原点处，拖曳绘制一个以原点为圆心的圆形图形，如图 5-4-9 所示。

（2）四次按 Ctrl+D 组合键，复制 4 个圆形图形，将复制的圆形图形移到绘图页面外边，以备后用。选中圆心在原点的圆形图形，如图 5-4-9 所示。按住 Shift 键的同时单击选中左上角的四分之一圆图形，如图 5-4-10 所示。

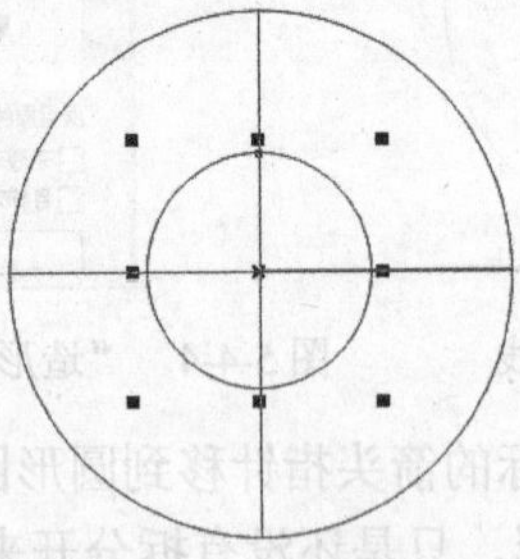

图 5-4-9　一个圆图形

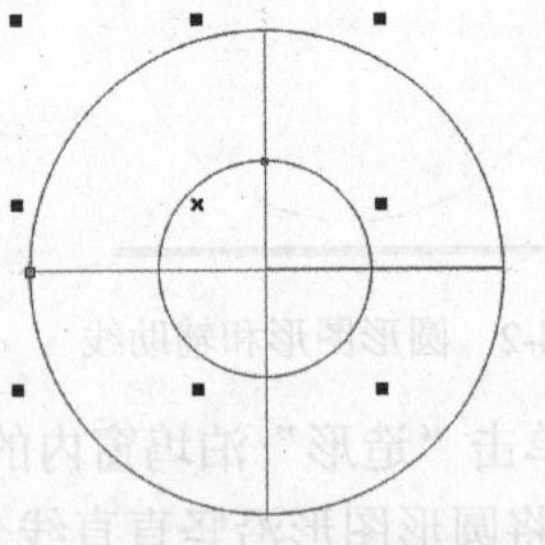

图 5-4-10　同时选中两个对象

（3）单击“窗口”→“泊坞窗”→“造形”命令，调出“造形”泊坞窗。在其下拉列表中选中“移除前面对象”选项，如图 5-4-11 所示。

（4）单击“造形”泊坞窗内的“应用”按钮，即可用后边的四分之一圆图形将前边的圆形图形进行修剪，修剪成四分之一圆的扇形图形，如图 5-4-12 所示。

（5）按照上述方法，继续用圆形图形修剪其他三个四分之一圆图形，形成四个扇形图形。再将剩下的一个圆形图形移到四个扇形图形的中间，如图 5-4-13 所示。

3. 轮廓线内镶嵌位图

（1）导入 4 幅风景图形和一幅儿童图形，单击选中第 1 幅风景图形，如图 5-4-14 所示。

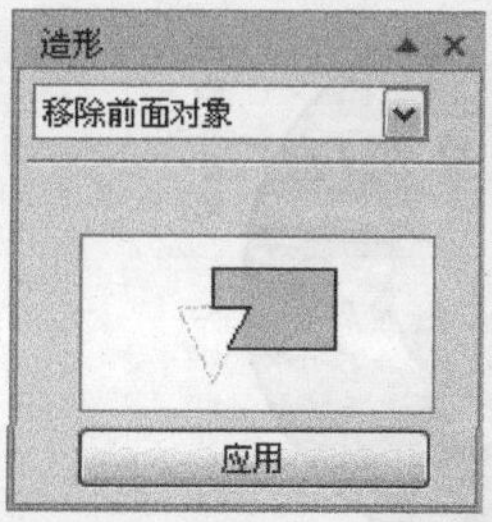

图 5-4-11　“造形”泊坞窗

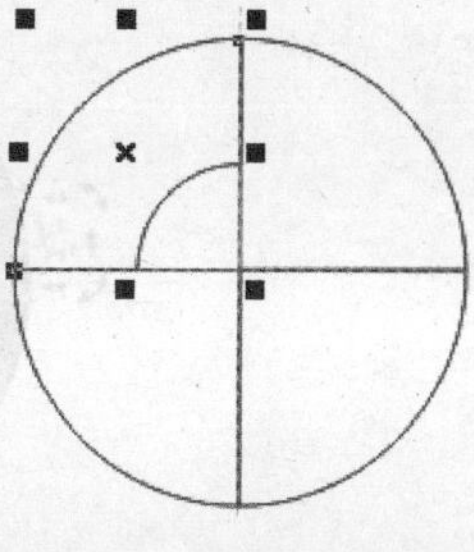
图 5-4-12　移除前面对象效果

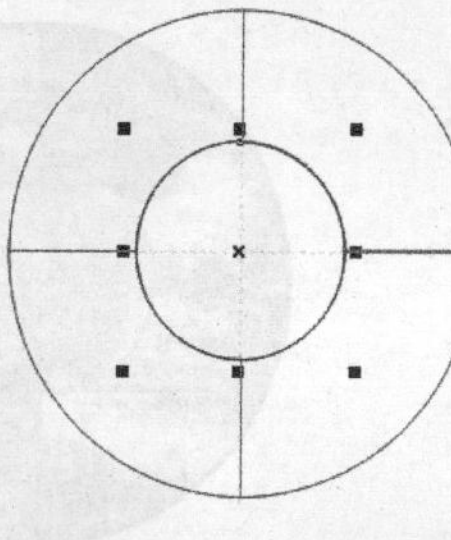
图 5-4-13　5 个轮廓对象

图 5-4-14　4 幅风景图形和一幅儿童图形

（2）单击“效果”→“图框精确剪裁”→“放置在容器中”命令，这时鼠标指针呈黑色大箭头状，将它移到左上角扇形图形的边线处，单击鼠标左键，则将第 1 幅风景图形镶嵌到左上角扇形图形内，如图 5-4-15 所示（还没调整）。

（3）单击“效果”→“图框精确剪裁”→“编辑内容”命令，这时整个图形会在扇形图形处出现，扇形图形的线条仍存在，如图 5-4-16 所示。拖曳图形，可以调整圆的图形的位置，还可以调整图形的大小。

（4）单击“效果”→“精确剪裁”→“结束编辑”命令，可以使画面回到如图 5-4-15 所示状态，只是扇形图形内的图形已改为调整后的内容。

（5）按照上述方法，将如图 5-4-14 所示的其他 4 幅图形，分别镶嵌到其他三个扇形图形内和中间的圆形图形内，完成后的效果如图 5-4-17 所示。

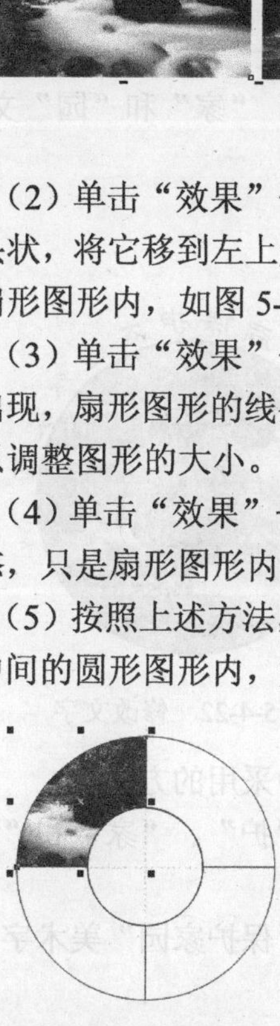
图 5-4-15　位图镶嵌

图 5-4-16　编辑图形位置和大小

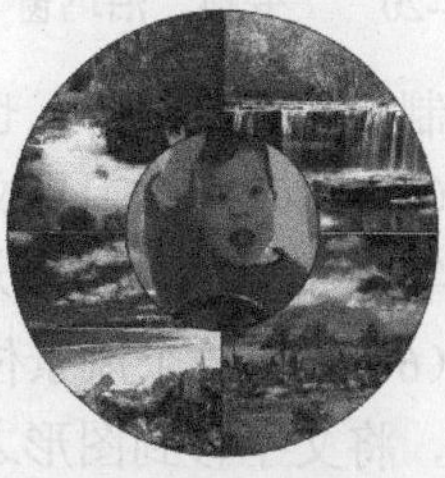
图 5-4-17　镶嵌图形后的效果

（6）依次选中一个对象，在其属性栏内将轮廓线“轮廓宽度”设置为 1.0mm。选中所有对象，将四个扇形和中间圆形的轮廓线颜色改为紫色，如图 5-4-18 所示。

4．制作文字

（1）使用工具箱中的“文本工具”字，在页面内输入字体为华文隶书，字号为 30pt，填充颜色为红色，轮廓颜色为黄色的美术字“让”。将“让”字移到圆形图形左边中间偏上处，适当旋转该文字，然后将中心点标志移到镶嵌图形的圆形图形的圆心处，如图 5-4-19 所示。

（2）单击“窗口”→“泊坞窗”→“变换” →“旋转”命令，调出“转换”泊坞窗。在其内下拉列表中选中“旋转”选项，在“角度”文本框内输入-15.0，其他设置如图 5-4-20 所示。

图 5-4-18　修改轮廓线

图 5-4-19　“让”字位置和中心点标志

（3）多次单击“转换”泊坞窗内的“应用”按钮，围着镶嵌了图形的圆形图形上半部分产生 12 个“让”字，如图 5-3-21 所示。

（4）使用工具箱中的“文本工具” 字，依次将复制的 11 个“让”字修改为“我”、“们”、“共”、“同”、“保”、“护”、“大”、“自”、“然”、“家”和“园”文字，如图 5-4-22 所示。

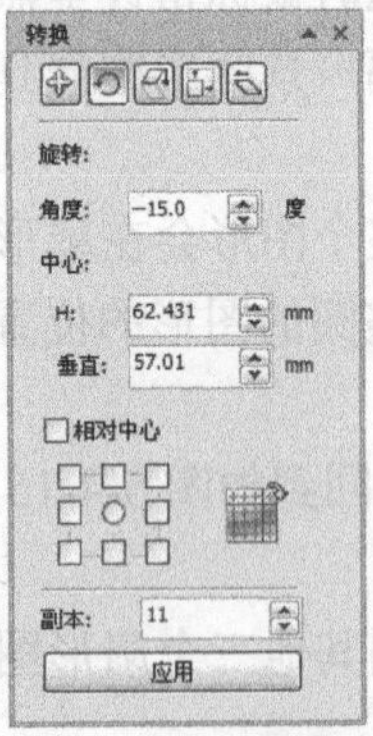

图 5-4-20　“变换”泊坞窗

图 5-4-21　12 个“让”字

图 5-4-22　修改文字

制作环绕文字时，也可以采用【实例 8】“光盘盘面”图形制作中采用的方法。

（5）输入字体为华文琥珀，字号为 60pt，颜色为红色的“保”、“护”、“家”和“园”美术字，如图 5-4-23 所示。

（6）导入一个风景位图，并调整它的大小，使它的高度比红色的“保护家园”美术字的高一点，将文字移到图形之上，如图 5-4-23 所示。

（7）单击“窗口”→“泊坞窗”→“造形”命令，调出“造形”泊坞窗。在该泊坞窗中的下拉列表中选中“相交”选项，不选中任何复选框，如图 5-4-24 所示。

（8）单击选中“保护家园”美术字，单击“造形”（相交）泊坞窗内的“相交”按钮，鼠标指针呈 状，单击图形，此时的图形如图 5-4-25 所示。

图 5-4-23　文字和图形

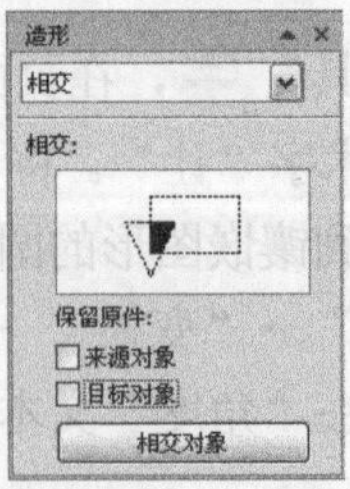

图 5-4-24　“造形”（相交）泊坞窗

图 5-4-25　图形文字

（9）调整绘图页面内对象的大小和位置，最后效果如图 5-4-1 所示。

链接知识

1．“造形”泊坞窗

单击“窗口”→“泊坞窗”命令，调出“泊坞窗”菜单，单击该菜单内的一个命令，即可调出相应的泊坞窗。“泊坞窗”是 CorelDRAW X5 特有的一种窗口，它除了具有许多与一般对话框相同的功能外，还具有很好的交互性能。例如，在进行设置后，它仍然保留在屏幕上，便于继续进行其他各种操作，直到单击关闭按钮 × 才关闭。另外，单击“泊坞窗”右上角的▲按钮，可以将“泊坞窗”卷起来，以节约屏幕空间。

单击“窗口”→“泊坞窗”→“造形”命令，或者单击“排列”→“造形”→“造形”命令，都可以调出“造形”泊坞窗，如图 5-4-24 所示。在“造形”泊坞窗内的下拉列表中可以选择修正的类型。在“造形”泊坞窗内的“保留原件”栏内有“来源对象”和“目标对象”两个复选框，如果选中“来源对象”复选框，则表示经修正后保留“来源对象”图形；如果选中“目标对象”复选框，则表示经修正后保留“目标对象”图形。

例如，对于如图 5-2-21 所示的重叠图形，选中重叠两部分的图形，在“造形”泊坞窗中不选中两个复选框，在下拉列表内选择“相交”选项，再单击“相交对象”按钮，将鼠标指针移到右边图形，当鼠标指针呈黑色箭头状时单击，即可将单击的目标对象的重叠部分剪裁出来，如图 5-4-26（a）所示；如果选中“来源对象”和“目标对象”两个复选框，则单击右边图形后，不但裁剪出图 5-4-26（a）所示图形，同时还保留两个原图形（单击对象叫“目标对象”，另外的对象是“来源对象”），如图 5-4-26（b）所示。

如果单击的是左边图形，则左边的图形是目标对象，可将单击的目标对象的重叠部分剪裁出来，同时还保留两个原图形，如图 5-4-26（c）所示。

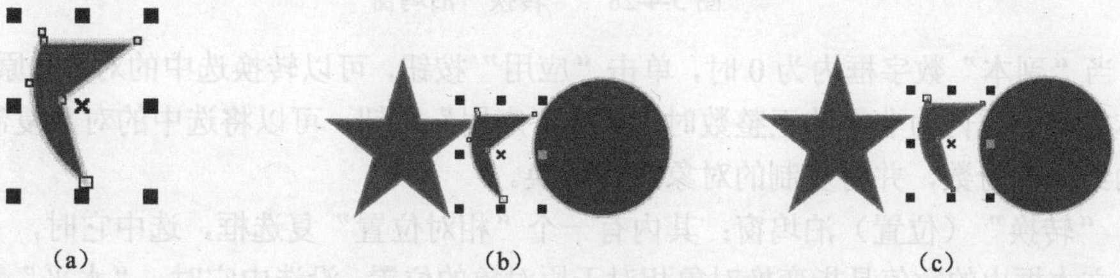

图 5-4-26　对象的几种相交造形处理效果

如果只选中“来源对象”复选框，则单击“相交对象”按钮后，再单击右边的图形，效果如图 5-4-27（a）所示；如果只选中“来源对象”复选框，则单击“相交对象”按钮后，再单击左边的图形，效果如图 5-4-27（b）所示。

如果只选中“目标对象”复选框，则单击“相交对象”按钮后，再单击右边的图形，效果如图 5-4-27（c）所示；如果只选中“目标对象”复选框，则单击“相交对象”按钮后，再单击左边的图形，效果如图 5-4-27（d）所示。

2．“转换”泊坞窗

（1）单击“排列”→“变换”命令或单击“窗口”→“泊坞窗”→“变换”命令，都可以调出“转换”（变换）菜单，单击该菜单内不同的命令，可以调出相应的“转换”泊坞窗。例如，单击“排列”→“变换”→“旋转”命令，或者单击“窗口”→“泊坞窗”→“变换”→“旋转”命令，可以调出“转换”（旋转）泊坞窗，如图 5-4-20 所示。再例如，单击“变换”菜单内的“位置”命令，可以调出“转换”（位置）泊坞窗，如图 5-4-28 左图所示。

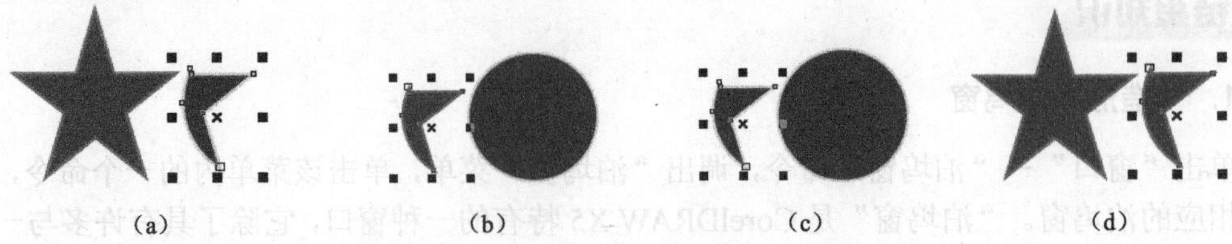

图 5-4-27　对象的几种相交造形处理效果

（2）单击“转换”泊坞窗内的 5 个按钮中的其他按钮，可以使“转换”类型改变，“转换”泊坞窗也会随之发生改变。5 个按钮的作用从左到右分别为“位置”、“旋转”、“缩放和镜像”、“大小”与“倾斜”对象。“转换”（旋转）泊坞窗如图 5-4-20 所示，其他类型的“转换”泊坞窗如图 5-4-28 所示。

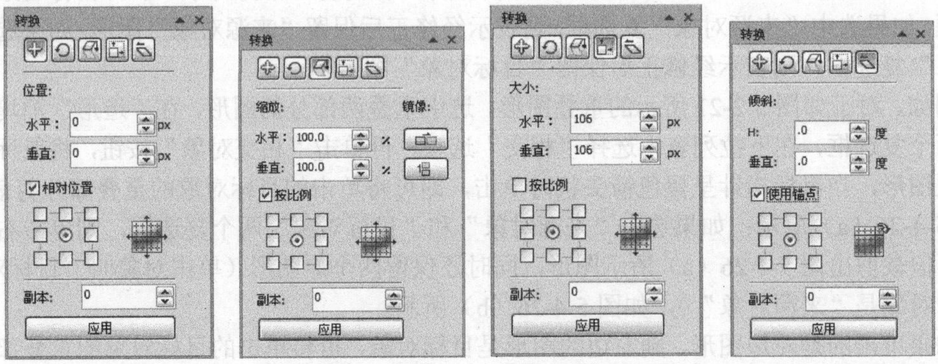

“位置”泊坞窗　“缩放和镜像”泊坞窗　“大小”泊坞窗　“倾斜”泊坞窗

图 5-4-28　“转换”泊坞窗

（3）当“副本”数字框内为 0 时，单击“应用”按钮，可以转换选中的对象，原对象消失；当“副本”数字框内为非零的正整数时，单击“应用”按钮，可以将选中的对象复制“副本”数字框内给出的份数，并将复制的对象进行转换。

（4）“转换”（位置）泊坞窗：其内有一个“相对位置”复选框，选中它时，“水平”和“垂直”文本框内的数值是指变换对象相对于原对象的位置；没选中它时，“水平”和“垂直”文本框内的数值是指变换对象的绝对坐标值。区域有 9 个单选选项，用来设置对象变换时的参考点，以该点为参考点，以“水平”和“垂直”文本框内的数值为依据来变换对象。

（5）“转换”（旋转）泊坞窗：“水平”和“垂直”文本框内的数值是指旋转中心的坐标位置，区域内 9 个单选选项用来确定旋转中心的位置，选中“相对中心”复选框时，“水平”和“垂直”文本框内数值是指旋转中心点相对于原对象的中心点数值；没选中“相对中心”复选框时，“水平”和“垂直”文本框内数值是指旋转中心点相对于原点的绝对坐标值。

（6）“转换”（缩放和镜像）泊坞窗：单击按下“水平镜像”按钮，可以以选中对象的参考点为中心点产生一个水平镜像的对象；单击按下“垂直镜像”按钮，可以以选中对象的参考点为中心点产生一个垂直镜像的对象。区域有 9 个单选选项，用来设置对象变换时的参考点，以该点为参考点，以“水平”和“垂直”文本框数值为依据来变换对象。

选中“按比例”复选框，可以产生按比例变化的对象；未选中“按比例”复选框，“水平”和“垂直”文本框内的数值等量同步变化，可以产生不按比例变化的对象。“水平”和“垂直”文本框内的数值用来控制变换后的对象与原对象的百分比。

（7）“转换”（大小）泊坞窗：“按比例”复选框的作用与前面所述一样。“水平”和“垂直”文本框内的数值用来控制变换后的对象宽度和高度的数值。

（8）“转换”（倾斜）泊坞窗：选中“使用锚点”复选框，则区域内 9 个单选选项有效，用来确定锚点的位置，变换的对象以锚点为倾斜的参考点；未选中“使用锚点”复选框，则区域内 9 个单选选项无效，变换的对象以原对象的中心点为倾斜的参考点。

实训 5-4

1. 参考【实例 13】中的制作方法，制作一个“宝宝摄影”图片，其内有 5 幅圆形图形，每幅圆形图形内镶嵌有一幅宝宝图形，如图 5-4-29 所示。

2. 参考【实例 13】中的制作方法，制作一幅“北京旅游”宣传画。

3. 制作一幅“钥匙”图形，如图 5-4-30 所示。

4. 采用两种方法，制作一幅“图形文字”图形，如图 5-4-31 所示。该图形给出了一个用图形填充的“Snoopy”文字标题，背景是温馨的粉色。绘制图形文字图形使用了导入外部位图图形，将图形置于容器中等操作。

图 5-4-29 “宝宝摄影”图片

图 5-4-30 “钥匙”图形

图 5-4-31 “图形文字”图形

5.5 【实例 14】奥运精神

“奥运精神”图形如图 5-5-1 所示。它展示了一幅奥运五环标志图形，五幅镶嵌有不同运动的图形，轮廓线为绿色的圆形图形，以及华文彩云字体的三色文字“奥运精神”。奥运五环标志图形由五种不同颜色（蓝、黄、黑、绿和红色）的圆环套在一起，象征着奥运会的团结精神。“奥运精神”文字是红、绿、黄三色文字。

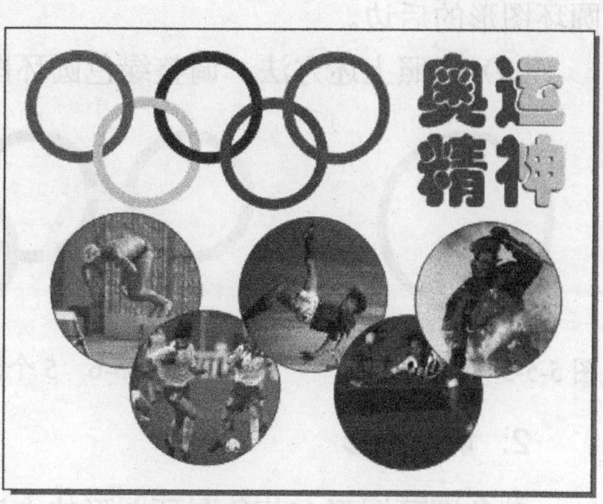

图 5-5-1 “奥运精神”图形

通过本实例的学习，可以进一步掌握“造形”和“变换”泊坞窗的使用方法，图框精确剪裁的方法，掌握切割对象和擦除图形的方法，掌握使用涂抹笔刷工具和粗糙笔刷工具加工图形的方法，以及初步掌握“交互式轮廓图”工具的使用方法等。该实例的制作方法和相关知识介绍如下。

制作方法

1．绘制圆环图形

（1）新建一个文档，设置绘图页面的宽度为240mm，高度为180mm。

（2）使用工具箱中的“椭圆工具”，在绘图页面内绘制一幅圆形图形，如图5-5-2所示。单击工具箱中“交互式展开式工具”栏内的“轮廓图”按钮，拖曳圆形图形，拉出一个向内的箭头，如图5-5-3所示。

（3）在其“交互式轮廓线工具”属性栏内设置“轮廓图步长值”为1，表示只建立1层轮廓图。“轮廓图偏移”值为7mm，表示轮廓图与原图的距离为7mm，如图5-5-4所示。这时原来的圆形图形内部出现了一个圆环图形，如图5-5-3所示。

图5-5-2　圆形图形

图5-5-3　轮廓对象

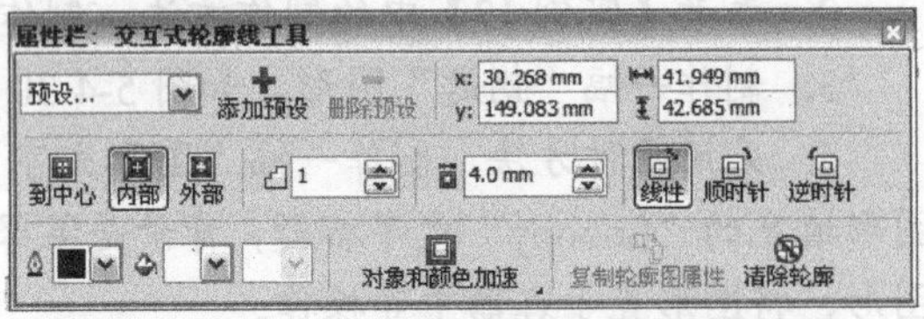

图5-5-4　“交互式轮廓线工具”属性栏

（4）使用工具箱中的“选择工具”，选中所绘对象，单击“排列”→“拆分轮廓图群组”命令，将所选对象拆分，形成内外两个单独的圆形。同时选中两个圆形，单击“排列”→“合并”命令，将所选对象合并，组成一个圆环图形。设置为无轮廓线，填充天蓝色，如图5-5-5所示。

（5）选中蓝色圆环图形，按Ctrl+D组合键，复制一份蓝色圆环图形，并选中该图形，再将它的填充色设置为黑色。然后，将黑色圆环图形移到蓝色圆环图形的右边。

（6）按照上述方法，再制作一个红色圆环图形、一个黄色圆环图形和一个绿色圆环图形，并将它们移到适当位置，如图5-5-6所示。

（7）单击选中黄色圆环图形，单击“排列”→“顺序”→“置于此对象后”命令，再将黑色箭头状鼠标指针移到黑色圆环图形之上，单击黑色圆环图形，即可将黄色圆环图形置于黑色圆环图形的后边。

（8）按照上述方法，调整绿色圆环图形到红色圆环图形的后边，效果如图5-5-7所示。

图5-5-5　蓝色圆环

图5-5-6　5个圆环图形

图5-5-7　调整圆环前后顺序

2．切割图形

黄色圆环图形在蓝色圆环图形的上边，在黑色圆环图形的下边；绿色圆环图形在黑色圆环图形的上边，在红色圆环图形的下边。

下面的操作是将黄色圆环图形与蓝色圆环图形上边相交处的黄色圆环图形裁减掉，显示出下边的蓝色圆环图形，从而形成黄色圆环图形与蓝色圆环图形的相互环套。

（1）单击“窗口”→“泊坞窗”→“造形”命令，调出“造形”（相交）泊坞窗。选中其内的“来源对象”和“目标对象”两个复选框，如图 5-5-8 所示。

（2）使用工具箱中的“选择工具”，单击选中黄色圆环图形，再单击“造形”（相交）泊坞窗内的“相交对象”按钮，然后单击要切割的蓝色圆环图形，即可将蓝色圆环图形与黄色圆环图形相交处的两小块蓝色圆环图形的部分图形剪裁出来，如图 5-5-9 所示。

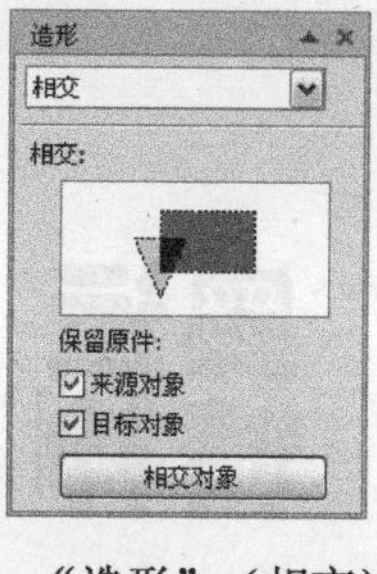

图 5-5-8　“造形”（相交）泊坞窗

（3）单击“排列”→“拆分曲线”命令，将两小块蓝色圆环图形的部分图形分离。

（4）单击非图形处，不选取两小块蓝色图形。单击选中下边的一块蓝色图形，如图 5-5-10 所示。然后，按 Delete 键，删除选中的蓝色小块图形，即可获得蓝色圆环图形与黄色圆环图形相互环套的效果，如图 5-5-11 所示。

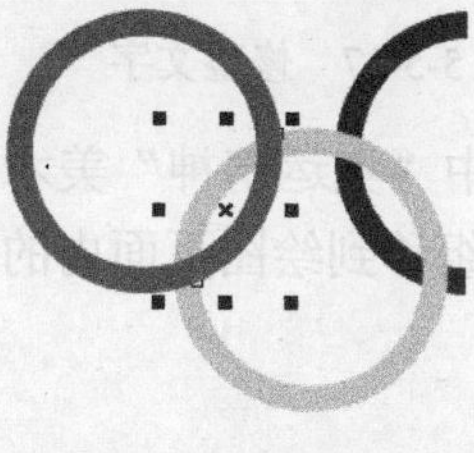
图 5-5-9　图形剪裁出来

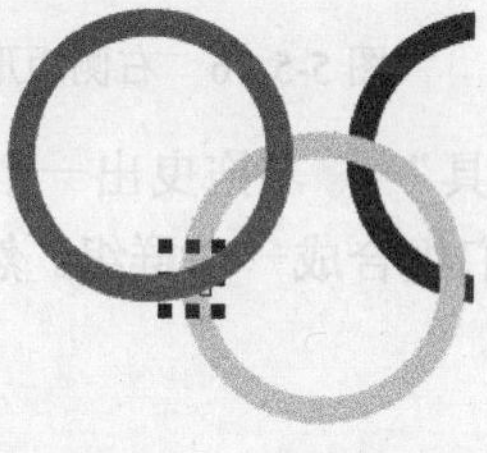
图 5-5-10　图形剪裁出来

图 5-5-11　圆环图形相互环套

（5）按照上述方法，将黄色圆环图形和黑色圆环图形形成环套，将黑色圆环图形和绿色圆环图形形成环套，将红色圆环图形和绿色圆环图形形成环套。最终效果如图 5-5-1 所示。

（6）拖曳出一个矩形选中五种不同颜色（蓝、黄、黑、绿和红色）的圆环环套图形，单击“排列”→“群组”命令，将选中的所有图形组成一个群组，形成奥运五环标志图形。

3. 制作镶嵌图形和双色文字

（1）绘制一个圆形图形，再复制 4 份。导入 5 幅运动图形。然后，按照【实例 13】中介绍的方法，将各幅图形分别镶嵌到 5 个圆形图形内。

（2）依次设置圆形图形的轮廓线颜色为绿色，在“椭圆形”属性栏内的“轮廓宽度”下拉列表中设置圆形图形的轮廓线为 1.0mm

（3）使用工具箱中的“文本工具” 字 ，在绘图页面中输入“字体”为华文琥珀、“字号”为 200pt 的“奥运精神”美术字。将光标定位在“运”字的右边，按 Enter 键，使“奥运精神”美术字分为两行，如图 5-4-12 所示。

（4）绘制一个矩形，将它放置在“奥运精神”美术字的左边，如图 5-5-13 所示。单击“窗口”→“泊坞窗”→“造形”命令，调出“造形”泊坞窗，在下拉列表中选择“相交”选项，只选中“目标对象”复选框，如图 5-5-14 所示。

（5）单击“造形”泊坞窗口内的“相交对象”按钮，再将鼠标指针移到“奥运精神”美术字上，单击鼠标左键。再单击调色板内的红色色块，此时美术字如图 5-5-15 所示。

（6）绘制一个矩形，将它放置在“奥运精神”美术字的右边，如图 5-5-16 所示。单击“造形”泊坞窗口内的“相交对象”按钮，再将鼠标指针移到“奥运精神”美术字上，单击鼠标左键。再单击调色板内的黄色色块，此时美术字如图 5-5-17 所示。

图 5-5-12　输入文字

图 5-5-13　左侧绘制矩形

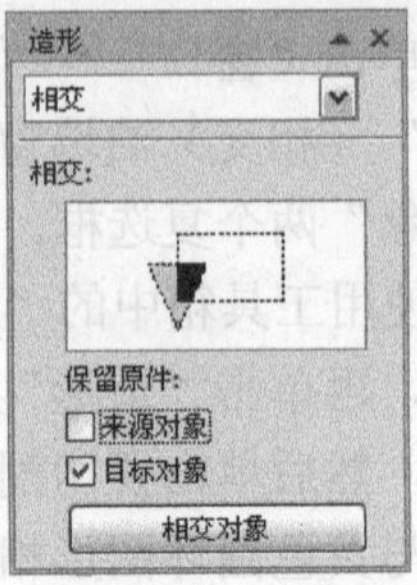

图 5-5-14　“造形”相交泊坞窗

图 5-5-15　修整文字

图 5-5-16　右侧矩形

图 5-5-17　修整文字

（7）使用工具箱中的“选择工具”，拖曳出一个矩形，选中“奥运精神”美术字，单击“排列”→“群组”命令，将它们组合成一个群组。然后将该群组移到绘图页面内的右上角处，如图 5-5-1 所示。

链接知识

1．切割对象

对于绘制好的一个图形，可以使用工具箱中“裁剪工具展开”栏内的“刻刀工具”，将它切割成两个或多个部分。单击按下“刻刀工具”按钮后，其属性栏如图 5-5-18。其中，“自动闭合”按钮按下时，表示将路径线切割断开，切割点间产生封闭的曲线；“自动闭合”按钮抬起时，表示只将路径线切割断开，切割点间不产生封闭的曲线。

另外，“保留为一个”按钮抬起时，表示切割后的图形被分为两个图形，它们重新填充渐变颜色；“保留为一个”按钮按下时，表示切割后的图形填充不变。图形的切割方法如下。

（1）单击按下“刻刀工具”按钮，调出相应的属性栏，单击按下属性栏中的“自动闭合”按钮，使“保留为一个”按钮呈抬起状态，如图 5-5-18 所示。

（2）将鼠标指针（美工刀状）移到图形的切割点处（例如矩形上边线中点处），此时美工刀会变为竖直状，单击鼠标左键，如图 5-5-19 所示。

（3）将鼠标指针移到另一个切割点处（例如矩形下边线中点处），此时美工刀会立起来，再单击，会在两个切割点处产生两个节点，两个节点间会产生一条连接直线，如图 5-5-20 所示。如果属性栏中的“自动闭合”按钮呈抬起状态，则不会产生两个切割点间的连接直线。

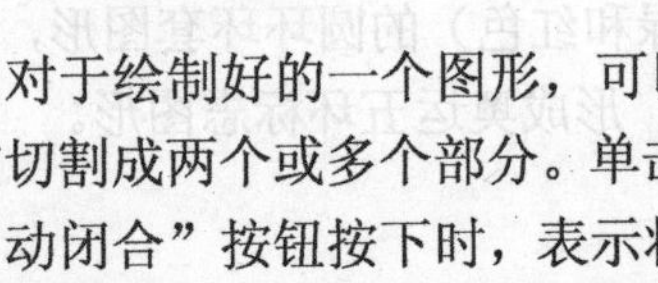

图 5-5-18　“刻刀和橡皮擦工具”属性栏

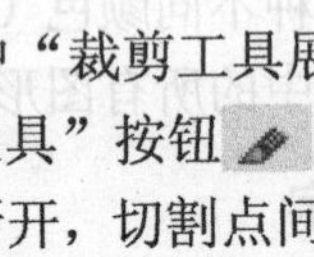

图 5-5-19　开始切割

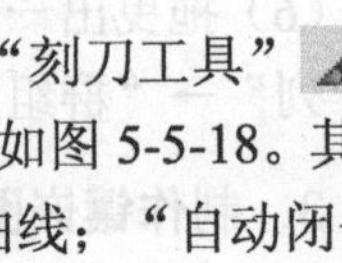

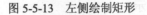

图 5-5-20　结束切割

另外，还可以从第 1 个切割点处拖曳鼠标到第 2 个切割点处，拖曳鼠标时会产生一条切割曲线，如图 5-5-21 示。

（4）单击工具箱中的“选择工具”按钮，再单击切割后的右边对象，选中它，然后用鼠标拖曳该对象向右移动一点，移动后的图形如图 5-5-22 所示。

2．擦除图形

对于绘制好的一个图形，可以使用工具箱中的“橡皮擦”工具将选中图形的一部分擦除，还可以通过擦除将原来的图形分成两个或多个部分。它的属性栏如图 5-5-23 所示。其中，修改“橡皮擦厚度”数字框内的数据，可以改变橡皮擦的大小。图形的擦除方法如下。

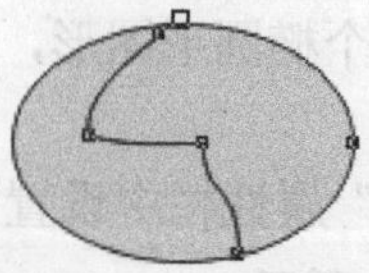

图 5-5-21　切割曲线

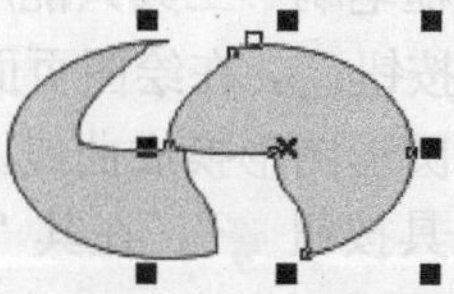

图 5-5-22　移动后的图形

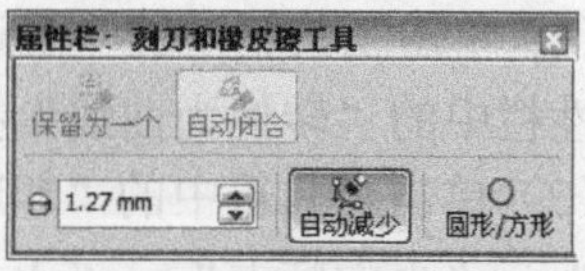

图 5-5-23　“刻刀和橡皮擦工具”属性栏

（1）单击工具箱中“裁剪工具展开”栏内的“橡皮擦”工具按钮，调出相应的“刻刀和橡皮擦工具”属性栏，使其内的“圆形/方形”按钮和“自动减少”按钮呈抬起状态。

（2）将鼠标指针（呈小圆形）移到起点处，拖曳鼠标到终点处，擦除图形中的一幅画面，如图 5-5-24 所示。

另外，属性栏中的“圆形/方形”按钮抬起时，表示橡皮擦（鼠标指针）形状为圆形；“圆形/方形”按钮按下时，表示橡皮擦形状为方形。“自动减少”按钮抬起时，表示橡皮擦擦除过的图形所产生的连接线上会有许多节点，如图 5-5-25 所示；“自动减少”按钮按下时，表示橡皮擦擦过的图形所产生的连接线上的节点会自动减少，如图 5-5-26 所示。

使用工具箱中的“形状工具”，单击选中橡皮擦擦除过的图形，即可显示出节点。

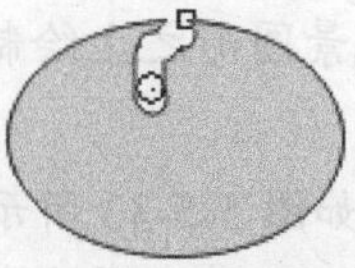

图 5-5-24　擦除图形

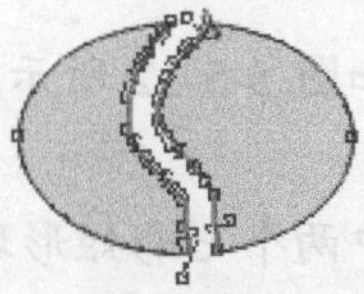

图 5-5-25　连接线上许多节点

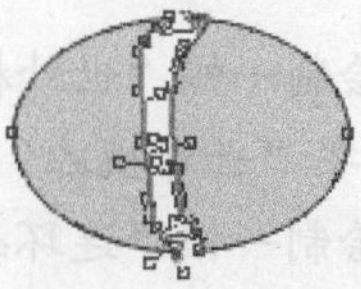

图 5-5-26　节点会自动减少

3．使用“涂抹笔刷”工具加工图形

将绘制好的图形对象用“涂抹笔刷”工具做涂抹处理后，可以使矢量图形对象沿其轮廓变形。“涂抹笔刷”工具只能应用于曲线对象。操作简介如下。

（1）在绘图页面内绘制一个椭圆形图形，然后单击属性栏中的“转换为曲线”按钮或单击“排列”→“转换为曲线”命令，将多边形转换成曲线。如图 5-5-27 所示。

（2）单击工具箱中的“涂抹笔刷”按钮，在其属性栏中设置“笔尖大小”、“水分浓度”、“斜移”和“方位”等参数，如图 5-5-28 所示。

（3）在图形上进行涂抹处理。从图形对象内向图形对象外涂抹时，可以延展图形对象的轮廓；从图形对象外向图形对象内涂抹时，可以收缩图形对象的轮廓。涂抹后的图形对象如图 5-5-29 所示。

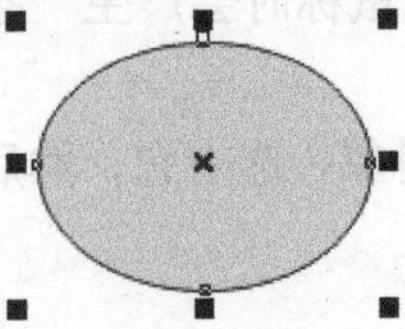

图 5-5-27 椭圆形曲线

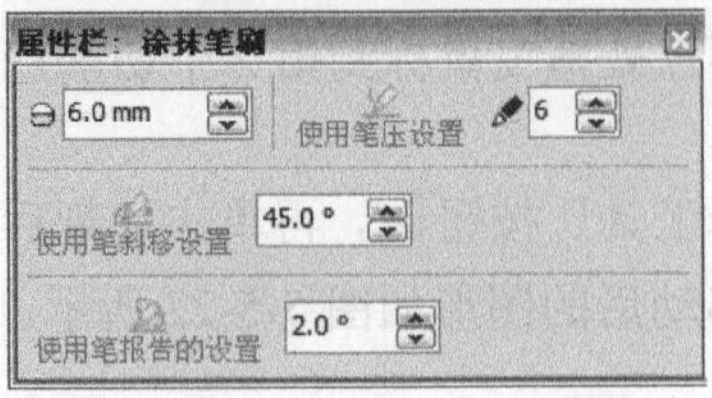

图 5-5-28 “涂抹笔刷”属性栏

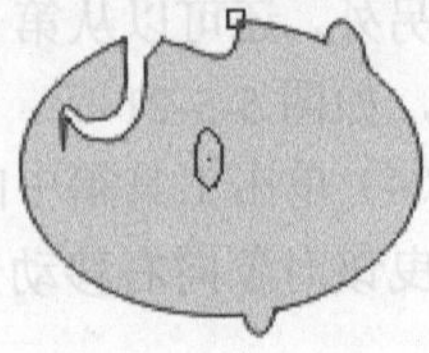

图 5-5-29 涂抹后的图形

4. 使用“粗糙笔刷”工具加工图形

将绘制好的图形对象的轮廓用“粗糙笔刷”工具做粗糙处理后，可以使矢量的图形对象的光滑的轮廓变形为粗糙的轮廓。“粗糙笔刷”工具只能应用于曲线对象。操作简介如下。

（1）单击工具箱中的“多边形”工具按钮，在绘图页面内绘制一个椭圆形图形，然后单击属性栏中的“转换为曲线”按钮，将椭圆形图形换成曲线。

（2）单击工具箱中的“粗糙笔刷”工具按钮，在其“粗糙笔刷”属性栏中设置“笔尖大小”、“尖突频率”、“水分浓度”和“斜移”等参数，如图 5-5-30 所示。

（3）在图形的轮廓上拖曳，即将图形对象的轮廓进行粗糙处理。粗糙处理后的图形对象如图 5-5-31 所示。

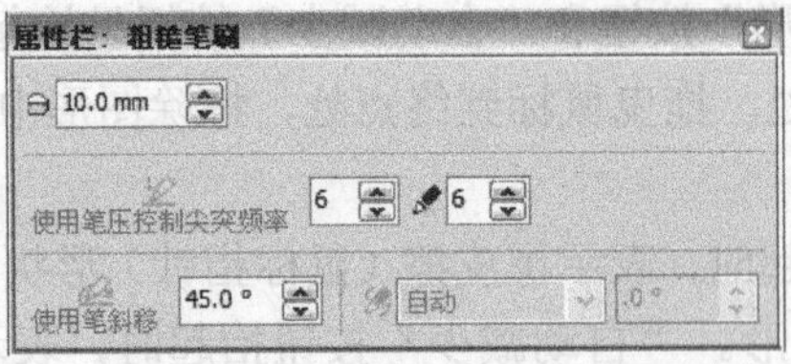

图 5-5-30 “粗糙笔刷”属性栏

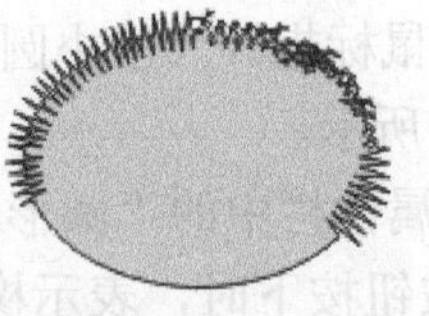

图 5-5-31 粗糙处理后的图形

实训 5-5

1. 绘制一幅“世外桃源”图形，如图 5-5-32 所示。它在一幅风景图形之上绘制了有两种颜色的文字“世外桃源”。

2. 绘制一幅“连环套”图形，图中两个七彩矩形环套在一起，如图 5-5-33 所示。

3. 绘制一幅“交通图”图形，如图 5-5-34 所示。“交通图”图形是一幅带城墙式花边和文字说明的马路交通图。

图 5-5-32 “世外桃源”图形

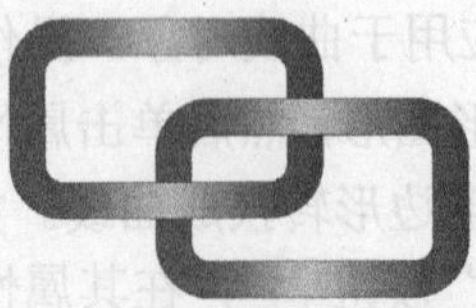

图 5-5-33 “连环套”图形

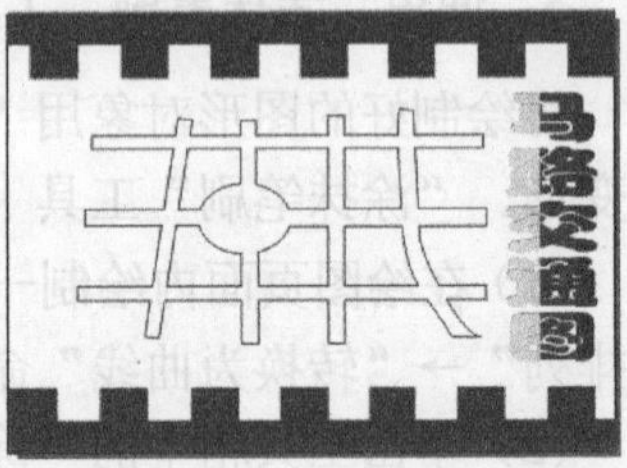

图 5-5-34 “交通图”图形

第6章

填充和透明

本章提要：

填充就是给图形内部填充某种颜色、渐变颜色、图案、纹理、花纹和图像等，还包括网格填充和交互式填充等。透明类似于填充，是对填充的进一步处理，使填充具有透明效果。填充与透明可以配合使用，两者具有一定的独立性，当对象具有填充和透明后，改变填充内容不会影响其透明效果，改变透明效果也不会影响其填充内容，但是整体效果会随之发生变化。透明效果有标准透明、渐变透明、图样透明和底纹透明等。填充使用“填充展开工具栏”和“交互式填充展开工具”栏内的工具，透明使用“交互式展开式工具”栏内的“透明度” 工具。本章通过3个实例，介绍了这些工具的使用方法。

6.1 【实例 15】春节快乐

“春节快乐”图形如图 6-1-1 所示。可以看到，正中间是黄色到红渐变填充的“春节快乐”文字，两边分别挂着一只大红灯笼，两只大红灯笼外侧各挂一串鞭炮。灯笼中间亮四周暗，有红色的阴影，配合灯笼上的弧形纹路，给人强烈的立体感和逼真的灯光照射感，烘托出一种喜庆的气氛。通过制作该实例，可以进一步掌握使用调和工具和制作阴影的方法，掌握渐变填充的方法等。该实例的制作方法和相关知识介绍如下。

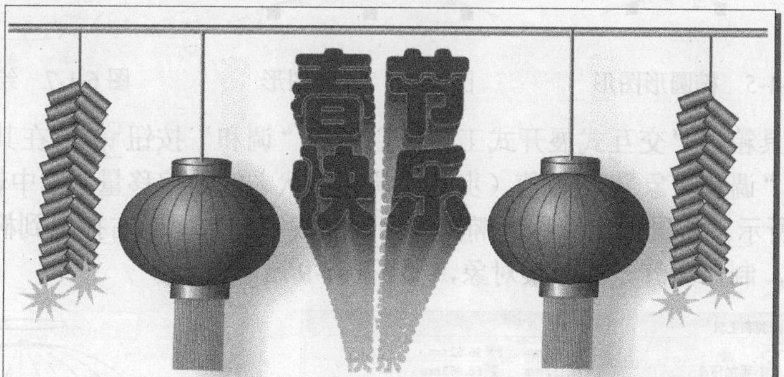

图 6-1-1 “春节快乐”图形

制作方法

1. 绘制灯笼图形

（1）设置绘图页面的宽度为 200 毫米，高度为 100 毫米。然后使用工具箱中的“椭圆工具”，在绘图页面中绘制一个椭圆作为灯笼的主体，如图 6-1-2 所示。然后，按 Ctrl+D 组合键，复制一份，将复制的椭圆形图形移到绘图页面的外边。

（2）使用工具箱中的“矩形工具”，在椭圆形图形的下面绘制一个矩形。使用工具箱中的“形状工具”，单击其“矩形”属性栏中的“转换为曲线”按钮，将矩形转换为可编辑的曲线。再单击矩形上边中点处，添加一个节点，单击其“编辑曲线、多边形和封套”属性栏内的“到曲线”按钮，将该节点设置为曲线节点。再在矩形下边中点处添加一个曲线节点。调整矩形上边和下边中点处的节点，效果如图 6-1-3 所示，完成灯笼底部图形的绘制。

（3）使用工具箱中的“选择工具”，单击选中刚刚调整好的矩形，按 Ctrl+D 组合键，复制一份，再单击其属性栏内的“垂直镜像”按钮，使选中的对象垂直翻转。然后，将垂直翻转的对象移到灯笼主体的顶部，如图 6-1-4 所示。

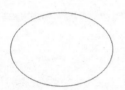

图 6-1-2　椭圆形图形

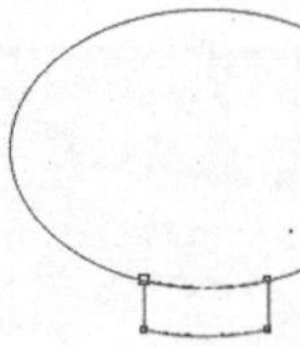

图 6-1-3　调整矩形

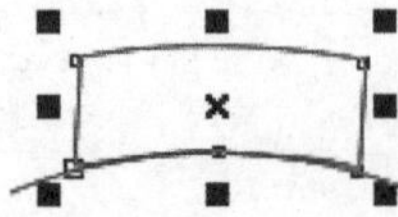

图 6-1-4　灯笼主体顶部图形

（4）在垂直翻转的对象处绘制一个椭圆形图形，选中垂直翻转的对象和新绘制的椭圆形图形，如图 6-1-5 所示。然后，单击“排列”→“造形”→“修剪”命令，形成灯笼的顶部图形，效果如图 6-1-6 所示。

（5）在灯笼的中央绘制一条竖直的直线，并将所绘竖线设置为绿色，如图 6-1-7 所示。

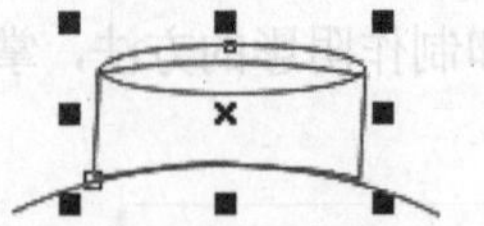

图 6-1-5　椭圆形图形

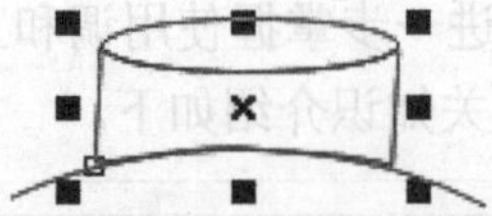

图 6-1-6　顶部图形

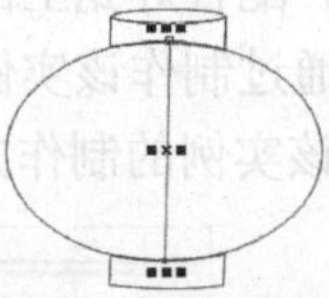

图 6-1-7　绘制竖线

（6）单击工具箱中“交互式展开式工具”栏内的“调和”按钮，在其“交互式调和工具”属性栏中的“调和对象”数值（步数或调和形状之间的偏移量）框中输入 4，此时该属性栏如图 6-1-8 所示。将鼠标指针移到椭圆中间的竖线上，水平向右拖曳到椭圆轮廓线，形成一系列渐变曲线，制作出灯笼的骨架对象，如图 6-1-9 所示。

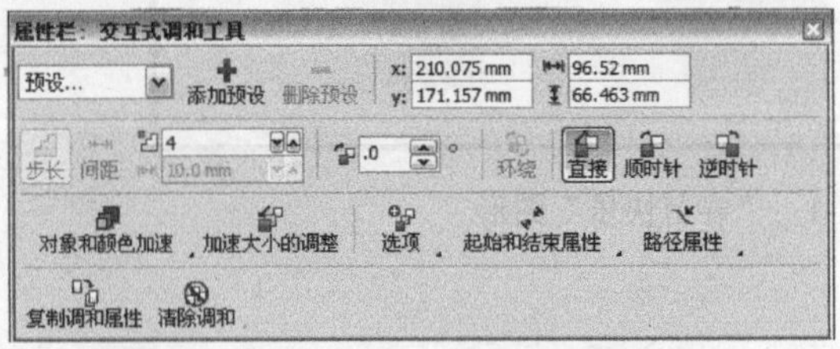

图 6-1-8　“交互式调和工具”属性栏

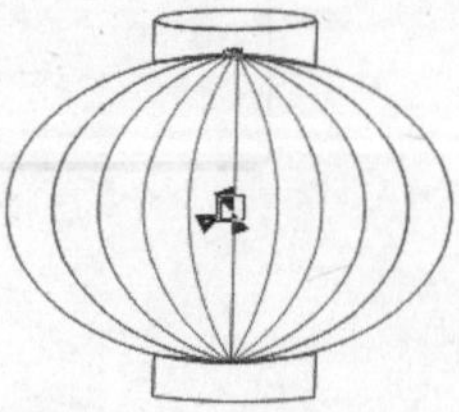

图 6-1-9　灯笼的骨架

（7）同时选中作为灯笼主体的骨架对象，单击“排列”→“顺序”→“到图层后面”命令，将它们移到其他图形对象的后面。

（8）将绘图页面外边的椭圆形图形移到骨架对象之上，单击工具箱中的“填充展开工具”栏内的“渐变填充”按钮，调出“渐变填充”对话框，如图 6-1-10 左图所示。在“类型”下拉列表中选择“辐射”选项，设置渐变填充为“辐射”；选中“双色”复选框，单击“从”按钮，调出调色板，如图 6-1-10 右图所示，单击红色色块，设置“从”颜色为红色；单击“到”按钮，调出调色板，设置“到”颜色为黄色；拖曳右上角显示框内的黄色，此时“水平”和“垂直”数字框内的数据也会随之变化，最后“水平”和“垂直”数字框内的数值分别为-12 和 16；在“边界”数字框内输入 20，“中点”数字框保持 50，如图 6-1-10 左图所示。单击“确定”按钮，给灯笼的椭圆部分填充从红色到黄色的圆形渐变，效果如图 6-1-11 所示。

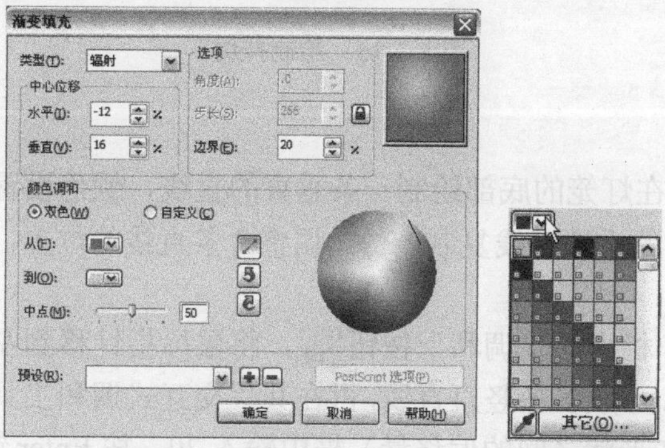

图 6-1-10 “渐变填充”（辐射）对话框和调色板

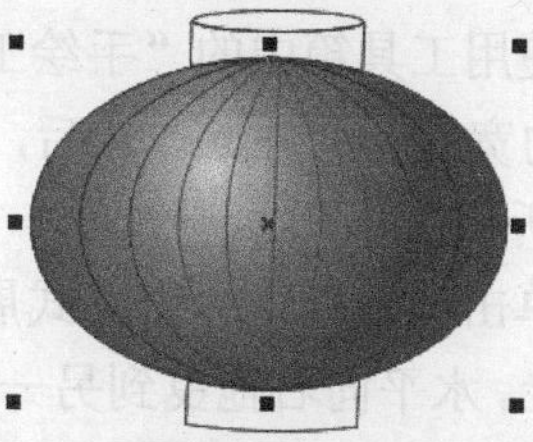

图 6-1-11 填充红黄渐变色

（9）选中灯笼顶部和底部的矩形图形，单击工具箱中“填充展开工具”栏内的“渐变填充”按钮，调出“渐变填充”对话框。在“类型”下拉列表中选择“线性”选项，设置渐变填充的类型为“线性”；选中“自定义”复选框，单击“颜色调和”栏内下边预览带左上角的标记□，再单击调色板中的红色色块，设置起始颜色为红色；单击预览带右上角的□标记，再单击调色板中的红色色块，设置终止颜色为红色。

双击预览带上边，使预览带上边出现一个▼标记，单击“位置”数字框的按钮或用拖曳▼标记改变标记的位置，单击调色板中的白色色块，设置此处的中间色为白色。

双击预览带上靠近右边□标记处，使预览带上边出现一个▼标记，如图 6-1-12 所示。单击“其他”按钮，调出“选择颜色”对话框，如图 6-1-13 所示，利用该对话框设置此处的颜色为棕红色。单击“确定”按钮，关闭“选择颜色”对话框，回到“渐变填充”对话框。

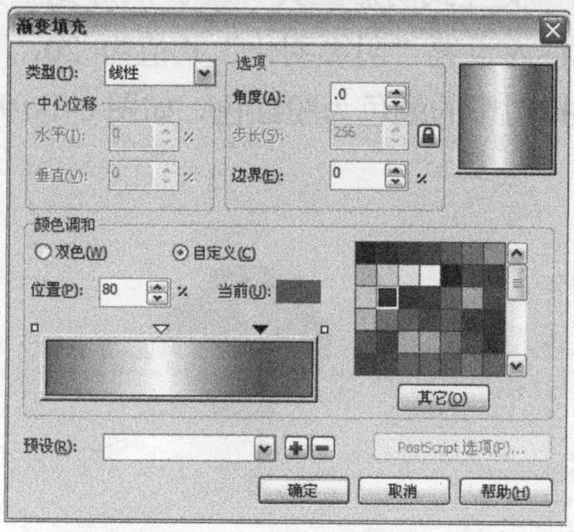

图 6-1-12 “渐变填充”对话框

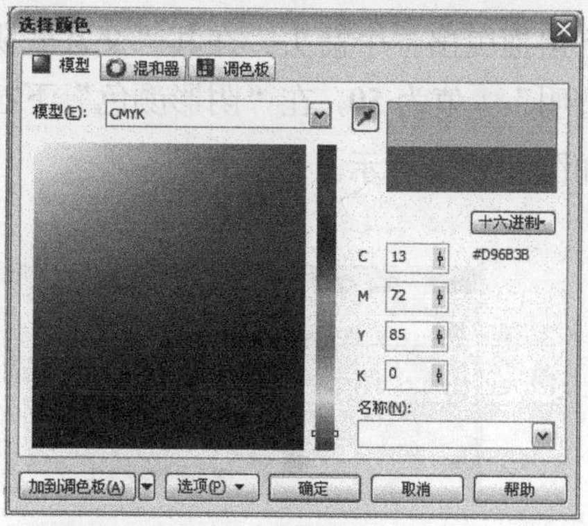

图 6-1-13 “选择颜色”对话框

（10）单击“渐变填充”对话框内的“确定”按钮，关闭该对话框，给灯笼顶部和底部填充从红色－白色－棕红色－红色的线性渐变色，效果如图 6-1-14 所示。

（11）使用工具箱中的“矩形工具”，在灯笼的顶部绘制一个长条矩形，为其填充和顶部矩形相同的渐变色，取消轮廓线，作为灯笼的挂绳，效果如图 6-1-15 所示。

图 6-1-14　红色—白色—棕红色—红色渐变

图 6-1-15　绘制挂绳

2．绘制灯笼穗和灯笼阴影

（1）使用工具箱中的“手绘工具”，在灯笼的底部绘制一条垂直的直线，颜色设置为棕色，线的宽度为 0.5mm。然后，将刚刚绘制的垂直直线复制一份。调整 2 条直线的位置，如图 6-1-16 所示。

（2）单击工具箱中“交互式展开式工具”栏内的“调和”按钮，将鼠标指针移到左边的竖线之上，水平向右拖曳到另一条竖直直线，形成多条竖直直线，再在其“交互式调和工具”属性栏中的“调和对象”数值（步数或调和形状之间的偏移量）框中输入 20，按 Enter 键，形成共 22 条竖直直线，构成灯笼穗图形，如图 6-1-17 所示。

（3）使用工具箱中的“选择工具”，选中红灯笼中的所有对象，单击“排列”→“群组”命令，将所选对象组成一个群组对象，如图 6-1-18 所示。

图 6-1-16　调整 2 条直线的位置

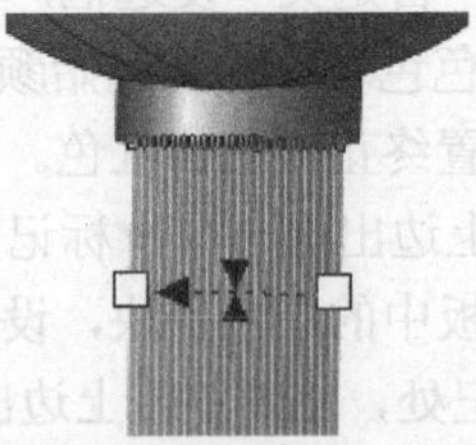

图 6-1-17　灯笼穗图形

图 6-1-18　群组对象

（4）单击工具箱中“交互式展开式工具”栏内的“交互式阴影工具”。从灯笼上方向灯笼右下角拖曳出一个箭头。在其“交互式阴影”属性栏内设置“阴影羽化”值为 20，“阴影的不透明”值为 50，在“阴影颜色”下拉列表中选择阴影的颜色为粉红色，如图 6-1-19 所示，效果如图 6-1-20 所示。

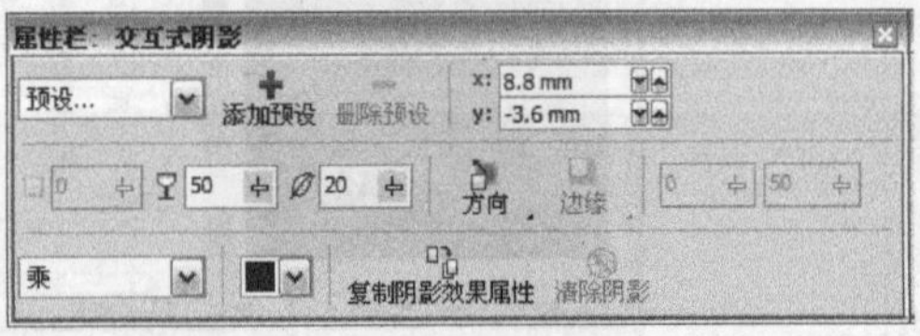

图 6-1-19　“交互式阴影”属性栏

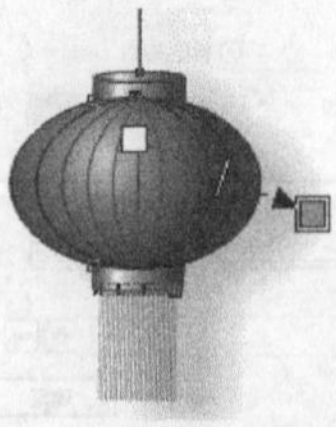

图 6-1-20　添加阴影后的效果

（5）使用工具箱中的“选择工具”，单击选中灯笼挂绳，将该图形复制一份，再将其旋转 90 度，适当调整它的大小和位置，即可制作横梁图形。

（6）选中灯笼和它的阴影，将它们组成群组。按 Ctrl+D 组合键，复制一份灯笼和它的阴影图形，再将其移动到右侧，由读者自行绘制横梁图形，效果如图 6-1-21 所示。

3．绘制鞭炮和制作文字

（1）使用工具箱中的“矩形工具”，在绘图页面外部绘制一个矩形图形。

（2）单击工具箱内“交互式填充展开”工具栏中的“交互式填充”按钮，在矩形图形内垂直拖曳，即可给矩形图形添加黑色到白色的线性交互式填充，如图 6-1-22 所示。此时的“交互式双色渐变填充”属性栏如图 6-1-23 所示。

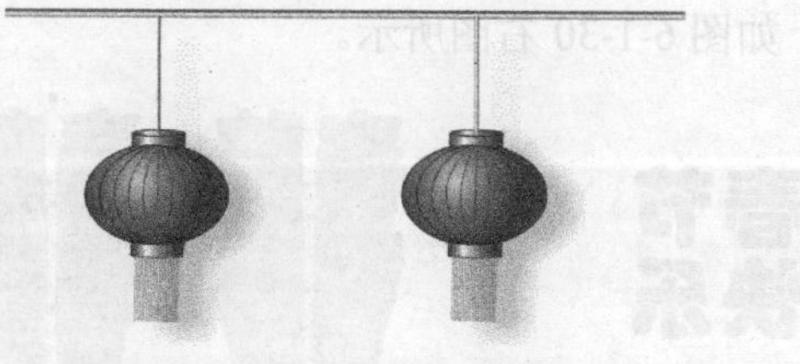

图 6-1-21　横梁和两个灯笼图形

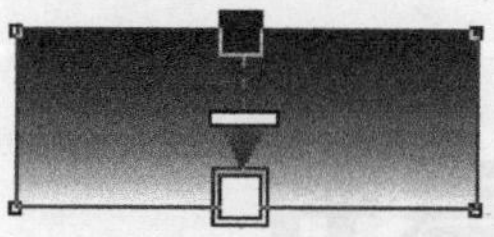

图 6-1-22　矩形线性交互式填充

（3）拖曳调色板内的深红色色块到交互式填充的黑色和白色方形控制柄内，再将调色板内的浅红色色块拖曳到交互式填充的 2 个方形控制柄之间的虚线之上，在原来的 2 个方形控制柄之间增加一个新的方形控制柄，设置的颜色为浅红色。此时给矩形图形填充的是深红色到浅红色再到深红色的线性渐变，如图 6-1-24 所示。

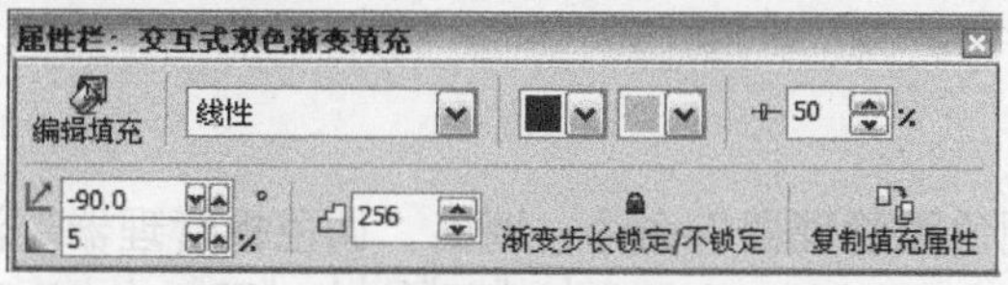

图 6-1-23　“交互式双色渐变填充”属性栏

图 6-1-24　填充线性渐变色

（4）调整如图 6-1-24 所示矩形图形的大小并顺时针旋转一定角度，再复制一份，将复制的矩形逆时针旋转一定的角度。然后，将它们复制多份，分别调整它们的位置，并组合在一起。然后绘制一条红色的竖直线将这些矩形图形连在一起，形成一串鞭炮，如图 6-1-25 所示。

（5）使用工具箱内的“复杂星形工具”，绘制一个无轮廓线、黄色的复杂的多边形图形，如图 6-1-26 所示。使用工具箱内的“椭圆工具”，在复杂的多边形图形中心处绘制一个无轮廓线、黄色的圆形图形，形成爆炸效果，如图 6-1-27 所示。然后，将它们组成一个群组对象。

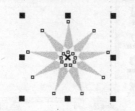

图 6-1-25　一串鞭炮

图 6-1-26　复杂的多边形图形

图 6-1-27　爆炸效果

（6）使用工具箱中的“文本工具”字，在绘图页面中输入“字体”为华文琥珀、“字号”为

66pt 的“春节快乐”美术字。将光标定位在“节”字的右边，按 Enter 键，使“春节快乐”美术字分为两行。然后，设置颜色为红色，如图 6-1-28 所示。

（7）将“春节快乐”美术字复制一份，设置颜色为黄色，将黄色“春节快乐”美术字调小，并移到红色“春节快乐”美术字正下方一定距离，如图 6-1-29 左图所示。

（8）单击工具箱中“交互式展开式工具”栏内的“调和”按钮，在其“交互式调和工具”属性栏中的“调和对象”（步数或调和形状之间的偏移量）文本框中输入 20。将鼠标指针移到红色“春节快乐”美术字上，垂直向下拖曳到黄色“春节快乐”美术字，形成一系列渐变“春节快乐”美术字，如图 6-1-30 左图所示。

（9）使用工具箱中的“选择工具”，单击选中原来的红色“春节快乐”美术字，设置该文字的轮廓线颜色为黄色。再单击“排列”→“顺序”→“到图层前面”命令，将红色“春节快乐”美术字移到其他图形对象的前面，如图 6-1-30 右图所示。

图 6-1-28 “春节快乐”美术字

图 6-1-29 复制并调整

图 6-1-30 完成“春节快乐”美术字

链接知识

1．调色板管理

单击“窗口”→“泊坞窗”→“调色板管理器”命令，调出“调色板管理器”泊坞窗，如图 6-1-31 所示。“调色板管理器”泊坞窗内还有 6 个按钮，将鼠标指针移到按钮之上可显示按钮名称。利用该泊坞窗可以打开、保存、新建和编辑调色板。

（1）打开调色板：单击“调色板管理器”泊坞窗内的“打开调色板”按钮，调出“打开调色板”对话框，如图 6-1-32 左图所示，在“文件类型”下拉列表中选择调色板的各种类型，如图 6-1-32 右图所示。选中要打开的调色板名称后，单击“打开”按钮，即可将选中的外部调色板打开，同时导入到 CorelDRAW X5 工作区内右边的调色板区域中。

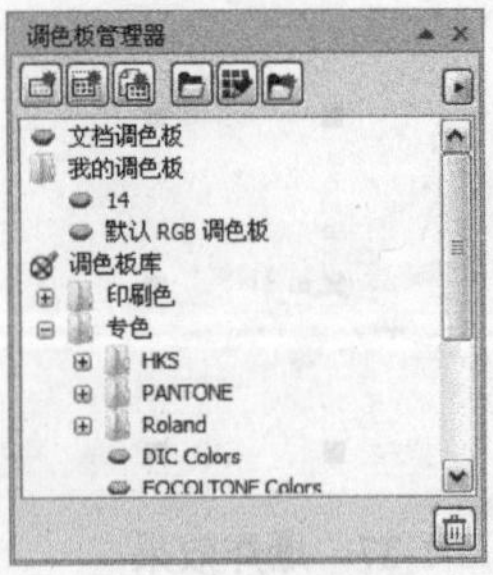

图 6-1-31 “调色板管理器”泊坞窗

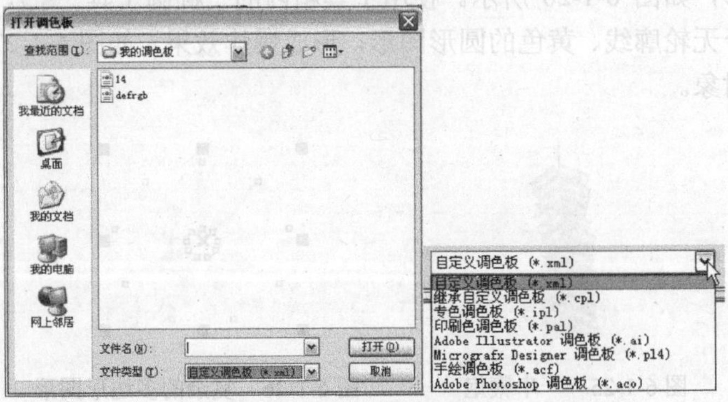

图 6-1-32 “打开调色板”对话框和文件类型

（2）编辑调色板：在“调色板管理器”泊坞窗内单击选中一个自定义调色板名称，再单击“打开调色板编辑器”按钮，调出“调色板编辑器”对话框，如图 6-1-33 所示。可以看到该调色板的情况。利用该对话框内的下拉列表，可以更换自定义调色板；单击右排的按钮，可以给调色板添加新颜色，可以替换调色板内的颜色，可以删除调色板内的颜色，可以将调色板内的颜色色块按照指定的方式排序显示等。

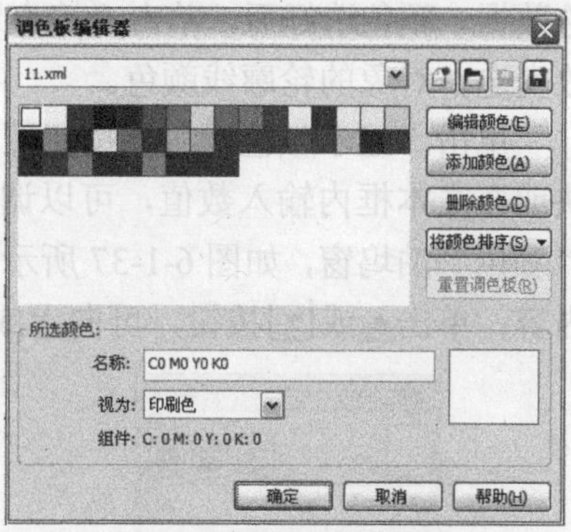

图 6-1-33　“调色板编辑器”对话框

（3）新建调色板：选中文档内的一个对象，单击“调色板管理器”泊坞窗内的“使用选定的对象创建一个新调色板”按钮，调出“另存为”对话框，利用该对话框可以将选中对象所使用的颜色保存为一个调色板文件（扩展名为“xml”）。

打开一个文档，单击“使用文档创建一个新调色板”按钮，调出“另存为”对话框，利用该对话框可以将打开的文档所用的颜色保存为一个调色板文件。

单击“创建一个新的空白调色板”按钮，调出“另存为”对话框，利用该对话框可以保存一个新的空白调色板文件。

（4）新建文件夹：单击调色板内的“新建文件夹”按钮，在调色板内新增一个名称为“新建文件夹”的文件夹，可以马上修改文件夹的名称。

（5）删除自定义调色板：在“调色板管理器”泊坞窗内单击选中一个自定义调色板名称，再单击该泊坞窗内右下角的“删除所选的项目”按钮，调出一个提示框，单击“确定”按钮，即可删除“调色板管理器”泊坞窗内选中的自定义调色板。

（6）添加和取消调色板：单击“调色板管理器”泊坞窗内调色板名称左边的图标，使它变为图标，可以将该调色板添加到 CorelDRAW X5 工作区内右边的调色板区域中。单击图标，使它变为图标，可以将该调色板从 CorelDRAW X5 工作区内取消。

另外，单击“窗口”→“调色板”命令，调出“调色板”菜单，单击选中其内的命令，即可增加一个调色板。单击选中的命令，取消选中该命令，即可取消该调色板。

2. 单色着色

（1）使用调色板着色：使用“选择工具”，选中图形，将鼠标指针移到调色板内色块之上，稍等片刻会显示颜色名称。单击色块，即可给选中图形填充颜色；右击色块，可设置选中图形轮廓的颜色；按住 Ctrl 键并单击色块，可将单击的颜色与原来的颜色混合后着色。

在选中任何对象后，拖曳调色板中的颜色块到对象上方，当鼠标箭头指针指向对象内部时，则给对象内填充颜色；当鼠标箭头指针指向对象轮廓线时，则改变对象轮廓线的颜色。

如果按住 Shift 键的同时单击色块，则会调出“按名称查找颜色”对话框，如图 6-1-34 所示。在该对话框内的“颜色名称”下拉列表中可以选择一种颜色的名字，单击“确定”按钮，即可将鼠标指针定位在要选择的颜色的色块处。

图 6-1-34　“按名称查找颜色”对话框

（2）使用“颜色”泊坞窗着色：单击“窗口”→“泊坞窗”→“彩色”命令，或者单击“轮廓展开工具”栏内的“彩色”（或“颜色”）按钮，调出“颜色”泊坞窗，如图 6-1-35 所示。在下拉列表中可以选择颜色模式。在色条中单击选择某种颜色或在相应的文本框中输入颜色数据。颜色选好后，单击“填充”按钮，即可给图形填充选定颜色，单击“轮廓”按钮即可改变选中对象的轮廓线颜色。

单击“显示颜色滑块”按钮，切换到另一种“颜色”泊坞窗，如图 6-1-36 所示，拖曳滑块或在文本框内输入数值，可以调整颜色数据。单击“显示调色板”按钮，切换到另一种“颜色”泊坞窗，如图 6-1-37 所示。单击右边垂直颜色条中的色条，可整体改变左边的调色板内容；单击或按钮，可向上或向下移动调色板内的色块。

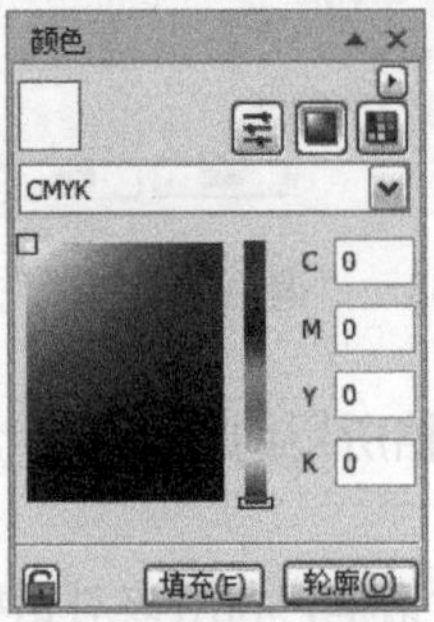

图 6-1-35 “颜色”泊坞窗 1

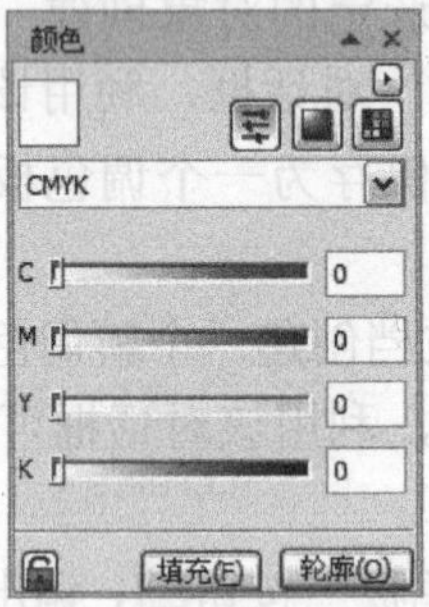

图 6-1-36 “颜色”泊坞窗 2

图 6-1-37 “颜色”泊坞窗 3

单击“颜色”泊坞窗内的左下角的“自动应用颜色”按钮，可以使该按钮在和之间切换。当按钮呈时，表示单击调色板内的色块后，选中对象的填充颜色即可随之变化，轮廓线颜色不变；当按钮呈时，表示单击调色板内的色块后，需要单击“填充”按钮才可以改变选中对象的填充颜色，需要单击“轮廓”按钮才可以改变选中对象的轮廓颜色。

（3）使用“均匀填充”对话框着色：使用“选择工具”，单击选中对象，再单击按下工具箱中的“交互式填充展开”工具栏内的“交互式均匀填充”按钮，在其属性栏内的“填充类型”下拉列表中选择“均匀填充”选项，如图 6-1-38 所示。单击该属性栏中的“编辑填充”按钮，调出“均匀填充”对话框，如图 6-1-39 所示。

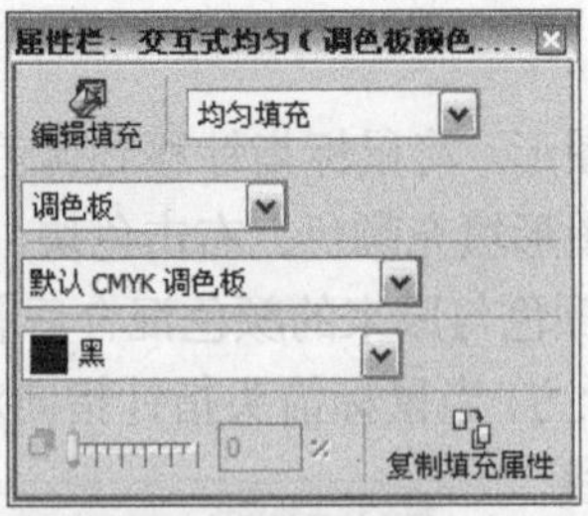

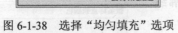

图 6-1-38 选择“均匀填充”选项

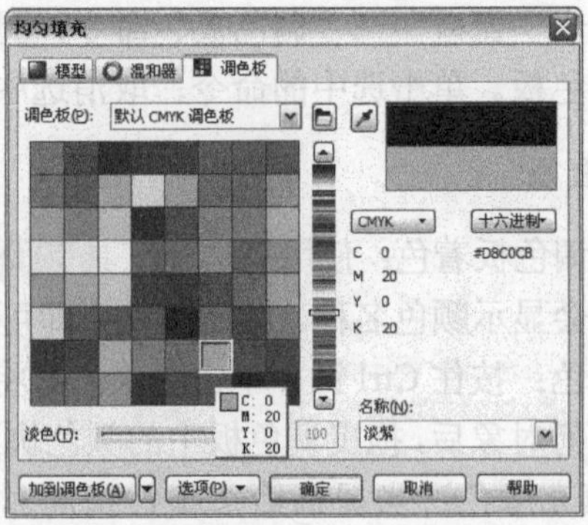

图 6-1-39 “均匀填充”（调色板）对话框

单击“混合器”标签，可切换到“混合器”选项卡，单击“调色板”和“模型”标签，可以切换到“调色板”和“模型”选项卡。使用它们也可以选择要填充的颜色，单击“确定”按钮即可给选中的对象填充选定的颜色。单击工具箱中“填充展开工具栏”的“均匀填充”按钮，也可以调出“均匀填充”对话框。

（4）使用“对象属性”泊坞窗着色：右击对象，调出它的快捷菜单，单击其内的“属性”命令，调出“对象属性”泊坞窗，如图 6-1-40 所示。使用它也可以选择填充的颜色。

另外，单击“对象属性”泊坞窗上边的一排按钮，可以在“对象属性”泊坞窗中切换到不同的选项卡，对选中对象进行不同属性的设置。

3. 渐变填充

渐变填充是给图形填充按照一定的规律变化的颜色，这种变化可以是从一种颜色逐渐向另外一种颜色的变化，也可以自定义在几种颜色之间逐渐变化。渐变填充的操作方法如下。

渐变填充是给图形填充按照一定的规律发生变化的颜色。使用工具箱中“填充展开工具”栏内的“渐变填充”和“交互式填充展开工具”栏内的“交互式填充”等工具，以及如图 6-1-40 所示的“对象属性”泊坞窗等都可以给选中对象填充渐变色，它们的方法很相似，有着很多共同点，主要的操作都是使用“渐变填充”对话框。

使用“选择工具”，单击选中对象，再单击“填充展开工具”栏内的“渐变填充”按钮，调出“渐变填充”对话框，如图 6-1-41 所示。利用它设置渐变色的方法如下。

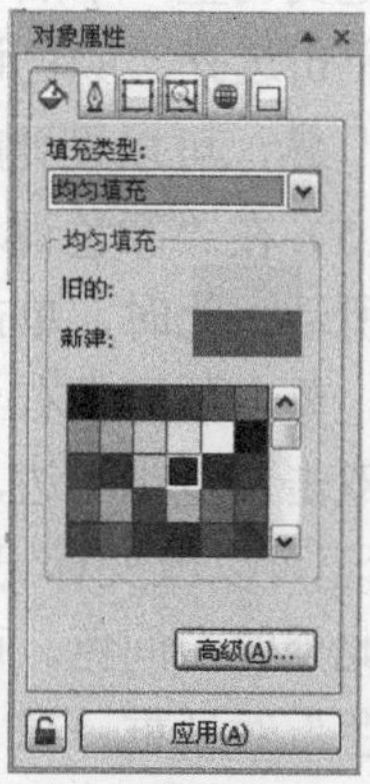

图 6-1-40 “对象属性”泊坞窗

（1）在“类型”下拉列表内，选择渐变填充的类型，有线性、辐射、圆锥和正方形四种类型，选择不同类型后，“渐变填充”对话框会不一样。例如，选择“圆锥”类型选项后的“渐变填充”对话框如图 6-1-41 左图所示；选择“辐射”类型选项后的“渐变填充”对话框如图 6-1-10 所示；选择“线性”类型选项后的“渐变填充”对话框如图 6-1-12 所示；选择“正方形”类型选项后的“渐变填充”对话框如图 6-1-41 右图所示。

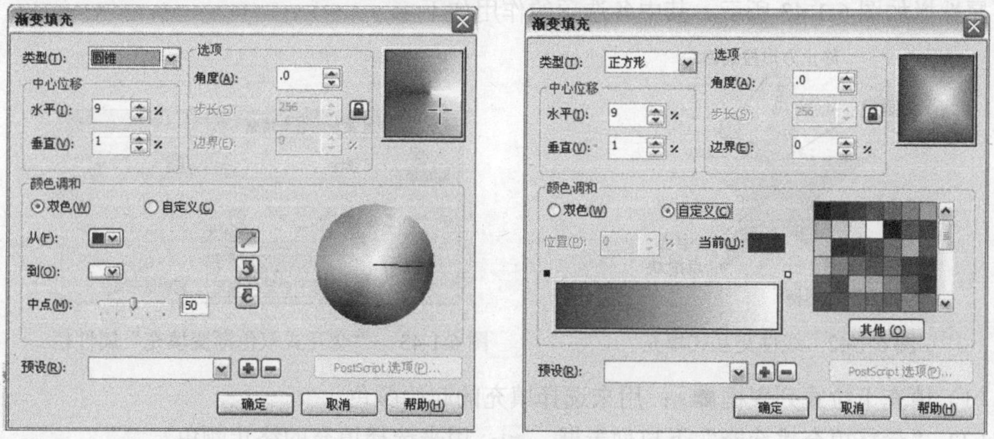

图 6-1-41 “渐变填充”（圆锥和正方形）对话框

（2）如果选择的不是线性类型，则还需要在“中心位移”栏内选择起始颜色所在的位置，也可以在“渐变填充”对话框右上角显示框内单击来确定起始颜色所在的点，显示框内的图形会给出渐变填充的效果。在选择类型和确定中心点后，图形会随之发生变化。

（3）在“选项”栏内可以设置颜色渐变效果。在改变“角度”、“步长”和“边界”三个数字框内的值时，可以同步在显示框内看到设置的颜色渐变效果。单击“步长”文本框后的按钮，可以使“步长”数字框在有效和无效之间切换。

（4）在“颜色调和”栏内，如果选择“双色”单选钮，则“颜色调和”栏如图 6-1-41 左图所示。此时，可单击“从”按钮，调出调色板。单击调色板内的色块，即可设置起始的“从”

颜色为该色块颜色；单击调色板内的“其他”按钮，调出“选择颜色”对话框，利用该对话框可以选择一种颜色作为“从”颜色；单击调色板内的按钮，鼠标指针呈吸管状，单击屏幕上任何一处的颜色，都可以设置该颜色为“从”颜色。按照上述方法，还可以设置渐变色终止颜色，即“到”颜色。

拖曳调整“中点”的滑块或在其文本框内输入数据，可以调整颜色渐变的中心点。

单击选择“颜色调和”栏内的三个按钮“直接渐变”、“逆时针渐变”、“顺时针渐变”，可以设置颜色的渐变方式。

（5）在“颜色调和”栏内，如果选择“自定义”单选钮，则“颜色调和”栏如图 6-1-41 右图所示。此时，单击预览带左上角的□或■标记，再单击调色板中的一种颜色，即可设置起始色；单击预览带右上角的□或■标记，再单击调色板中的一种颜色，即可设置终止色。

双击预览带上边，可以使预览带上边出现一个▼标记，单击“位置”数字框的按钮或拖曳▽标记可以改变标记的位置。拖曳▼标记到一定位置处后，单击调色板中的一种颜色，即可设置此处的中间色。可以设置 99 个中间颜色。单击调色板内的“其他”按钮，可以调出“选择颜色”对话框，在“当前”框内会显示▼标记处的颜色。

（6）如果要将设置好的渐变填充方式进行保存，可以在“预设”文本框内输入名字，再单击按钮即可。如果要删除某种渐变填充方式，可先选中它的名字，再单击按钮。

完成上述设置后，单击“确定”按钮，即可完成对选定对象的渐变填充。

4．交互式填充

单击工具箱内“交互式填充展开”工具栏中的“交互式填充”按钮，在图形内拖曳，即可给图形添加黑色到白色的线性交互式填充，如图 6-1-42 所示。此时的“交互式双色渐变填充”属性栏如图 6-1-43 所示。其中各选项的作用如下。

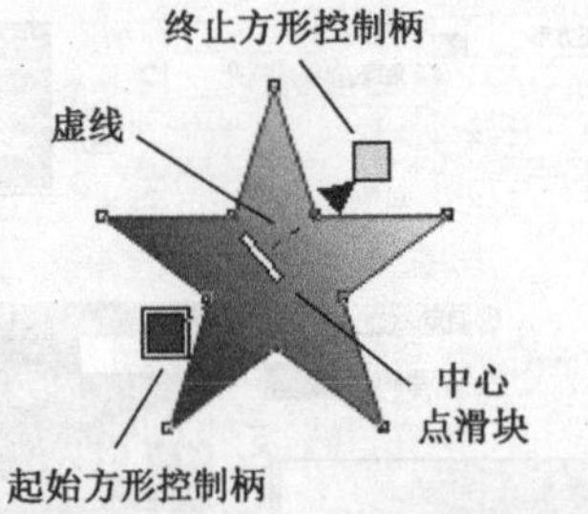

图 6-1-42　线性交互式填充

图 6-1-43　“交互式双色渐变填充”属性栏

（1）填充下拉式列表框：用来选择填充的起始颜色。

（2）“最终填充挑选器”下拉列表框：用来选择填充的终止颜色。

将调色板内的色块拖曳到起始或终止方形控制柄内，也可以产生相同的效果。如果将调色板内的色块拖曳到起始或终止方形控制柄之间的虚线之上，可以设置多个颜色之间渐变的效果。

（3）“填充类型”下拉列表框：如图 6-1-44 所示，用来选择填充类型，选择不同类型后填充的样式会发生变化。选择“射线”、“圆锥”和“方角”填充类型后的填充效果如图 6-1-45 所示。

选择“双色图样”等填充类型后，不但填充样式会改变（如图 6-1-46 所示），其属性栏也会随之有较大的改变，如图 6-1-47 所示。

（4）“编辑填充”按钮：单击该按钮，会调出相应的有关填充设置的对话框，利用该对话框可以进行相应的填充编辑。例如，在选择了“线性”填充类型后，单击该按钮，可以调出图 6-1-12 所示的“渐变填充”（线性）对话框；在选择了“辐射”填充类型后，单击该按钮，可以调出图 6-1-10 所示的“渐变填充”（辐射）对话框。

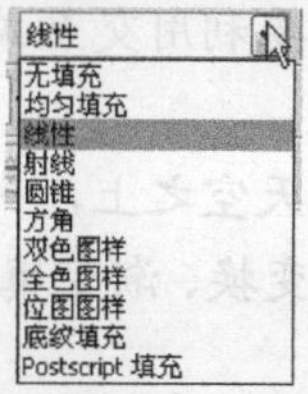

图 6-1-44　“填充类型”下拉列表框

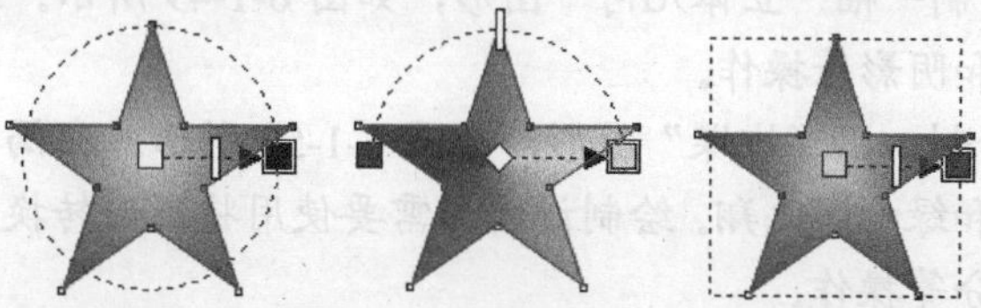

图 6-1-45　“射线”、“圆锥”和“方角”类型填充效果

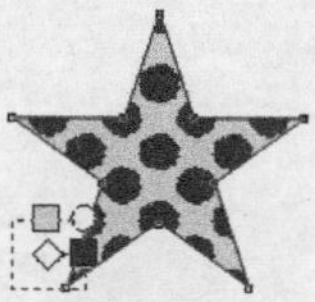

图 6-1-46　双色样交互式填充效果

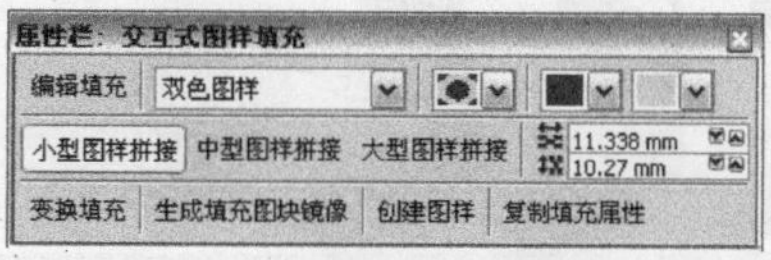

图 6-1-47　“交互式图样填充”属性栏

（5）“填充中心点”数字框：可以调整填充中心点位置。拖曳如图 6-1-46 所示图形内的中心点滑块的效果与改变“填充中心点”数字框内数据的效果一样。

（6）“角度和边界”数字框：它有两个数值框，它们分别用来调整起始和终止方形控制柄距离中心点滑块的距离，以及起始和终止方形控制柄连线的旋转角度，拖曳起始和终止方形控制柄，同样可以产生相同的效果。

（7）“渐变步长”数字框：单击“渐变步长”按钮后该数字框会变为有效。该数字框用来设置渐变颜色的变化步长，此数值越大，颜色渐变越细腻。

5．不闭合路径封闭

填充与透明不但适用于单一对象闭合路径的内部，而且适用于单一对象不闭合路径的内部。对于单一对象不闭合路径的填充，可以将不闭合路径封闭，方法是单击属性栏中的“自动封闭”按钮。如果要对不闭合路径进行填充，需要先进行设置，设置的方法是，单击“工具”→“选项”命令，调出“选项”对话框，单击选中该对话框左边列表框内的“文档”选项内的“常规”选项，此时的对话框如图 6-1-48 所示。然后，单击选中“填充开放式曲线”复选框，再单击“确定”按钮即可。

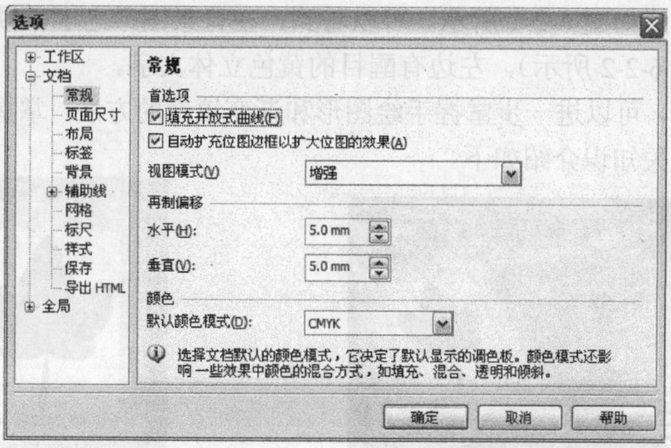

图 6-1-48　“选项”（常规）对话框

实训 6-1

1. 绘制一幅“立体几何”图形，如图 6-1-49 所示。绘制该图形需要利用交互式立体化、渐变填充和阴影等操作。

2. 绘制一幅“蝴蝶”图形，如图 6-1-50 所示。在褐色地面和蓝色天空之上，一些小鸟和蝴蝶在花和绿叶间飞翔。绘制该图形需要使用将图形转换成曲线、旋转变换、渐变填充、结合、群组与拆分等操作。

图 6-1-49 “立体几何”图形

图 6-1-50 “蝴蝶”图形

3. 绘制一幅“卷页效果”图形，如图 6-1-51 所示。该图形由图 6-1-52 所示的“丽人”图形加工而成。

图 6-1-51 “卷页效果”图形

图 6-1-52 “丽人”图形

6.2 【实例 16】保护地球

“保护地球”图形如图 6-2-1 所示。可以看到，在背景图形之上，倾斜放置有边框的一枚树叶标本图形（如图 6-2-2 所示），左边有醒目的黄色立体文字。

通过制作该实例，可以进一步掌握手绘图形和渐变填充的方法，掌握填充图案的方法。该实例的制作方法和相关知识介绍如下。

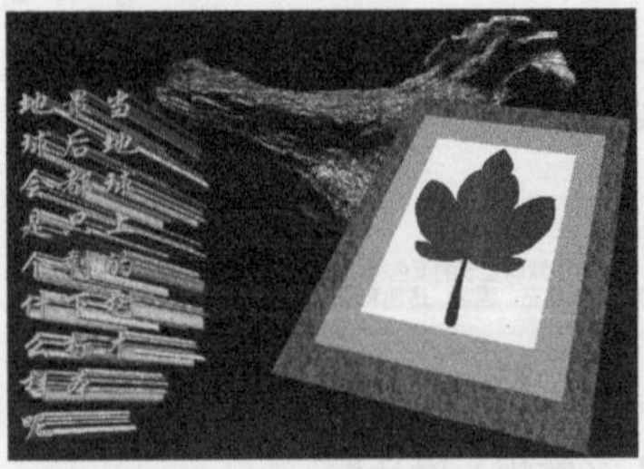

图 6-2-1 “保护地球”图形

图 6-2-2 “树叶标本”图形

制作方法

1. 绘制叶片图形

（1）设置绘图页面宽为 360 毫米，高为 260 毫米，背景色为黑色。

（2）单击工具箱内“智能工具展开”栏的“智能绘图”按钮，在“智能绘图工具”属性栏内的“形状识别等级”下拉列表中选择“最高”选项，在“智能平滑等级”下拉列表框选择“最高”选项，在“轮廓宽度”下拉列表中选择“7mm”，如图 6-2-3 所示。设置轮廓线为深棕色，无填充。在绘图页面内拖曳绘制如图 6-2-4 左图所示的曲线。

（3）单击工具箱中“选择工具”按钮，单击选中绘制的图形，再单击其属性栏内的“自动闭合”按钮，得到一个封闭的曲线，即半边树叶轮廓线，如图 6-2-4 右图所示。

图 6-2-3 “智能绘图工具”属性栏

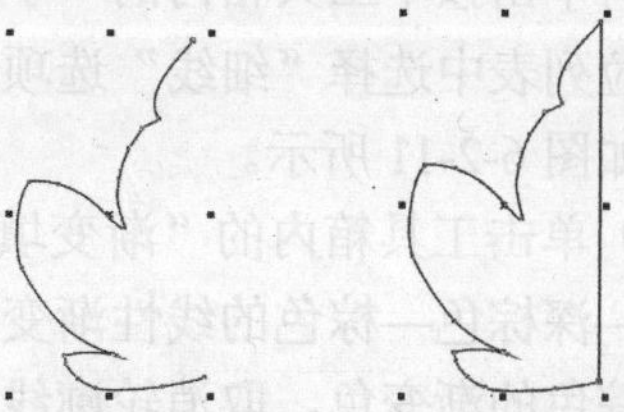

图 6-2-4 绘制半边叶片轮廓线

（4）单击选中半边叶片轮廓线图形，按 Ctrl+D 组合键，复制一个图形，如图 6-2-5 所示。

（5）单击属性栏内的“水平镜像”按钮，得到一个水平镜像图形。然后拖曳移动水平镜像图形，使它与左边的半边叶片轮廓线图形合成一幅叶片轮廓线图形，如图 6-2-6 所示。

（6）左边和右边的两幅半边叶片轮廓线图形的直线应完全重合。直线不完全重合时，可以单击按下工具箱内的“形状工具”按钮，拖曳调整直线的节点，使两条直线完全重合。

（7）单击按下“选择工具”按钮，拖曳选中两幅半边叶片轮廓线图形，再单击其属性栏内的“合并”按钮，使它们结合成一个对象。

（8）单击工具箱中“填充展开工具栏”内的“渐变填充”按钮，调出“渐变填充”对话框。在“类型”下拉列表中选择“线性”选项，在“颜色调和”栏内选中“自定义”单选按钮，设置从红色—浅红色—浅棕色的渐变。此时的“渐变填充”对话框如图 6-2-7 所示。单击“确定”按钮，即获得红棕色叶片图形，如图 6-2-8 所示。

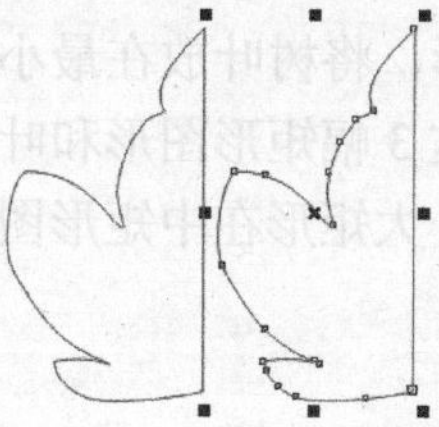

图 6-2-5 复制一个图形

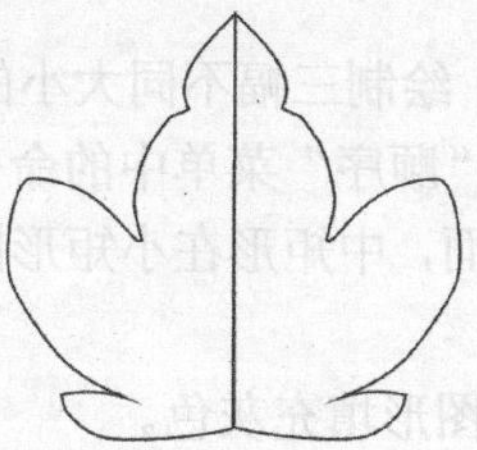

图 6-2-6 叶片轮廓线图形

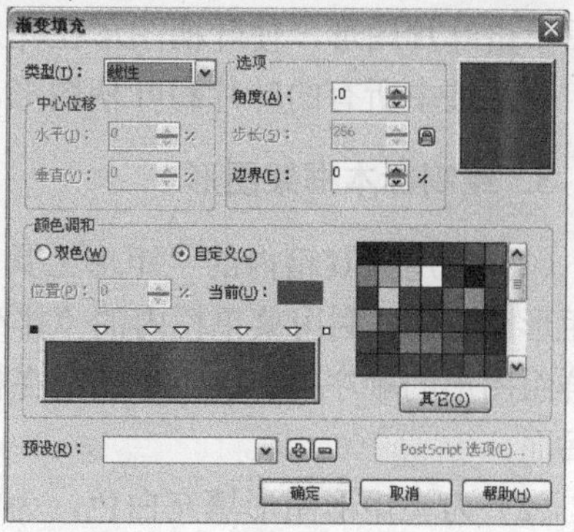

图 6-2-7 “渐变填充”对话框

（9）单击工具箱内的“手绘工具”，在属性栏内“轮廓宽度”下拉列表中选择

“0.35mm”，颜色为棕色，绘制出叶脉，如图 6-2-9 所示。

（10）选中所有的叶茎，按 Ctrl+D 组合键，复制一份图形，单击属性栏内的“水平镜像”按钮，得到一个水平镜像图形。然后拖曳移动水平镜像图形到叶片的右半部分，效果如图 6-2-10 所示。

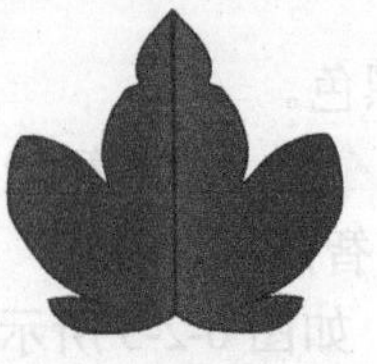

图 6-2-8　填充后的叶片

图 6-2-9　绘制叶脉

图 6-2-10　有叶脉的叶片图形

2. 绘制叶柄图形

（1）单击按下工具箱内的“手绘工具”按钮，在其“曲线或连线”属性栏内“轮廓宽度”下拉列表中选择“细线”选项，然后，在绘图页面内拖曳绘制一个封闭图形，作为叶柄轮廓线，如图 6-2-11 所示。

（2）单击工具箱内的“渐变填充”按钮，调出“渐变填充”对话框，在该对话框内设置棕色—深棕色—棕色的线性渐变，如图 6-2-12 所示。单击“确定”按钮，为叶柄填充由深棕色到浅棕色的渐变色，取消轮廓线，效果如图 6-2-13 所示。

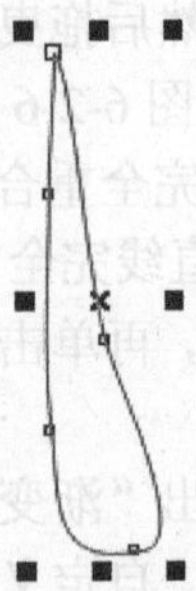

图 6-2-11　叶柄轮廓线

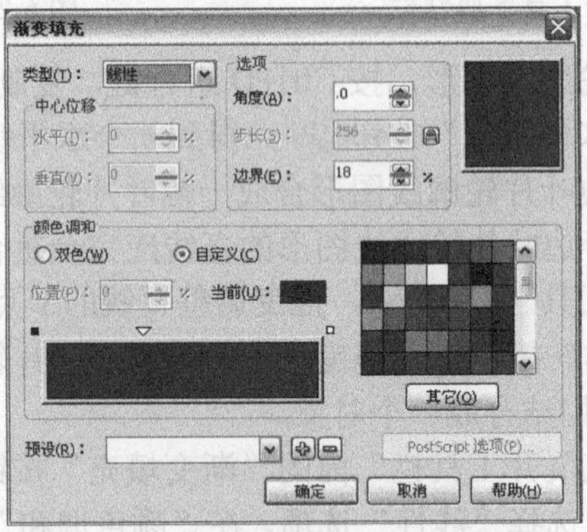

图 6-2-12　“渐变填充”对话框

图 6-2-13　叶柄

（3）将叶柄图形移到叶片图形的下方，单击“排列”→“顺序”→“置于此对象后”命令，然后单击叶片图形，使叶柄图形在叶片图形的后面。

（4）选中所有的叶片和叶柄图形，将它们组成一个群组。

3. 绘制标本框架图形

（1）使用工具箱内的“矩形工具”，绘制三幅不同大小的矩形图形，将树叶放在最小的矩形图形内。利用菜单栏内的“排列”→“顺序”菜单中的命令，设置这 3 幅矩形图形和叶子群组图形的顺序为：小矩形图形在树叶后面，中矩形在小矩形图形后面，大矩形在中矩形图形后面。

（2）为小矩形图形填充白色，为中矩形图形填充灰色。

（3）选中大矩形图形，单击工具箱内的“图样填充”按钮，调出“图样填充”对话框，选中“位图”单选钮，在“图样”下拉列表中选择一种图样，其他参数按照图 6-2-14 所示进行设置。单击“确定”按钮，给大矩形图形填充选中的图案。再将所有矩形的轮廓线取消。

（4）选中所有的图形，单击其属性栏中的“对齐和分布”按钮，调出“对齐与分布”（对齐）对话框，该对话框内的参数设置如图 6-2-15 所示。单击该对话框内的“应用”按钮，将所有的对象以中心对称的方式对齐，完成后的效果如图 6-2-2 所示。

（5）选中全部图形，单击“排列”→“群组”命令，将选中的全部图形组成一个群组。

（6）单击“效果”→“添加透视”命令，此时的图形四角上会出现四个黑点。分别拖曳四个黑点，调整出如图 6-2-1 所示的形状。

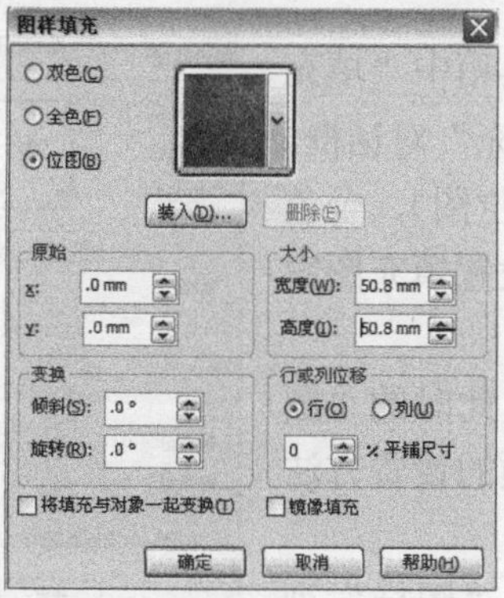

图 6-2-14 “图样填充”对话框

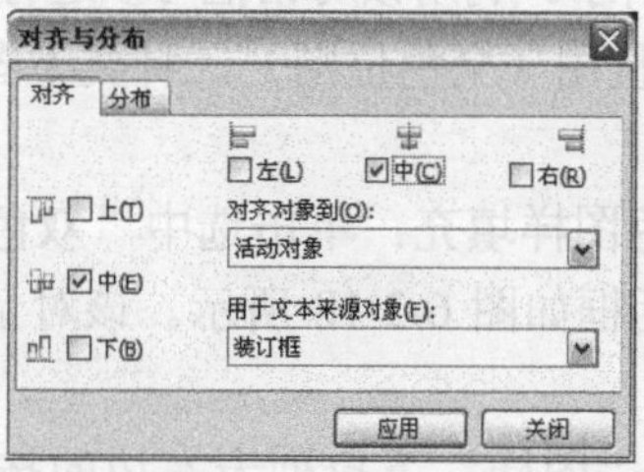

图 6-2-15 “对齐与分布”对话框

4．绘制背景和文字

（1）单击标准工具栏内的“导入”按钮，调出“导入”对话框，在该对话框中选择“枯木 1.jpg”图形文件，单击“确定”按钮。在绘图页面内拖曳出一个与绘图页面大小一样的矩形，将图形导入绘图页面内，如图 6-2-1 所示。

（2）单击工具箱内的“文本工具”按钮，在其“文本”属性栏内，设置字体为华文行楷，字号为 60pt，单击按下“垂直文本”按钮。

（3）在页面上合适的位置输入一列竖排文字“当地球上的树木”，然后依次输入第 2 列竖排文字“最后都只剩下标本”、第 3 列竖排文字“地球会是个什么样呢”。设置文本的轮廓线颜色为红色，设置文字的填充色为黄色。

（4）选中全部文字，单击“排列”→“群组”命令，将它们组成一个整体。

（5）单击工具箱内“交互式展开式工具”栏中的“立体化”按钮，在文字群组对象之上向右下方拖曳，形成立体化文字，如图 6-2-16 所示。拖曳控制柄✕，可以调整立体化文字的倾斜角度和长度；拖曳控制柄，可以调整立体化文字的倾斜角度。

（6）“交互式立体化”属性栏内的参数设置可参见图 6-2-17 所示。拖曳调整控制柄✕的位置，从而调整立体化文字的形状。

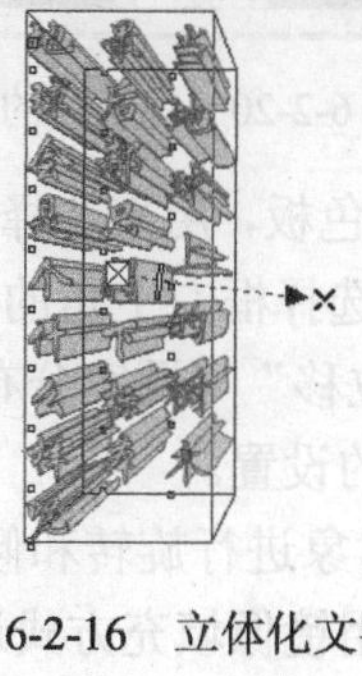

图 6-2-16 立体化文字

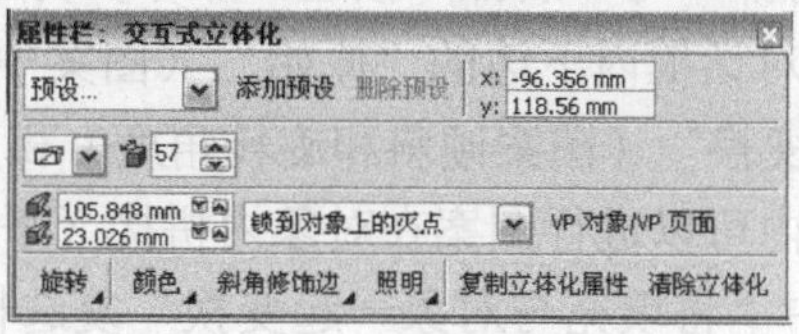

图 6-2-17 “交互式立体化”属性栏

（7）单击工具箱中“选择工具”按钮，拖曳调整立体化文字的大小和位置，最后效果如图 6-2-1 所示。

链接知识

1. 图样填充

使用“选择工具”，单击选中对象，单击工具箱中“填充展开工具栏”的“图样填充”按钮，调出“图样填充”对话框，如图 6-2-18 所示。利用该对话框可以进行双色（双色位图）、全色（矢量图）和位图（全色位图）三种类型图样填充。设置填充图案的方法如下。

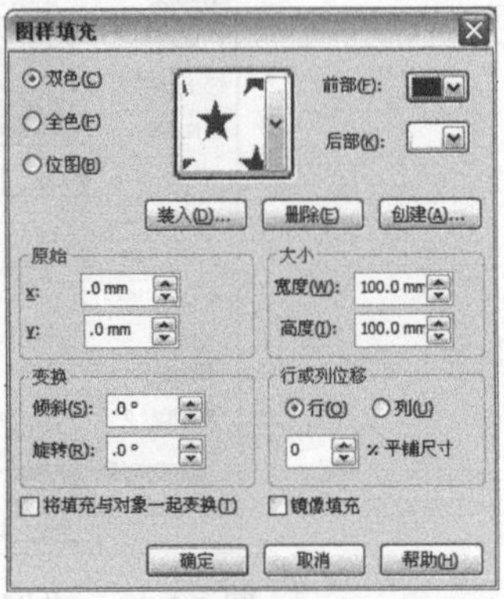

图 6-2-18 “图样填充”对话框

（1）双色图样填充：单击选中“双色”单选钮，此时的“图样填充”对话框如图 6-2-18 所示。该对话框中各选项的设置方法如下所示。

◎ 单击“图样”下拉列表右边的按钮，调出“图样”列表，单击选中“图样”列表内的某个图样，即可确定相应的填充图样。

◎ 如果要设计新的图样，可以单击“创建”按钮，调出“双色图案编辑器”对话框，如图 6-2-19 所示。在该对话框内“位图尺寸”栏内可选择组成图案的点阵个数，在“笔尺寸”栏内可选择绘制图案的笔的大小。

在绘图框内，按住鼠标左键拖曳或单击鼠标左键，可以绘制像素点；按住鼠标右键拖曳或单击鼠标右键，可以擦除像素点。如图 6-2-20 所示给出了一种已经设计好的图案。

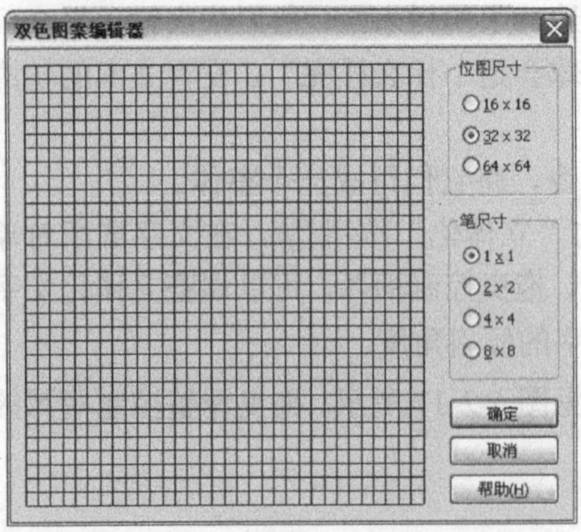

图 6-2-19 “双色图案编辑器”对话框

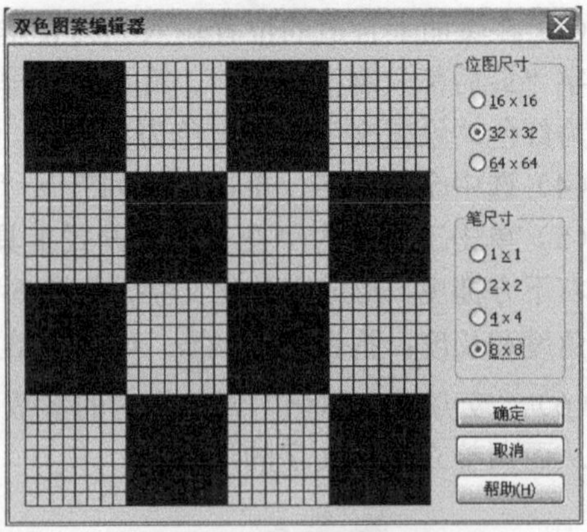

图 6-2-20 已设计的图案

◎ 单击“前部”与“后部”按钮，都可以调出相应的调色板，用来选择前景色与背景色。在“图样填充”对话框内下边的“原始”（图案中心距对象选择框左上角的距离）、“大小”（图案大小）、“变换”（图案倾斜和旋转角度）和“行或列位移”（图案分布在对象内行或列交错的数值）栏内可以进行图案在对象内拼接（平铺）状况的设置。

◎ 如果选中“将填充与对象一起变换”复选框，则当对象进行旋转和倾斜等变换时，图样填充也会随之变化。如果选中“镜像填充”复选框，则采用镜像填充方式进行填充。

◎ 如果要删除图案，可以首先选择要删除的图案，再单击“删除”按钮。

◎ 如果要使用外部的图形作为图案，可以单击“装入”按钮，调出“导入”对话框，利用该对话框可以载入外部图形。

（2）全色图样填充：单击选中“全色”单选钮，则对话框上半部分发生变化，如图 6-2-21 所示。单击“图样”下拉列表右边的按钮，可以调出“图样”列表，单击选中“图样”列表内某种图案，并进行相应参数设置后，单击“确定”按钮即可。

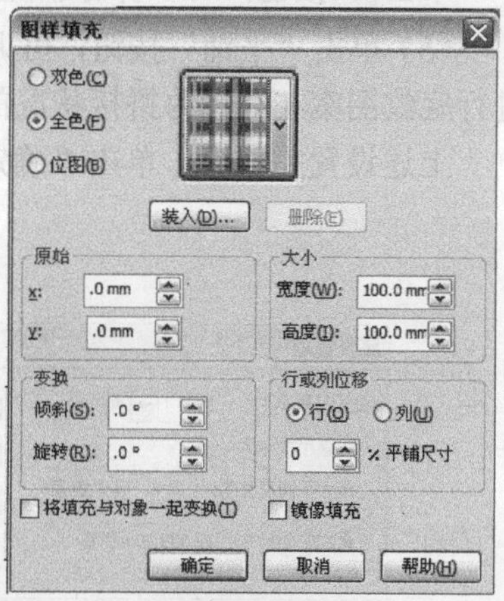

图 6-2-21 “图样填充”（全色）对话框

（3）位图图样填充：单击选中“位图”单选按钮，则对话框上半部分发生变化，如图 6-2-22 所示。单击“图样”下拉列表右边的按钮，调出“图样”列表，单击选中“图样”列表框内某种图样，并进行相应参数设置，然后单击“确定”按钮即可。

2. 底纹填充

底纹填充（纹理填充）是用小块的位图随机地填充到对象的内部，以产生天然纹理的效果。纹理位图只能是 RGB 颜色。使用“选择工具”，选中图形，单击工具箱中“填充展开工具”栏的“底纹填充”按钮，调出“底纹填充”对话框，如图 6-2-23 所示。利用该对话框可以进行各种底纹填充，底纹的种类很多。此外，还可以对底纹进行调整，方法如下。

（1）在“底纹库”下拉列表中可以选择底纹库类型，在“底纹列表”中可以选择该类型库中的某种底纹图案，在预览框内可以显示选中的底纹图案。

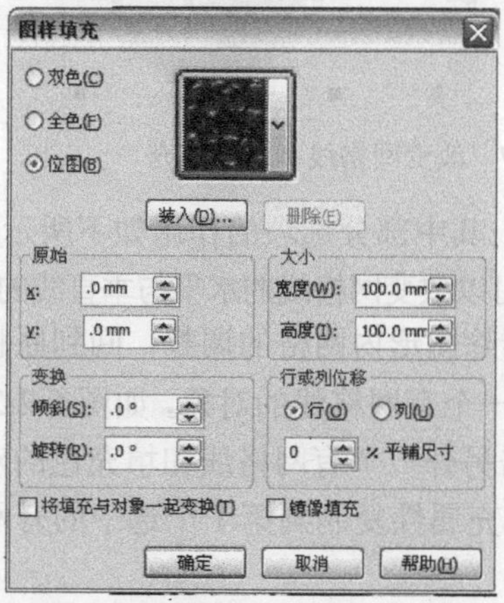

图 6-2-22 “图样填充”（位图）对话框

图 6-2-23 “底纹填充”对话框

（2）单击“选项”按钮，可以调出“底纹选项”对话框，如图 6-2-24 所示。利用该对话框，可以进行位图分辨率和底纹最大平铺（拼接）宽度的设置。

（3）在“纸面”栏内有多个数字框和列表框，可以用来进行底纹图案参数的设置，不同的底纹图案会有不同的参数。底纹图案参数设置完后，单击“预览”按钮，在预览框内会显示修改参数后的底纹图案效果。

（4）单击按下各参数选项右边的锁状小按钮后，表示选中此参数，不断单击“预览”按钮，可使选中的参数不断随机变化，同时预览框内的底纹图案也会随之变化。

单击按钮，可以保存新底纹图案；单击按钮，可删除选中的底纹图案。

（5）单击“平铺”按钮，可调出“平铺”对话框，如图 6-2-25 所示。使用该对话框，可以进行底纹图案在对象内拼接状况的设置。

上述设置完成后，单击“确定”按钮，即可将选定的纹理图样填充到选中的对象内。

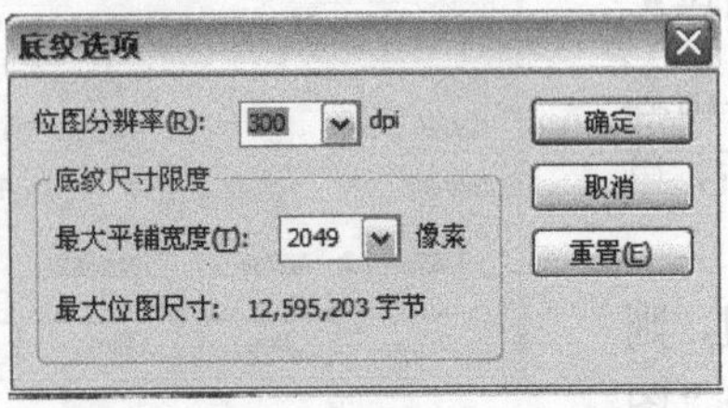

图 6-2-24　“底纹选项”对话框

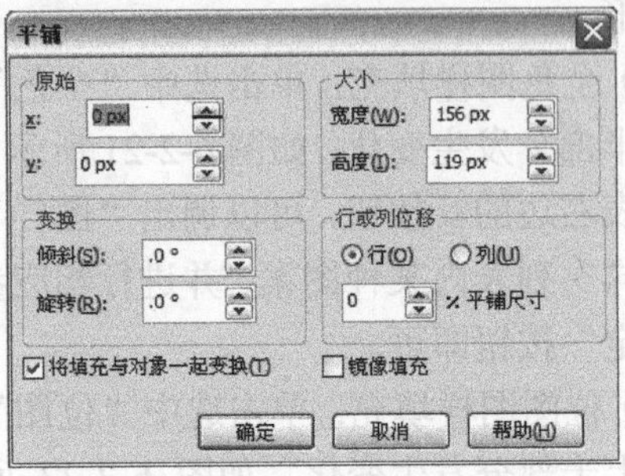

图 6-2-25　“平铺”对话框

3．网格填充

选中图形对象，单击工具箱内“交互式填充展开”工具栏中的“网状填充”按钮，即可给图形添加网格线，如图 6-2-26 所示，用鼠标拖曳网格线和图形的节点，可以改变网格线和图形的形状，如图 6-2-27 左图所示。拖曳调色板内不同的颜色到网格线的不同网格内，即可完成对象内的网状填充，如图 6-2-27 右图所示。

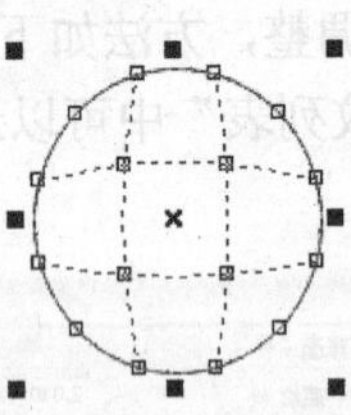

图 6-2-26　添加网格线

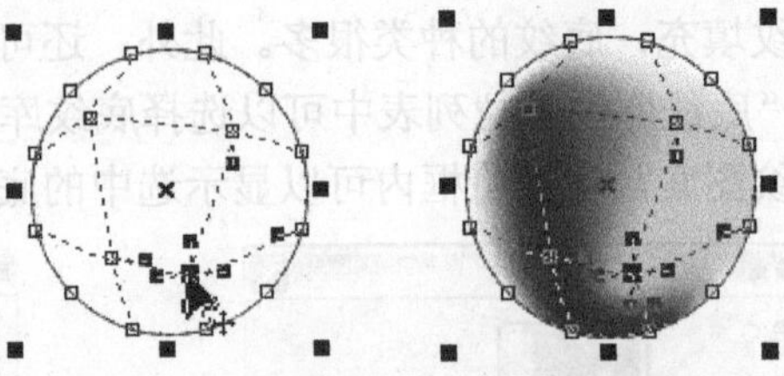

图 6-2-27　改变网格线和网格填充

“交互式网状填充工具”属性栏如图 6-2-28 所示，其中部分选项的作用如下所示。

（1）“网格大小”数字框和：可以改变网格线的水平与垂直线的数目。

（2）“清除网状”按钮：单击该按钮，可以清除图形内网格的调整，回到原状态。

（3）“复制网状填充属性自”按钮：单击选中一个有网格线的对象，如图 6-2-29 所示，再单击该按钮，此时鼠标指针变为黑色大箭头状，单击另外一个有网格线和填充色的对象（如图 6-2-27 右图所示对象），即可将该对象的填充色等填充属性复制到第 1 个选中的有网格线的对象中，效果如图 6-2-30 所示。

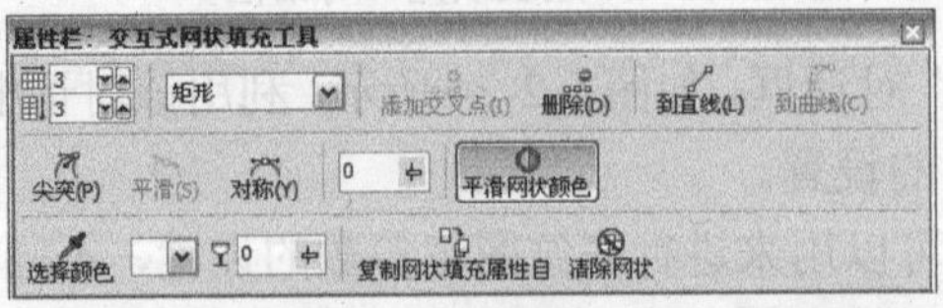

图 6-2-28　“交互式网状填充工具”属性栏

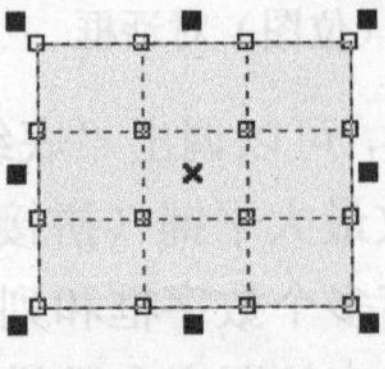

图 6-2-29　网状填充

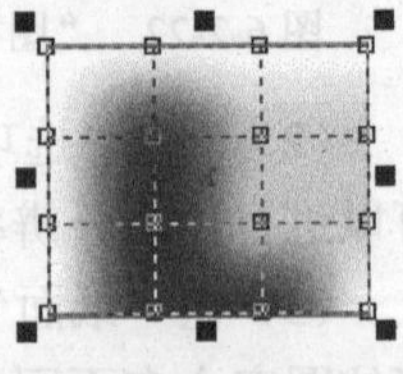

图 6-2-30　复制效果

（4）“删除”按钮：单击该按钮，可以删除当前选中的节点。

（5）“尖突”和“平滑”等数字框：用来改变节点属性，参见第 3 章的有关内容。

（6）“添加交叉点”按钮：单击网格线上的非节点处，再单击该按钮，可以创建一个新节点和与之相连的网格线。

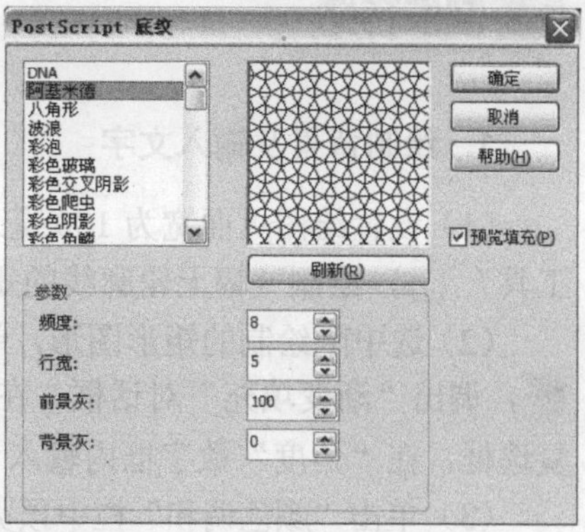

图 6-2-31　“PostScript 底纹”对话框

4．PostScript 填充

PostScript 填充只有在“增强模式”的视图模式下才会显示填充内容。选中对象，单击“填充展开工具栏”内的“PostScript 填充”按钮，调出“PostScript 底纹”对话框，如图 6-2-31 所示。在列表中选择样式，在“参数”栏内修改参数，单击“确定”按钮，即可给选中的图形对象填充设置的 PostScript 底纹。

实训 6-2

1．绘制一幅“餐桌”图形，如图 6-2-32 所示。

提示：使用钢笔工具来绘制轮廓线，对轮廓线填充双色图样，填充渐变颜色。

2．绘制一幅“梦幻星空”图形，如图 6-2-33 所示。在美丽的夜空中，一颗蓝色的星球在星星的衬托下，显得分外美丽，它象征着我们的地球。

提示：绘制该图形需要使用颜色填充、渐变填充、纹理填充等技术。

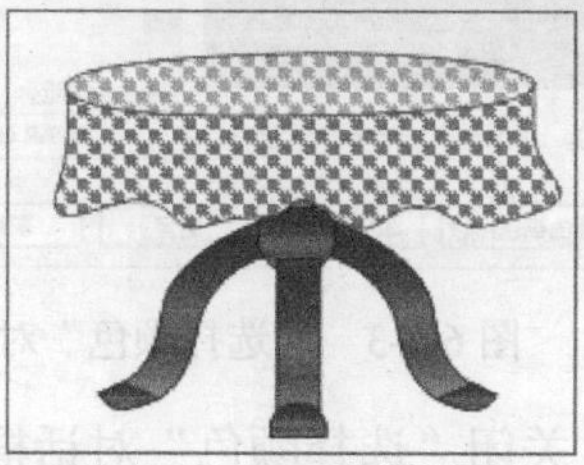
图 6-2-32　“餐桌”图形

图 6-2-33　“梦幻星空”图形

6.3 【实例 17】立体图书

“立体图书”效果如图 6-3-1 所示。它是一幅具有很强立体感的“中文 CorelDRAW X5 案例教程”图书的立体效果。“立体图书”图形由书的封面、书脊、上切口和封底组成。书的封面有矢量图形、图书的名称“中文 CorelDRAW X5 案例教程”、作者名称和出版单位名称等。

图 6-3-1　“立体图书”图形

通过制作该实例，可以进一步掌握渐变填充、导入图形、倾斜变换、竖排文字输入等绘图方法，可以掌握使用渐变透明填充的方法，掌握使用位图颜色遮罩技术隐藏位图的白色背景的方法等。该实例的制作方法和相关知识介绍如下。

制作方法

1. 绘制背景及输入文字

（1）设置绘图页面宽为 180 毫米，高为 200 毫米，背景色为白色。使用工具箱中的“矩形工具”，绘制一幅无轮廓线的矩形图形。

（2）选中刚绘制的矩形图形，单击工具箱中的“填充展开工具”栏内的“渐变填充”按钮，调出“渐变填充”对话框。在“类型”下拉列表中选择“线性”选项，选中“自定义”复选框，在“角度”数字框内输入 90.0，在“边界”数字框内输入 0，如图 6-3-2 所示。

（3）单击“颜色调和”栏中预览带左上角的标记，单击“其他”按钮，调出“选择颜色”（调色板）对话框，单击选中金黄色（R=255、G=153、B=0），如图 6-3-3 所示。单击“加到调色板”按钮，将选中的颜色添加到“渐变填充”对话框内的调色板中。

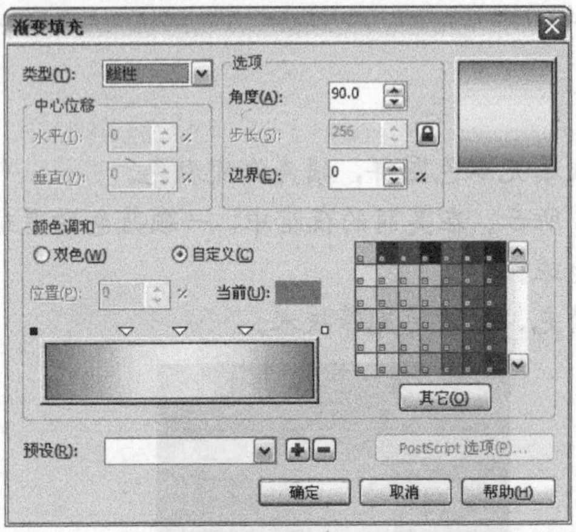

图 6-3-2 “渐变填充”对话框

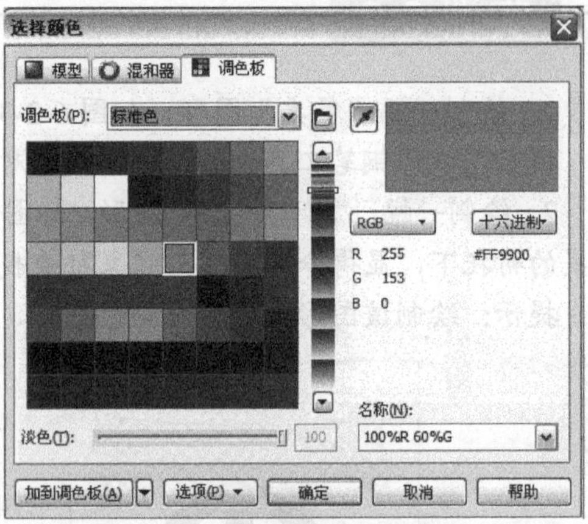

图 6-3-3 “选择颜色”对话框

（4）单击“选择颜色”对话框内的“确定”按钮，关闭“选择颜色”对话框，回到“渐变填充”对话框，设置起始颜色为金黄色。

（5）单击预览带右上角标记，单击调色板中的金黄色色块，设置终止颜色也为金黄色。

（6）双击预览带上边的中间位置，使双击处出现一个标记，单击“其他”按钮，调出“选择颜色”对话框，利用该对话框设置此处的颜色为浅黄色（R=255、G=255、B=153）。单击“确定”按钮，关闭“选择颜色”对话框，回到“渐变填充”对话框。设置终止颜色为浅黄色。

（7）双击预览带上边的三分之一位置，使预览带上边出现一个标记，单击调色板中的黄色色块，设置此处颜色为黄色。双击预览带上边的三分之二位置，使预览带上边出现一个标记，单击调色板中的黄色色块，设置此处颜色也为黄色。

（8）单击“渐变填充”对话框内的“确定”按钮，给矩形图形从上到下填充金黄色—黄色—浅黄色—黄色—金黄色的渐变颜色，作为“立体书”图形的书脊，如图 6-3-4 所示。

图 6-3-4 书侧面

（9）将上面绘制的矩形复制一份，然后在水平方向调宽，作为书的封面背景图形，如图 6-3-5 所示。再将矩形复制一份，作为书的封底图形，移到一旁。

（10）使用工具箱内的“文本工具”，输入字体为华文隶书，字号为 42pt，绿色的“中文 CorelDRAW X5”和蓝色的“案例教程”书名文字，再输入字体为华文隶书，字号为 24pt，红色的“主编 陈芳麟”文字。

（11）调整输入文字的大小和位置，将这三行文字组成一个群组，将它移到封面的矩形图形上的适当位置处，如图 6-3-6 所示。

（12）在正面背景图形内的下边，输入字体为黑体，字号为 24pt，深蓝色的“电子工业出版社”文字，调整文字的大小和位置，效果如图 6-3-7 所示。

图 6-3-5　封面背景图形

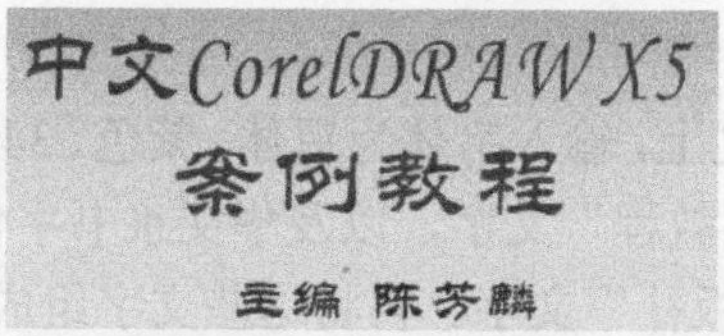

图 6-3-6　输入三行文字

图 6-3-7　封面文字

2. 插入图形和隐藏图形白色背景

（1）单击“文件”→“导入”命令，调出“导入”对话框，选中“花朵 1.jpg”和“花朵 2.jpg”图形文件，单击“导入”按钮，关闭“导入”对话框。

（2）在正面背景图形内拖曳 2 个矩形，即导入 2 幅花朵图形，如图 6-3-8 所示。

（3）使用工具箱中的“选择工具”，单击选中导入的第 1 幅图形，单击“窗口”→“泊坞窗”→“位图颜色遮罩”命令，调出“位图颜色遮罩”泊坞窗，如图 6-3-9 左图所示。

图 6-3-8　“花朵 1.jpg”和“花朵 2.jpg”图形

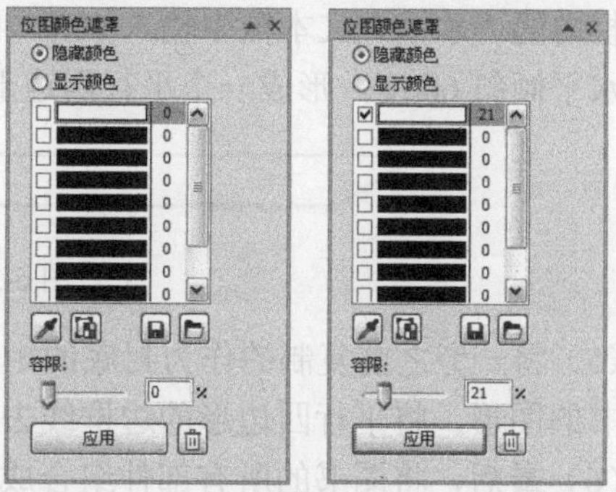

图 6-3-9　“位图颜色遮罩”泊坞窗

（4）在“位图颜色遮罩”泊坞窗内，单击选中“隐藏颜色”单选钮，单击“颜色选择”按钮，再单击“花朵 1.jpg”图形的白色背景，单击选中第 1 个复选框，在“容限”文本框内输入 21，如图 6-3-9 右图所示。单击“应用”按钮，即可隐藏第 1 幅图形的背景白色。

（5）按照上述方法，隐藏第 2 幅图形的白色背景。

（6）使用工具箱中的“选择工具”，单击选中导入的第 1 幅图形，单击按下工具箱中的“交互式展开式工具”栏内的“交互式透明工具”按钮，在第 1 幅图形之上从上向下垂直拖曳，添加透明效果，如图 6-3-10 所示。

（7）在“交互式渐变透明”属性栏内，在“透明度类型”下拉列表中选择“线性”选项，在“透明度操作”下拉列表中选择“正常”选项，设置“透明中心点”文本框内输入 50，其他设置如图 6-3-11 所示。

图 6-3-10　透明处理的图形

图 6-3-11　“交互式渐变透明”属性栏

（8）按照上述方法，给第 2 幅图形添加交互式渐变透明效果。最后效果如图 6-3-1 所示。

3．制作立体图书

（1）在图 6-3-4 所示书脊图形之上，输入字体为黑体、紫色、34pt、竖排的“中文 CorelDRAW X5 实例教程”文字，以及华文隶书字体、绿色、24pt、竖排的“电子工业出版社”文字。再将这些文字组成群组，如图 6-3-12 左图所示。

（2）选中书侧面上的所有对象，单击“排列”→“群组”命令，将书侧面上的所有对象组成一个群组。

（3）双击书脊对象，进入对象旋转和倾斜调整状态，将鼠标指针移到右边中间的控制柄处，当鼠标指针呈上下直线的箭头状时，垂直拖曳鼠标，使书脊对象倾斜，如图 6-3-12 右图所示。

（4）绘制一幅白色矩形，单击选中书脊图形，单击“排列”→“变换”→“倾斜”命令，调出“变换”（倾斜）泊坞窗。在该泊坞窗“倾斜”栏内的“水平”文本框中输入 60.0，再单击“应用”按钮，将该矩形水平倾斜 60 度，形成一个平行四边形，如图 6-3-13 所示。

图 6-3-12　书脊图形

图 6-3-13　平行四边形

（5）将一旁之前复制的作为封底的矩形图形，与封面图形、书脊图形和平行四边形组合成立体书的图形，将平行四边形的边框线去掉，平行四边形作为书的上切口。

（6）最后，将图书的所有部件组合成群组，形成一个立体的图书图形，如图 6-3-1 所示。

链接知识

1．线性渐变透明

创建透明效果就是使填充对象具有透明的效果。当对象具有透明效果后，改变对象的填充内容不会影响其透明效果，改变对象的透明效果也不会影响其填充内容。

（1）为了能够看清楚透明效果，首先绘制一幅圆形图形和一幅五边形图形，并填充不同的花纹和底纹。在两幅图形之上绘制一个矩形图形，填充另一种底纹。

（2）选中矩形图形。单击工具箱中“交互式展开式工具”栏的“透明度”按钮，在矩形图形中从左向右拖曳，使该矩形图形产生透明效果，如图 6-3-14 所示。

（3）在“交互式渐变透明”属性栏内，在“透明度类型”下拉列表中选择“线性”选项，在“透明度操作”下拉列表框内选择“常规”选项，如图 6-3-15 所示。

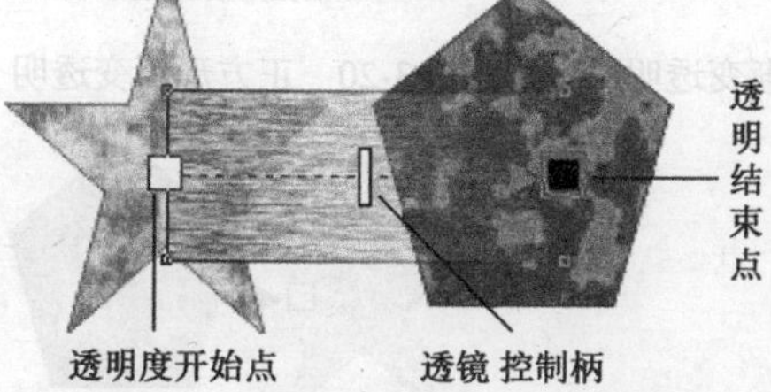

图 6-3-14　使矩形图形产生透明效果

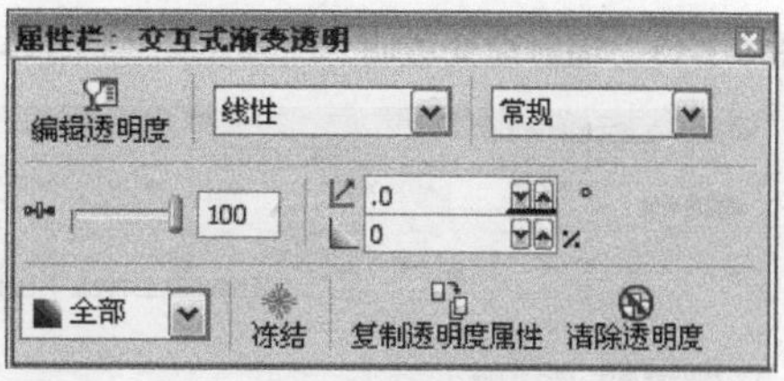

图 6-3-15　“交互式渐变透明”属性栏

“透明度类型”下拉列表框提供了“标准”、“线性”和“辐射”等透明度类型。

“透明度操作”下拉列表框提供了“正常”、“添加”和“减少”等操作。

（4）拖曳图 6-3-14 中的 2 个控制柄和“透镜”滑块，或者调整属性栏中的两个“角度和边界”数字框内的数值，均可以调整透明程度与透明的渐变状态。

（5）拖曳属性栏中的“透明中心点”滑块或改变其文本框中的数据，可以调整透明度。

（6）单击“冻结”按钮后，可以使透明效果固定不变。在移动对象或改变背景对象的填充内容后，矩形图形的透明效果不变，如图 6-3-16 所示。如果“冻结”按钮呈抬起状，则矩形图形透明效果会随着图形位置或背景填充内容变化而改变，如图 6-3-17 所示。

图 6-3-16　使透明效果固定不变

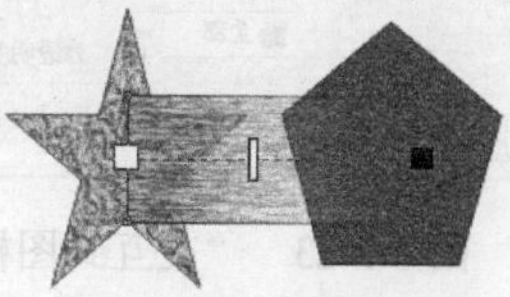

图 6-3-17　随填充内容而改变

（7）单击“清除透明度”按钮或在“透明度类型”列表中选择“无”选项，可以清除透明效果。

2．辐射、圆锥和正方形渐变透明

（1）辐射渐变透明：单击工具箱中的“交互式透明工具”按钮，单击选中矩形图形，在其“交互式渐变透明”属性栏的“透明度类型”下拉列表中选择“辐射”类型选项，绘图页面内的图形变为如图 6-3-18 所示。

（2）圆锥渐变透明：在属性栏的“透明度类型”下拉列表中选择“圆锥”透明效果类型，则其绘图页面如图 6-3-19 所示。

（3）正方形渐变透明：在属性栏的“透明度类型”下拉列表中选择“正方形”透明效果类型，则其绘图页面如图 6-3-20 所示。

3．图样和底纹渐变透明

（1）双色图样渐变透明：在属性栏的“透明度类型”下拉列表框内选择“双色图样”选项，其他设置如图 6-3-21 所示。单击调色板内的黄色色块，图形效果如图 6-3-22 所示。

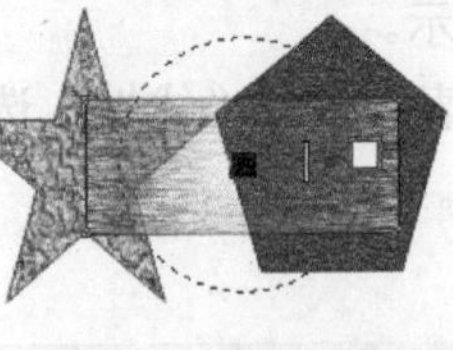

图 6-3-18　辐射渐变透明

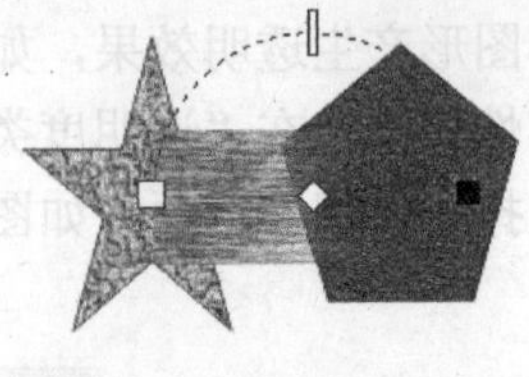

图 6-3-19　圆锥渐变透明

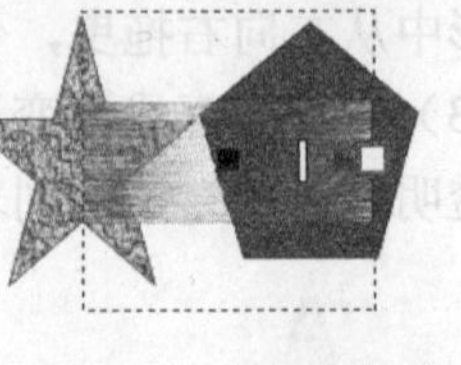

图 6-3-20　正方形渐变透明

图 6-3-21　“交互式图样透明度”属性栏 1

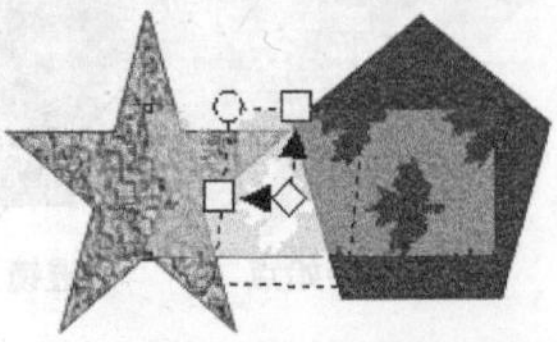

图 6-3-22　双色图样渐变透明效果

使用属性栏中的按钮，可以改变图案的类别和图案的种类，这与图样填充的相应操作基本一致。用鼠标拖曳属性栏中的两个滑块，可以调整起点与终点的透明度。拖曳对象上的控制柄，可以调整图案在对象内拼接的状况。

（2）全色图样渐变透明：在属性栏的“透明度类型”列表中选择“全色图样”选项，则其属性栏如图 6-3-23 所示，绘图页面如图 6-3-24 所示。

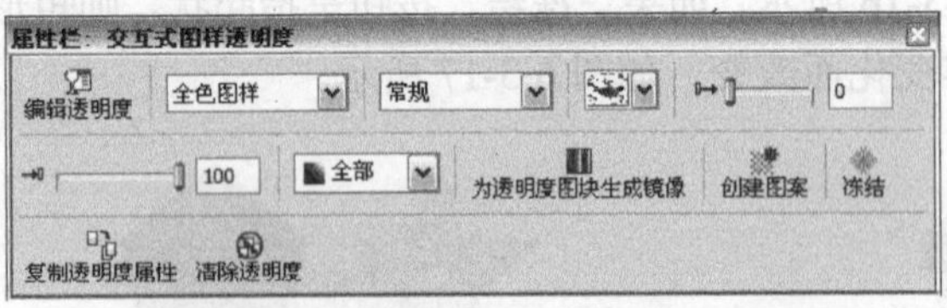

图 6-3-23　“交互式图样透明度”属性栏 2

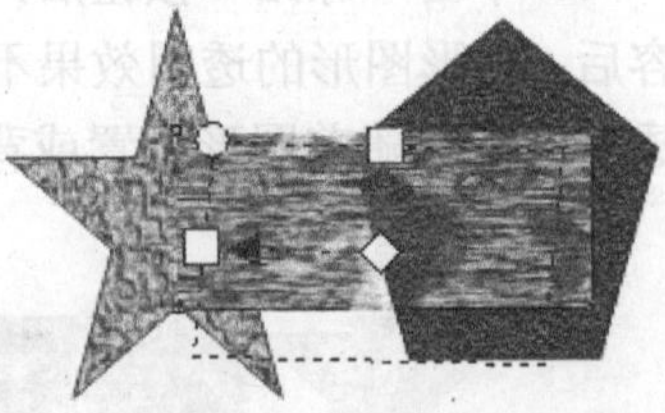

图 6-3-24　全色图样渐变透明效果

（3）位图图样渐变透明：在属性栏的“透明度类型”下拉列表中选择“位图图样”选项，则其属性栏如图 6-3-25 所示。绘图页面如图 6-3-26 所示。

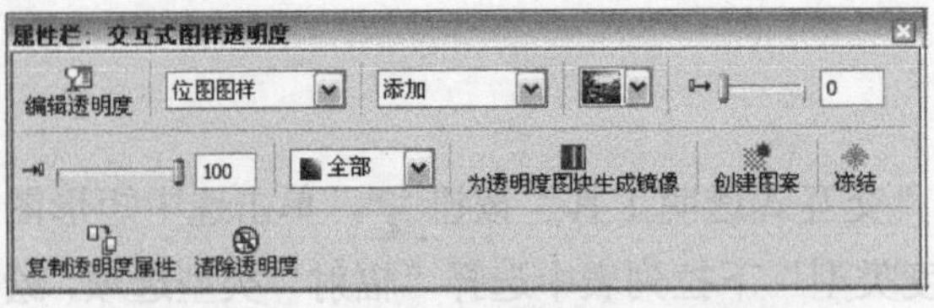

图 6-3-25　“交互式图样透明度”属性栏 3

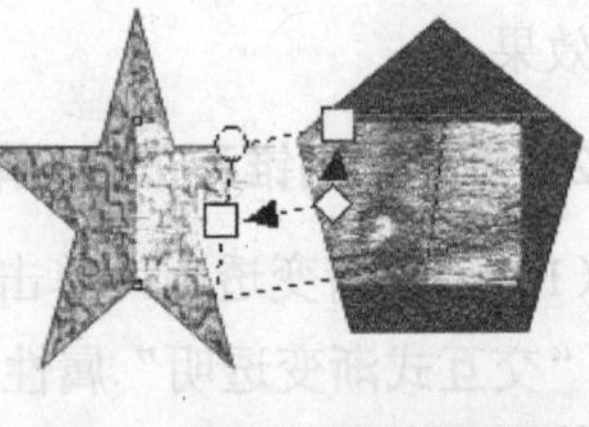

图 6-3-26　位图图样渐变透明效果

（4）底纹渐变透明：在属性栏的“透明度类型”下拉列表中选择“底纹”选项，则其属性栏如图 6-3-27 所示，绘图页面如图 6-3-28 所示。

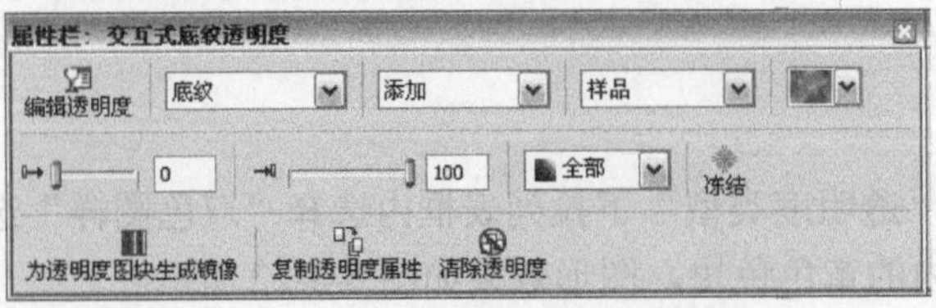

图 6-3-27　“交互式底纹透明度”属性栏

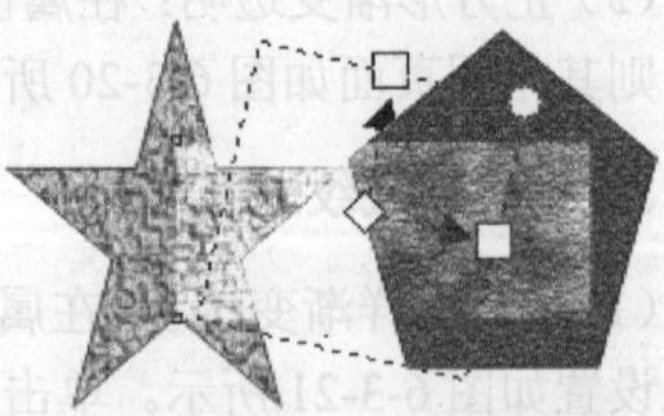

图 6-3-28　底纹渐变透明效果

实训 6-3

1. 参考本实例的制作方法，绘制另外一幅“立体图书”图形。书关于宝宝健康或家常菜制作方面的。

2. 绘制一幅“茶杯”图形，如图 6-3-29 所示。制作该图形需要使用交互式填充工具、渐变填充工具、交互式轮廓图工具和交互式阴影工具等。

3. 绘制一幅“电话本”图形，如图 6-3-30 所示。

图 6-3-29　“茶杯”图形

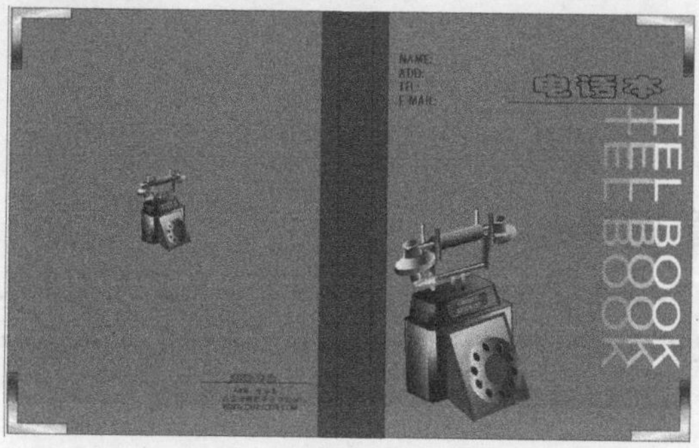

图 6-3-30　“电话本”图形

第7章

交互式处理

本章提要：

本章通过 4 个实例，介绍了“交互式展开式工具”和“轮廓展开工具”栏内一些工具的使用方法。使用这些工具可以进行交互式调和、扭曲、阴影、套封、立体化和透明度处理，创建轮廓图，以及创建各种轮廓线。

7.1 【实例 18】天籁之音

“天籁之音”图形如图 7-1-1 所示，在蓝色夜空之下的海洋上，钢琴和电吉他在弹奏，无数的五彩曲线和音符从天上飘然而下，画面的左上位置有立体文字“天籁之音”。

通过制作该实例，可以进一步掌握“调和”工具的使用方法，初步掌握交互式立体化工具的使用方法等。该实例的制作方法和相关知识介绍如下。

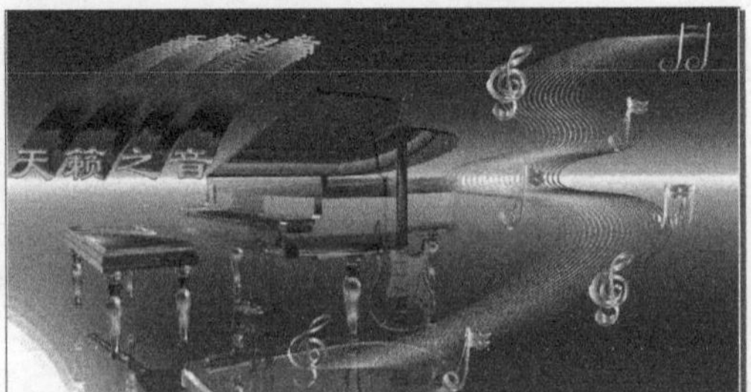

图 7-1-1 “天籁之音”图形

制作方法

1. 制作背景图形和文字

（1）设置绘图页面宽度为 750 像素，高度为 400 像素，背景色为白色。

（2）单击标准工具栏内的“导入”按钮，调出“导入”对话框，在该对话框中选择“天籁之音 4.jpg”图形文件，单击“导入”按钮，导入选中的图形，关闭“导入”对话框。

（3）在绘图页面内拖曳出一个与绘图页面大小一样的矩形，将图形导入绘图页面内作为背景图形，如图 7-1-2 所示。

（4）单击工具箱内的“文本工具”按钮 字，在其“文本”属性栏内，设置字体为隶书，字号为 12pt，单击按下“水平文本”按钮。

（5）在绘图页面内左边单击，输入一行文字“天籁之音”，设置文字的轮廓线颜色为红色，文字的填充色为黄色。然后，将文字复制一份，将复制的文字轮廓线取消，将复制的文字移到原文字的右上方，并且调小一些，如图 7-1-3 所示。

图 7-1-2　背景图形

图 7-1-3　创建两组文字

（6）单击工具箱中“交互式展开式工具”栏内的“调和”按钮，将鼠标指针移到上边文字之上，向下边的文字拖曳，形成一系列渐变文字。在其“交互式调和工具”属性栏中的“调和对象”（也叫“步数或调和形状之间的偏移量”）数字框中输入 50，单击按下“顺时针”按钮，效果如图 7-1-4 所示。

（7）使用工具箱中的“选择工具”，单击选中上边的文字，单击“排列”→“顺序”→“到图层后面”命令，将黄色“天籁之音”美术字移到其他图形对象的后面，如图 7-1-5 所示。

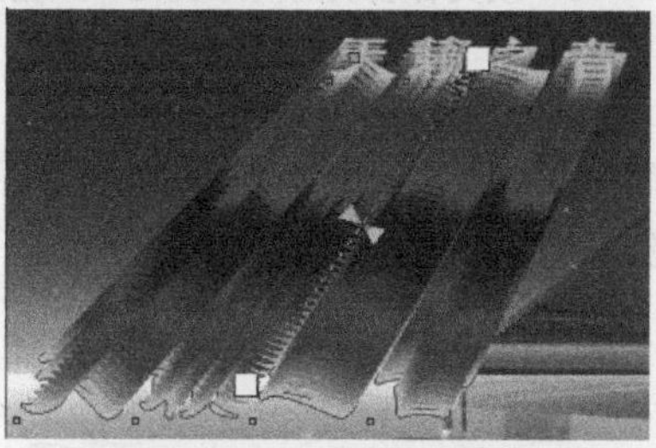

图 7-1-4　一系列渐变文字

图 7-1-5　调整文字前后顺序

（8）单击工具箱中“智能工具展开”栏内的“智能绘图”按钮，在其“智能绘图工具”属性栏内的“形状识别等级”和“智能平滑等级”下拉列表中选择“最高”选项。然后，在绘图页面内左上角拖曳绘制一条曲线，如图 7-1-6 所示。

（9）单击工具箱中“交互式展开式工具”栏内的“调和”按钮，单击交互式调和渐变文字，右击调和对象非起始和终止画面，调出它的快捷菜单，如图 7-1-7 所示。单击该菜单内的“新路径”命令，鼠标指针呈状。

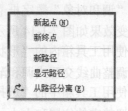

图 7-1-6　绘制一条曲线

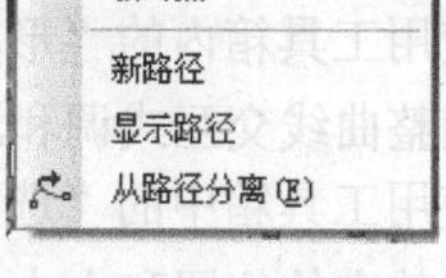

图 7-1-7　快捷菜单

（10）单击刚刚绘制的路径曲线，交互式调和渐变文字即可沿着单击选中的路径曲线分布，如图 7-1-8 所示。使用工具箱中“形状编辑展开式工具”栏内的“形状工具”，可以调整路径曲线的形状，如图 7-1-9 所示，从而改变交互式调和渐变文字的位置和形状。

图 7-1-8　沿路径渐变调和

图 7-1-9　调整曲线形状

（11）单击“交互式调和工具”属性栏内的“对象和颜色加速”按钮，调出“对象和颜色加速”面板，如图 7-1-10 所示，拖曳“颜色”滑块，可以改变各层次的间距变化和颜色变化，如图 7-1-11 所示。

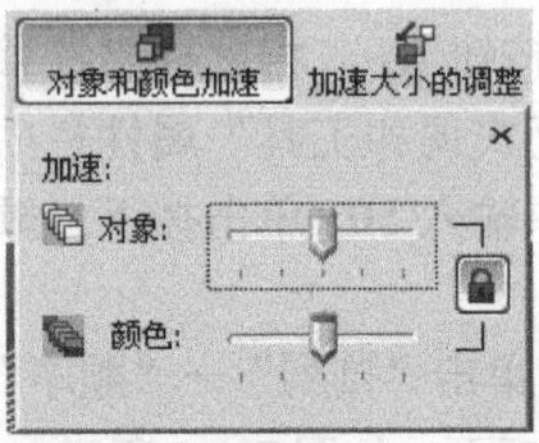

图 7-1-10　“对象和颜色加速”面板

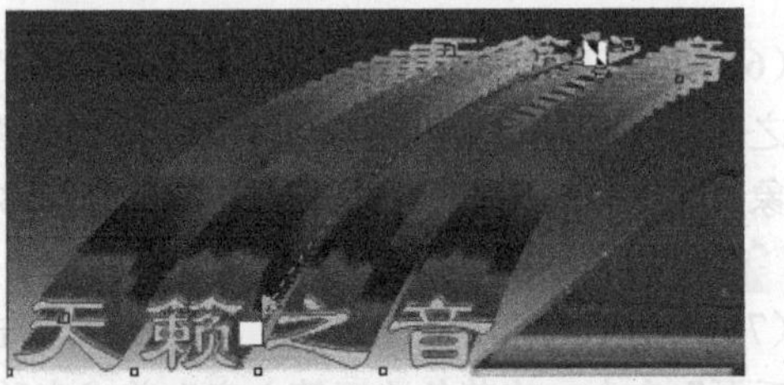

图 7-1-11　改变各层次的间距变化和颜色变化

2. 绘制曲线和音符

（1）使用工具箱内“曲线展开工具”中的“手绘”工具，在绘图页面外绘制一幅绿色曲线图形。使用工具箱中的“形状工具”，调整曲线的形状，如图 7-1-12 所示。将绿色曲线图形复制一份，将复制的绿色曲线颜色改为红色，如图 7-1-13 所示。

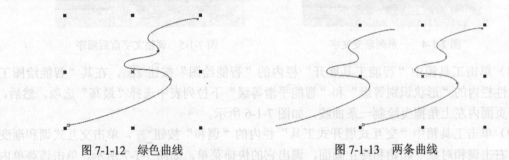

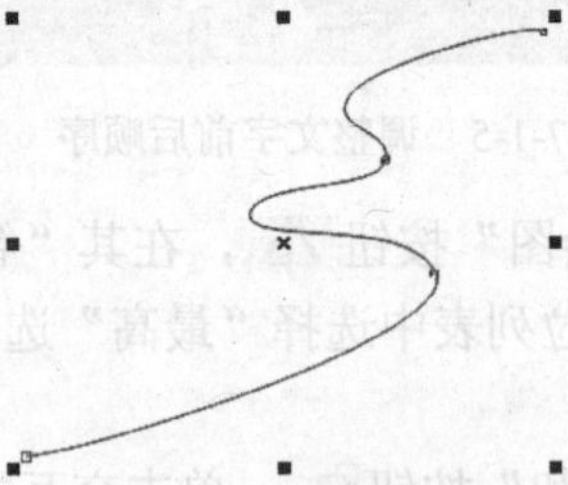

图 7-1-12　绿色曲线

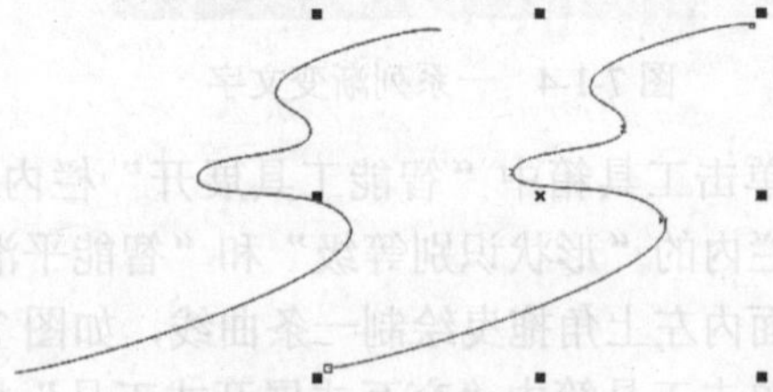

图 7-1-13　两条曲线

（2）适当调整两条曲线的位置。使用工具箱中“交互式展开式工具”栏内的“调和”工具，从绿色曲线水平拖曳到红色曲线，产生曲线交互式调和渐变效果。在“交互式调和工具”属性栏中“调和对象”数字框中输入 20，单击按下“顺时针”按钮，此时的曲线交互式调和渐变效果如图 7-1-14 所示。

（3）使用工具箱内的“形状工具”，拖曳调整两条曲线的节点，调整曲线的形状和位置，从而调整曲线交互式调和渐变的效果，如图 7-1-15 所示。

（4）使用工具箱中的“选择工具”，将曲线交互式调和渐变对象移到绘图页面内的右边，适当调整它的位置和大小。

（5）使用工具箱中的“手绘工具”，绘制 3 个不同种类的音符，填充成黄白相间的线性渐变颜色，如图 7-1-16 所示。

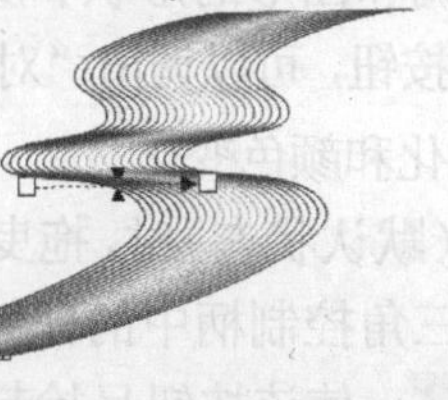

图 7-1-14 交互式调和渐变曲线

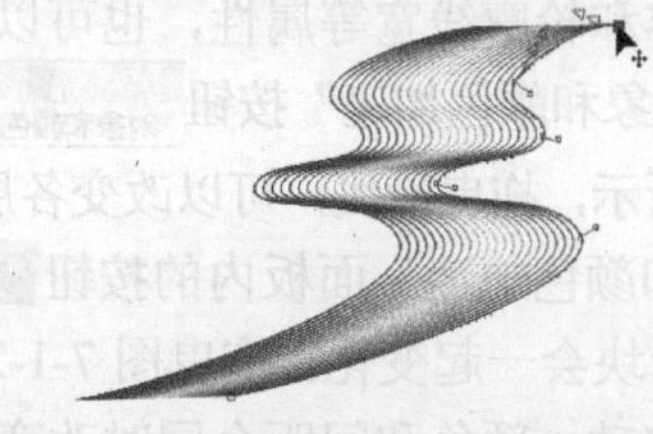

图 7-1-15 调整曲线交互式调和渐变效果

（6）使用工具箱中的“选择工具”，选中第 1 个音符，单击“交互式展开式工具”栏内的“立体化”工具，在第 1 个音符之上微微拖曳，如图 7-1-17 所示。松开鼠标左键后，第 1 个音符立体化的效果如图 7-1-18 左图所示。

（7）按照上述方法，将另外两个音符进行立体化处理，效果如图 7-1-18 的中间图和右图所示。

（8）将 3 个音符各复制 2 份，然后将它们移到绘图页面内的右边，效果如图 7-1-1 所示。

图 7-1-16 3 个不同种类的音符

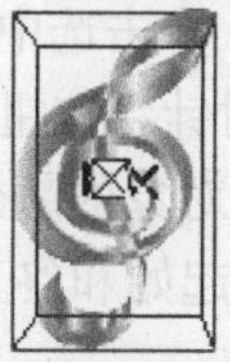

图 7-1-17 立体化音符

图 7-1-18 立体化后的 3 种音符

链接知识

1. 沿直线渐变调和

调和是效果中的一种，它可以产生由一种对象渐变为另外一种对象的效果。调和可以沿指定的路径进行，调和包括了对象的大小、颜色、填充内容、轮廓粗细等的渐变。

（1）绘制两个大小、颜色、填充内容和轮廓线粗细均不同的对象，如图 7-1-19 所示。

（2）单击工具箱中“交互式展开式工具”栏内的“调和”工具，从一个对象拖曳到另外一个对象。单击按下其“交互式调和工具”属性栏内的“顺时针”按钮，设置颜色按照顺时针规律变化；在“调和对象”（也叫“步数或调和形状之间的偏移量”）数字框内输入 10，改变调和的层次数为 10，如图 7-1-20 所示。此时，两幅图形的交互式调和对象的效果如图 7-1-21 所示。

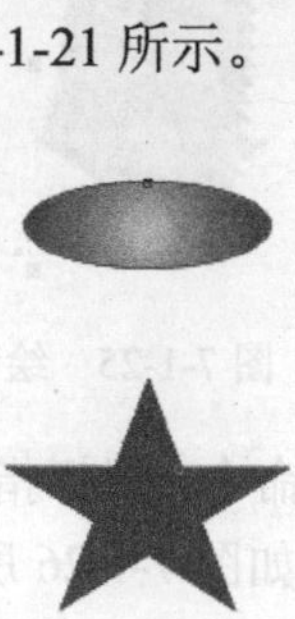

图 7-1-19 两个不同对象

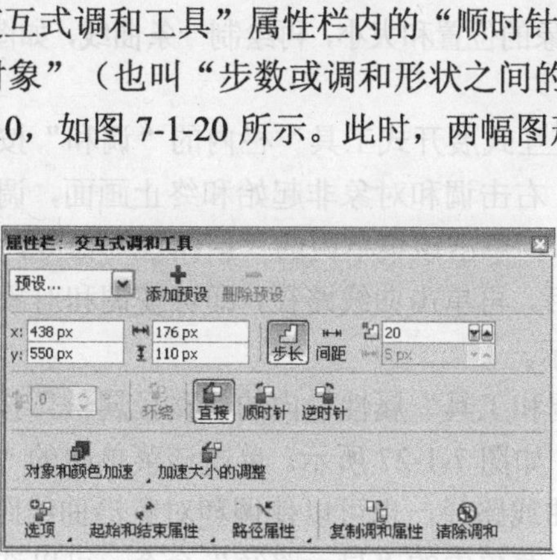

图 7-1-20 “交互式调和工具”属性栏

图 7-1-21 调和效果

（3）拖曳调和对象上的两个箭头控制柄，可以调整各层次的间距和颜色的变化。使用工具箱中的“选择工具”，调整两个原对象（调和对象的起始和终止画面）的位置、大小、颜色、填充内容和轮廓线宽等属性，也可以改变交互式调和图形的形状和颜色。

（4）“对象和颜色加速”按钮 对象和颜色加速：单击该按钮，可以调出“对象和颜色加速”面板，如图 7-1-10 所示，拖曳滑块，可以改变各层次的间距变化和颜色变化。

“对象和颜色加速”面板内的按钮呈按下状态（默认状态）时，拖曳“对象”或“颜色”滑块，两个滑块会一起变化，拖曳图 7-1-22 中的两个三角控制柄中的任何一个控制柄，两个控制柄会一起移动，颜色和间距会同时改变。单击按钮，使该按钮呈抬起状态，可以单独拖曳“对象”滑块和“颜色”滑块，也可以单独拖曳如图 7-1-23 所示的两个三角控制柄中的任何一个，单独调整层次的间距和颜色变化。

（5）“加速大小的调整”按钮：单击该按钮，可以使各层画面的大小变化加大。

（6）“预设列表”下拉列表：用来选择一种调和类型。

（7）“调和方向”数字框 .0 °：在“预设列表”下拉列表中选择一种调和类型后，该数字框可以用来改变调和的旋转角度，旋转角度为 60 度时的调和对象如图 7-1-23 所示。

（8）“调和方式”栏 环绕 直接 顺时针 逆时针：单击选中其中的“直接”按钮后，调和对象的颜色会按直接方向变化；单击选中其中的“顺时针”按钮后，调和对象的颜色会按顺时针方向变化；单击选中其中的“逆时针”按钮后，调和对象的颜色会按逆时针方向变化；单击选中其中的“环绕”按钮后，调和对象的中间层会沿起始和终止画面的旋转中心旋转变化，如图 7-1-24 所示。

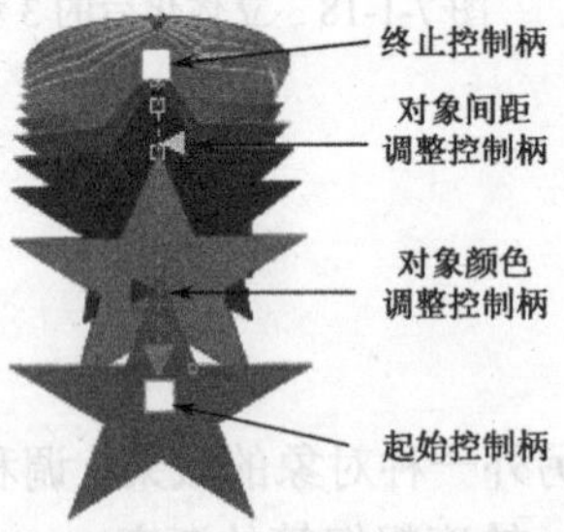

图 7-1-22　调整调和效果

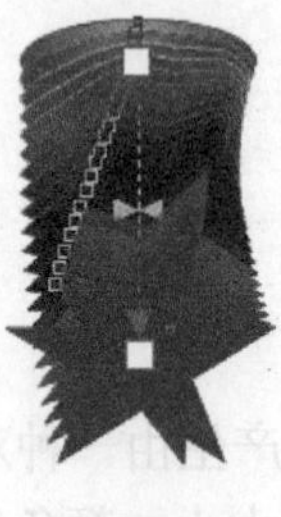

图 7-1-23　旋转 60 度

图 7-1-24　环绕处理

2. 沿路径渐变调和

（1）调整加工的调和对象的位置和大小，再绘制一条曲线，如图 7-1-25 所示。

（2）单击工具箱中“交互式展开式工具”栏内的“调和”按钮，单击交互式调和渐变对象，右击调和对象非起始和终止画面，调出它的快捷菜单，如图 7-1-7 所示。单击该菜单内的“新路径”命令，鼠标指针呈弯曲的箭头状。然后，再单击曲线路径，即可使调和对象沿曲线路径变化，如图 7-1-26 所示。

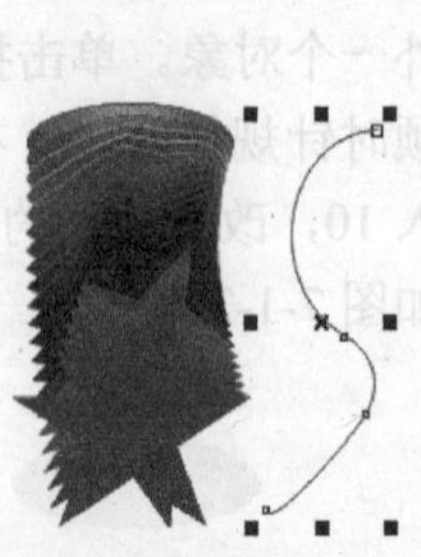

图 7-1-25　绘制曲线

另外，单击“交互式调和工具”属性栏内的“路径属性”按钮，调出一个“路径属性”菜单，如图 7-1-27 所示。单击该菜单中的“新路径”命令，鼠标指针会变为弯曲的箭头状，再单击曲线路径，也可以使调和对象沿曲线路径变化，如图 7-1-26 所示。

（3）单击“路径属性”菜单中的“显示路径”命令，可以选中路径曲线。如果改变了路径曲线，则渐变对象的路径也随之变化。单击“路径属性”菜单中的“从路径分离”命令，可将渐变对象与路径分离。

（4）单击“调和”按钮，再按住 Alt 键，从一个对象到另外一个对象，用鼠标拖曳绘制一条曲线路径，松开鼠标左键后，即可产生沿手绘路径调和的对象，如图 7-1-28 所示。

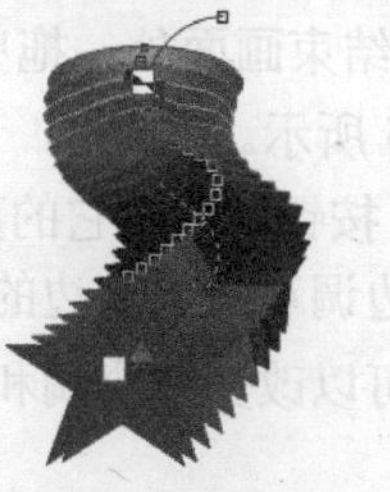

图 7-1-26 调和对象沿曲线变化

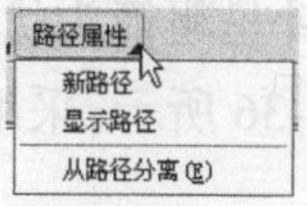

图 7-1-27 “路径属性”菜单

图 7-1-28 沿手绘路径变化

3. “选项”按钮的使用

（1）单击“交互式调和工具”属性栏内的“选项”按钮，调出“选项”菜单，如图 7-1-29 所示。单击选中菜单中的“沿全路径渐变”复选框，可以使渐变对象沿完整路径渐变。单击选中“旋转全部对象”复选框，可以使渐变对象的中间层与路径形状相匹配。

（2）映射节点：单击“选项”菜单的“映射节点”按钮，鼠标指针会变为弯箭头状，分别先后单击起始和终止画面的节点，可以建立两个节点的映射，不同节点的映射会产生不同的调和效果，交错节点的映射所产生的效果如图 7-1-30 所示。

（3）拆分调和对象：单击如图 7-1-29 所示菜单的“拆分”按钮，鼠标指针会变为弯箭头状，单击调和对象的中部，即可以将一个调和对象分割成两个调和对象。移动分割点的方形控制柄，效果如图 7-1-31 所示。

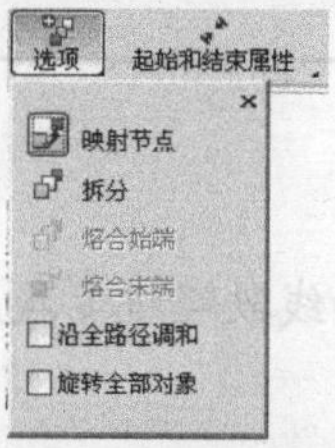

图 7-1-29 “选项”菜单

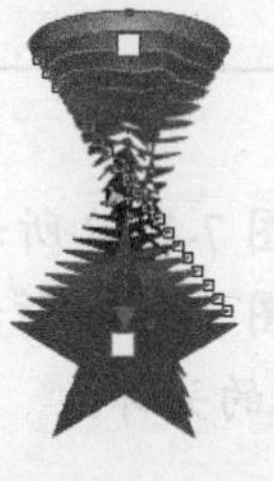

图 7-1-30 交错节点的映射效果

图 7-1-31 拆分调和对象

4. 调和对象的分离

使用工具箱中的“选择工具”，单击选中要分离的调和对象（如图 7-1-32 所示），单击“排列”→“拆分”命令，再单击“排列”→“取消全部组合”命令，即可将调和对象分离。拖曳调和对象中的一层图形，可以分解成独立的对象，如图 7-1-33 所示。

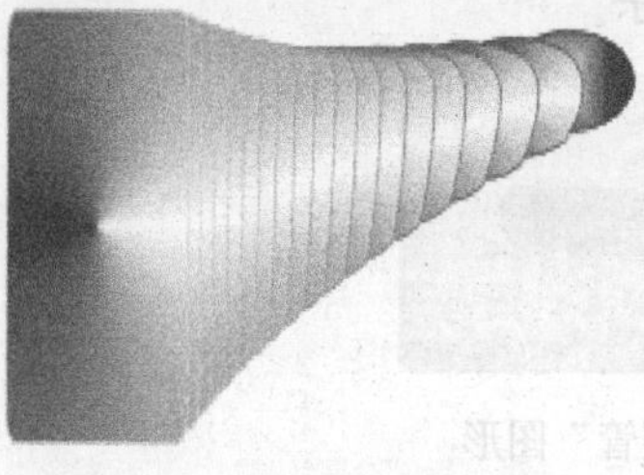

图 7-1-32 调和对象

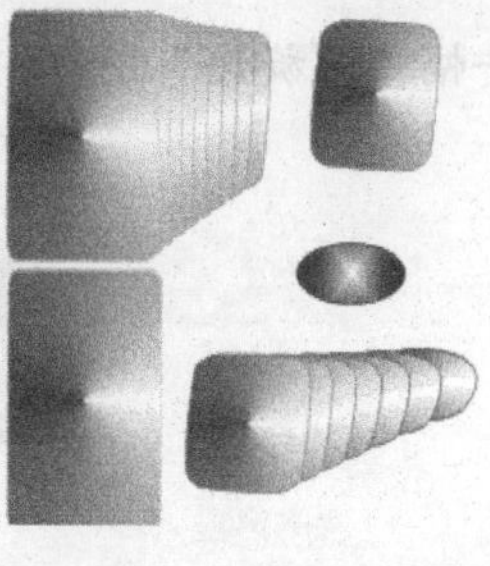

图 7-1-33 分离调和对象

5．复合调和

复合调和是由两个或多个调和对象组成的一个调和对象，各调和对象之间的连接也是有调和过程的。制作两个调和对象，如图 7-1-34 所示。复合调和的操作如下。

（1）单击工具箱中的“调和”按钮，从调和对象的起始或结束画面处，拖曳到另外一个调和对象的起始或结束画面处，复合调和的操作结果如图 7-1-35 所示。

（2）单击“交互式调和工具”属性栏内的“起始和结束属性”按钮，调出它的菜单。单击该菜单中的“新起点”命令，则鼠标指针呈粗箭头状，单击上边调和对象左边的起始画面，即可改变复合调和的连接形式，如图 7-1-36 所示。采用此种方法也可以改变复合调和的终止点。

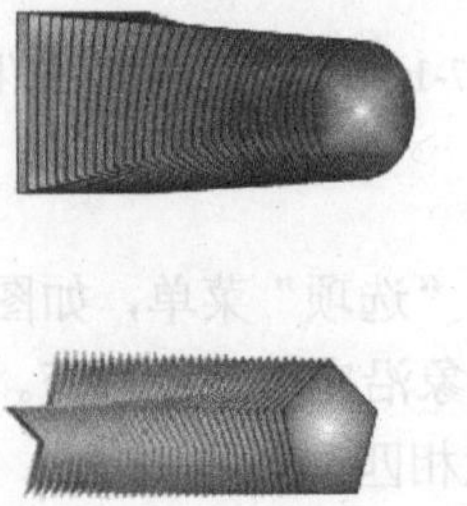

图 7-1-34　两个调和对象

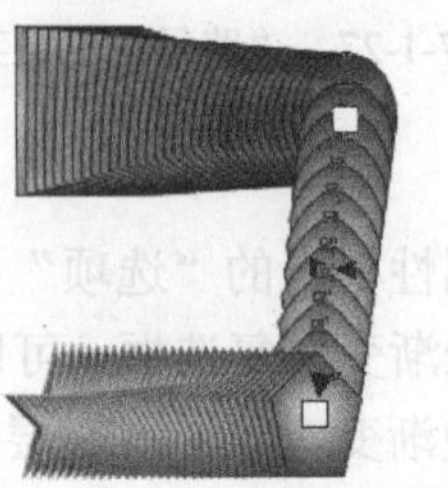

图 7-1-35　复合调和结果

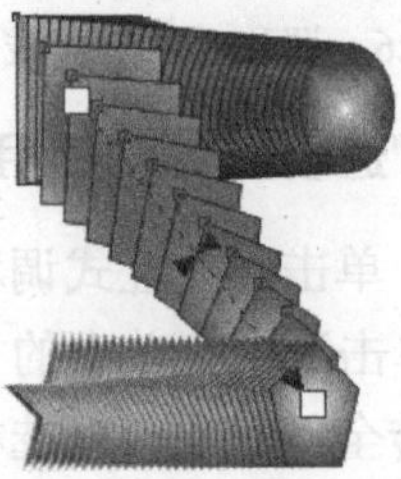

图 7-1-36　改变复合调和的连接形式

（3）在对复合调和进行对象选择时，如果要选中某一段调和对象的起始或结束画面，可以先使用工具箱中的“选择工具”，再单击该画面。使用工具箱中的“选择工具”或“调和”工具，单击复合调和对象非起始或终止画面处，可以选中整个复合调和对象；按住 Ctrl 键并单击该段调和对象，可以选中某一段调和对象。

实训 7-1

1．绘制一幅“五彩蝴蝶”图形，如图 7-1-37 所示。

2．绘制一幅“五彩鸽子”图形，如图 7-1-38 所示。是由一系列调和线段经过变换后组成了五彩鸽子的身体，用手绘工具绘制鸽子的头部。

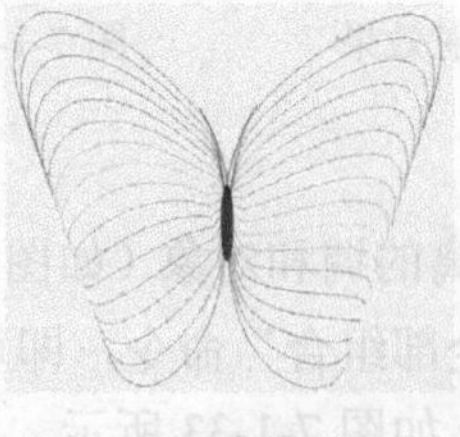

图 7-1-37　“五彩蝴蝶”图形

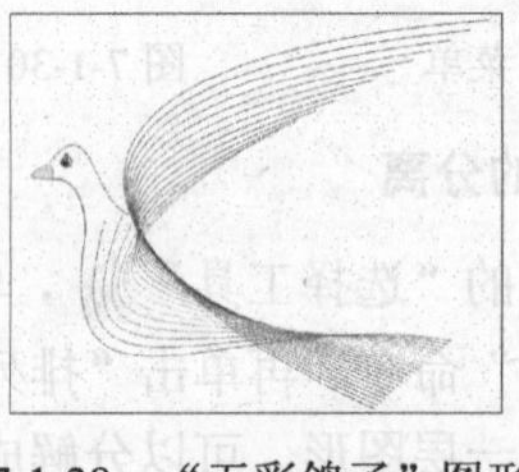

图 7-1-38　“五彩鸽子”图形

3．绘制一幅“螺旋管”图形，如图 7-1-39 所示。

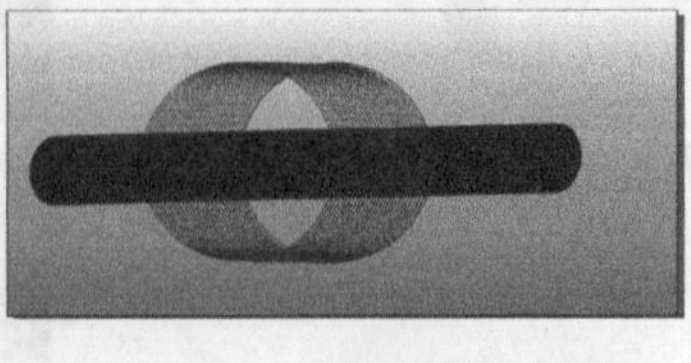

图 7-1-39　“螺旋管”图形

4. 绘制一幅“浪漫足球”图形，如图 7-1-40 所示。它是一幅宣传画，画面中一个足球运动员踢出一串从小到大变化的透明足球，天空中飘浮着多彩透明的曲面，画的下方是一串逐渐变小并变色的文字“浪漫足球”。

5. 绘制一幅“时光隧道”图形，如图 7-1-41 所示。它由一组不同颜色的矩形图形组合而成，颜色由蓝色渐变成红色，就像一个隧道。图形中骑自行车的人寓意着人在与时间赛跑。

图 7-1-40 “浪漫足球”图形

图 7-1-41 “时光隧道”图形

7.2 【实例 19】立体按钮

“立体按钮”图形如图 7-2-1 所示，该图形内有一个“播放视频”和一个“图形浏览”矩形按钮，有“足球”、“排球”、“篮球”、“棒球”和“冰球”5 个透明圆形按钮。

图 7-2-1 “立体按钮”图形

通过制作这些按钮图形，可以进一步掌握“交互式轮廓图工具”、“交互式调和工具”和“交互式变形工具”的使用方法。可以使用“宏”工具栏将一个完整的制作步骤录制成一个文件并保存成 Script 文件（扩展名为.csc），然后应用 Script 文件来制作其他具有相同特点的图形。该实例的制作方法和相关知识介绍如下。

制作方法

1. 制作矩形按钮和标题文字

（1）新建一个文档，设置绘图页面宽为 220 毫米，高为 80 毫米。

（2）使用工具箱中的“矩形”工具□，拖曳绘制一幅矩形图形。在其“矩形”属性栏内设置宽度为 60mm，高度为 20mm，四角圆滑度都为 95mm，如图 7-2-2 所示。

（3）单击“渐变填充”工具按钮▇，调出“渐变填充”对话框，按照图 7-2-3 所示进行设置。单击“确定”按钮，给矩形填充从黄色到橙色的线性渐变色，如图 7-2-4 所示。

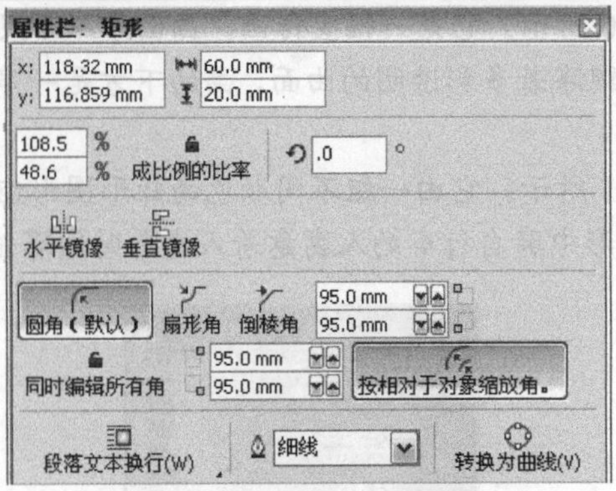

图 7-2-2 “矩形”属性栏

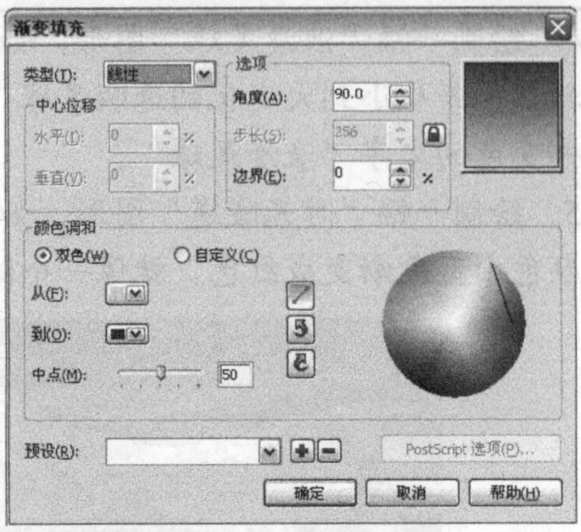

图 7-2-3 “渐变填充”对话框

（4）使用工具箱中的“矩形”工具，绘制一个边角圆滑度都为 30 的矩形，给该矩形填充从橙色到黄色的线性渐变色（与刚才的矩形的填充色正好相反）。然后，将刚刚绘制的矩形移到图 7-2-4 所示矩形之上，形成一个矩形按钮图形，如图 7-2-5 所示。

图 7-2-4 填充黄到橙色线性渐变色的矩形

图 7-2-5 矩形按钮图形

（5）将图 7-2-4 所示按钮图形组成一个群组对象，再复制一份。调整这 2 幅按钮图形的大小和位置。使用工具箱中的“选择工具”，单击选中 2 幅按钮图形。

（6）单击其“多个对象”属性栏中的“对齐和分布”按钮，调出“对齐与分布”（分布）对话框。单击选中该对话框内“上”复选框。然后，单击“应用”按钮，将 2 幅按钮图形顶部对齐。再单击“关闭”按钮，关闭该对话框。

（7）单击工具箱内的“文本”按钮，颜色选择绿色，字号为 30pt，字体为“华文琥珀”的文字“视频播放”。再复制一份，将复制文字改为“图形浏览”。再将它们分别移到按钮图形之上，如图 7-2-1 所示。

（8）颜色选择蓝色，字号为 50pt，字体为“隶书”的文字“立体文字”。

（9）使用“交互式展开式工具”栏内的“阴影”工具，在“立体文字”之上向右上方拖曳，松开鼠标左键，为文字添加的阴影效果如图 7-2-6 所示。将调色板内的灰色色块拖曳到如图 7-2-5 所示的终止控制柄之上，使阴影颜色改为深灰色。拖曳控制柄，可以改变阴影的位置和形状；拖曳透镜控制柄，可以调整阴影不透明度。

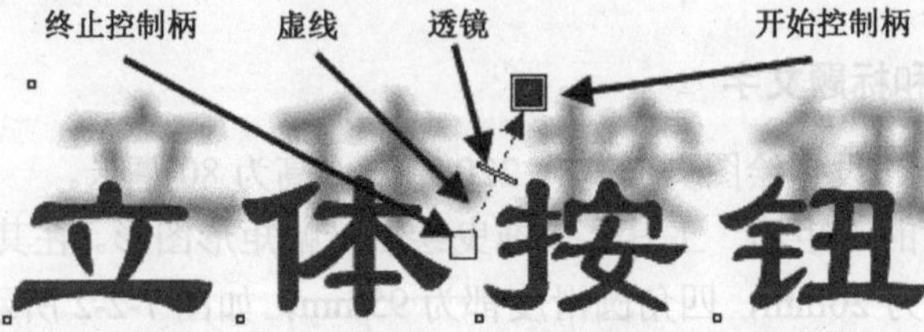

图 7-2-6 “立体文字”文字和它的阴影

2. 制作圆形按钮

（1）使用工具箱中的“椭圆形”工具，按住 Ctrl 键的同时，在页面内绘制一幅圆形图形。然后，再绘制两个椭圆形图形。

（2）单击按下工具箱内的“选择工具”按钮，单击选中其中一个椭圆形图形，再单击工具箱中“交互式展开式工具”栏内的“套封工具”，此时在椭圆形图形外添加了虚线套封线，如图 7-2-7 所示。拖曳其上的八个小方形控制柄，以及控制柄处的切线方向，可以调节椭圆的形状，调整后的效果如图 7-2-8 所示。

（3）调整三个图形的大小和位置，效果如图 7-2-9 所示。

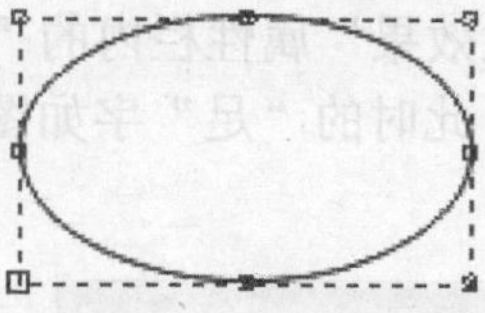

图 7-2-7　虚线套封线

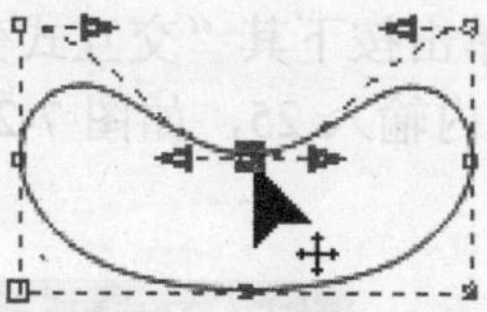

图 7-2-8　变形椭圆

图 7-2-9　三幅图形

（4）将最大的圆形图形填充为深蓝色，将变形椭圆形图形填充为天蓝色，将没变形的圆形图形填充为白色，并将轮廓线统一设置为无，完成后的图形如图 7-2-10 所示。

（5）使用工具箱中的“调和”工具，在其“交互式调和工具”属性栏内的“调和对象”数字框内输入 100，从最大椭圆形图形的中央拖曳到底部的椭圆形图形之上，让图形产生过渡效果。

（6）使用工具箱中“交互式展开式工具”栏内的“透明”工具，其“交互式渐变透明”属性栏设置如图 7-2-11 所示，从白色椭圆形图形的顶端拖曳到其底端，让按钮的高光部分柔和过渡，完成后的透明效果如图 7-2-12 所示。

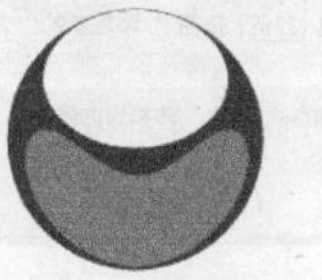

图 7-2-10　填充颜色

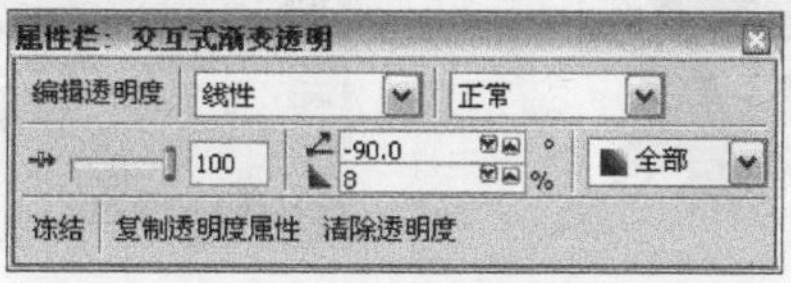

图 7-2-11　“交互式渐变透明”属性栏

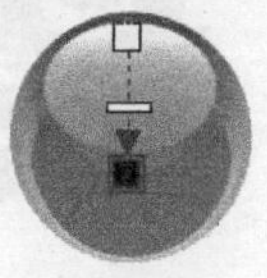

图 7-2-12　透明效果

（7）使用工具箱内的“选择工具”，将所有关于圆形按钮的图形选中，复制 4 个，分别改变 5 个圆形图形（以及下面 5 个变形椭圆形图形）的颜色为红色（浅红色）和绿色（浅绿色）等颜色，然后将它们等间距、顶部对齐地放置，如图 7-2-13 所示。

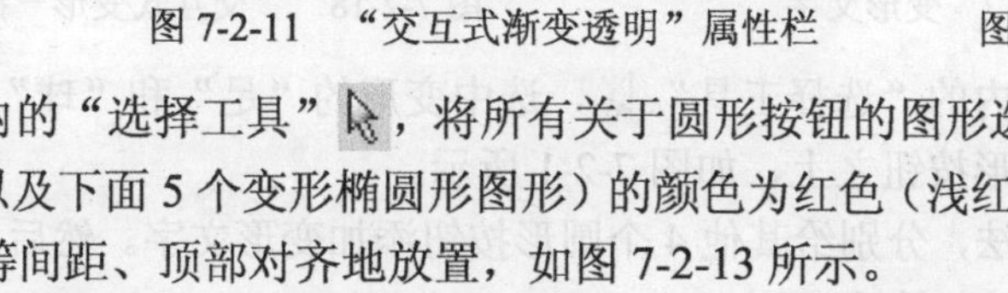

图 7-2-13　5 个圆形按钮图形

3．制作按钮文字

（1）单击工具箱内的“文本”按钮 字，在绘图页面内单击，在其“文本”属性栏内，设置字体为“华文琥珀”，字号为 48pt，颜色为浅棕色，单击按下“水平文本”按钮，然后在它的“文本”属性栏内选择字体，输入“足球”文字。

（2）复制 4 份“足球”文字，分别将它们改为“排球”、“篮球”、“棒球”和“冰球”，颜色也进行改变，如图 7-2-14 所示。

图 7-2-14 输入文字，复制并修改文字

（3）单击工具箱内的“选择工具”，选中“足球”文字，然后单击“排列”→“拆分 美术字”命令，将文字变成单独的个体，如图 7-2-15 所示。

（4）单击工具箱内的“选择工具”，选中“足”字，单击工具箱中“交互式展开式工具”栏内的“扭曲”按钮，再单击按下其“交互式变形－推拉效果”属性栏内的“推拉”按钮，在“推拉振幅”数字框内输入 25，如图 7-2-16 所示。此时的“足”字如图 7-2-17 左图所示。

图 7-2-15 拆分文字

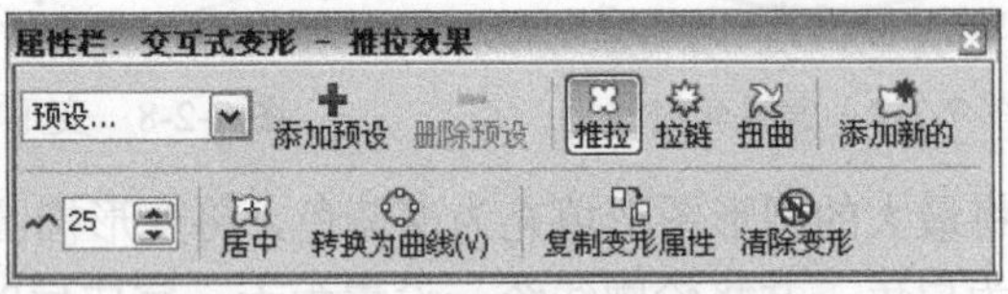

图 7-2-16 “交互式变形－推拉效果”属性栏

（5）单击工具箱内的“选择工具”，选中“球”字，单击工具箱中“交互式展开式工具”栏内的“扭曲”按钮，再单击按下其“交互式变形－拉链效果”属性栏内的“拉链”按钮，在“拉链失真振幅”数字框内输入 2，“拉链失真频率”数值为 5，如图 7-2-18 所示。此时的“球”字如图 7-2-17 右图所示。

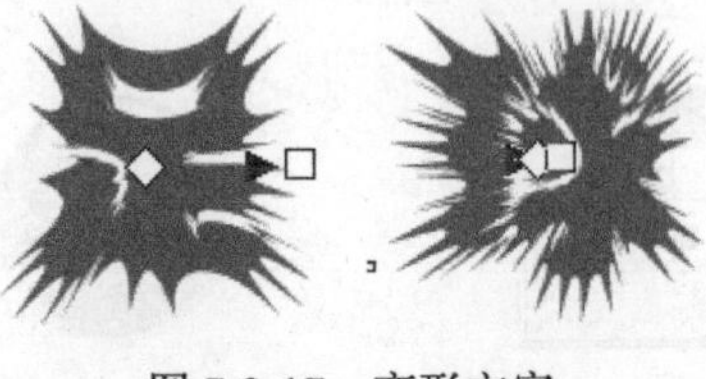

图 7-2-17 变形文字

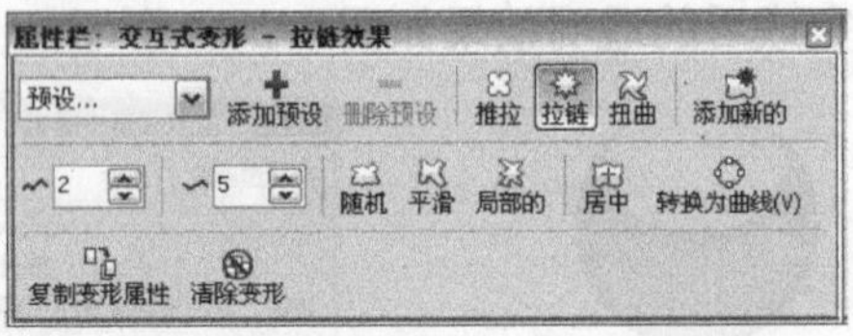

图 7-2-18 “交互式变形－拉链效果”属性栏

（6）单击工具箱内的“选择工具”，选中变形的“足”和“球”字，调整它们的大小，将它们移到第一个圆形按钮之上，如图 7-2-1 所示。

（7）按照上述方法，分别给其他 4 个圆形按钮添加变形文字。然后，分别将各按钮图形组成群组，效果如图 7-2-1 所示。

4．制作批量变形文字

如果对不同颜色的文字进行相同的变形加工，采用“宏”工具栏的工具会快速完成。方法如下。

（1）单击“窗口”→“工具栏”→“宏”命令，调出“宏”工具栏，如图 7-2-19 所示。

（2）使用工具箱中的“选择工具”，选中“足球”美术字。单击“宏”工具栏中的“开始录制”按钮，调出“记录宏”对话框。在其内“宏名”文本框内输入“Macro1”，其他设置如图 7-2-20 所示。单击“确定”按钮，开始录制以后的操作。

（3）单击工具箱中“交互式展开式工具”栏内的“扭曲”按钮，单击按下其属性栏内的“拉链”按钮，在“交互式变形－拉链效果”属性栏内设置“拉链失真振幅”数值为 11，设置“拉链失真频率”数值为 38，单击按下“随机”和“平滑”按钮，如图 7-2-21 所示。变形文字效果如图 7-2-22 所示。

图 7-2-19 “Visual Basic for Application”工具栏

图 7-2-20 “记录宏”对话框

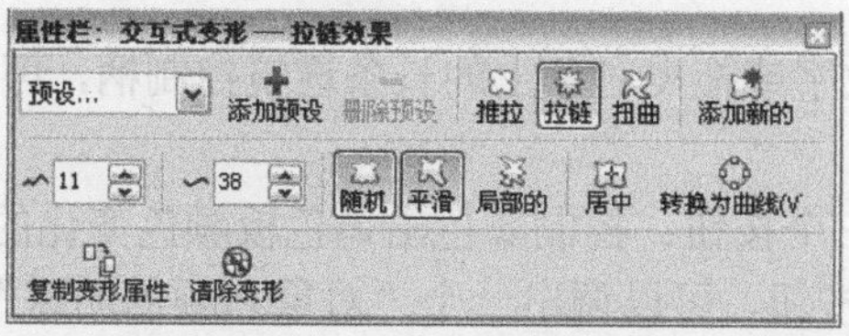

图 7-2-21 “交互式变形－拉链效果”属性栏

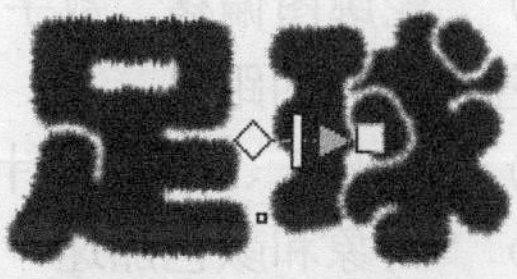

图 7-2-22 变形文字效果

（4）单击“宏”工具栏中的“停止记录”按钮，终止宏的操作录制。

（5）使用工具箱中的“选择工具”，单击选中“排球”美术字。单击“宏”工具栏中的“运行宏”按钮，调出“运行宏”对话框。选中该对话框的列表框内刚录制的“RecordedMacros.Macro1”宏名称选项，如图 7-2-23 所示。然后，单击“运行”按钮，稍等片刻，即可制作出与“足球”具有相同特点的变形文字“排球”。

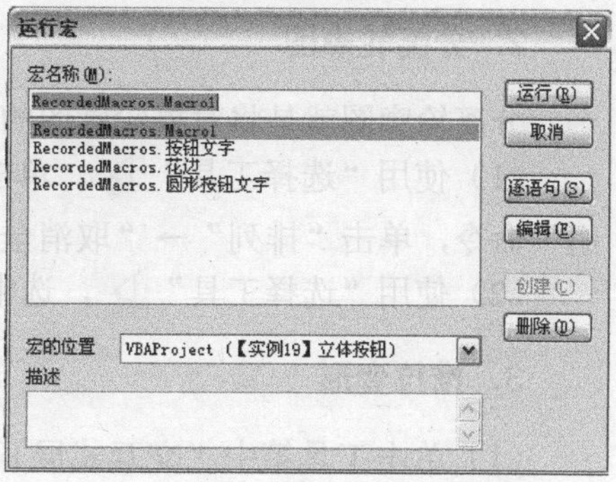

图 7-2-23 “运行宏”对话框

（6）采用与上述一样的方法，将其他文字变形成与“足球”具有相同特点的变形文字。

链接知识

1. 创建轮廓图

轮廓图是指在对象轮廓线的内侧或外侧的一组同心线图形，同心线图形的形状与轮廓线相同，只是大小不一样。绘制一个如图 7-2-24 左图所示的图形。再单击工具箱中“交互式展开式工具”栏内的“轮廓图”按钮，在对象附近拖曳鼠标，即可形成轮廓图。将调色板内的黄色色块拖曳到下边的控制柄中，如图 7-2-24 右图所示。

此时的“交互式轮廓线工具”属性栏如图 7-2-25 所示，其中各选项的作用如下。

（1）“到中心”按钮：单击，可以创建向对象中心扩展的轮廓图。

（2）“内部”按钮：单击，可以创建向对象内部扩展的轮廓图。

（3）“外部”按钮：单击，可以创建向对象外部扩展的轮廓图。

（4）“轮廓图步长”数字框：改变其内的数字或拖曳对象上的长条透镜控制柄，可以改变轮廓图的层数。

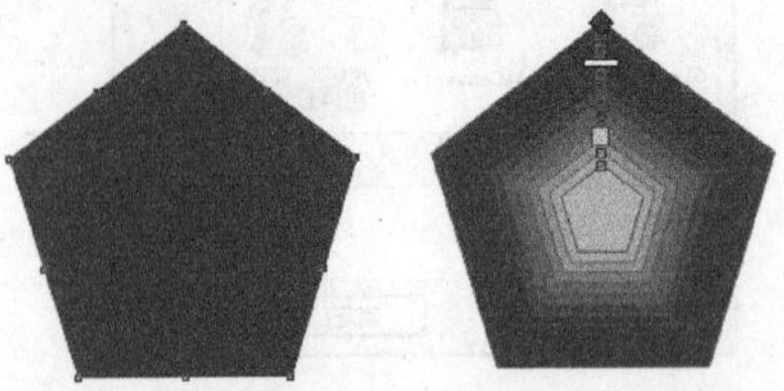

图 7-2-24　绘制图形与形成轮廓图

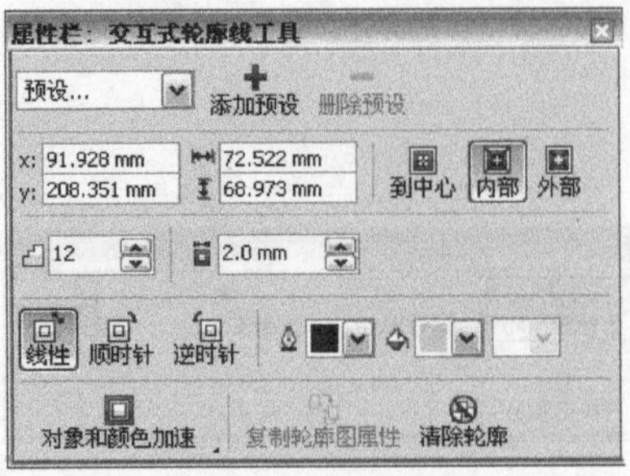

图 7-2-25　“交互式轮廓线工具”属性栏

（5）“轮廓图偏移”数字框：改变其内的数字或拖曳对象上的长条透镜控制柄，可以改变轮廓图各层之间的距离。

（6）“线性”、“顺时针”和“逆时针”三个按钮：控制颜色沿调色板颜色变化的顺序。

（7）“对象和颜色加速”按钮：单击该按钮，可以调出一个“对象和颜色加速”面板，如图 7-1-10 所示，可以用来调整轮廓线和颜色的变化速度。

（8）“清除轮廓”按钮：单击该按钮，可以清除对象的轮廓图。

2．分离轮廓图

分离轮廓图就是将对象轮廓图的图形分离出来，使它成为独立的对象。操作方法如下。

（1）使用“选择工具”，单击选中有轮廓图的对象。单击“排列”→“拆分轮廓图群组”命令，单击“排列”→“取消全部群组”命令，将对象的轮廓图分离出来。

（2）使用“选择工具”，选中轮廓图对象，并将它拖曳到一边，如图 7-2-26 所示。

3．推拉变形

（1）单击工具箱中“交互式展开式工具”栏内的“扭曲”按钮，再单击其属性栏中的“推拉”按钮，“交互式变形－推拉效果”属性栏如图 7-2-27 所示。

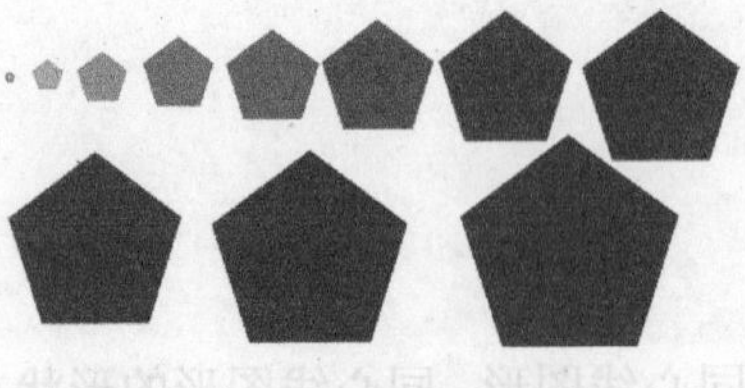

图 7-2-26　分离轮廓对象

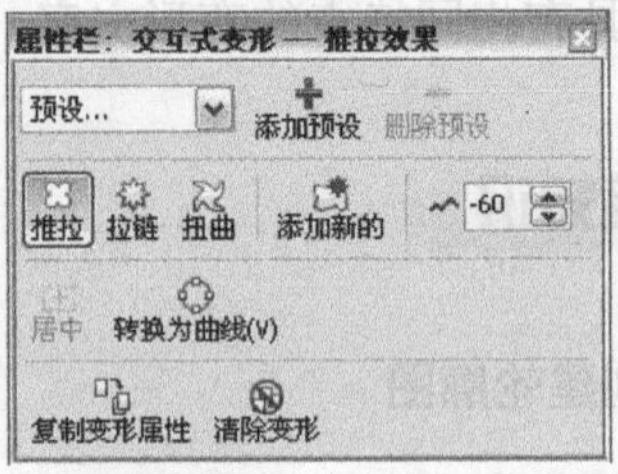

图 7-2-27　“交互式变形－推拉效果”属性栏

（2）在要变形的对象上拖曳，即可将对象变形，如图 7-2-28 所示。

（3）拖曳对象上的菱形控制柄，可以改变对象变形的中心点。拖曳对象上的方形控制柄，可以改变对象的变形量和向内或向外变形，同时属性栏中数字框内的数字也会随之发生变化。

（4）单击按下“中心”按钮，可以使变形的中心点与对象的中心点对齐。

（5）复制变形属性：使用“选择工具”，选中没经变形调整的对象，单击工具箱中“交互式展开式工具”栏内的“扭曲”按钮，再单击“交互式变形－推拉效果”属性栏中的“复制变形属性”按钮。此时鼠标指针变为黑色大箭头状，单击经过变形调整的变形对象，即可将它的变形属性复制到前面选择的未经变形调整的对象。此种复制变形属性的方法也适用于其他类型变形。

4．拉链变形

（1）单击工具箱中“交互式展开式工具”栏内的“扭曲”按钮，再单击其属性栏中的“拉链”按钮，“交互式变形－拉链效果”属性栏如图 7-2-29 所示。

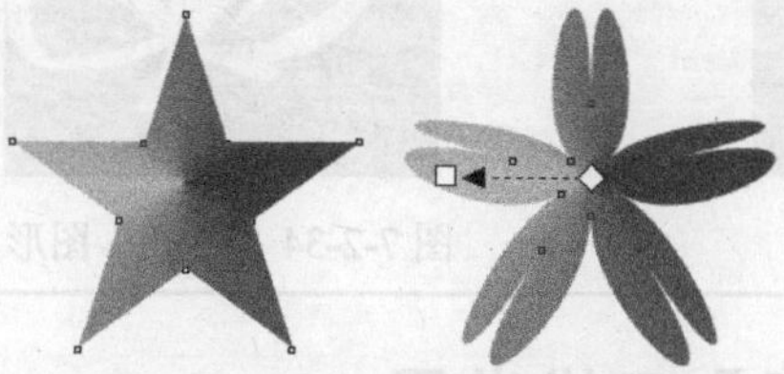

图 7-2-28　将对象推拉变形

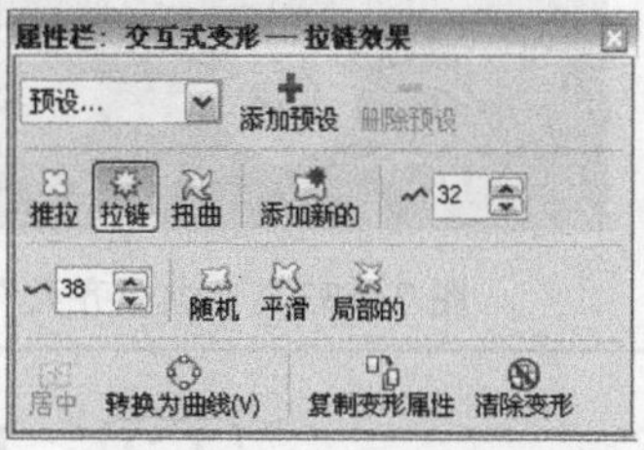

图 7-2-29　“交互式变形—拉链效果”属性栏

（2）在要变形的对象上拖曳，即可将对象变形，如图 7-2-30 所示。同时属性栏中“拉链失真振幅”数字框内的数字也会随之发生变化。

（3）拖曳对象上的透镜控制柄，可以改变对象变形的齿数。同时属性栏中“拉链失真频率”数字框内的数字也会随之发生变化。

（4）单击“随机”按钮，变形的齿幅度是随机变化的。

（5）单击“平滑”按钮，变形的齿呈平滑状态。

（6）单击“局部的”按钮，使对象四周的变形是局部的。

5．扭曲变形

（1）单击工具箱中“交互式展开式工具”栏内的“扭曲”按钮，再单击其属性栏中的“扭曲”按钮，“交互式变形－扭曲效果”属性栏如图 7-2-31 所示。

（2）单击要变形的对象，并在对象上拖曳，即可将对象变形，如图 7-2-32 所示。

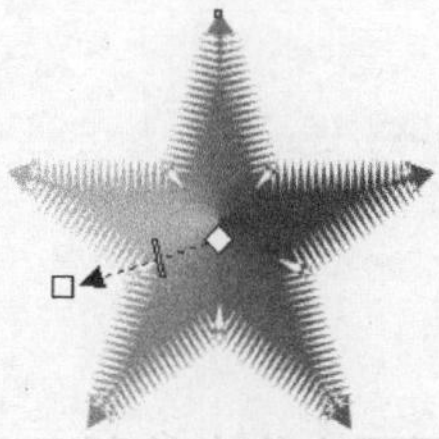

图 7-2-30　拉链变形

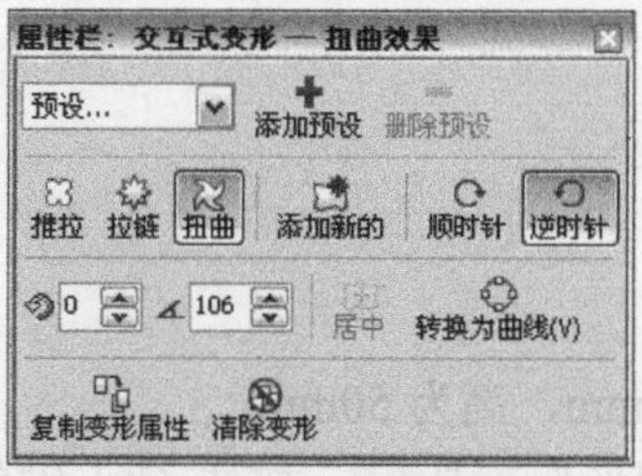

图 7-2-31　“交互式变形—扭曲效果”属性栏

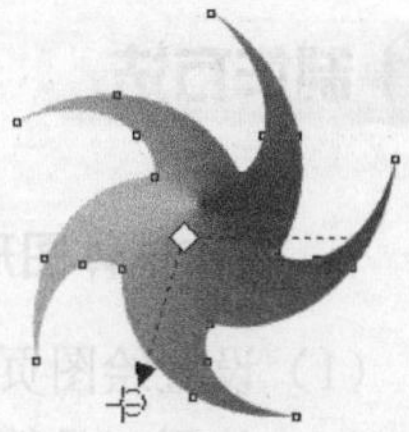

图 7-2-32　扭曲变形

（3）拖曳对象上的圆形控制柄，可以改变对象扭曲变形的扭曲角度。同时属性栏中“复加角度”数字框内的数字也会随之发生变化。

（4）“完全旋转”数字框：改变该数字框内的数字，可以确定旋转圈数。

（5）单击“顺时针”按钮，可使变形顺时针旋转；单击“逆时针”按钮，可使变形逆时针旋转。

实训 7-2

1．绘制一幅“洪福齐天”的图形，如图 7-2-33 所示。

2. 绘制一幅“牛奶”图形，如图 7-2-34 所示。绘制该图形需要使用修剪、自然笔触、变换和渐变填充、交互式透明等操作技术。

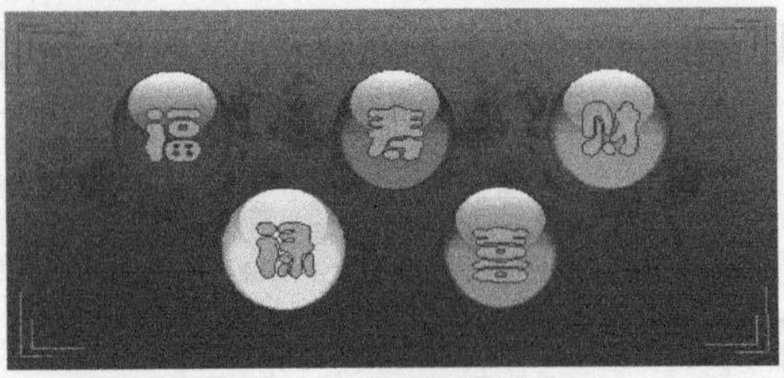

图 7-2-33 “洪福齐天”图形

图 7-2-34 “牛奶”图形

7.3 【实例 20】三维世界

“三维世界”图形如图 7-3-1 所示。该图形内有球体、立体五角星、圆柱体、圆锥体、圆管体、正方体等立体图形，具有较强的立体效果。

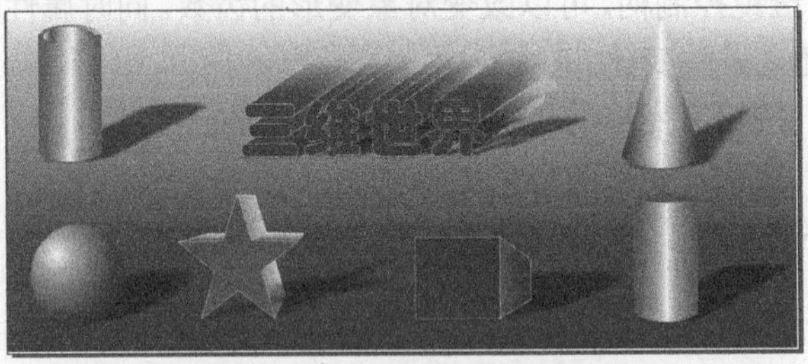

图 7-3-1 “三维世界”图形

通过制作该图形，可以进一步掌握渐变填充、焊接修整、交互式调和、交互式立体化和交互式阴影等操作方法。该实例的制作方法和相关知识介绍如下。

制作方法

1. 制作球体图形

（1）设置绘图页面宽为 120mm，高为 50mm。

（2）使用工具箱中的“椭圆形”工具，按住 Ctrl 键的同时，在页面内拖曳绘制出一个圆形图形。设置该圆形图形无轮廓线、灰色填充，如图 7-3-2 所示。

（3）使用工具箱中的“选择工具”，选中圆形图形。单击工具箱中“填充展开工具”栏内的“渐变填充”按钮，调出“渐变填充”对话框。在“类型”下拉列表框中选择“辐射”选项，在“从”下拉列表框中选择紫色，在“到”下拉列表框中选择白色，其他设置如图 7-3-3 所示。单击“确定”按钮，制作的图形如图 7-3-4 所示。

（4）单击工具箱中“交互式展开式工具”栏内的“阴影”按钮，用鼠标在彩色立体小球下边向右上方拖曳，即可产生阴影，如图 7-3-1 所示。

2. 制作立体五角星图形

（1）单击工具箱中“对象展开式工具”栏内的“星形”工具，在其“星形”属性栏内定义星形角数为 5，然后在绘图页面中拖曳绘制一个五角星图形，如图 7-3-5 所示。

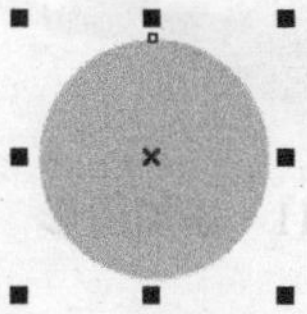

图 7-3-2 绘制圆形

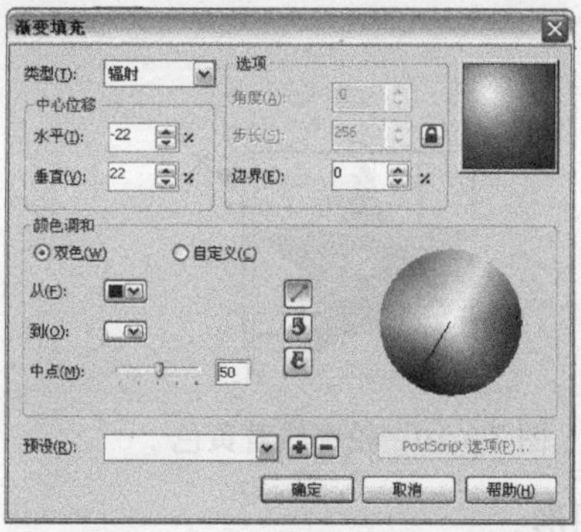

图 7-3-3 “渐变填充”对话框

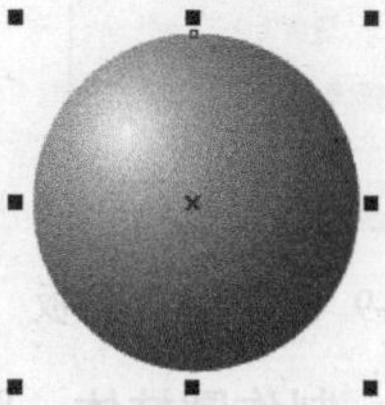

图 7-3-4 填充渐变色

（2）给五角星图形填充红色，轮廓线设置为黑色，如图 7-3-6 所示。

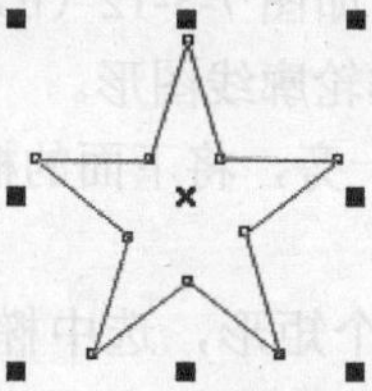

图 7-3-5 五角星图形

图 7-3-6 填充红色

（3）使用工具箱中“交互式展开式工具”栏内的“立体化”工具，在其“交互式立体化”属性栏中的“预设列表”下拉列表框内选择“立体右上”选项，如图 7-3-7 所示。在“灭点属性”下拉列表框中选择“灭点锁定到对象”选项，在两个“灭点坐标”数字框内分别输入 50mm 左右的数值，将灭点控制点✕拉向立体图形。然后，拖曳灭点控制点✕，使五角星图形呈立体化效果，如图 7-3-8 所示。

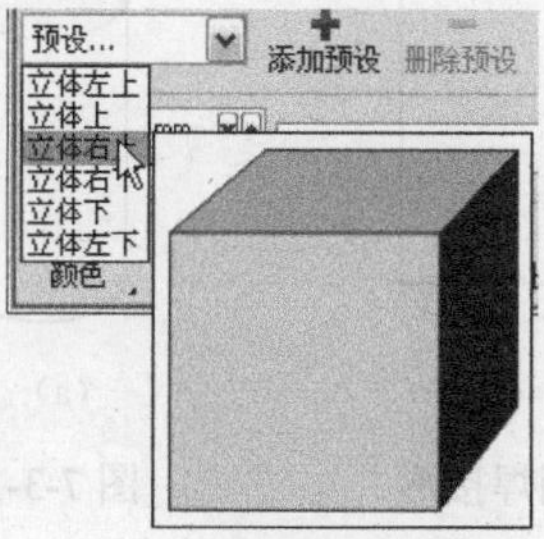

图 7-3-7 “预设列表”下拉列表框

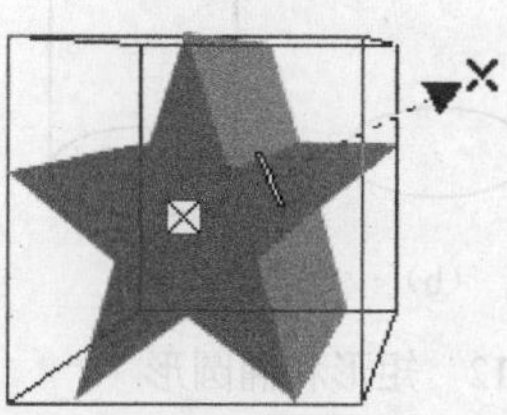

图 7-3-8 使五角星图形立体化

（4）单击“交互式立体化”属性栏中的“颜色”按钮，调出它的“颜色”面板，单击按下该面板内的“使用递减的颜色”按钮，如图 7-3-9 所示。单击“从”按钮，设置“从”颜色为红色；单击“到”按钮，设置“到”颜色为白色。

（5）右击调色板内的黄色色块，给立体五角星图形的轮廓线着黄色，如图 7-3-10 所示。

（6）单击工具箱中“交互式展开式工具”栏内的“阴影”按钮，在立体五角星下边向右上方拖曳，产生阴影，如图 7-3-11 所示。

图 7-3-9 “颜色”面板

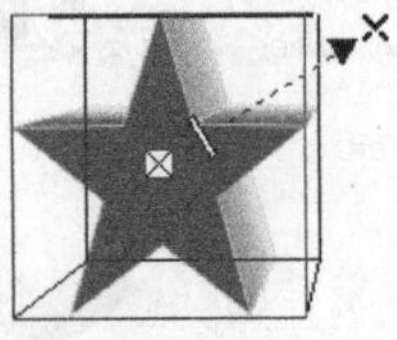

图 7-3-10 轮廓线着黄色

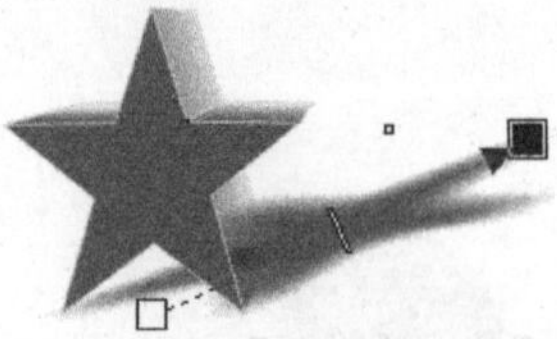

图 7-3-11 添加阴影

3．制作圆柱体、圆管体图形

（1）使用工具箱内的“矩形”工具，在绘图页面内拖曳，绘制一幅宽 10mm、高 18mm 的长方形图形，如图 7-3-12（a）所示。使用工具箱内的“椭圆形”工具，在绘图页面内拖曳绘制一个宽 10mm、高 4mm 的椭圆形，并复制一份，如图 7-3-12（b）所示。调整好各个对象的大小和比例，摆放成如图 7-3-13（c）所示的圆柱体轮廓线图形。

（2）将图 7-3-12（c）上面的椭圆形图形对象移到一旁，将下面的椭圆形图形移到矩形图形的上边，如图 7-3-13（a）所示。

（3）使用工具箱中的“选择工具”，拖曳出一个矩形，选中椭圆形和矩形图形，单击“排列”→“造形”→“合并”命令，将选中的椭圆形和矩形图形合并成一个图形，如图 7-3-13（b）所示。

（4）将另外一个椭圆形图形对象移到图 7-3-13（b）所示图形的上面，如图 7-3-14（a）所示。使用工具箱中的“选择工具”，拖曳出一个矩形，选中图 7-3-14（a）所示的所有图形，再单击“排列”→“造形”→“修剪”命令，将选中的图形修剪成如图 7-3-14（b）所示的圆柱体图形。

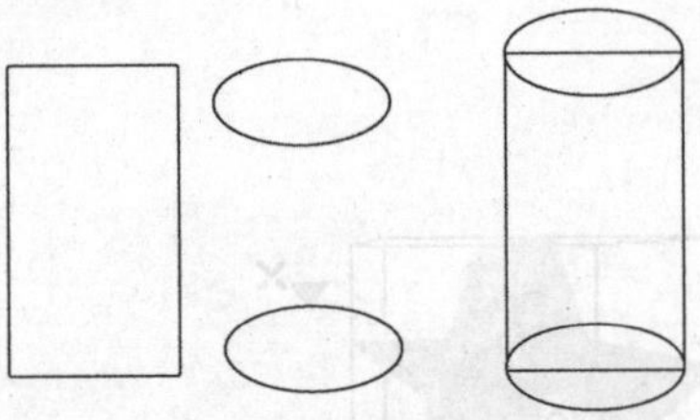

(a) (b) (c)

图 7-3-12 矩形和椭圆形

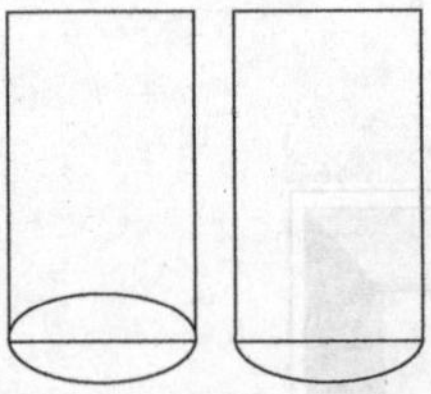

(a) (b)

图 7-3-13 图焊接形

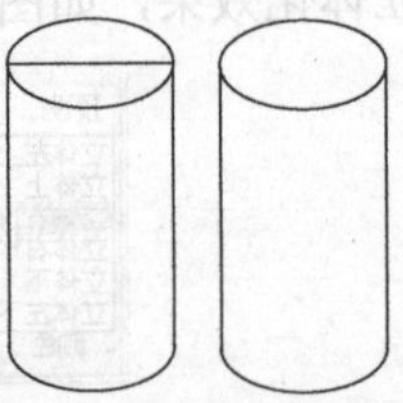

(a) (b)

图 7-3-14 修剪图形

（5）单击选中图 7-3-14（b）所示的圆柱体图形，单击工具箱中“填充展开工具”栏内的“渐变填充”按钮，调出“渐变填充方式”对话框。利用该对话框将圆柱面填充橙色—金黄色—白色—金黄色—橙色的渐变色，效果如图 7-3-15 所示。

（6）单击选中顶部的椭圆形图形，单击“渐变填充”按钮，调出“渐变填充方式”对话框，按照图 7-3-16 所示进行设置，单击“确定”按钮，给顶部的椭圆形图形填充浅棕色到白色的线性渐变色。

（7）去掉所有图形的轮廓线，再将它们组成群组，形成圆柱体图形，如图 7-3-17 所示。然后，将圆柱体图形复制一份，一个作为圆柱体图形，另一个继续加工成圆管图形。

（8）使用工具箱内的“椭圆形”工具，在绘图页面内拖曳，绘制一个小一些的椭圆形图形，如图 7-3-18 所示。单击“排列”→“顺序”→“到图层前面”命令，使它位于其他图形的上面。

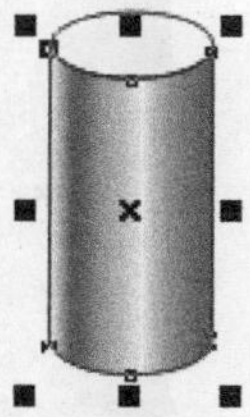

图 7-3-15 填充渐变色

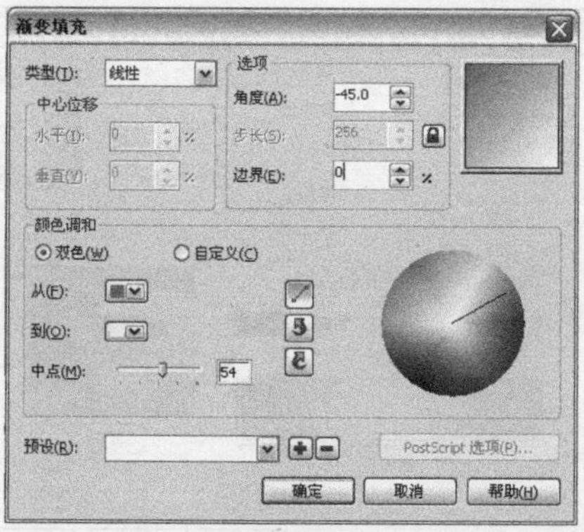

图 7-3-16 “渐变填充方式”对话框

图 7-3-17 圆柱体图形

(9) 按住 Shift 键的同时单击选中该椭圆形图形和圆柱体顶部的椭圆。单击“排列”→“对齐和分布”→“对齐和分布”，调出“对齐与分布”对话框，按图 7-3-19 所示进行设置，再单击“应用”按钮，使两个椭圆形图形的中心点对齐，如图 7-3-18 所示。然后，单击“关闭”按钮，关闭“对齐与分布”对话框。

(10) 使用工具箱中的“选择工具”，单击选中小椭圆形图形，单击工具箱中“填充展开工具”栏内的“渐变填充”按钮，调出“渐变填充方式”对话框。利用该对话框也给小椭圆形图形填充橙色—金黄色—白色—金黄色—橙色的渐变色。然后去掉椭圆形图形的轮廓线，效果如图 7-3-20 所示。

图 7-3-18 椭圆形图形

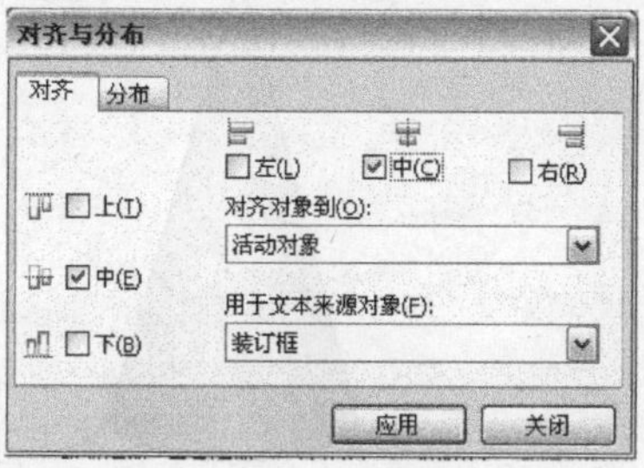

图 7-3-19 “对齐与分布”对话框

图 7-3-20 圆管体图形

(11) 参考立体五角形阴影的制作方法，使用工具箱中“交互式展开式工具”栏内的“阴影”工具，给立体圆柱体和圆管体图形添加阴影，立体圆柱体和圆管体图形如图 7-3-1 所示。

4. 制作圆锥体图形

(1) 按照制作圆柱体图形的方法，在绘图页面外边绘制如图 7-3-21 所示的轮廓线图形，并选中该图形。单击工具箱中“填充展开工具”栏内的“渐变填充”按钮，调出“渐变填充方式”对话框。利用该对话框设置填充色为红色—白色—红色的线性渐变色，如图 7-3-22 所示，效果如图 7-3-23 所示。

(2) 单击工具箱中“形状编辑展开式工具”栏内的“形状”按钮，即可显示出选中图形的 5 个节点，如图 7-3-24 所示。如果选中图形的左右两边有节点，应单击选中该节点，再单击其“编辑曲线、多边形和封套”属性栏内的“删除”按钮，删除选中的节点。

(3) 单击选中左上角的节点，观察其“编辑曲线、多边形和封套”属性栏内的“到直线”

按钮是否有效，如果有效，则说明选中的节点是曲线节点，可单击“到直线”按钮，将选中的节点转换为直线节点。

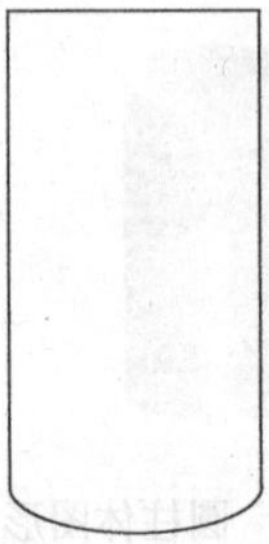

图 7-3-21　轮廓线

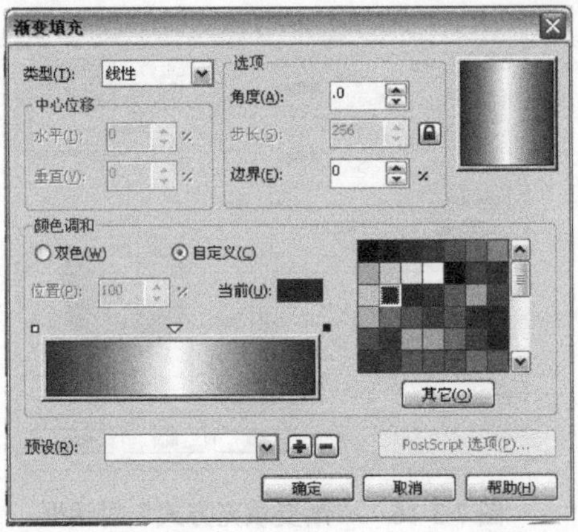

图 7-3-22　“渐变填充”对话框

图 7-3-23　填充渐变色

（4）水平向右拖曳左上角的节点到中间处，水平向右拖曳右上角的节点到中间处，形成立体圆锥体图形，如图 7-3-25 所示。

（5）使用工具箱内的“选择工具”，单击选中立体圆锥体图形，取消其轮廓线。将立体圆锥体图形移到绘图页面内的左上角，如图 7-3-26 所示。

（6）参考立体五角形阴影的制作方法，使用工具箱中“交互式展开式工具”栏内的“阴影”工具，给立体圆锥体图形添加阴影，效果如图 7-3-1 所示。

图 7-3-24　5 个节点

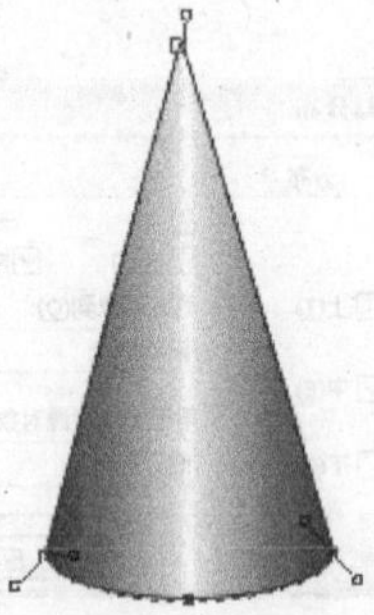

图 7-3-25　圆锥体图形

图 7-3-26　取消轮廓线

5．制作立方体图形

（1）单击“矩形工具展开工具”栏内的“矩形”按钮，按住 Ctrl 键，同时在绘图页面内拖曳，绘制一幅正方形图形。单击“调色板”内的绿色色块，给正方形填充绿色；右击“调色板”内的黄色色块，给正方形轮廓线着黄色，如图 7-3-27 所示。

（2）使用工具箱中“交互式展开式工具”栏内的“立体化”，从正方形图形向右上角拖曳，创建正方体，如图 7-3-28 所示。

（3）在其“交互式立体化”属性栏中，在“灭点属性”下拉列表框中选择“灭点锁定到对象”。单击“交互式立体化”属性栏中的“颜色”按钮，调出它的“颜色”面板，单击该面板内的“使用递减的颜色”按钮。单击“从”按钮，调出它的面板，单击该面板内的绿色色块，设置“从”颜色为绿色；单击“到”按钮，调出它的面板，单击该面板内的黄色色块，设置“到”颜色为浅绿色。最后效果如图 7-3-29 所示。

图 7-3-27 正方形图形

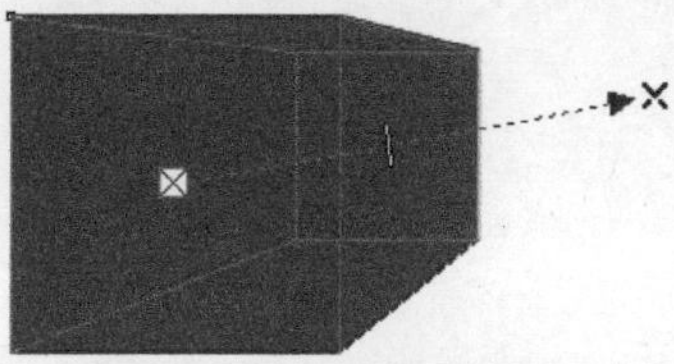

图 7-3-28 正方体图形

图 7-3-29 设置递减颜色

（4）右击“调色板”内的黄色色块，给正方体图形的轮廓线着黄色，效果如图 7-3-1 所示。

（5）将整个正方体图形组成群组，这是为了给该图形添加阴影。

（6）单击工具箱中“交互式展开式工具”栏内的“阴影”按钮，用鼠标在正方体图形的底边处向右拖曳，即可产生阴影，效果如图 7-3-1 所示。

6．制作立体文字图形和背景图形

（1）单击工具箱内的“文本工具”按钮 字，在绘图页面外输入字体为华文琥珀，字号为 72pt 的“三维世界”文字。单击“调色板”内的红色色块，右击“调色板”内的黄色色块，效果如图 7-3-30 所示。

（2）使用工具箱中“交互式展开式工具”栏内的“立体化”按钮，从文字向右上方拖曳，创建立体文字，效果如图 7-3-31 所示。

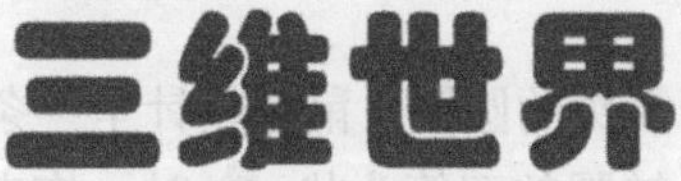

图 7-3-30 输入文字

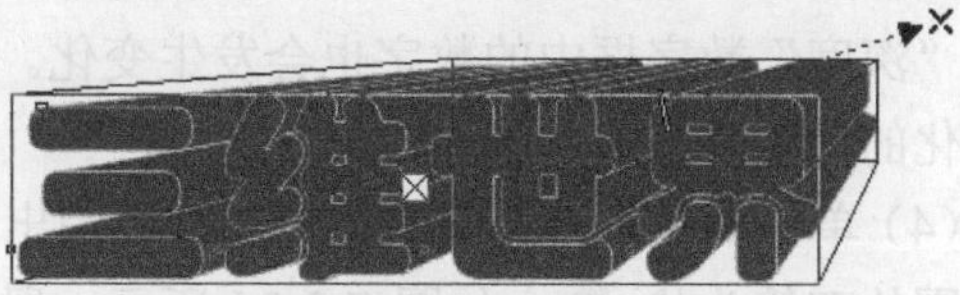

图 7-3-31 立体文字

（3）在其“交互式立体化”属性栏中，在“灭点属性”下拉列表框中选择“灭点锁定到对象”。单击“交互式立体化”属性栏中的“颜色”按钮，调出它的“颜色”面板，单击该面板内的“使用递减的颜色”按钮；单击“从”按钮，调出它的面板，单击该面板内的红色色块，设置“从”颜色为红色；单击“到”按钮，调出它的面板，单击该面板内的黄色色块，设置“到”颜色为黄色。效果如图 7-3-32 所示。

（4）单击“交互式立体化”属性栏中“立体化类型”下拉列表框按钮，调出立体化图形的类型列表，选择第 5 个图案，如图 7-3-33 所示，即可使立体文字图形改为图 7-3-1 所示状态。

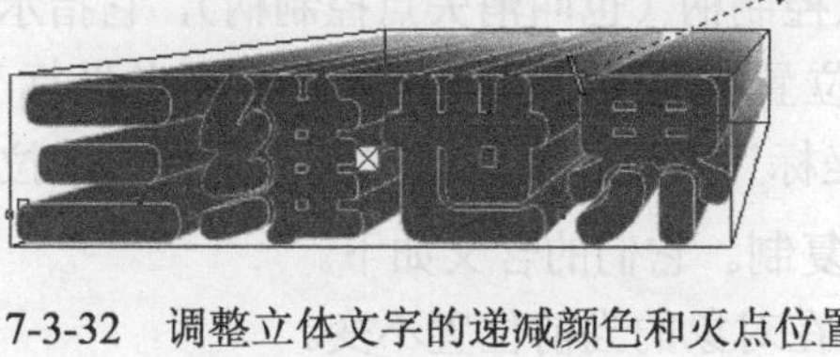

图 7-3-32 调整立体文字的递减颜色和灭点位置

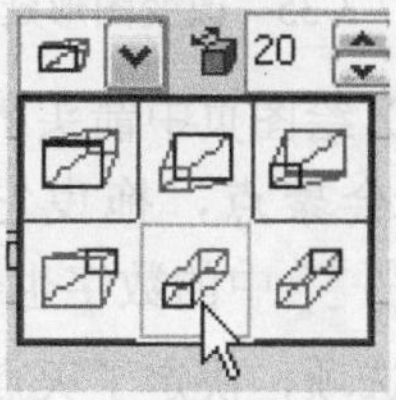

图 7-3-33 “立体化类型”下拉列表

（5）单击工具箱中“交互式展开式工具”栏内的“阴影”按钮，在“立体图形”文字底边处向右上方拖曳，产生文字的阴影，如图 7-3-1 所示。

（6）使用工具箱内的“选择工具”，将立体文字和它的阴影移到绘图页面内相应的位置，调整好它们的大小和位置，得到如图 7-3-1 所示图形。

链接知识

1．创建和调整立体化图形

（1）绘制一个五角星图形，如图 7-3-6 所示。选中它，单击工具箱中“交互式展开式工具”栏内的“立体化”按钮，在矩形图形对象上拖曳，即可产生立体化图形，如图 7-3-8 所示。其“交互式立体化”属性栏如图 7-3-34 所示。

（2）单击“交互式立体化”属性栏内的“立体化类型”下拉列表框右边的箭头按钮，调出立体化类型图形列表，从中可以选择一种立体化类型。

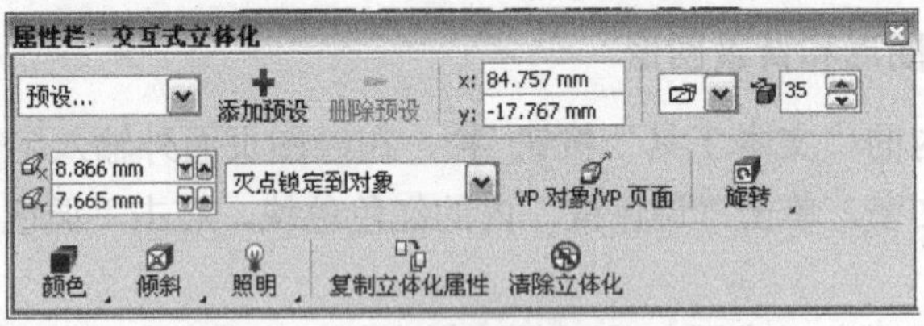

图 7-3-34　“交互式立体化”属性栏

（3）拖曳透镜控制柄，可以改变图形立体化延伸的深度，如图 7-3-35 所示，同时属性栏中“深度”数字框中的数字也会发生变化。也可以通过改变“深度”数字框中的数字来调整立体化的深度。

（4）单击对象，则长条透镜控制柄周围出现一个带四个箭头的圆圈，鼠标指针呈一条或两条转圈的双箭头状，如图 7-3-36 所示。鼠标指针呈两条转圈的双箭头状时，拖曳鼠标可使对象围绕透镜控制柄转圈和伸缩；鼠标指针移到四周的四个绿色箭头处时，鼠标指针呈一条转圈的双箭头状，拖曳鼠标可以使对象围绕自身的轴线旋转，如图 7-3-37 所示。

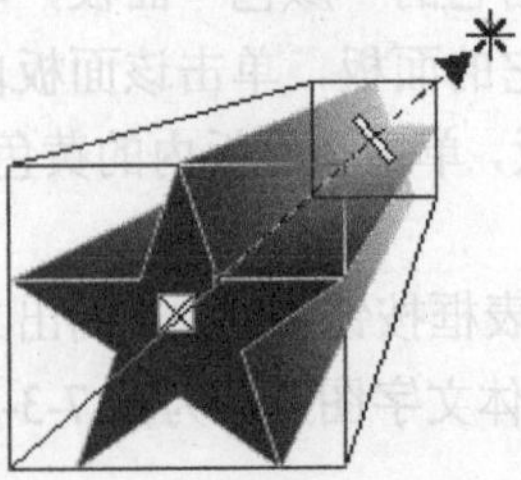

图 7-3-35　改变图形延伸深度

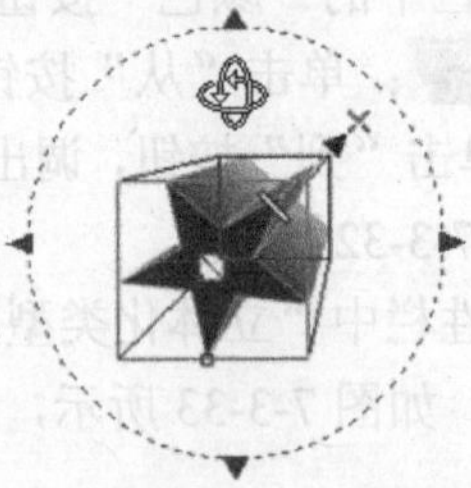

图 7-3-36　转圈和伸缩

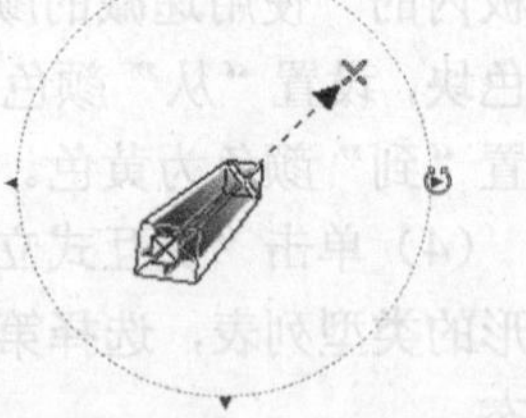

图 7-3-37　旋转图形

（5）绘图页中箭头所指向的 ✕ 图标叫灭点控制柄（也叫消失点控制柄），它指示了立体化图形的会聚点，拖曳它可以改变会聚点的位置，同时属性栏中的“灭点坐标”数字框 39.207 mm 38.692 mm 中的数字也会发生变化。“灭点坐标”数字框右边是“灭点属性”下拉列表，它有四个选项，决定了灭点的锁定位置和灭点的复制。它们的含义如下。

◎“锁到对象上的灭点”选项：灭点保持在对象的当前位置不变。

◎“锁到页上的灭点”选项：灭点保持在页面的当前位置不变。

◎“复制灭点，自”选项：将灭点复制到另一个对象，产生两个相同的灭点。

◎“共享灭点”选项：可以与其他对象共有一个灭点。

2．“交互式立体化”属性栏其他选项

“交互式立体化”属性栏如图 7-3-34 所示，以下是前面未介绍过的一些选项。

（1）“VP 对象/VP 页面”按钮：单击按下它后，灭点坐标以页坐标形式描述，页坐标原点在绘图页的左下角。当该按钮抬起时，灭点坐标以对象坐标形式描述，对象坐标原点在对象上的☒处。

（2）“旋转”按钮：单击它后，会调出一个面板，如图 7-3-38 所示。可以在圆盘上拖曳调整对象的三维空间位置。

（3）“预设列表”下拉列表框：可以用来选择不同的立体化样式。当调整好一种立体化效果后，可以单击“添加预设”按钮，调出“另存为”对话框，将它保存为一种预设样式。当灭点和灭点坐标数字框无效（呈灰色）时，单击它可使它们恢复有效。

（4）“颜色”按钮：单击它后，会调出一个“颜色”面板，如图 7-3-9 所示，使用它可以调整立体化对象的表面颜色。该对话框内，上边三个按钮的作用分别是用来确定以何种方式填充立体图形侧面的颜色。

单击“使用递减的颜色”按钮，下边的“从”和“到” 下拉列表框均变为有效，用来确定渐变的两种颜色，使用渐变色填充。使用渐变颜色填充时，改变了对象表面颜色后的画面如图 7-3-39 所示。

单击“使用纯色”按钮，下边的“使用”下拉列表框变为有效，用来确定填充的颜色，可以使用单色填充。

单击按下“使用对象填充”按钮，可以使用对象原来的填充物填充；下边的按钮和下拉列表框是用来修饰图形边角的颜色，只有在有斜角时它们才有效，如图 7-3-40 所示。

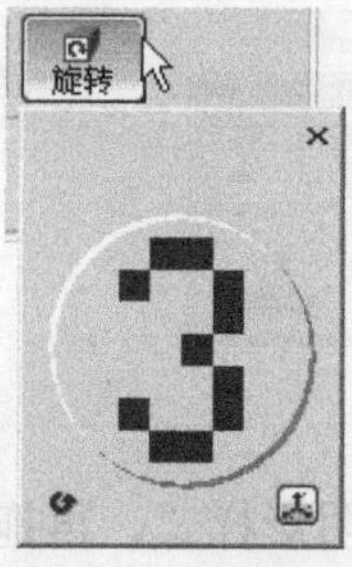

图 7-3-38 “旋转”面板

图 7-3-39 改变了对象表面颜色

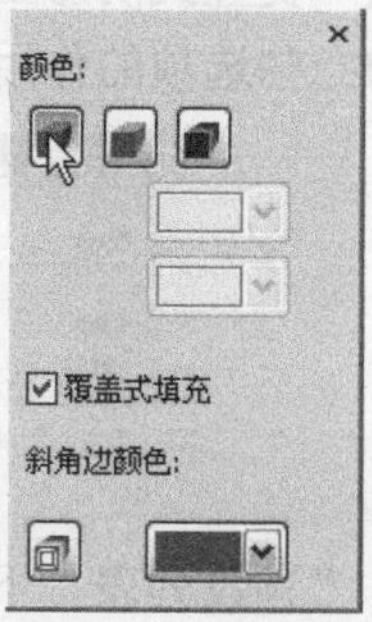

图 7-3-40 “颜色”面板

（5）“倾斜”按钮：单击它后，会调出一个修饰斜角的面板，如图 7-3-41 所示。选中第 1 个复选框，再拖曳其下边显示框内的小方形控制柄，可以调整立体化对象原图形的斜角深度和角度。同时下边的两个数字框内的数字也会发生变化，也可以直接调整两个数字框内的数值。

修饰对象原图形的边角后的图形如图 7-3-42 所示。修饰对象后，再选中“只显示斜角修饰边”复选框，此时的图形如图 7-3-43 所示。

（6）“照明”按钮：单击后，会调出一个“照明”面板，如图 7-3-44 所示。使用它可以给对象加上三个光源。

单击其中一个（例如 1 号光源）光源按钮，则“照明”面板改为如图 7-3-45 所示（还没有“②”光源标记）。拖曳显示框内的“①”光源标记，可以改变光源位置。拖曳滑块，可以改变光线的强度。选择“使用全色范围”复选框，可以使光源作用于全彩范围。单击左边的灯泡图标，可以添加光源，设置 2 个光源后的面板如图 7-3-46 所示，图形效果如图 7-3-45 所示。

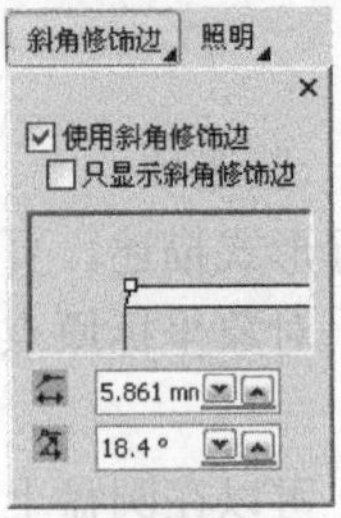

图 7-3-41　“斜角修饰边”面板　图 7-3-42　修饰边角后的图形　图 7-3-43　选中“只显示斜角修饰边”后的图形

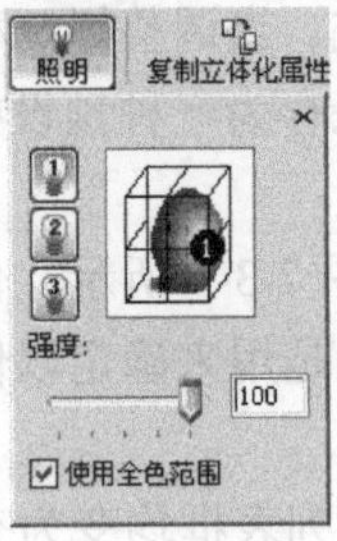

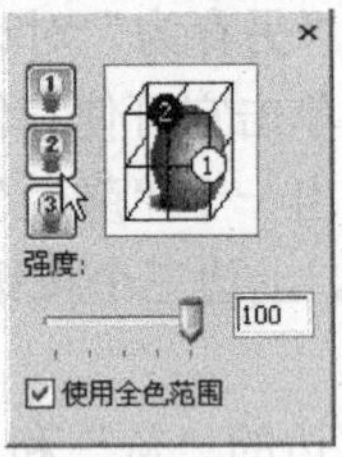

图 7-3-44　“照明”面板　图 7-3-45　添加光源　图 7-3-46　设置 2 个光源后的图形

3. “交互式阴影”属性栏其他选项

选中要创建阴影的对象。单击工具箱中“交互式展开式工具”栏内的“交互式阴影工具”按钮，在创建阴影的对象之上拖曳，即可产生阴影。单击“排列”→“拆分阴影群组”命令，可以将阴影拆分成独立的对象。

使用“交互式阴影工具”后，“交互式阴影”属性栏如图 7-3-47 所示。其中前面没有介绍过的一些选项的作用如下。

图 7-3-47　“交互式阴影”属性栏

（1）“预设列表”下拉列表框：在其中可以选择一种阴影样式，再拖曳图形中的控制柄，可以调整阴影的位置。

（2）“阴影偏移”数字框：改变这两个数字框内的数据，可以改变阴影的偏移位置。拖曳黑色方形控制柄也可以改变阴影的偏移位置，“阴影偏移”两个数字框内的数据会随之发生变化。

（3）“阴影角度”带滑块的数字框：在“预设列表”下拉列表内选中一些选项后，该数字框会变为有效。调整数字框的滑块或输入数字，可以改变阴影的起始位置、形状和方向，拖曳白色方形控制柄也可以产生相同效果。

（4）“阴影的不透明度”带滑块的数字框：调整滑块或输入数字，可以改变阴影的不透明度，该数字框内的数据会随之发生变化。拖曳长条透镜控制也可以产生相同的效果。

（5）“阴影羽化”带滑块的数字框：调整滑块或输入数字，可以调整阴影边缘的模糊度。

（6）“阴影淡出”带滑块的数字框：调整滑块或输入数字，可以改变阴影颜色的深浅。

（7）“阴影延展”带滑块的数字框：调整滑块或输入数字，可以改变阴影延伸的大小。它的作用与用鼠标拖曳黑色方形控制柄的作用一样。

（8）“阴影颜色”按钮■▾：单击，可调出一个调色板，用来确定阴影的颜色。

（9）“方向”按钮：单击，可以调出“方向”面板，如图 7-3-48 所示。使用它可以调整阴影边缘的羽化方向。

（10）“边缘”按钮：在“预设列表”下拉列表内选中第 1 个选项后，该按钮会变为有效。单击它可以调出“边缘”面板，如图 7-3-49 所示。使用它可以调整阴影边缘的羽化状态。

4．轮廓笔的设置

单击“轮廓展开工具栏”内的“画笔”按钮，可以调出“轮廓笔”对话框，如图 7-3-50 所示。使用“轮廓笔”对话框，可以调整轮廓笔的笔尖大小、颜色和形状。

图 7-3-48 “方向”面板

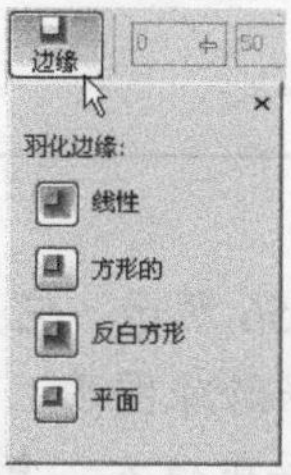

图 7-3-49 “边缘”面板

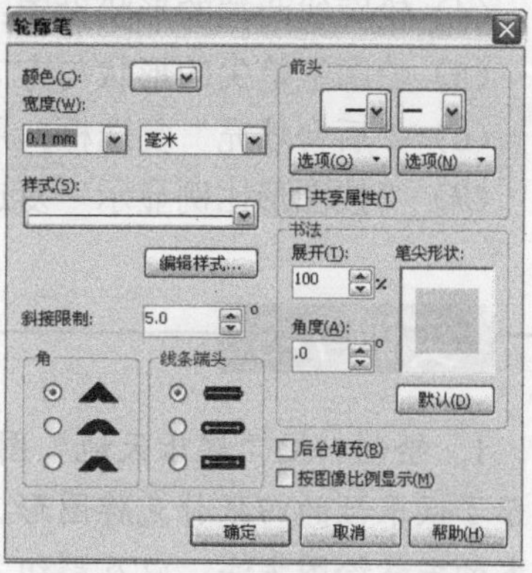

图 7-3-50 “轮廓笔”对话框

（1）轮廓笔的颜色、宽度和样式设置：使用“轮廓笔”对话框左上角的按钮和下拉列表框可以完成此任务。单击“编辑样式”按钮，可以调出“编辑线条样式”对话框，如图 7-3-51 所示。依据该对话框内的提示，可以设计轮廓笔的线条形状。

（2）轮廓笔的箭头设置：使用“轮廓笔”对话框“箭头”栏可以完成此任务。单击“箭头”栏中的左箭头和右箭头两个下拉列表框中的按钮，可以调出箭头图案列表框，如图 7-3-52 所示。单击其中一种箭头即可选定。选定左箭头和右箭头的直线如图 7-3-53 所示。

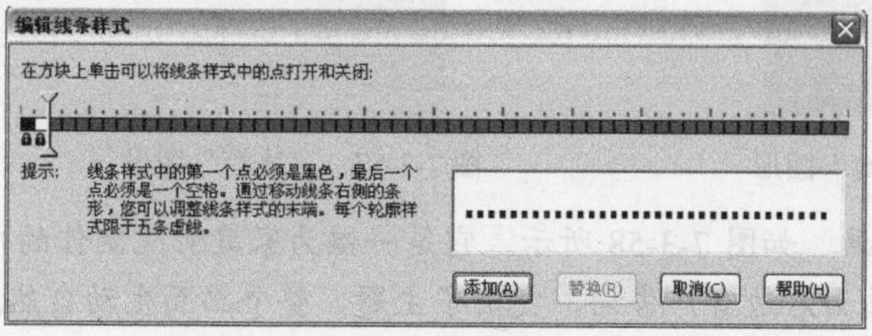

图 7-3-51 “编辑线条样式”对话框

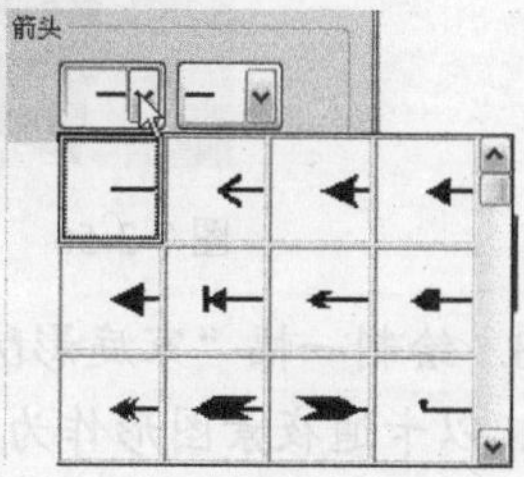

图 7-3-52 箭头图案列表框

单击“选项”按钮，调出“选项”菜单，如图 7-3-54 所示。单击“选项”菜单中的“编辑”或“新建”命令，可调出“箭头属性”对话框，如图 7-3-55 所示，可以编辑修改或增加箭头图案的形状和大小等。使用“选项”菜单，还可以删除箭头图案。

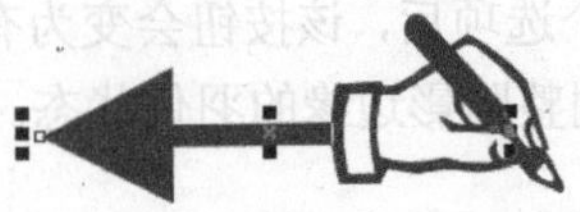

图 7-3-53　选定左、右箭头的直线

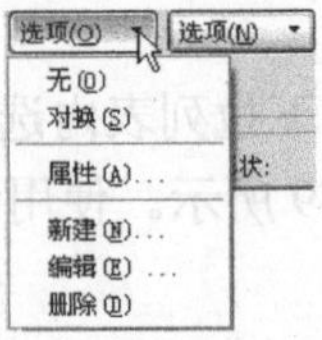

图 7-3-54 “选项”菜单

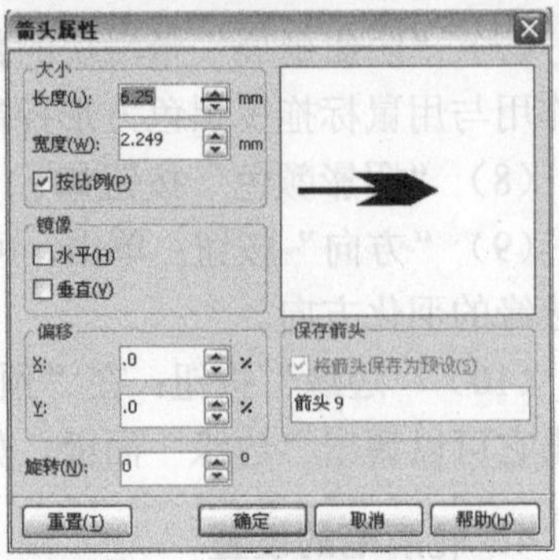

图 7-3-55　“箭头属性”对话框

（3）轮廓线的拐角设置：通过“角”栏来完成。

（4）轮廓线两端的形状设置：通过“线条端头”栏来完成。

（5）轮廓笔笔尖的形状与方向的设置：通过“书法”栏来完成。

（6）“后台填充”复选框：用来确定轮廓笔在填充色之前，还是在填充色之后。

（7）“按图形比例显示”复选框：用来确定当图形大小变化时，轮廓线宽度是否改变。

实训 7-3

1. 绘制一幅“娱乐天地”图形，如图 7-3-56 所示。它是一幅娱乐场所的宣传画。宣传画显示了娱乐性的四张扑克牌图形、足球图形、保龄球图形、台球图形等。制作该图形需要使用基本的矢量绘图方法，以及群组、组合、互动渐变填充、复制、透明和镜像等操作。

2. 绘制一幅“冰箱”图形，如图 7-3-57 所示。

图 7-3-56　“娱乐天地”图形

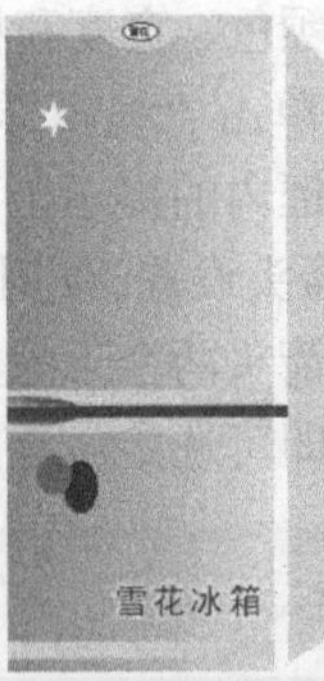

图 7-3-57　“冰箱”图形

3. 绘制一幅“家庭影院”宣传画，如图 7-3-58 所示。它是一幅为家庭影院制作的广告宣传画，以卡通夜景图形作为背景，画面右边有广告词，突出了主题，整个画面生动自然。

图 7-3-58　“家庭影院”宣传画

7.4 【实例21】放大镜

“放大镜”图形如图7-4-1所示。可以看到，在一幅“小屋”背景图形（如图7-4-2所示）之上，有“幽静小屋”立体文字和一个放大镜，同时“屋”字被放大镜放大了。放大镜上面有高光并且显示出淡蓝色的镜片。

通过制作该实例，可以进一步掌握制作有阴影文字的方法，使用“轮廓工具”和“交互式透明工具”的方法，掌握使用“透镜”泊坞窗的方法，以及创建几种类型透镜的方法等。该实例的制作方法和相关知识介绍如下。

图7-4-1 “放大镜”图形

图7-4-2 导入的“小屋”图形

制作方法

1. 制作文字

（1）设置绘图页面的宽度为220mm，高度为170mm。单击标准工具栏内的“导入”按钮，调出“导入”对话框，在该对话框中选择“小屋.jpg”图形文件，单击“导入”按钮，导入选中的图形，关闭“导入”对话框。

（2）在绘图页面内拖曳出一个与绘图页面大小一样的矩形，将图形导入绘图页面内作为背景图形，如图7-4-2所示。

（3）使用工具箱内的“文本工具”字，在绘图页面外输入字体为楷体，字号为90pt，颜色为红色的美术字“幽静小屋”，将其移到背景图形内的左上角。

（4）拖曳选中文字，单击其“文本”属性栏中的“字符格式化”按钮，调出“字符格式化”对话框。在该对话框中的“字距调整范围”数字框内输入30%，将文字的字距拉大；单击“字符效果”栏，展开“字符效果”栏，单击“下划线”栏右边的箭头按钮，在其下拉列表中选中“单线”选项，如图7-4-3所示。此时的“幽静小屋”美术字如图7-4-4所示。

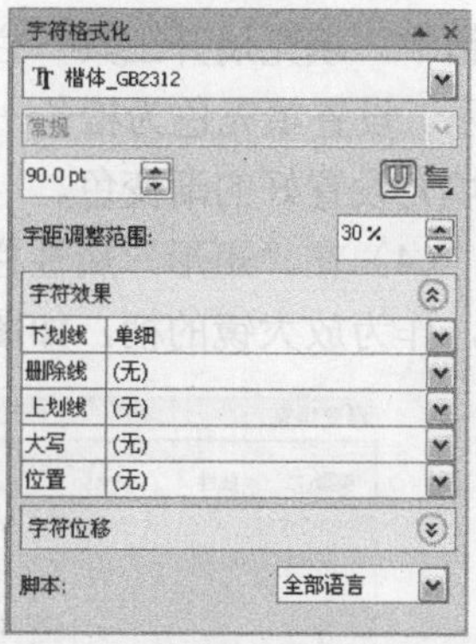

图7-4-3 “字符格式化”对话框

（5）按小键盘上的“+”键，将文字复制一份。选中复制的文字，将其拖曳到原文字的右下方，单击调色板中的白色色块，将复制的文字填充成白色。

（6）将白色文字调整到红色文字的后边，形成带白色阴影的立体字，如图7-4-5所示。

（7）使用工具箱中的“调和工具”，在其“交互式调和工具”属性栏内的“调和对象”数字框内输入20，从红色文字中央拖曳到白色文字之上，产生立体过渡效果，如图7-4-6所示。

图7-4-4 “幽静小屋”美术字

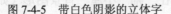

图 7-4-5　带白色阴影的立体字

图 7-4-6　立体过渡效果

2．制作放大镜

（1）使用工具箱中的“椭圆工具”，按住 Ctrl 键的同时，在页面内拖曳绘制出一个圆形图形。设置该圆形图形无填充、棕色轮廓线。

（2）单击“轮廓展开工具栏”内的“画笔”按钮，调出“轮廓笔”对话框，在该对话框中，设置轮廓“宽度”为 3mm，其他设置保持不变，如图 7-4-7 所示。单击“确定”按钮，形成放大镜的镜框图形，如图 7-4-8 所示。

图 7-4-7　“轮廓笔”对话框

图 7-4-8　放大镜的镜框图形

（3）使用工具箱内的“矩形工具”，在绘图页面外拖曳，绘制一幅矩形图形。单击工具箱中“填充展开工具”栏内的“渐变填充”按钮，调出“渐变填充”对话框，如图 7-4-9 所示。设置填充色为橙色—橙色—白色—橙色—橙色的渐变色。单击“确定”按钮，将矩形图形填充设置好的渐变色。

（4）在“矩形”属性栏中设置矩形的“旋转角度”为 48 度，将其移到圆形轮廓线的右下方，作为放大镜的柄，如图 7-4-10 所示。

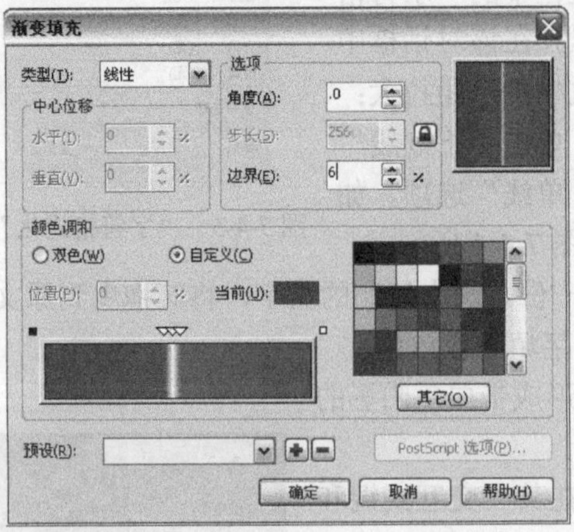

图 7-4-9　“渐变填充”对话框

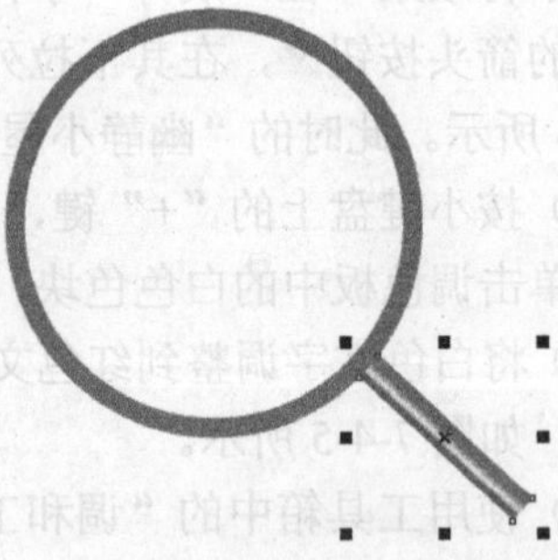

图 7-4-10　绘制放大镜的柄

（5）再次使用工具箱中的“矩形工具”，绘制一幅矩形图形，为其内部填充橙色—橙色—白色—橙色—橙色的渐变色。在“矩形”属性栏中设置矩形4个角的“边角圆滑度”都为60，设置矩形的“旋转角度”为48度，再移到放大镜杆的下边，作为放大镜的把，完成后的图形如图7-4-11所示。

（6）将绘制的放大镜的镜框、柄和把三部分图形组成一个群组。

（7）使用工具箱中的“椭圆工具”，按住Ctrl键的同时，在页面内拖曳绘制出一个圆形图形。为圆形图形填充浅蓝色，作为放大镜的镜片。

（8）使用工具箱“交互式展开式工具”栏中的“透明度”工具，从镜片的中央向外拖曳鼠标，拉出一条箭头。在其“交互式渐变透明”属性栏中设置透明度类型为“辐射”，使镜片产生射线透明效果，效果完成后的图形如图7-4-12所示。

（9）选中图7-4-12所示的放大镜图形，将放大镜图形移到绘图页面内，使镜片在“屋”字之上。

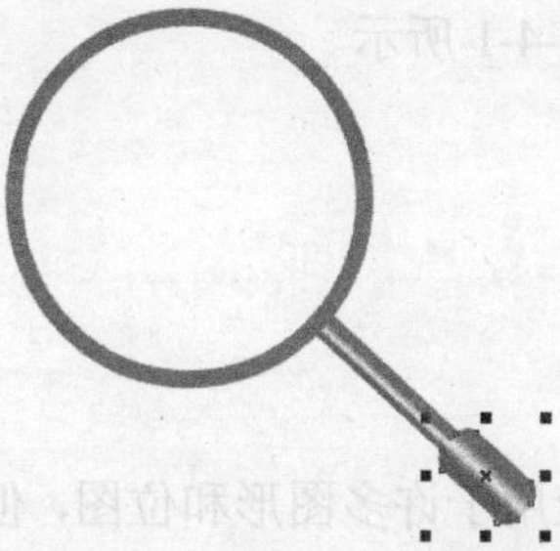

图7-4-11　绘制放大镜的把

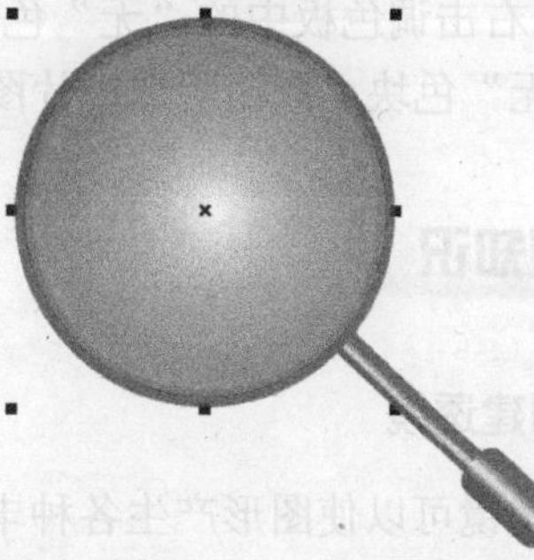

图7-4-12　绘制放大镜的镜片

（10）单击选中放大镜的镜片图形，单击“窗口”→“泊坞窗”→“透镜”命令，调出“透镜”泊坞窗，在“透镜”泊坞窗中的下拉列表中选中“放大”选项，设置“数量”为1.5，如果“应用”按钮无效，可以单击按钮，使“应用”按钮变为有效，同时该按钮变为，如图7-4-13所示。单击“应用”按钮，放大的效果如图7-4-14所示。

（11）使用工具箱中的“手绘工具”，绘制一个三角形，如图7-4-15所示。

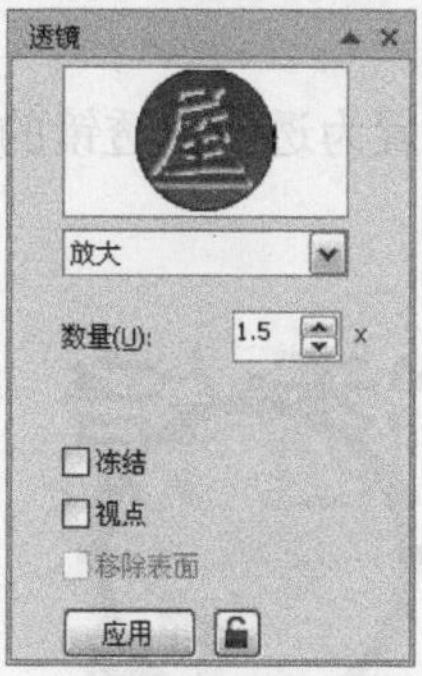

图7-4-13　“透镜”泊坞窗

图7-4-14　放大的效果

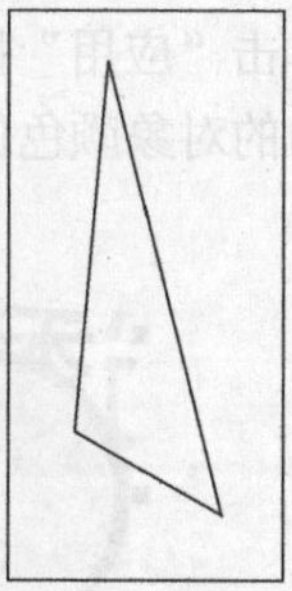

图7-4-15　绘制三角形

（12）使用工具箱中“形状编辑展开式工具”栏内的“形状工具”，将三角形调整成水滴形状。再使用工具箱中的“椭圆工具”，在水滴图形的下方绘制一个圆形图形，完成后的图形如图7-4-16所示。

（13）同时选中这两个对象，将其移动到镜片的右上方，调整其大小，单击调色板中的白色色块，用白色填充这两个对象。

（14）使用工具箱“交互式展开式工具”栏中的“透明度”工具，从图7-4-16所示的图形右上方向左下方拖曳出一个箭头。在其“交互式渐变透明”属性栏中设置透明度类型为“线性”，使水滴图形产生线性透明效果，完成后的图形如图7-4-17所示。

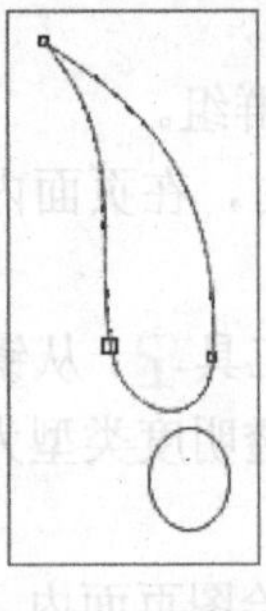
图7-4-16　调整三角形

图7-4-17　透明效果

（15）右击调色板中的“无”色块，取消所选图形的轮廓。单击选中镜片图形，右击调色板中的“无”色块，取消所选镜片图形的轮廓，效果如图7-4-1所示。

链接知识

1. 创建透镜

使用透镜可以使图形产生各种丰富的效果。透镜可以应用于许多图形和位图，但不能应用于已经应用了立体化、轮廓线或渐变的对象。

输入“透镜”美术字并导入一幅图形，再绘制一个椭圆形图形，作为透镜，如果透镜图形在其他对象的下边，则选中透镜图形，单击“排列”→“顺序”→“到图层前面”命令，将透镜图形移到其他对象的上面，保持选中作为透镜的图形，如图7-4-18所示。为创建透镜和观看透镜效果做好准备。

（1）选中透镜图形，将它移到美术字和图形之上，单击“效果”→“透镜”命令，调出“透镜”泊坞窗。在“透镜”泊坞窗内的下拉列表中选择一种透镜，此处选择“颜色添加”，设置颜色为红色，比率为80%，如图7-4-19所示。

单击“应用”按钮，即可将选中的图形（绘制的椭圆形图形）设置为透镜，透镜的效果是透镜内的对象颜色偏红色，如图7-4-20所示。

图7-4-18　选中图形

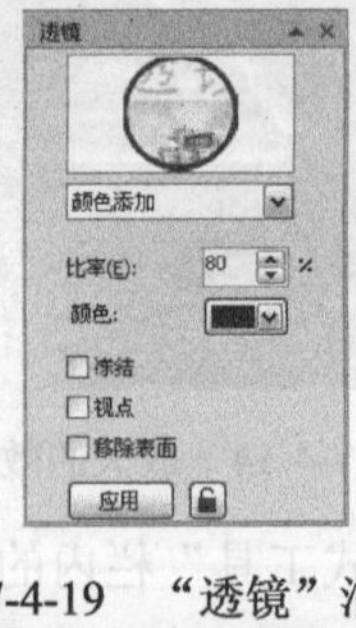

图7-4-19　“透镜”泊坞窗

图7-4-20　“颜色添加”透镜效果

（2）选中“冻结”复选框，单击“应用”按钮后，在移动透镜位置后，透镜内的对象仍保持不变，如图7-4-21所示。

（3）选中“视点”复选框，“视点”复选框右边会增加一个“编辑”按钮，单击该按钮，会在复选框的上边显示两个数字框，如图 7-4-22 所示，利用它们可以改变视角的位置。另外，还可以通过拖曳透镜内新出现的 ✕ 标记（表示视点）来改变视角的位置。

单击“应用”按钮后，可以从不同角度观察透镜下的对象，如图 7-4-23 所示。而且移动透镜位置后，透镜内的对象仍保持不变。

图 7-4-21　透镜内图形不变

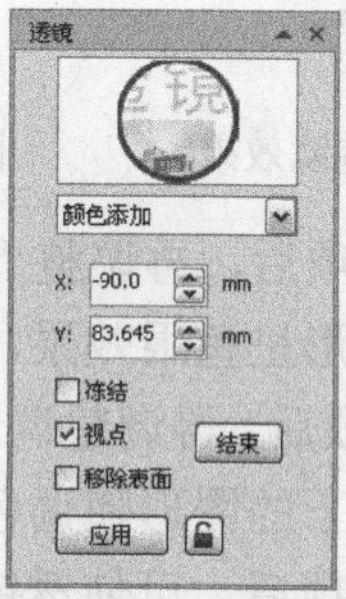

图 7-4-22 “透镜”泊坞窗

图 7-4-23　改变视角的位置

（4）在改变视角的位置后，再选中“移除表面”复选框，单击“应用”按钮，透镜下除了显示透镜效果图外，还会显示原对象。而且移动透镜位置后，透镜内的对象仍保持不变，效果如图 7-4-24 所示。

（5）改变“比率”数字框内的数据，可以改变透镜作用的大小。例如，选择“颜色添加”透镜类型后，将“比率”数字框内的数值改为 30%，单击“应用”按钮后，透镜下的对象颜色会变得更黄，透镜效果如图 7-4-25 所示。

图 7-4-24　选中“移除表面”复选框后的效果

图 7-4-25　改变“比率”值后的效果

2. 几种类型透镜的特点

在“透镜”泊坞窗内的下拉列表框内选择不同选项，可以获得不同的透镜效果，选中“颜色添加”选项后的透镜效果已讲述。选中其他选项后的效果简介如下。

（1）“变亮”选项：选择该选项后，调整比率，可以使透镜内的图形变亮或变暗。例如，设置“比率”为 80%后，单击“应用”按钮，透镜效果如图 7-4-26 所示。

图 7-4-26　“变亮”透镜效果

（2）“色彩限度”选项：选择该选项后，单击“颜色”按钮，调出“颜色”面板，选择颜色，再调整“比率”，即可获得类似于照相机所加的滤光镜效果，好像通过有色透镜观察图形一样。加入绿透镜，“比率”为 80%，单击“应用”按钮后，透镜效果如图 7-4-27 所示。

（3）“自定义彩色图”选项：选择该选项后，将滤光镜的颜色设置为两种颜色间的颜色（例如，红色到黄色），用来确定图形和背景颜色。单击“应用”按钮后，透镜效果如图 7-4-28 所示。

图 7-4-27 “色彩限度”透镜效果

图 7-4-28 “自定义彩色图”透镜效果

（4）“鱼眼”选项：选择该选项后，再调整“比率”（例如，“比率”设置为 130%），单击“应用”按钮后，可以使透镜下图形呈鱼眼效果，如图 7-4-29 所示。

（5）“热图”选项：选择该选项后，再调整调色板旋转角度（例如，“比率”设置为 45 度），单击“应用”按钮后，可以使透镜下的图形随调色板的颜色发生变化，如图 7-4-30 所示。

（6）“反显”选项：选择该选项后，可使透镜下图形呈负片效果，如图 7-4-31 所示。

图 7-4-29 “鱼眼”透镜效果

图 7-4-30 “热图”透镜效果

图 7-4-31 “反显”透镜效果

（7）“放大”选项：选择该选项后再调整放大值，可使透镜下的图形按指定的倍数放大。设置放大值为 1.5，单击“应用”按钮后，透镜效果如图 7-4-32 所示。

（8）“灰度浓淡”选项：选择该选项后，再调整颜色，可以使透镜下图形呈选定颜色的透镜效果。

（9）“透明度”选项：选择该选项后，再调整“比率”和“颜色”，可使透镜下图形呈半透明效果。例如，设置颜色为红色，比率为 50%，单击“应用”按钮后，透镜效果如图 7-4-33 所示。

（10）“线框”选项：选择该选项后，再调整轮廓和填充颜色，可使透镜下的图形和文字的轮廓线和填充颜色改变。例如，透镜下方有一个艺术字和一幅紫色轮廓线，填充为蓝色的矩形，设置“线框”透镜类型后，设置轮廓线颜色为绿色，填充为黄色，单击“应用”按钮后，透镜线的轮廓线颜色改为绿色，填充颜色改为黄色，透镜效果如图 7-4-34 所示。

图 7-4-32 “放大”透镜效果

图 7-4-33 “透明”度透镜效果

图 7-4-34 “线框”透镜效果

3. 封套

绘制一个图形，如图 7-4-35 所示。使用工具箱中的“选择工具”，选中该图形。再单击工具箱中“交互式展开式工具”栏内的“封套”按钮，其“交互式封套工具”属性栏如图 7-4-36 所示。此时，对象周围会出现封套网线，如图 7-4-37 所示。拖曳封套网线的节点，可以产生变形的效果。“交互式封套工具”属性栏内未介绍过选项的作用如下。

（1）单击“预置列表”下拉列表右边的箭头按钮，会调出有各种封套的样式选项。单击一种选项，即可改变封套网线的形状。

（2）如果在调整封套网格状区域后，需要保留这种形状图样，可以单击“添加预设”按钮，调出“另存为”对话框，利用该对话框即可将该封套网格图样保存。

（3）选择“映射模式”下拉列表中的选项（水平、原始的、自由变形、垂直）后，可以限制拖曳封套网线时对象形状的变化方向。

图 7-4-35 一幅图形

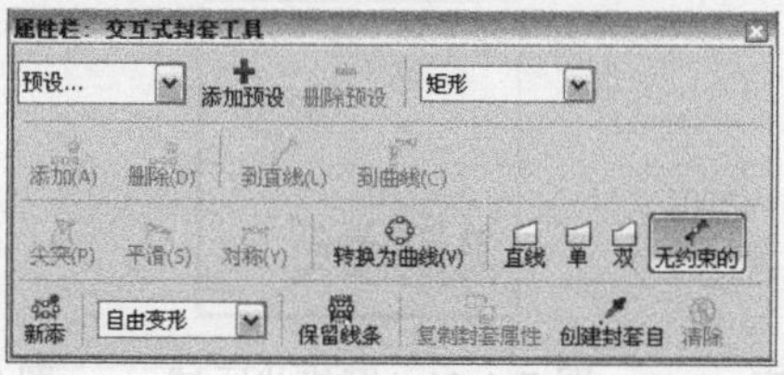

图 7-4-36 “交互式封套工具”属性栏

图 7-4-37 封套网线

（4）单击按下“直线模式”按钮，可以将曲线节点转换为直线节点。拖曳封套网线的直线节点，可以产生直线变形的效果，如图 7-4-38 所示。

（5）单击按下“单弧模式”按钮，再拖曳封套网线的节点，可以产生单弧线变形的效果，如图 7-4-39 所示。

（6）单击按下“双弧模式”按钮，再拖曳封套网线的节点，可以产生双弧线变形的效果，如图 7-4-40 所示。

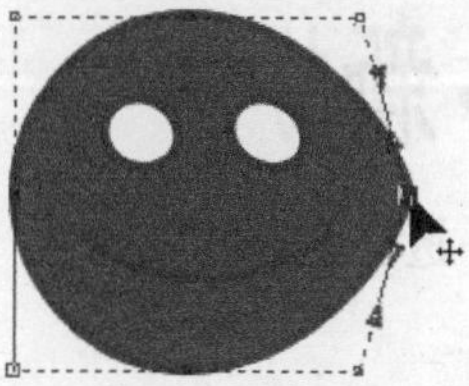

图 7-4-38 直线变形效果

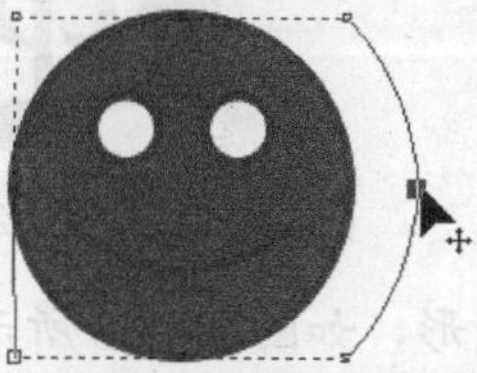

图 7-4-39 单弧线变形效果

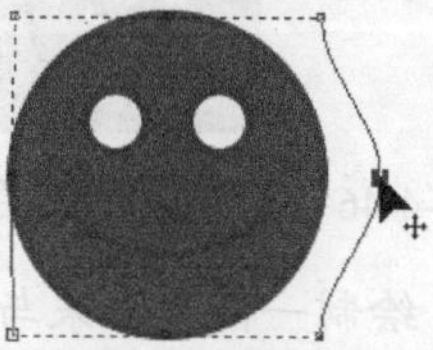

图 7-4-40 双弧线变形效果

（7）单击按下“非强制的”按钮后，再拖曳封套网线的节点，可以移动节点位置，拖曳节点切线的箭头，调整切线的方向，改变切点两边曲线的形状，如图 7-4-41 所示。

（8）单击按下“保留线条”按钮，拖曳调整封套网线的节点后，封套网线随之变化，对象的直线不会随着封套网线的调整而改变，如图 7-4-42 所示。

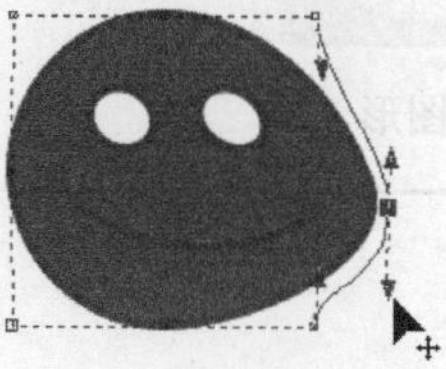

图 7-4-41 “非强制的”变形效果

图 7-4-42 对象的直线不会改变

4．新增透视点

（1）绘制一个图形或输入美术字，再使用“选择工具” ，单击选中该图形，如图 7-4-43 所示。

（2）单击“效果”→“增加透视点”命令，则选中的对象周围会出现一个矩形网格状区域，如图 7-4-44 所示。拖曳矩形网格状区域的黑色节点，可产生双点透视的效果，如图 7-4-45 所示。如果在按住 Ctrl+Shift 组合键的同时拖曳，可使对应的节点沿反方向移动等距离。

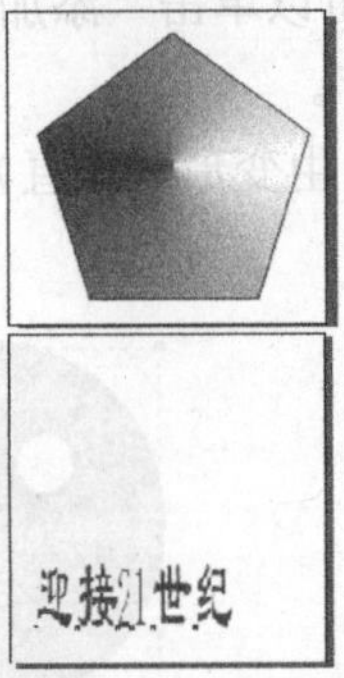

图 7-4-43　图形和美术字

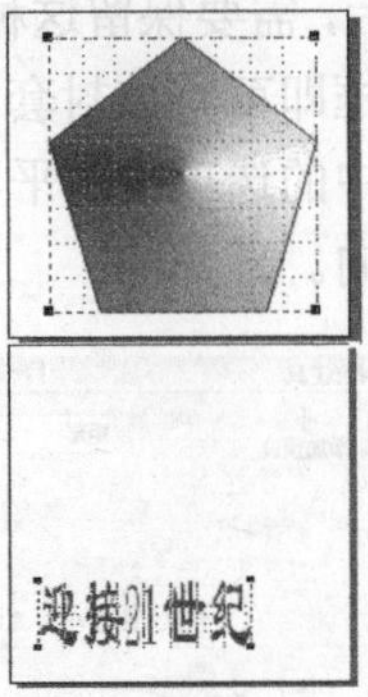

图 7-4-44　网格状区域

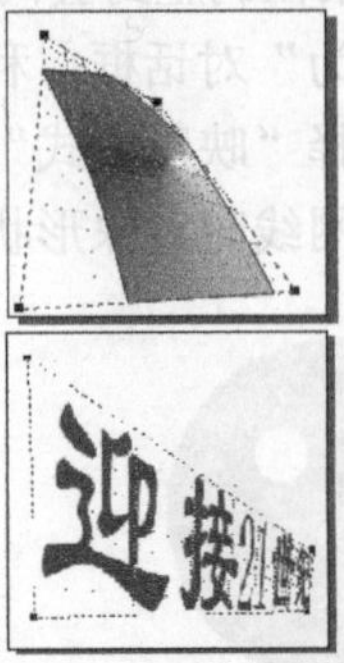

图 7-4-45　双点透视效果

实训 7-4

1. 参考【实例 21】的图形制作方法，制作有“鱼眼”效果（如图 7-4-46 所示）和有“变色”效果的放大镜。

2. 制作“迎接新的一年”透视效果文字图形，如图 7-4-47 所示。

图 7-4-46　“鱼眼”效果的放大镜

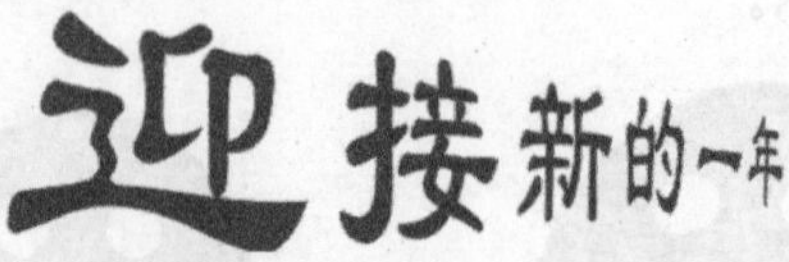

图 7-4-47　“迎接新的一年”透视效果文字图形

3. 绘制一幅“水果与饮料”图形，如图 7-4-48 所示。

图 7-4-48　“水果与饮料”图形

第8章

位图图像处理

本章提要：

CorelDRAW X5 是一个针对矢量绘图设计的软件，同时它还具有对位图进行加工处理的功能，例如对位图的亮度、对比度、色调、伽玛值的调整，以及对位图的各种效果处理等。本章通过 6 个实例介绍 CorelDRAW X5 对位图的图像处理方法。

8.1 【实例 22】美景佳人

“美景佳人”图形如图 8-1-1 所示，它是将图 8-1-2、图 8-1-3 所示的“佳人.jpg”和“飞鸟.jpg”图形添加到图 8-1-4 所示的“别墅 0.jpg”图形中，再将“佳人”图形中的绿色背景和“飞鸟”图形中的白色背景隐藏，以及其他加工处理后形成的。

通过制作该实例，可以进一步掌握图形的导入方法、位图颜色遮罩技术的应用等。该实例的制作方法和相关知识介绍如下。

图 8-1-1 “美景佳人”图像

图 8-1-2 “佳人”图形

图 8-1-3 “飞鸟”图形

图 8-1-4 “别墅 0”图形

制作方法

1. 在风景图形之上添加佳人图形

（1）设置绘图页面的宽度为 400px（像素），高度为 260 px（像素），背景色为白色。

（2）单击“文件”→“导入”命令，调出“导入”对话框。利用该对话框选择一幅名为“别墅 0.jpg”的图形，如图 8-1-4 所示。单击“导入”按钮，在绘图页面内拖曳出一个与绘图页面基本一样的矩形，导入选中的“别墅 0.jpg”图形。使用工具箱中的“选择工具”，调整导入的“别墅 0.jpg”图形的大小和位置，使图形刚好将整个绘图页面覆盖。

（3）再导入一幅“佳人.jpg”图形，如图 8-1-2 所示。将“佳人.jpg”图形移到“别墅 0.jpg”图形内右下角，如图 8-1-5 所示。使用工具箱中的“选择工具”，调整导入的“佳人.jpg”图形的大小和位置。

（4）单击“位图”→“位图颜色遮罩”命令，调出“位图颜色遮罩”泊坞窗。选中“隐藏颜色”单选按钮，单击选中颜色列表框内第 1 个色条的复选框，拖曳“容限”滑块，调整容差度为 20%；单击“颜色选择”按钮，再单击“佳人.jpg”图形的绿色背景，选定要隐藏的绿色。此时的“位图颜色遮罩”泊坞窗如图 8-1-6 所示。

图 8-1-5　导入的“别墅 0.jpg”和“佳人.jpg”图形

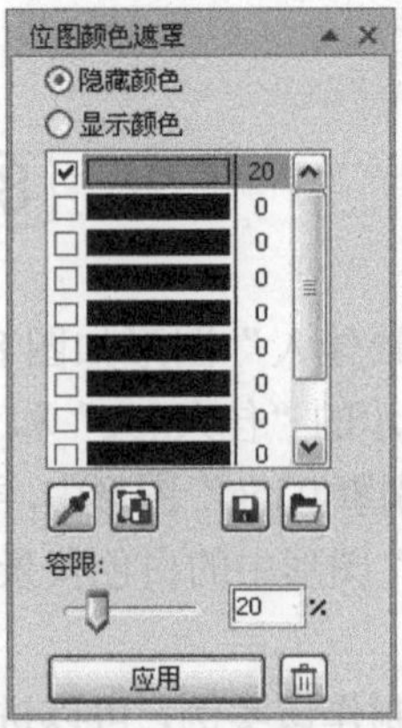

图 8-1-6　“位图颜色遮罩”泊坞窗

（5）单击“位图颜色遮罩”泊坞窗内的“应用”按钮，即可将“佳人.jpg”图形的绿色背景隐藏，图形效果如图 8-1-7 所示。

图 8-1-7　隐藏“佳人.jpg”图形的绿色背景

2. 添加飞鸟图形和制作立体文字

（1）单击“文件”→“导入”命令，调出“导入”对话框。利用该对话框选择一幅名为“飞鸟.jpg”的图形，如图 8-1-3 所示。单击“导入”按钮，在绘图页面内拖曳出一幅“飞鸟.jpg”图形。

（2）使用工具箱中的“选择工具”，调整导入的“飞鸟.jpg”图形的大小和位置，如图 8-1-8 所示。

（3）单击“位图”→“位图颜色遮罩”命令，调出“位图颜色遮罩”泊坞窗。选中“隐藏颜色”单选按钮，单击选中颜色列表内第 1 个色条的复选框，拖曳“容限”滑块，调整容差度为 20%；单击“颜色选择”按钮，再单击“飞鸟”图形的白色背景，选定要隐藏的颜色。

（4）单击“位图颜色遮罩”泊坞窗内的“应用”按钮，即可将“飞鸟.jpg”图形的白色背景隐藏，如图 8-1-9 所示。

（5）3 次按 Ctrl+D 组合键，复制 3 个“飞鸟.jpg”图形。使用工具箱中的“选择工具”，调整复制的“飞鸟.jpg”图形的位置，如图 8-1-10 所示。

图 8-1-8　“飞鸟”图形

图 8-1-9　隐藏白色背景

图 8-1-10　调整 3 幅“飞鸟”图形的位置

（6）使用工具箱中的“文本工具”字，在绘图页中输入字体为华文琥珀，字号为 43pt 的“佳人别墅”美术字。单击选中它，再单击调色板内的红色色块，给“佳人别墅”美术字填充红色；右击调色板内的黄色色块，给“佳人别墅”美术字轮廓着黄色。

（7）使用工具箱中“交互式展开式工具”栏内的“立体化”工具，在美术字上向上拖曳，产生立体字，如图 8-1-11 所示。再单击其“交互式立体化”属性栏内的“颜色”按钮，调出“颜色”面板。在该面板内，设置“从”颜色为红色，“到”颜色为黄色，美术字效果如图 8-1-12 所示。

图 8-1-11　“佳人别墅”立体字

图 8-1-12　调整立体文字渐变颜色

（8）使用工具箱中的“选择工具”，适当调整立体美术字的大小，将它移到绘图页面内的右下角，如图 8-1-1 所示。

链接知识

1. 位图颜色遮罩

使用工具箱中的“选择工具”，选中一幅图形。再单击“位图”→“位图颜色遮罩”

命令，调出“位图颜色遮罩”泊坞窗。利用“位图颜色遮罩”泊坞窗可以将选中的位图内的几种颜色隐藏，或者只显示选中的位图内的几种颜色。

（1）隐藏位图中的某几种颜色：单击选中“隐藏颜色”单选钮，再按下述步骤操作。

◎ 在颜色列表框内单击选中一个色条。

◎ 单击“颜色选择”按钮，将鼠标指针移到位图内的某处，单击鼠标选色。也可以单击“编辑色彩”按钮，调出“选择颜色”对话框，利用它选择相应的色彩。

◎ 拖曳“容限”滑块，调整“容限”数值，颜色列表框内选中的色条右边会显示“容限”数据。例如，选中一幅“苹果”图形（绘图页面背景颜色为绿色），如图 8-1-13 所示。调出“位图颜色遮罩”泊坞窗，在颜色列表框内单击选中第 1 个色条，拖曳“容限”滑块，调整容差度为 18%；单击“颜色选择”按钮，再单击图形的背景白色。此时的“位图颜色遮罩”泊坞窗如图 8-1-14 所示。

◎ 在颜色列表框内选中另外一个色条，重复上述步骤。此处只选择一种颜色。

◎ 设置完后，单击“应用”按钮，隐藏选中的颜色。如图 8-1-15 所示隐藏了背景白色。

图 8-1-13　选中的图形

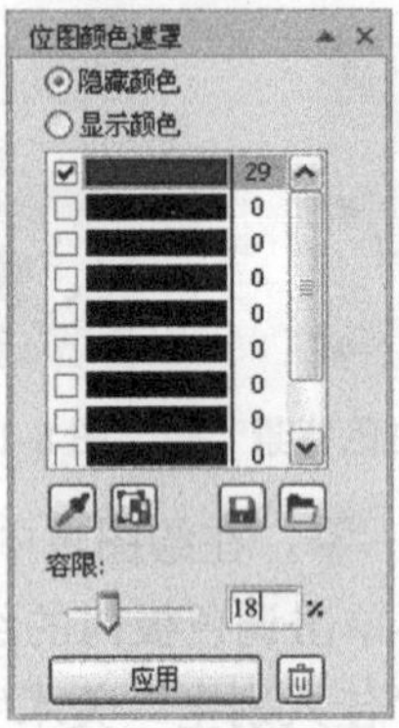

图 8-1-14　“位图颜色遮罩”泊坞窗

图 8-1-15　隐藏背景

（2）显示位图中的某几种颜色：单击选中“显示颜色”单选钮，以后按上述步骤进行。设置完成显示的颜色后，单击“应用”按钮，效果如图 8-1-16 所示。

2．描摹

描摹就是将位图转换成矢量图。选中绘图页面内的位图图形，如图 8-1-17 所示。单击“位图”命令，调出它的菜单，其内第 4 栏中是有关描摹的命令。单击“位图”→“轮廓描摹”命令，调出“轮廓描摹”菜单，如图 8-1-18 所示，可以进行几种位图轮廓描摹。另外，单击“位图”→“中心线描摹”命令，可以调出“中心线描摹”菜单，选择相应的命令可以进行相应的图形描摹。几种描摹简介如下。

图 8-1-16　显示选中颜色

图 8-1-17　一幅位图图形

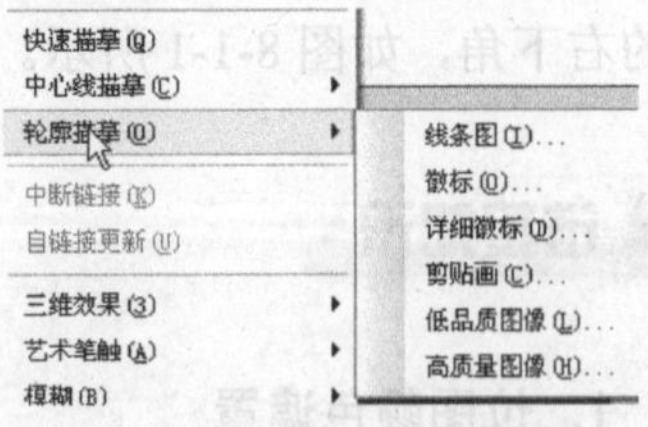

图 8-1-18　“轮廓描摹”菜单

（1）快速描摹：选中绘图页面内的一幅位图图形（如图 8-1-17 所示），单击“位图”→“快速描摹”命令，即可将选中的位图矢量化，如图 8-1-19 所示。再单击“排列”→“取消全部群组”命令，将如图 8-1-19 所示的矢量图形群组全部取消，分离成多个独立的小矢量图形，如图 8-1-20 所示。

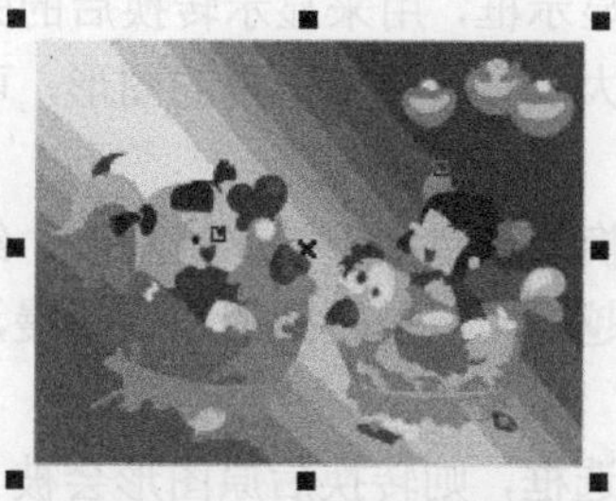
图 8-1-19　快速描摹效果

图 8-1-20　取消全部群组

（2）轮廓描摹：单击“位图”→“轮廓描摹”命令，调出“轮廓描摹”菜单，如图 8-1-18 所示；另外，单击“位图”→“中心线描摹”命令，调出“中心线描摹”菜单，如图 8-1-21 所示。单击“轮廓描摹”和“中心线描摹”菜单内的任何一个命令，都可以调出“PowerTRACE”对话框，如图 8-1-22 所示。此处单击的是“位图”→“轮廓描摹”→“高质量图形”命令。

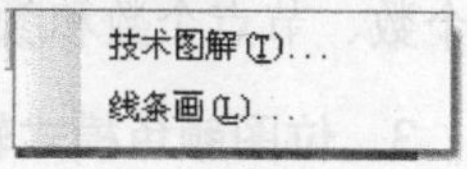

图 8-1-21 “中心线描摹”菜单

图 8-1-22 “PowerTRACE”对话框

在该对话框内的“描摹类型”下拉列表框中可以选择不同的描摹类型，这与单击“位图”菜单中的“轮廓描摹”和“中心线描摹”中的命令的效果一样。在该下拉列表中选择不同的“描摹类型”选项后，该对话框中的各项参数设置会发生一些变化。

在该对话框内的“图形类型”下拉列表框中可以选择不同的图形类型，即转换后的矢量图的类型，这与单击“位图”菜单中“轮廓描摹”和“中心线描摹”菜单内的命令的效果一样。

在选择不同的“图形类型”选项后，该对话框中的各项参数设置不会变化。

在“预览”下拉列表框中有三个选项，选中“之前及之后”选项后，该对话框内左边显示框有上、下（或左、右）两个，上边（或左边）的是原图形，下边（或右边）的是转换后的矢量图。选中“较大浏览”选项后，该对话框内左边只有一个显示框，用来显示转换后的矢量图。选中“线框叠加”选项后，该对话框内左边只有一个显示框，用来显示转换后的矢量图的轮廓线。单击显示框内的图形，可以将显示框内的图形放大，右击显示框内的图形，可以将显示框内的图形缩小。

“PowerTRACE”对话框内右边各栏用来设置转换的矢量图形的平滑程度、细节、颜色模式和颜色数量等。参数值越高，转换后的矢量图效果越好，但是转换的速度越慢，转换后的矢量图形文件越大。

在“选项”栏内，如果选中“删除原始图形”复选框，则转换后原图形会被自动删除。选中“移出背景”复选框后，转换的矢量图形的背景颜色会被移除，替代原背景颜色的颜色可以指定或由 CorelDRAW X5 自动设置。在“描摹结果详情”栏内会显示出转换后的矢量图形的曲线个数、节点个数和颜色数量等信息。

3. 位图颜色模式转换

选中绘图页面内的位图，单击“位图”→“模式”命令，调出的“模式”菜单如图 8-1-23 所示，由菜单中可以看到所能转换的模式选项。单击一个选项，即可进行相应的模式转换。

（1）转换为黑白模式：单击“黑白（1 位）”命令后，调出“转换成 1 位”对话框，如图 8-1-24 所示。对话框内的左图为原图。单击“预览”按钮后，右图为转换后的图形。

在“转换方式”下拉列表内可以选择某种转换方式，转换方式不同，其对话框也会有一些变化。在“转换方式”下拉列表内选择“基数分布”选项后，在“转换方式”下拉列表内选择“半色调”选项后的“转换成 1 位”对话框如图 8-1-24 所示。

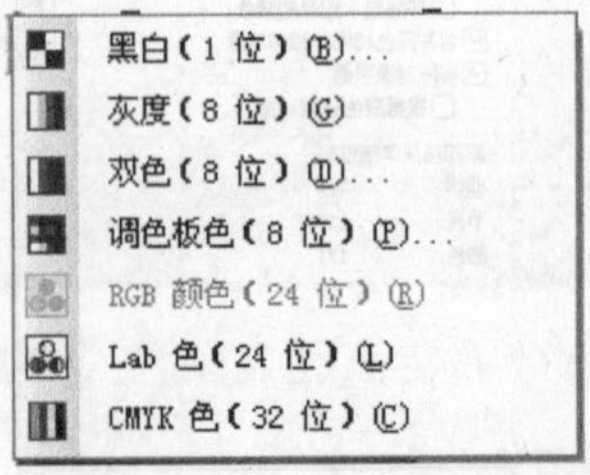

图 8-1-23　“模式”菜单

图 8-1-24　“转换成 1 位”对话框

（2）单击“模式”子菜单中的“灰度”、“Lab 颜色”和“CMYK 颜色”命令，可以直接转换为相应的模式。

（3）转换为双色模式：单击“位图”→“模式”→“双色”命令，调出“双色调”对话框。在“类型”列表框内选择转换为几种墨水绘制的图形，其对话框会有一些变化。选中“全部显示”复选框后，可以在右边同时显示所有颜色的曲线。单击选中左边的一种颜色，在右边即可拖曳调整相应的曲线，调整颜色的百分比，单击“预览”按钮可以在右边显示框内显示其效果，如图 8-1-25 所示。单击“保存”按钮可以将调整好的墨水色调曲线保存在文件中。

（4）转换为调色板模式：单击“位图”→“模式”→“调色板色”命令，调出“转换至调色板色”对话框，如图 8-1-26 所示。在“调色板”下拉列表内选择调色板类型，在“递色处理的”下拉列表内选择相应的平滑度大小和抵色强度等。单击“确定”按钮即可。

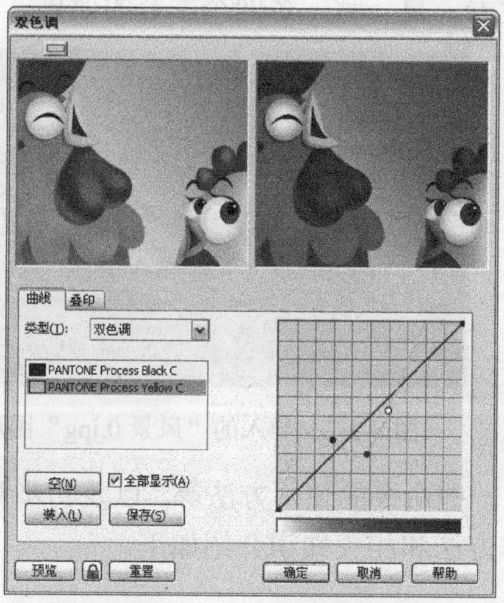

图 8-1-25　“双色调”对话框

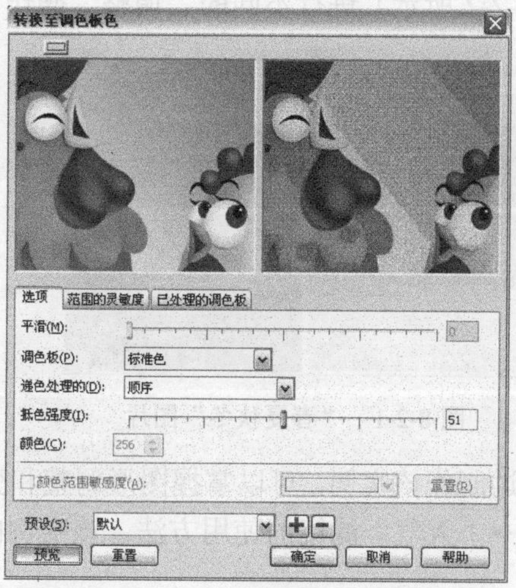

图 8-1-26　“转换至调色板色”对话框

实训 8-1

1. 制作一幅“空中飞机”图形，如图 8-1-27 所示。它是利用如图 8-1-28 所示的“云图”图形和如图 8-1-29 所示的“飞机”图形制作而成的。

图 8-1-27　“空中飞机”图形

图 8-1-28　“云图”图形

图 8-1-29　“飞机”图形

2. 制作一幅“小鸭戏水”图形，如图 8-1-30 所示，它是将如图 8-1-31 所示的“小鸭”图形中的白色背景隐藏，将小鸭图形添加到图 8-1-32 所示的“戏水”图形中，再进行其他加工处理后完成的。

图 8-1-30　“小鸭戏水”图形

图 8-1-31　“小鸭”图形

图 8-1-32　“戏水”图形

8.2 【实例23】春夏秋冬

“春夏秋冬”图片如图8-2-1所示。它显示了一幅相同图形的四季画面，通过对一幅图形（如图8-2-2所示）进行不同的“调整”操作，产生春、夏、秋、冬四个季节的效果。

图8-2-1 “春夏秋冬”图片

图8-2-2 导入的“风景0.jpg”图形

通过制作该实例，可以掌握图形调整和变换中一些命令的使用方法等，以及初步掌握“创造性”→“天气”滤镜的使用方法。该实例的制作方法和相关知识介绍如下。

制作方法

1. 制作春天效果

（1）设置绘图页面的宽度为600像素，高度为400像素，背景色为白色。

（2）单击“文件”→“导入”命令，导入一个文件名为“风景0.jpg”的图形，如图8-2-2所示。再将该图形复制3个，排列成2行2列，单击“排列”→“对齐和分布”→“对齐和分布”命令，调出“对齐和分布”对话框，利用该对话框将4幅“风景0.jpg”图形对齐，如图8-2-3所示。

（3）使用工具箱中的“选择工具”，单击选中左上角的“风景0.jpg”图形，单击“效果”→“调整”→“伽玛值”命令，调出“伽玛值”对话框，如图8-2-4所示。该对话框主要用来调整图形的对比度，伽玛值越大，图形对比度越弱。调整图形对比度时不仅调整了明暗，整个图形的色调对比也减弱了。由于图8-2-2所示图形的色彩比较浓，因此调整伽玛值为1.96，单击“预览”按钮，即可看到整个图形的对比度均减弱了。

图8-2-3 4幅“风景0.jpg”图形

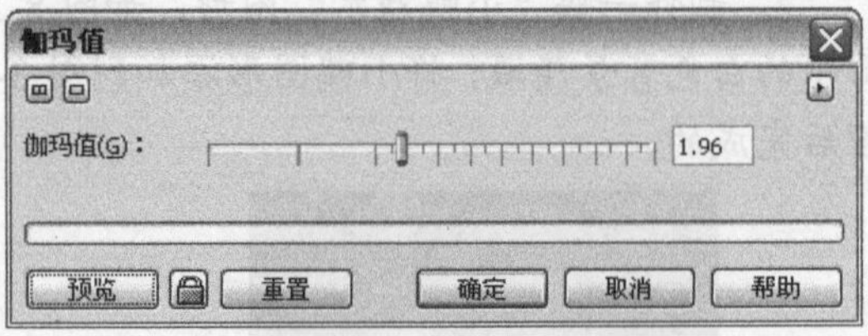

图8-2-4 “伽玛值”对话框

（4）单击“伽玛值”对话框内的按钮，可以使“伽玛值”对话框内显示原图形和调整后的图形，同时按钮变为，如图8-2-5所示。单击按钮，可以使“伽玛值”对话框回到如图8-2-4所示状态，同时按钮变为。单击按钮，可以在“伽玛值”对话框内只显示调整后的图形，同时按钮变为。单击按钮，可以在“伽玛值”对话框内显示原图形和调整后的图形，同时按钮变为。

拖曳左边的图形，可以调整原图形和加工后图形的显示部位，单击左边的图形，可以放大显示原图形和加工后图形，右击左边的图形，可以缩小显示原图形和加工后图形。单击“确定”按钮，调整后的图形如图 8-2-6 所示。

图 8-2-5 “伽玛值”对话框

图 8-2-6 调整后的图形

（5）单击“效果”→“调整”→“替换颜色”命令，调出“替换颜色”对话框，如图 8-2-7 所示。单击该对话框内“原颜色”下拉列表右边的按钮，此时鼠标指针变为状，单击图形内的棕色树叶，使“原颜色”下拉列表内的颜色变为棕色。

单击“新建颜色”下拉列表框按钮，调出它的颜色面板，单击该面板内的绿色色块，设置“新建颜色”为绿色。调整“颜色差异”栏内各参数，单击“预览”按钮，可以看到选中图形的颜色变化。单击“确定”按钮，调整后的图形如图 8-2-8 所示。

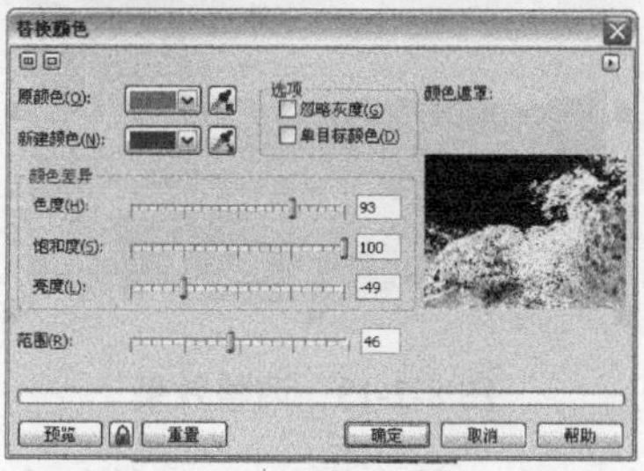

图 8-2-7 “替换颜色”对话框

图 8-2-8 调整后的图形

（6）单击“效果”→“调整”→“调和曲线”命令，调出“调和曲线”对话框，如图 8-2-9 所示（还没调整曲线）。在该对话框内的“活动通道”下拉列表内选择“绿”选项，在“样式”下拉列表框内选择“伽玛值”选项，“调和曲线”对话框内会增加一个“伽玛值”数字框，调整伽玛值为 2.06，如图 8-2-10 所示。

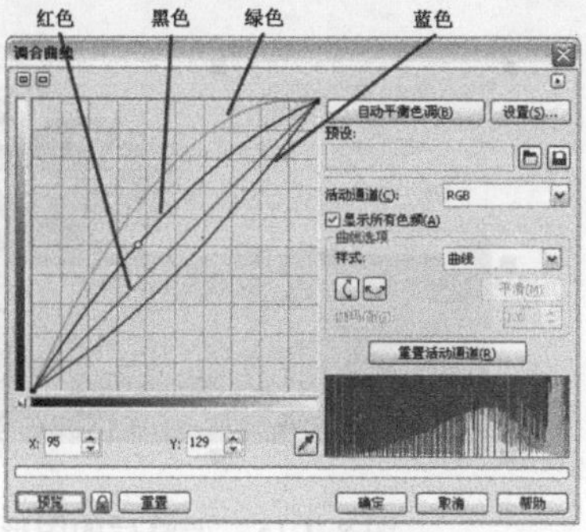

图 8-2-9 “调和曲线”对话框

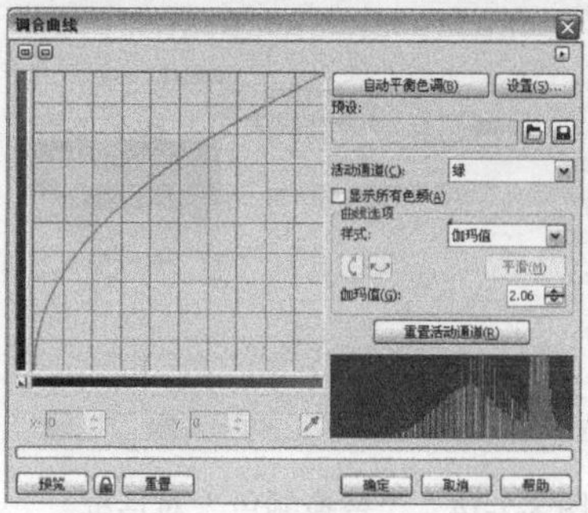

图 8-2-10 设置“调和曲线”对话框参数

（7）在“调和曲线”对话框内的“活动通道”下拉列表内选择“蓝”选项，出现一条蓝色直线，向右下方微微拖曳蓝色曲线，效果如图 8-2-9 中蓝色曲线所示。在“活动通道”下拉列表内选择“RGB”选项，出现一条黑色直线，向右上方微微拖曳黑色曲线，效果如图 8-2-9 中黑色曲线所示。

（8）单击选中“全部显示”复选框，效果如图 8-2-9 中的曲线所示。单击“预览”按钮，可看到图形颜色变绿了。单击“确定”按钮，制作的春天图形效果如图 8-2-11 所示。

图 8-2-11　调整调和曲线后的效果

（9）使用工具箱中的“文本工具”字，在春天图形内的左上角输入字体为黑体，字大小为 8pt 的“春”美术字，设置颜色为绿色，如图 8-2-1 所示。

2．制作夏天和秋天效果

（1）单击选中图 8-2-3 中右上角的“风景 0.jpg”图形，单击“效果”→“调整”→“亮度/对比度/强度”命令，调出“亮度/对比度/强度”对话框。在该对话框中设置各项参数使图形的亮度、对比度、强度都增强，如图 8-2-12 所示。单击“确定”按钮，使图形产生夏季烈日炎炎的效果，如图 8-2-13 所示。

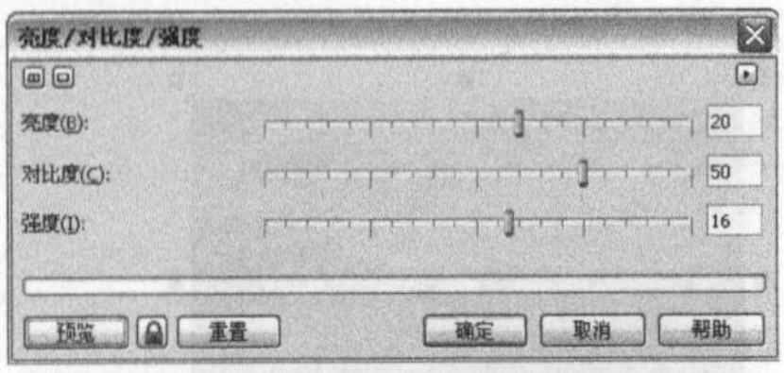

图 8-2-12　“亮度/对比度/强度”对话框

图 8-2-13　调整效果

（2）单击“效果”→“调整”→“替换颜色”命令，调出“替换颜色”对话框，如图 8-2-14 所示。单击该对话框内“原颜色”下拉列表右边的按钮，此时鼠标指针变为状，单击图形内的黄色树叶，使“原颜色”下拉列表内的颜色变为黄色。

单击“新建颜色”下拉列表按钮，调出它的“颜色”面板，单击该面板内的红色色块，设置“新建颜色”为红色。调整“颜色差异”栏内各参数，单击“预览”按钮，可以看到选中图形的颜色发生了变化。单击“确定”按钮，调整后的图形如图 8-2-15 所示。

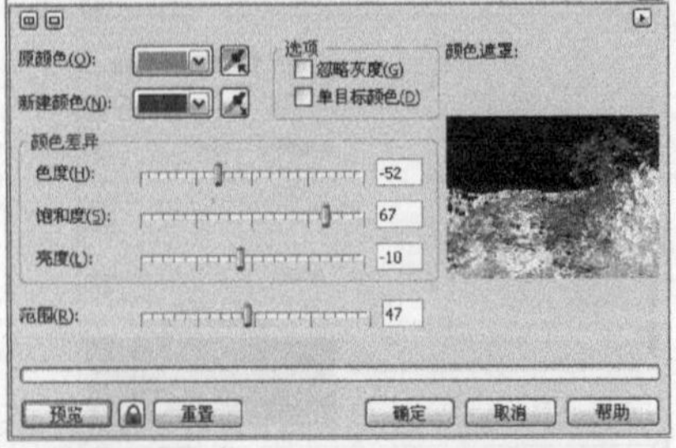

图 8-2-14　“替换颜色”对话框

图 8-2-15　调整后的图形

（3）使用工具箱中的“文本工具”字，在夏天图形内的右上角输入字体为黑体，字大小为 8pt 的“夏”美术字，设置颜色为红色，如图 8-2-1 所示。

（4）单击选中图 8-2-3 中右下角的“风景 0.jpg”图形，单击“效果”→“调整”→“颜色平衡”命令，调出“颜色平衡”对话框，将三个颜色通道分别设置为 10、−36 和−90，不选中“阴影”复选框，如图 8-2-16 所示。单击“确定”按钮，使图形呈现秋季天高气爽的效果，如图 8-2-17 所示。

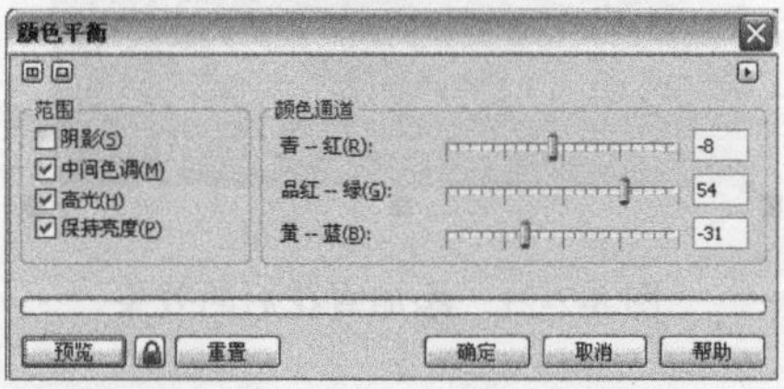

图 8-2-16　“颜色平衡”对话框

图 8-2-17　调整“色彩平衡”后的效果

（5）使用工具箱中的“文本工具” 字 ，在秋天图形内的右上角输入字体为黑体，字号为 8pt 的“秋”美术字，设置颜色为紫色，如图 8-2-1 所示。

3. 制作冬天效果

（1）单击选中如图 8-2-3 所示左下角的“风景 0.jpg”图形，再单击“效果”→“变换”→“反显”命令，该命令的主要功能是使位图图形变成负像。执行“反显”后可以看到图形被反显成负像，即黑色变成白色，白色变成黑色，其他颜色都变成了它的补色，如图 8-2-18 所示。

（2）单击“效果”→“变换”→“极色化”命令，调出“极色化”对话框。“极色化”的主要功能是设定所要的色调阶数，即表示每个色调只以设定的阶数来表现。根据需要定义色调层次为 26，作为冬景的色彩级数，如图 8-2-19 所示。单击“预览”按钮，可以看到整个点阵图的色调表现得更为丰富了。单击“确定”按钮，关闭该对话框，完成图形变换。

图 8-2-18　颜色变成了补色

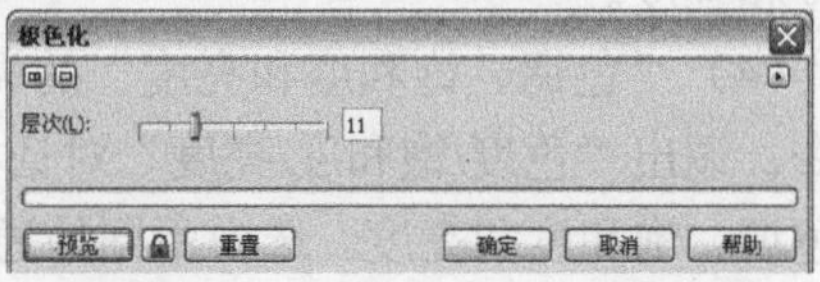

图 8-2-19　“极色化”对话框设置

（3）此时的图形作为冬天图形显然过于寒冷，使人感到压抑，可以使用“调和曲线”对话框进行调整加以改善。单击“效果”→“调整”→“调和曲线”命令，调出“调和曲线”对话框，进行适当调整。

（4）单击“位图”→“创造性”→“天气”命令，调出“天气”对话框，在“预报”栏内选中“雪”单选按钮，设置天气预报为“雪”，设置雪浓度为 18，雪片大小为 1，如图 8-2-20

所示。单击“确定”按钮，关闭该对话框，即可显示一幅大雪纷飞、冰天雪地、寒风凛冽的冬天画面，如图 8-2-21 所示。

（5）使用工具箱中的“文本工具”字，在冬天图形内的右上角输入字体为黑体，字号为 8pt 的“冬”美术字，设置颜色为蓝色，如图 8-2-1 所示。

图 8-2-20 “天气”对话框

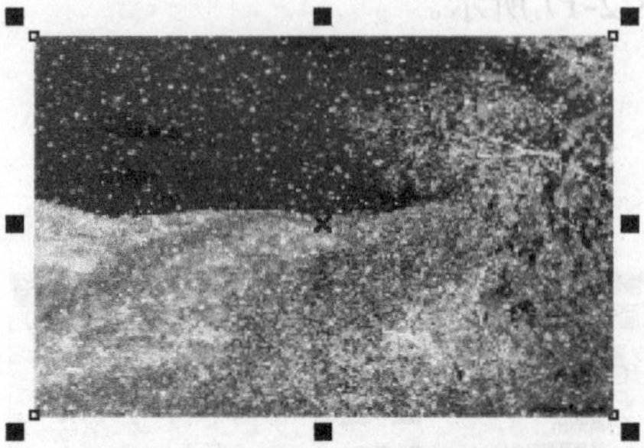
图 8-2-21 添加雪花后的效果

链接知识

CorelDRAW X5 是一个主要针对矢量绘图设计的软件，它还可以对位图图形进行一些色彩调整，使图形达到所设计的艺术效果。单击“效果”→“调整”命令，调出“调整”菜单，其内共有 12 条命令。另外，单击“效果”→“变换”命令，调出“变换”菜单，其内共有 3 条命令。图形的调整主要是通过这 15 条命令来完成的。

1. 位图调整

单击“效果”→“调整”菜单可以进行图形色彩的各种调整，下面简要介绍几个命令。

（1）“伽玛值”的调整：单击“效果”→“调整”→“伽玛值”命令，调出“伽玛值”对话框，如图 8-2-4 所示。利用该对话框可以调整图形色彩的伽玛值。伽玛值的改变会影响图形中的所有值，但主要影响中间色调，调整它可以改进低对比度图形的细节部分。

（2）“曲线”调整：单击“效果”→“调整”→“调和曲线”命令，调出“调和曲线”对话框，如图 8-2-9 所示。利用该对话框可以进行图形色调曲线的调整。

（3）“亮度/对比度/强度”的调整：单击“效果”→“调整”→“亮度/对比度/强度”命令，调出“亮度/对比度/强度”对话框，如图 8-2-12 所示。利用该对话框可以调整图形的亮度、对比度和强度。

（4）“色调、饱和度和亮度”的调整：单击“效果”→“调整”→“色度/饱和度/亮度”命令，调出“色度/饱和度/亮度”对话框，如图 8-2-22 所示。利用该对话框可以调整图形色彩的色调、饱和度和亮度。选中不同的通道，再调整相应的“色度”、“饱和度”和“亮度”数值，可以调整各通道的色度、饱和度和亮度。

（5）“颜色通道”调整：单击“效果”→“调整”→“通道混合器”命令，调出“通道混合器”对话框，如图 8-2-23 所示。利用该对话框可以调整图形的色彩平衡。在“色彩模型”下拉列表内可以选择色彩模型，在“输出通道”下拉列表内可以选择通道，其内有 “红”、“绿”和“蓝”三个通道。选中“仅预览输出通道”复选框后，单击“预览”按钮，所看到的是加工后图形的单通道（在“输出通道”下拉列表框内选中的通道）的黑白图形。

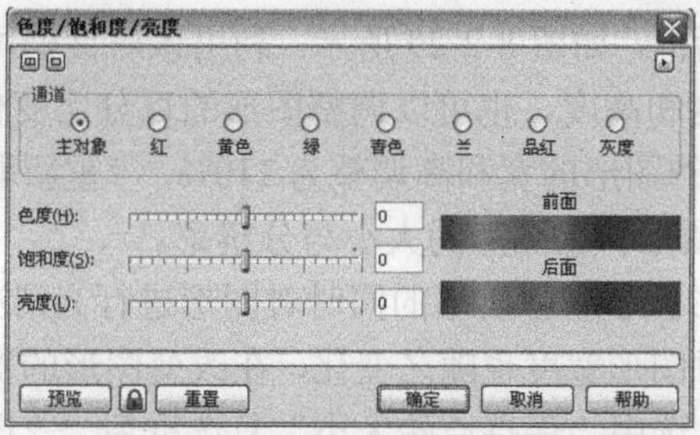

图 8-2-22　“色度/饱和度/亮度”对话框

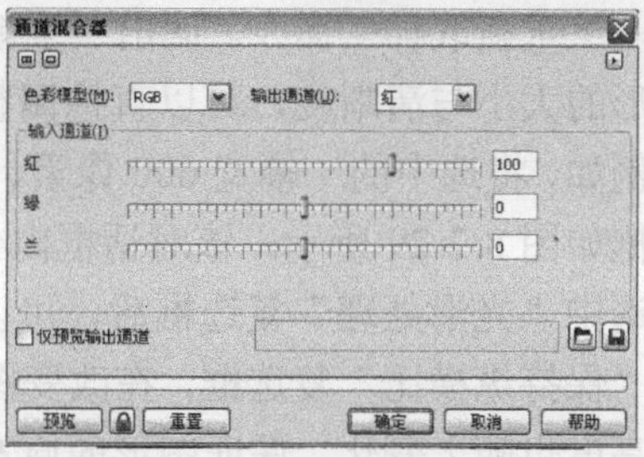

图 8-2-23　“通道混合器”对话框

（6）“局部平衡”调整：单击“效果”→“调整”→“局部平衡”命令，调出“局部平衡”对话框，如图 8-2-24 所示。利用该对话框可以进行图形的局部平衡化的调整，以产生一些特殊的效果。单击按下按钮▣后，可同时调整“宽度”和“高度”的数值。按钮抬起后，可以分别调整“宽度”和“高度”的数值。选中图 8-2-25 左图所示图形，调出“局部平衡”对话框。按照图 8-2-22 所示进行参数设置，单击“确定”按钮，图形效果如图 8-2-25 右图所示。

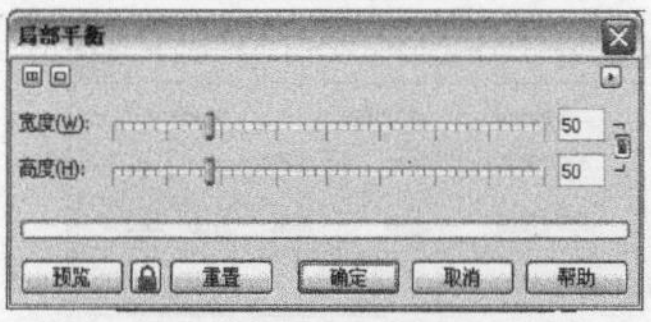

图 8-2-24　“局部平衡”对话框

图 8-2-25　原图形和局部平衡处理后的图形

（7）“替换颜色”调整：单击选中要替换颜色的图形（例如，“橘子”图形），如图 8-2-26 所示。单击“效果”→“调整”→“替换颜色”命令，调出“替换颜色”对话框，设置如图 8-2-27 所示。单击“确定”按钮，即可完成这次颜色的替代调整，将黄色“橘子”图形变为红色“橘子”图形，如图 8-2-28 所示。该对话框的具体设置方法如下。

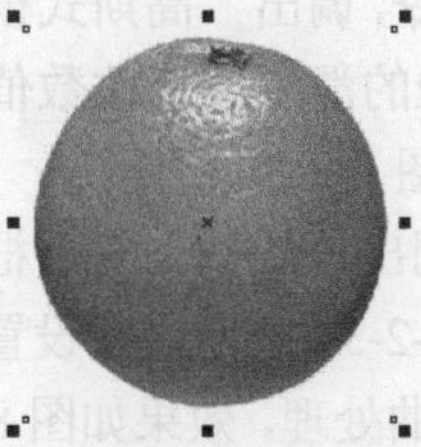

图 8-2-26　黄色“橘子”图形

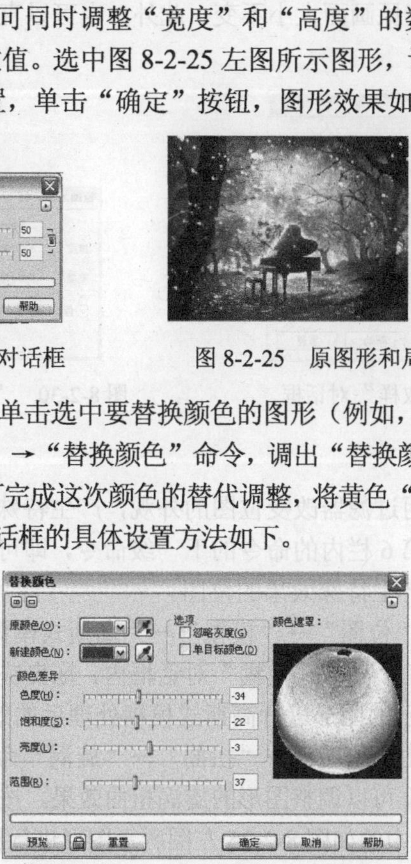

图 8-2-27　“替换颜色”对话框

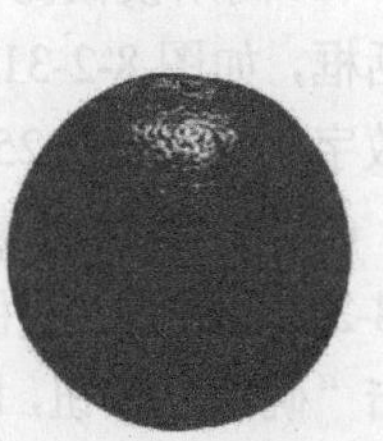

图 8-2-28　红色“橘子”图形

◎ 单击“替换颜色”对话框内“原颜色”栏内的按钮▣，单击“橘子”图形内的黄色部分，拖曳“范围”栏的滑块，调整“范围”值为 37。

◎ 单击“新建颜色”栏内颜色列表框的箭头按钮，调出它的颜色面板，单击该面板内的红色色块，设置将黄色用红色更换。

可以再调出“替换颜色”对话框，按照上述方法，再进行颜色的替代调整。

2. 位图重新取样和扩充位图边框

（1）位图重新取样：选中一幅位图，单击属性栏中的“重新取样”按钮或者单击“位图”→“重新取样”命令，调出“重新取样”对话框，如图 8-2-29 所示。利用该对话框可以调整图形的大小与清晰度，可以直接调整图形的宽度和高度，也可以调整图形的百分比变化。

例如，将选中的一幅宽 600 像素、高 439 像素的图形的宽和高调整为 110%，“重新取样”对话框如图 8-2-29 所示。该对话框内会显示出原图形和新图形的大小与分辨率。

选中“光滑处理”复选框后，可以在调整图形大小和分辨率的同时对图形进行光滑处理。选中“保持纵横比”复选框，在改变图形的高度时图形宽度也随之变化，在改变图形的宽度时图形高度也随之变化，保证图形的原宽高比不变。选中“保持原始大小”复选框后，“图形大小”栏的参数不可以修改，只可以修改图形的分辨率。

（2）扩充位图边框：选中一幅位图，单击“位图”→“扩充位图边框”→“手动扩充位图边框”命令，调出“位图边框扩充”对话框，如图 8-2-30 所示。利用该对话框可以调整图形四周边框（白色）的大小，图形原画面大小不变。此外，也可以直接调整图形的宽度和高度，调整图形的百分比变化。

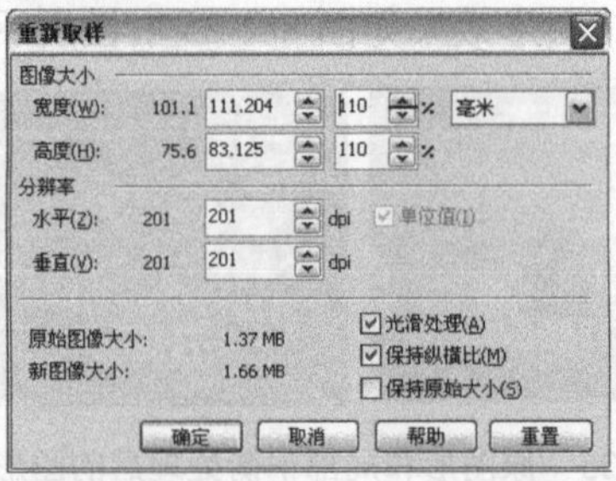

图 8-2-29 “重新取样”对话框

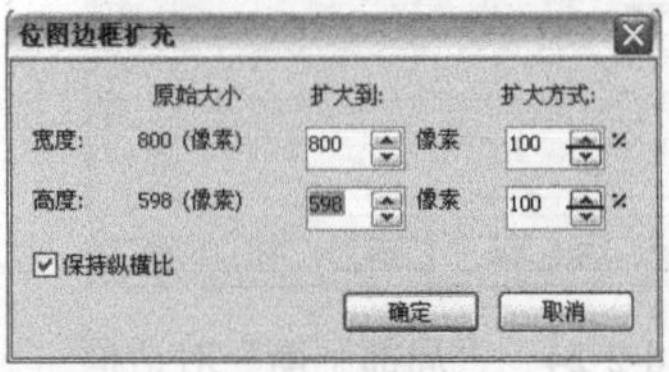

图 8-2-30 “位图边框扩充”对话框

3. 六个滤镜的使用

CorelDRAW X5 可以利用过滤器改变位图的外观，产生特殊效果。单击“位图”命令，调出“位图”菜单，单击其内第 6 栏内的命令的下一级命令，即可调出相应的对话框，利用该对话框可进行相应的设置，以产生特殊效果的位图。

（1）高斯模糊滤镜：单击“位图”→“模糊”→“高斯式模糊”命令，调出“高斯式模糊”对话框，如图 8-2-31 所示。在“高斯式模糊”对话框内，拖曳决定半径的滑块或修改数值框内的数字。如图 8-2-25 左图所示的图形进行高斯式模糊处理后的效果如图 8-2-32 所示。

（2）旋涡扭曲滤镜：单击“位图”→“扭曲”→“旋涡”命令，调出“旋涡”对话框，如图 8-2-33 所示。利用该对话框可以调整图形的旋涡扭曲效果。按照图 8-2-33 所示进行设置后，单击“确定”按钮，即可将选中的如图 8-2-25 左图所示图形进行旋涡扭曲处理，效果如图 8-2-34 所示。

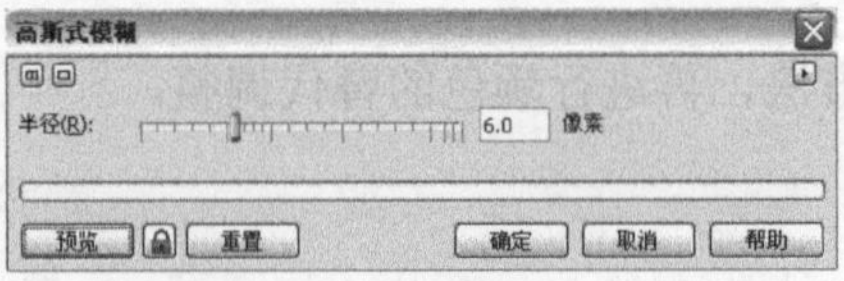

图 8-2-31 “高斯式模糊”对话框

图 8-2-32 高斯模糊效果

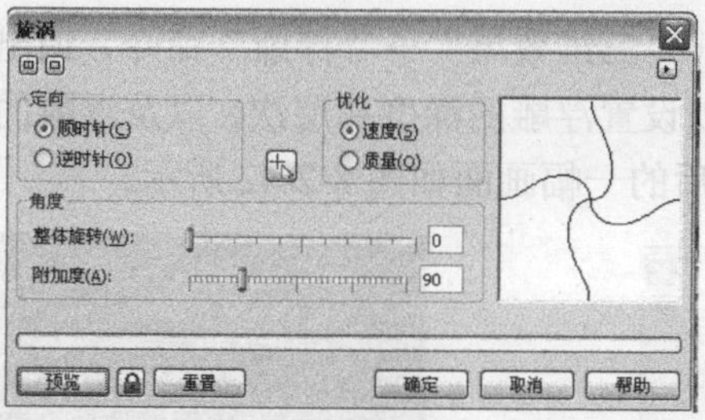

图 8-2-33　“旋涡”对话框

图 8-2-34　旋涡扭曲效果

（3）虚光创造性滤镜：单击“位图”→“创造性”→“虚光”命令，调出“虚光”对话框，如图 8-2-35 所示。在该对话框内，可以设置虚光的颜色、形状、偏移量和褪色大小等。单击选中“其他”单选钮，单击“颜色”按钮，调出它的颜色面板，单击选中绿色。其他按照图 8-2-35 所示进行设置，单击“确定”按钮，即可将选中的如图 8-2-25 左图所示图形进行虚光处理，效果如图 8-2-36 所示。

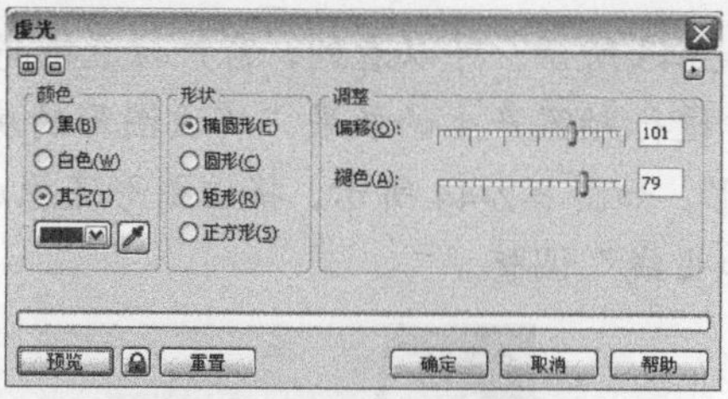

图 8-2-35　“虚光”对话框

图 8-2-36　虚光效果

（4）曝光颜色变换滤镜：单击“位图”→“颜色变换”→“曝光”命令，调出“曝光”对话框，如图 8-2-37 所示。在该对话框内，调整“层次”数值的大小，可以改变曝光度大小等。单击“确定”按钮，即可将选中的如图 8-2-25 左图所示图形进行曝光处理，效果如图 8-2-38 所示。

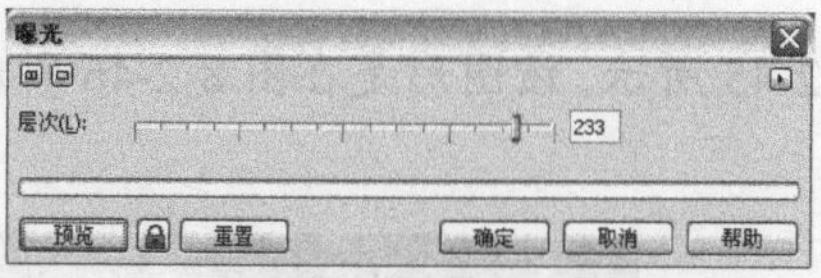

图 8-2-37　“曝光”对话框

图 8-2-38　曝光效果

（5）查找边缘轮廓图滤镜：单击“位图”→“轮廓图”→“查找边缘”命令，调出“查找边缘”对话框，如图 8-2-39 所示。在该对话框内，可以设置边缘类型，调整“层次”数值的大小，可以改变边缘的粗细等。按照图 8-2-39 所示进行设置后，单击“确定”按钮，即可将选中的图 8-2-25 左图所示图形进行查找边缘处理，效果如图 8-2-40 所示。

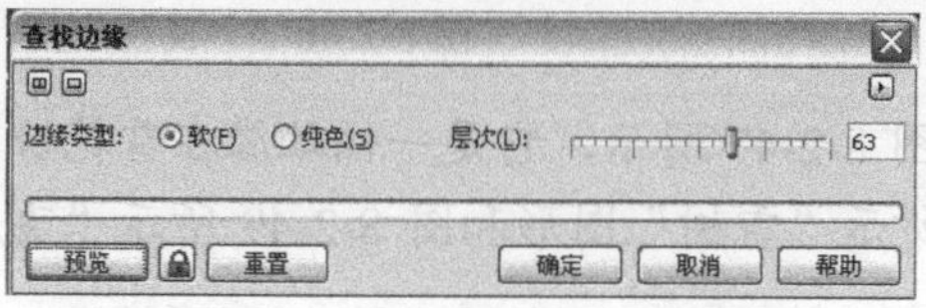

图 8-2-39　“查找边缘”对话框

图 8-2-40　查找边缘效果

（6）浮雕三维效果滤镜：单击“位图”→“三维效果”→“浮雕”命令，调出“浮雕”对话框，如图 8-2-41 所示。在该对话框内，可以设置浮雕的深度和层次，以及浮雕的方向和颜色等。图 8-2-25 左图所示图形经浮雕效果处理后的一幅画面如图 8-2-42 所示。

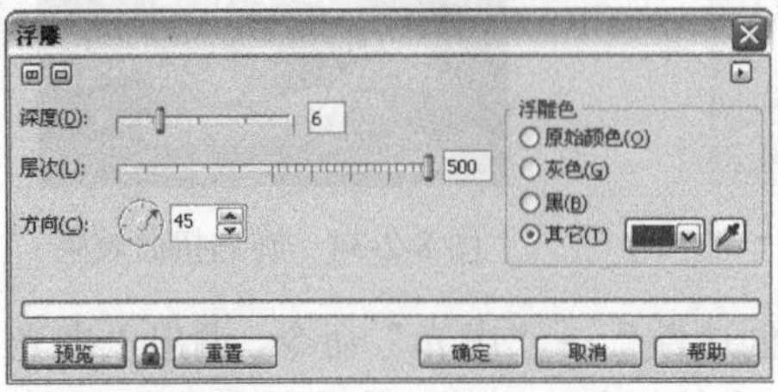

图 8-2-41 “浮雕”对话框

图 8-2-42 浮雕三维效果

实训 8-2

1. 有一幅“逆光照片.jpg”图形，如图 8-2-43 所示。可以看到，窗户位置很亮，室内其他位置很暗，几乎看不清楚，这是对着很亮窗户进行拍照产生的效果。将该图形的房间内变亮，还原真实情况。另有一幅“逆光照片.jpg”图形，如图 8-2-44 所示，将该图形还原成真实情况。

提示：针对图形使用“伽玛值”和“调和曲线”调整。

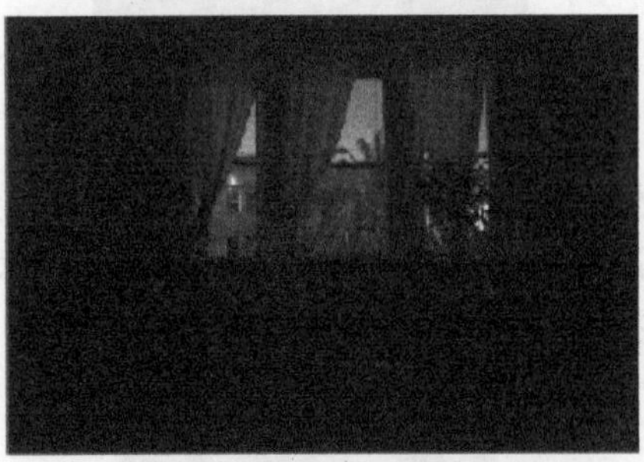

图 8-2-43 “逆光照片.jpg”图形

图 8-2-44 “曝光不足照片.jpg”图形

2. 制作一幅“杨柳戏春雨”图形，如图 8-2-45 所示。该图形是在图 8-2-46 所示的“杨柳”图形的基础之上制作而成的。

图 8-2-45 “杨柳戏春雨”图形

图 8-2-46 “杨柳”图形

3. 制作一幅“傲雪飞鹰”图形，如图 8-2-47 所示，它是一幅雄鹰在雪花纷飞中骄傲地展翅飞翔的画面。该幅图形是在图 8-2-48 所示“雪树”图形和图 8-2-49 所示“飞鹰”图形的基础之上制作而成的。

提示：使用“天气”和“风”滤镜。

图 8-2-47 “傲雪飞鹰”图形

图 8-2-48 “雪树”图形

图 8-2-49 “飞鹰”图形

4. 如图 8-2-50 所示的照片是一幅逆光拍照的晚秋照片，树叶和草坪已经枯黄，图形也很暗，一些地方几乎看不清楚。制作一幅“晚秋变新春”图形，它是将图 8-2-50 所示的照片图形进行调整，使照片图形黄色的树叶变绿，使它看起来好像是在春天拍的照，如图 8-2-51 所示。

提示：可以首先进行“伽玛值”调整，再进行“调和曲线”调整，再调整图形的亮度、对比度、强度，最后进行几次“替换颜色”调整。

图 8-2-50 照片原图形

图 8-2-51 “晚秋变新春”图形

8.3 【实例 24】摄影展厅

“摄影展厅”图形如图 8-3-1 所示，展厅内地面是黑白相间的大理石地面，顶部是倒挂明灯，两边和正面是 5 幅摄影图片，两边的摄影图片具有透视效果，在摄影展厅的右边有“建筑摄影”四个鱼眼文字。

图 8-3-1 “摄影展厅”图形

通过制作该实例，可以掌握增加透视点、精确剪裁、使用“透镜”泊坞窗、制作位图透视三维效果等方法。该实例的制作方法和相关知识介绍如下。

制作方法

1. 制作展厅正面和顶部图形

（1）设置绘图页面的宽度为 460mm，高度为 200mm。单击“视图”→“网格”命令，使绘图页面内显示网格。

（2）单击工具箱内的“矩形工具”，绘制一个宽约 190mm，高约 20mm 的矩形，填充灰色。单击工具箱内的“选择工具”，单击选中该矩形，如图 8-3-2 所示。

图 8-3-2　矩形图形

（3）单击“效果”→“添加透视”命令，则选中的矩形之上会出现一个矩形网格状区域。水平向左拖曳矩形右下角的控制柄，水平向右拖曳矩形左下角的控制柄，形成一个梯形图形，如图 8-3-3 所示，同时会看到透视点✕也随之变化。

（4）再绘制 6 幅不同颜色的矩形，按照上述方法，将其中的 3 幅矩形图形进行透视调整，再将它们的位置和大小进行调整，效果如图 8-3-4 所示。

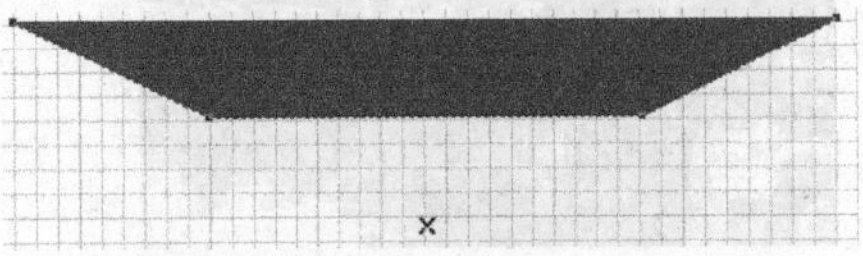

图 8-3-3　矩形图形的透视调整效果

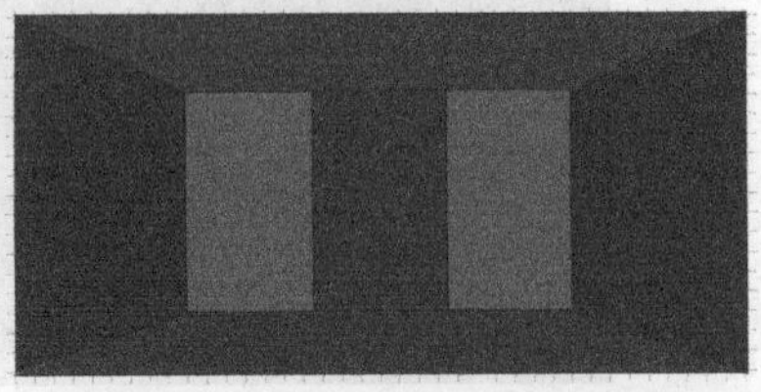

图 8-3-4　矩形图形的透视调整效果

（5）单击“文件”→“导入”命令，调出“导入”对话框。在该对话框中选择 3 幅图形，单击“导入”按钮，关闭该对话框，在展厅正面的左边矩形内拖曳，将第 1 幅图形导入绘图页面中；再在展厅正面的中间矩形内拖曳，将第 2 幅图形导入绘图页面中；然后在展厅正面的右边矩形内拖曳，将第 3 幅图形导入绘图页面中，如图 8-3-5 所示。

图 8-3-5　第 3 幅图像导入绘图页面中

（6）单击选中上边的梯形图形，单击工具箱中“填充展开工具栏”的“图样填充”按钮，调出“填充图案”对话框，单击选中“位图”单选按钮，如图 8-3-6 所示。单击“装入”按钮，调出“导入”对话框，选中“灯.jpg”图形，单击“导入”按钮，关闭该对话框，回到“填充图案”对话框。

（7）在“图样填充”对话框内，在“宽度”和“高度”数字框内分别输入 20mm，不选中“镜像填充”复选框，其他设置如图 8-3-6 所示。

再单击“确定”按钮，将“灯.jpg”图形填充到上边的梯形图形内，如图 8-3-7 所示。

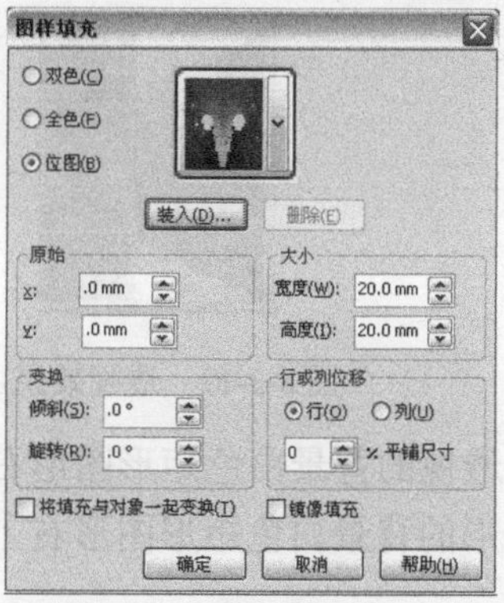

图 8-3-6　“图样填充”对话框

图 8-3-7　将“灯.jpg”图形填充到梯形图形内

2. 制作两边的透视图形

（1）导入 2 幅风景图形，如图 8-3-8 所示。将一幅图形移到绘图页面的左边，另一幅图形移到绘图页面的右边。

图 8-3-8　导入的 2 幅风景图形

（2）使用工具箱中的“选择工具”，调整它们的高度与展厅的高度一样，宽度分别与两边梯形的宽度一样，如图 8-3-9 所示。

图 8-3-9　将 2 幅图形分别置于两边梯形图形之上

（3）选中左边的风景图形，单击“位图”→“三维效果”→“透视”命令，调出“透视”对话框，按照图 8-3-10 所示，垂直向下拖曳右上角的白色控制柄，垂直向上拖曳右下角的白色控制柄。然后，单击“预览”按钮，观察风景图形的透视效果。如果左边风景图形的右上角与正面左起第一幅风景图形的左上角对齐，左边风景图形的右下角与正面左起第一幅风景图形的左下角对齐，如图 8-3-11 所示，则单击“透视”对话框内的“确定”按钮，完成图形的透视调整。如果透视效果不理想，可单击“重置”按钮，重新进行透视调整。

图 8-3-10 “透视”对话框

图 8-3-11 透视效果

（4）使用工具箱中的“形状工具”，垂直向上拖曳透视的背景白色矩形图形右下角的节点，移到左边风景图形的左下角处；垂直向下拖曳透视图形的背景白色矩形图形右上角的节点，移到左边风景图形的左上角处，如图 8-3-12 所示。

另外，也可以使用“位图颜色遮罩”泊坞窗将风景图形的白色背景隐藏。

（5）采用上述方法，将右边的风景图形进行透视调整。注意，在“透视”对话框内，应用鼠标垂直向下拖曳左上角的白色控制柄，垂直向上拖曳左下角的白色控制柄。然后再使用工具箱中的“形状工具”，调整透视图形的背景白色矩形图形，如图 8-3-13 所示。

图 8-3-12 透视图形调整

图 8-3-13 透视图形背景的调整效果

3．制作球面文字

（1）单击工具箱内的“文本工具”按钮，在其“文本”属性栏内，设置字体为华文琥珀，字号为 72pt，单击按下“垂直文本”按钮。然后在绘图页面外的左边输入“摄影展厅”4 个红色文字。

（2）单击“排列”→“拆分 美术字”命令，将“摄影展厅”文字变成 4 个单独的文字。分别将它们移到摄影展厅的右边，垂直排成一列。

（3）使用工具箱中的“选择工具”，单击选中“摄”字，单击“位图”→“转换为位图”命令，调出“转换为位图”对话框，按照图 8-3-14 所示进行设置。然后，单击“确定”按钮，即可将选中的文字“摄”加工成位图。

（4）单击“位图”→“三维效果”→“球面”命令，调出“球面”对话框，按照图 8-3-15 所示进行设置。单击“确定”按钮，将选中的文字“摄”加工成球面效果，如图 8-3-16 所示。

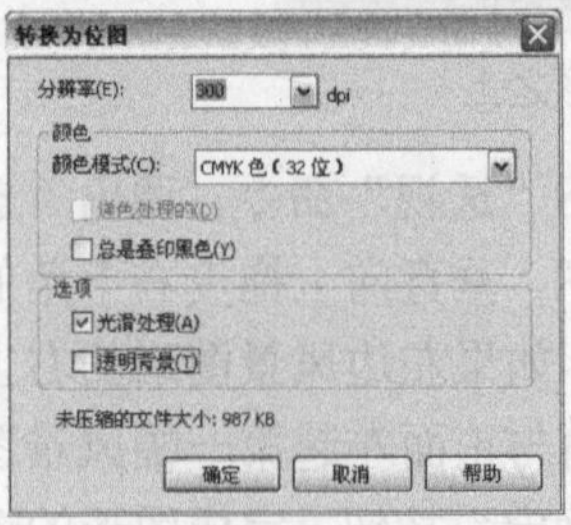

图 8-3-14 “转换为位图”对话框

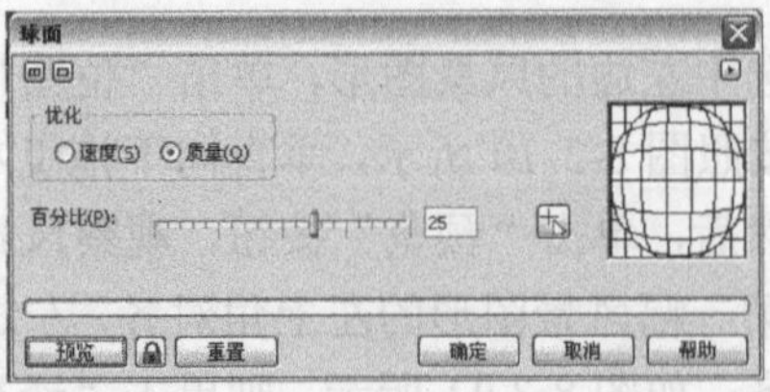

图 8-3-15 “球面”对话框

（5）使用工具箱中的“椭圆工具”，按住 Ctrl 键的同时，在页面外边绘制出一个圆形图形，其大小比“摄”字稍大一些。然后，设置圆轮廓线宽度为 1.4mm，颜色为绿色，效果如图 8-3-17 所示。将圆形图形移到“摄”字之上，如图 8-3-18 所示。然后将“摄”字和其上的圆形图形一起移到展厅的右上边，如图 8-3-1 所示。

图 8-3-16　球面效果

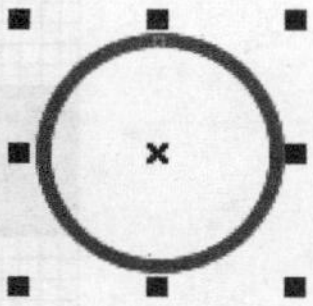

图 8-3-17　圆形轮廓线

图 8-3-18　将圆形移到“摄”字之上

（6）按照上述方法，依次将文字“影”、“展”和“厅”加工成球面效果，并复制 3 个圆形图形，分别移到三个文字之上，然后将它们移到展厅的右边，如图 8-3-1 所示。

另外，也可以将“摄影展厅”4 个红色文字加工成“鱼眼”状，它类似于球面状。具体方法如下。

（7）按照上述方法，制作如图 8-3-18 所示的拆分开的“摄”、“影”、“展”和“厅”文字，文字不需要进行球面加工处理。然后，绘制一幅轮廓线“宽度”为 2mm，颜色为绿色的圆形图形。

(8)选中“摄”字之上的圆形图形，单击“效果”→“透镜”命令，调出“透镜”泊坞窗，在“透镜”泊坞窗中的下拉列表框中选中“鱼眼”选项，设置“比率”为 150，如图 8-3-19 所示。单击“应用”按钮，使圆形图形成为鱼眼放大镜图形。

图 8-3-19　“透镜”泊坞窗

（9）选中圆形图形，3 次按小键盘上的“加号”键，将圆形图形复制 3 份。将 3 个圆形图形分别移到“影”、“展”和“厅”文字之上。

4．制作黑白相间的大理石地面透视图形

（1）使用工具箱内的“矩形工具”，在绘图页面内下边拖曳绘制一幅矩形图形。矩形图形的宽度与摄影展厅的宽度一样，高度约为绘图页面高度的一半。

（2）使用工具箱中的“选择工具”，单击选中矩形对象，单击工具箱中“填充展开工具栏”的“图样填充”按钮，调出“图样填充”对话框，单击选中“双色”单选按钮，在“宽度”和“高度”数字框内分别输入 20.0mm，如图 8-3-20 所示。

（3）单击“图样填充”对话框内的“创建”按钮，调出“双色图案编辑器”对话框，如图 8-3-21 所示。在“位图尺寸”栏内选择“32×32”，在“笔尺寸”栏内选择“8×8”。单击绘图框内红色线分割的奇数行奇数列和偶数行偶数列的正方形中心点位置，绘制一个棋盘格图案。

（4）单击“双色图案编辑器”对话框内的“确定”按钮，完成棋盘格图案的创建。单击“图案”右边的按钮，调出“图案”列表框，单击选中该列表框内的棋盘格图案。然后，单击该对话框内的“确定”按钮，即可给矩形图形填充棋盘格图案，如图 8-3-22 所示。

（5）单击“位图”→“转换为位图”命令，调出“转换为位图”对话框，如图 8-3-14 所示。单击该对话框内的“确定”按钮，即可将选中的矩形图形转换为位图图形。

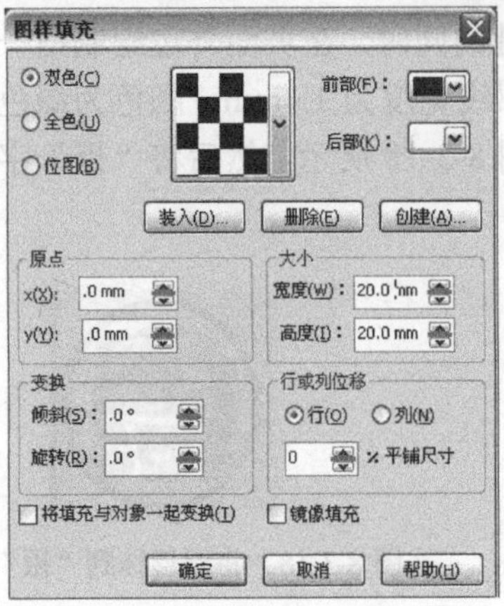

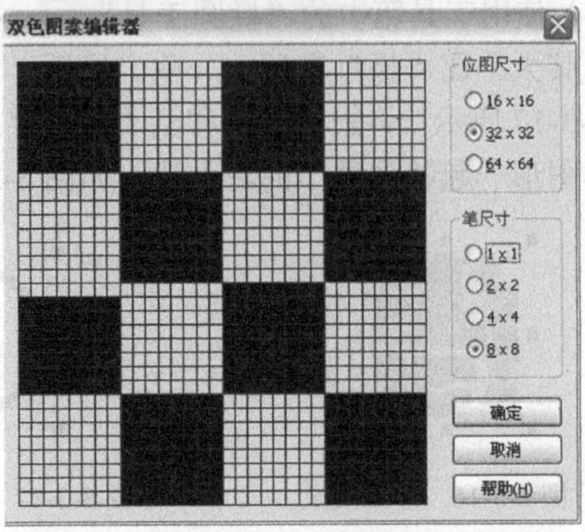

图 8-3-20 “图样填充”（双色）对话框　　图 8-3-21 “双色图案编辑器”对话框

（6）使用“选择工具”，将矩形图形在垂直方向调小，移到摄影展厅内的下边。

（7）单击“位图”→“三维效果”→“透视”命令，调出“透视”对话框，按照图 8-3-23 所示，水平向右拖曳左上角的白色控制柄。

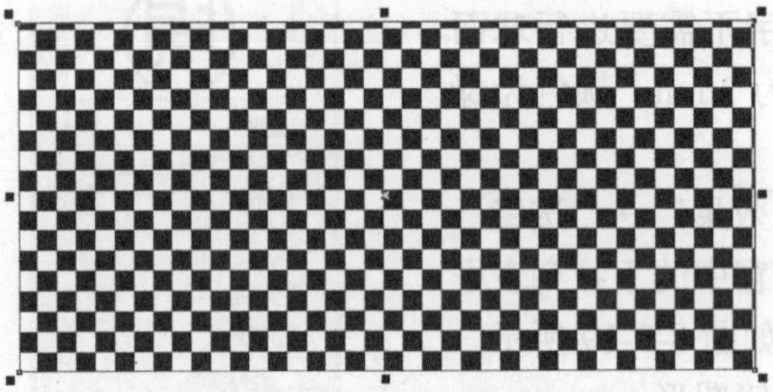

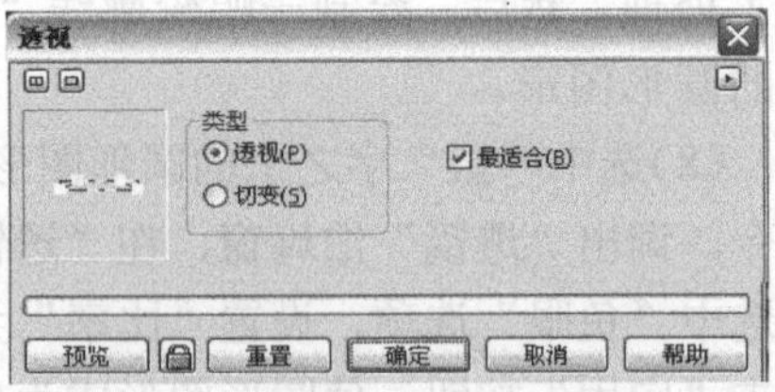

图 8-3-22 填充棋盘格图案　　图 8-3-23 “透视”对话框

（8）单击“预览”按钮，观察矩形图形的透视效果，如果矩形图形的左上角与左边风景图形的右下角对齐，则单击“透视”对话框内的“确定”按钮，完成图形的透视调整。否则单击“透视”对话框内的“重置”按钮，重新进行透视调整。

链接知识

1. 矢量图形转换为位图

矢量图形或一些图形不能使用滤镜，这时就需要将它们转换为位图图形。选中要转换成位图的矢量图形或图形，再单击“位图”→“转换为位图”命令，调出“转换成位图”对话框，如图 8-3-14 所示。其中主要选项的作用如下。

（1）“颜色模式”下拉列表：选择一种合适的颜色模式，可以减小转换中的失真。

（2）“分辨率”下拉列表：选择一种分辨率。图形的分辨率指位图上每英寸上像素点的个数。分辨率越高，位图质量越好，但所占磁盘空间就越大。

（3）“光滑处理”复选框：选中该复选框，可以改善颜色之间的过渡。

（4）“透明背景”复选框：选中该复选框，可以使位图具有一个透明的背景。

设置完后，单击“确定”按钮，即可将选中的矢量图形或图形转换成位图。

2．三维旋转滤镜

（1）单击“位图”→“三维效果”→“三维旋转”命令，调出“三维旋转”对话框，如图 8-3-24 所示。在该对话框内左边的图形框中，用鼠标拖曳立体正方形，以产生三维旋转的设置，也可以修改图形框右边数字栏内的数据。

（2）设置完后，单击“预览”按钮，可以看到位图的三维旋转效果。效果理想后，可单击“确定”按钮，完成位图的三维旋转特效处理，效果如图 8-3-25 所示。

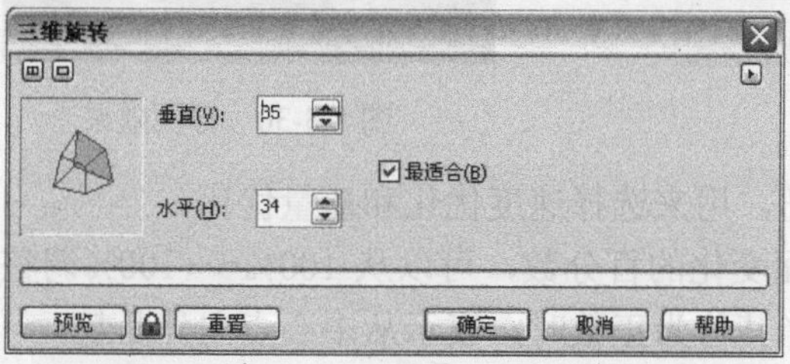

图 8-3-24 “三维旋转”对话框

图 8-3-25 位图三维旋转特效

单击“三维旋转”对话框内左上角的按钮，可以展开该对话框，同时在该对话框内显示原图形和三维旋转后的效果图，如图 8-3-26 所示。单击该对话框内左上角的按钮，也可以展开该对话框。在该对话框内只显示三维旋转后的效果图。

图 8-3-26 “三维旋转”对话框

3．卷页滤镜

单击“位图”→“三维效果”→“卷页”命令，调出“卷页”对话框，如图 8-3-27 所示。单击“卷页”对话框内左上角的按钮，可以展开该对话框，同时在该对话框内显示原图形和加工后的效果图。该对话框内主要选项的作用如下。

（1）“定向”栏：用来设定卷页的方向。

（2）“纸张”栏：用来设置卷页图形的背是否透明。

（3）“颜色”栏：用来设置卷页图形卷边和背景图形的颜色。

（4）“宽度”和“高度”栏：用来设置卷页的形状与大小。

单击该对话框内左边右上角的按钮，产生卷页效果后的图形如图 8-3-28 所示。

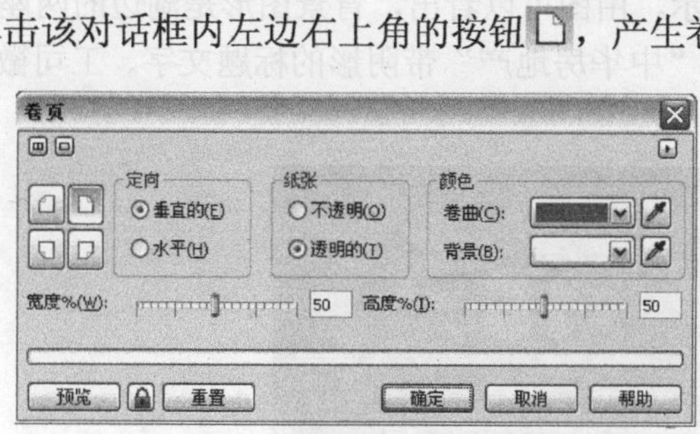

图 8-3-27 “卷页”对话框

图 8-3-28 产生卷页效果

4．球面滤镜

单击“位图”→“三维效果”→“球面”命令，调出“球面”对话框，如图 8-3-29 所示。

设置好“球面”对话框后，单击“确定”按钮，经球面效果处理后的一幅画面如图 8-3-30 所示。该对话框内主要选项的作用如下。

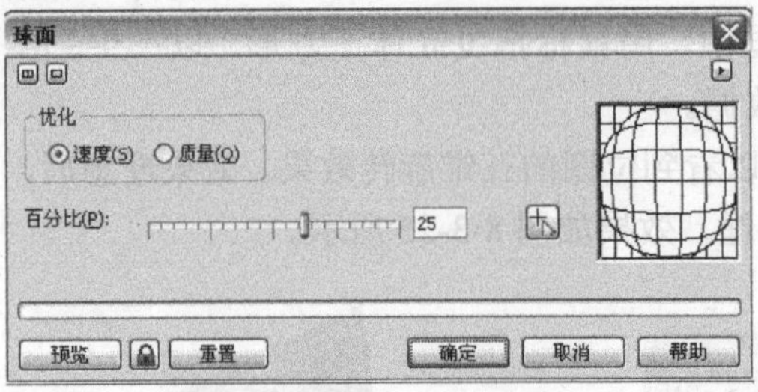

图 8-3-29　“球面”对话框

图 8-3-30　球面效果

（1）“优化”栏：其内有两个单选按钮，用来选择速度优化和质量优化。

（2）“百分比”文本框：用来输入球面变化的百分数，可以从-100%～+100%调整数值。当其值为负数时，表示向中心点内缩小；当其值为正数时，表示从中心点向外凸起。

（3）单击按下按钮，将鼠标指针移到图形之上，此时的鼠标指针添加了一个加号状，单击图形内某一点，即可设置球面变化的中心点。否则图形的中心点为球面变化的中心点。

实训 8-3

1. 参考【实例 24】图形的制作方法，制作一幅“花卉摄影展”图形。
2. 绘制一幅“瓷砖文字”图形，如图 8-3-31 所示。绘制该文字图形运用了将文字转换为位图和“工艺”滤镜效果。

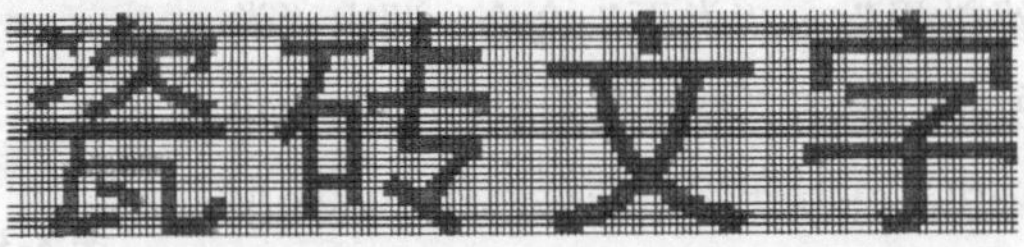

图 8-3-31　“瓷砖文字”效果图

8.4 【实例 25】中华房地产广告

“中华房地产广告”图形如图 8-4-1 所示，由图可以看出，背景图形是湖边的两座别墅房屋，湖水中有在水波纹中形成的倒影，还有“中华房地产”带阴影的标题文字、工司徽标，以及售楼地址、联系电话等黄色文字信息。

图 8-4-1　“中华房地产广告”图形

通过制作该图形，可以掌握“动态模糊”、“高斯式模糊”滤镜，以及“Flood”外挂滤镜的安装和使用方法等。该实例的制作方法和相关知识介绍如下。

制作方法

1．制作颠倒的别墅图形

（1）设置绘图页面的宽为 600 像素，高为 300 像素，背景色为蓝色。

（2）单击“文件”→“导入”命令，调出“导入”对话框。在该对话框中选择一幅“别墅.jpg”图形文件，单击“导入”按钮，关闭该对话框，在绘图页面内拖曳一个矩形，导入“别墅.jpg”图形，如图 8-4-2 所示。

（3）使用工具箱中的“选择工具”，单击选中“别墅.jpg”图形，在其“位图或 OLE 对象”属性栏内调整该图形的宽为 300 像素、高为 150 像素，x 为 150px，y 为 225px，位置位于绘图页面内的左上角，效果如图 8-4-3 所示。

图 8-4-2　“别墅”图形

图 8-4-3　调整“别墅”图形的大小和位置

（4）按 Ctrl+D 组合键，复制一份“别墅.jpg”图形。将复制的图形移到原“别墅”图形的下边（x 为 150px，y 为 75px）。然后，单击“位图或 OLE 对象”属性栏内的“垂直镜像”按钮，将复制的“别墅”图形上下颠倒，形成倒影图形，如图 8-4-4 所示。

（5）选中复制的“别墅”图形，单击“滤镜”→“模糊”→“动态模糊”命令，调出“动态模糊”对话框，设置“间隔”为 12，方向为 0，如图 8-4-5 所示。

图 8-4-4　倒影图形

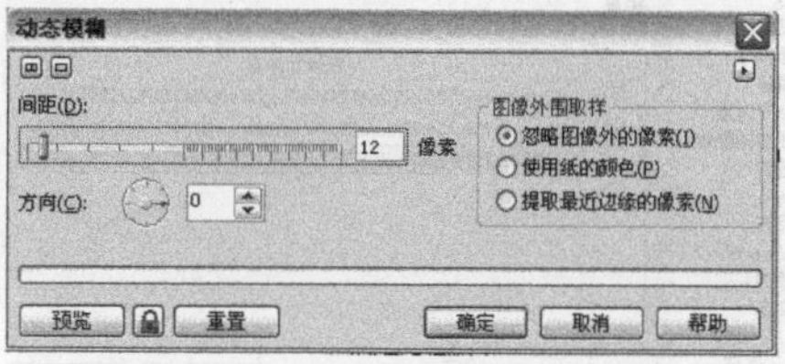

图 8-4-5　“动态模糊”对话框

（6）单击“动态模糊”对话框内的“确定”按钮，将倒影图形模糊化处理，效果如图 8-4-6 所示。

（7）使用工具箱中的“选择工具”，拖曳选中“别墅”图形和它的倒影图形，按 Ctrl+D 组合键复制一份，将复制的“别墅”图形和它的倒影图形移到原图形的右边。利用其“位图或 OLE 对象”属性栏细致调整复制的“别墅”图形和它倒影图形的位置，如图 8-4-7 所示。

图 8-4-6 动态模糊处理

图 8-4-7 调整复制的“别墅”图形和它的倒影图形

（8）拖曳出一个矩形，将图 8-4-7 中所示的图形全部选中。单击“排列”→“群组”命令，将选中的四幅图形组成一个群组。

（9）单击“位图”→“转换为位图”命令，调出“转换为位图”对话框，在“颜色模式”下拉列表框内选中“RGB（24 位）”选项，其他设置如图 8-4-8 所示。单击该对话框内的“确定”按钮，即可将选中的群组转换为位图图形。再适当调整该图形大小和位置，使画面刚好将整个绘图页面完全覆盖。

图 8-4-8 “图层 1”图层内的图像

2．制作水中倒影

（1）将保存有“Flood-114_ch.8bf”滤镜文件和有关文件及文件夹的“Flood”文件夹复制到 CorelDRAW X5 系统滤镜所在的文件夹“C:\Program Files\Corel\CorelDRAWGraphicsSuite X5\Plugins\Digimarc”中。

（2）单击“工具”→“选项”命令，调出“选项”对话框。单击选中“选项”对话框左边的列表框内的“插件”选项，此时的对话框如图 8-4-9 所示。

（3）单击对话框内的“添加”按钮，调出“浏览文件夹”对话框，如图 8-4-10 所示。选择外挂式过滤器安装的文件夹，再单击“确定”按钮，即可将选定的文件夹名称填入“选项”对话框右边栏内。然后，单击“选项”对话框内的“确定”按钮，关闭“选项”对话框，完成加入外挂滤镜的任务。

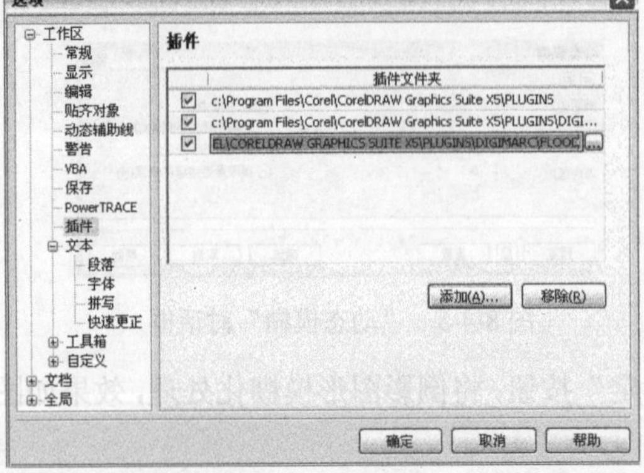

图 8-4-9 “选项”（外挂式）对话框

图 8-4-10 “浏览文件夹”对话框

（4）重新启动 CorelDRAW X5，单击选中绘图页面内的图形，单击“位图”→“插件”→“Flaming Pear”→“Flood 1.14”命令，调出“Flood 1.14 汉化版”对话框，如图 8-4-11 所示（还没有进行设置）。

（5）单击“Flood 1.14”对话框内右边显示框下边的按钮，使显示框内显示的图形变大一些，选中“自动预览”复选框，拖曳调整“视野”、“波浪”和“波纹”栏内的滑块，调整各数据，同时观察显示框内图形的变化；单击“随机”按钮，可以使各参数随机变化；单击“种子”按钮，可以使显示框内图形整体随机变化，设置的各参数不会改变。最后设置如图 8-4-11 所示。单击“确定”按钮，完成倒影的波纹处理。

（6）单击“结合”按钮，会调出它的“结合”菜单，如图 8-4-12 所示，用来设置与背景结合的方式，选择不同的结合方式，可以获得不同的效果，此处选择“正常”选项。

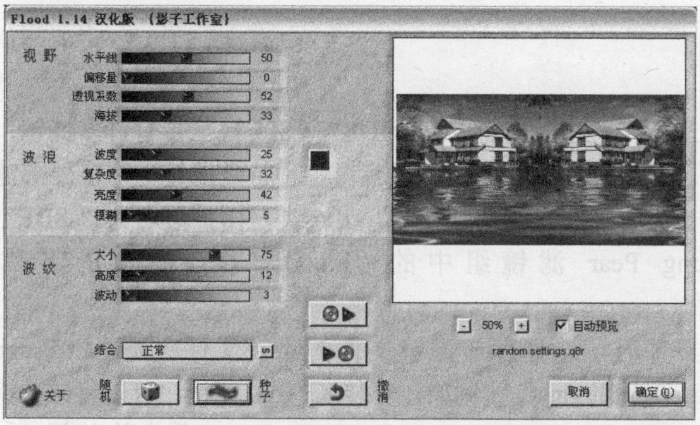

图 8-4-11　“Flood 1.14 汉化版”对话框

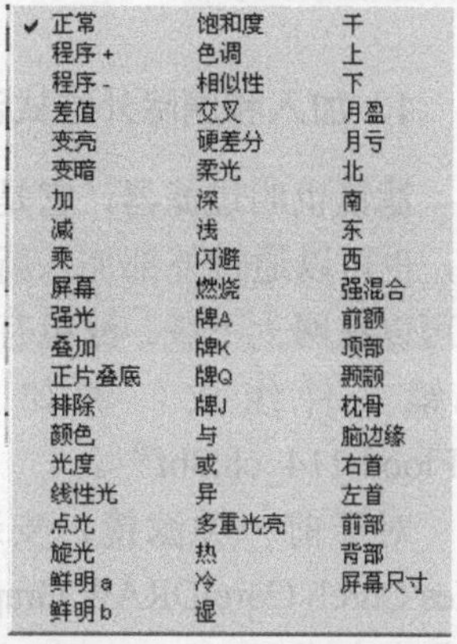

图 8-4-12　“结合”菜单

（7）单击“确定”按钮，关闭“Flood 1.14 汉化版”对话框，完成倒影效果的制作，效果如图 8-4-13 所示。

3．输入文字和导入徽标

（1）使用工具箱内的“文本工具”按钮 字，在其“文本”属性栏内，设置字体为隶书，字号为 9pt，单击按下“水平文本”按钮。然后在绘图页面外的左边输入“中华房地产”5 个红色文字。

图 8-4-13　倒影效果

（2）单击工具箱中“交互式展开式工具”栏内的“阴影”按钮，在创建阴影的对象之上向右上边拖曳，即可产生阴影。

（3）使用工具箱内的“文本工具”按钮 字，在其“文本”属性栏内，设置字体为黑体，字号为 5pt，输入“售楼地点：北京牡丹庄园”文字，换行输入“联系电话：81699988”文字，再换行输入“服务宗旨：给您一个美丽的家”文字。设置三行文字的颜色为黄色。

（4）单击“文件”→“导入”命令，调出“导入”对话框。在该对话框中选择一幅“徽标.jpg”图形文件，单击“导入”按钮，关闭该对话框，在绘图页面内拖曳一个矩形，导入“徽标.jpg”图形。

（5）使用工具箱中的“选择工具”，单击选中“标徽”图形，单击“位图”→“位图颜色遮罩”命令，调出“位图颜色遮罩”泊坞窗。利用“位图颜色遮罩”泊坞窗将选中的“徽标”图形的白色背景隐藏。最终效果如图 8-4-1 所示。

链接知识

1. 加入和删除外挂式滤镜

滤镜也叫过滤器，它是一类加工图形程序的统称。CorelDRAW X5 自己带有许多滤镜，此外，也可以通过外部加入新的滤镜。使用外挂式滤镜，可以获得各种特效滤镜。许多外部滤镜都可以在网上下载。滤镜有两类，一类滤镜有它的安装程序，另一类是由扩展名为“.8BF”的滤镜文件组成，例如，Flaming Pear 滤镜组中的“Flood 1.14”滤镜的名称是“Flood-114_ch.8bf”。

对于前一类滤镜，安装滤镜文件时，选择存放滤镜文件的路径文件夹是“C:\Program Files\Corel\ CorelDRAW Graphics Suite X5\Plugins”。例如，安装KPT6.0 滤镜，可以将该滤镜文件保存在“C:\Program Files\Corel\CorelDRAW Graphics Suite X5\Plugins\KPT6”文件夹中。

对于后一类滤镜，只要将该扩展名为“.8BF”的滤镜文件和有关文件复制到 CorelDRAW X5 系统所在文件夹内的滤镜文件夹中即可。例如，“C:\Program Files\Corel\CorelDRAW Graphics Suite X5\Plugins\Digimarc”文件夹。

对于有安装程序的滤镜，按照安装要求运行安装程序，再按照下面方法进行设置。然后，重新启动 CorelDRAW X5 软件，即可在“位图”→“插件”菜单中找到新安装的外部滤镜。

（1）单击“工具”→“选项”命令，调出“选项”对话框。单击选中“选项”对话框左边的列表框内的“插件”选项，此时的对话框如图 8-3-14 所示。

（2）单击对话框内的“添加”按钮，调出“浏览文件夹”对话框，如图 8-3-15 所示。选择外挂式滤镜安装的文件夹，单击“确定”按钮，即可将选定的文件夹名称填入“选项”对话框右边栏内。然后，单击“选项”对话框内的“确定”按钮，关闭“选项”对话框，完成加入外挂式滤镜的任务。

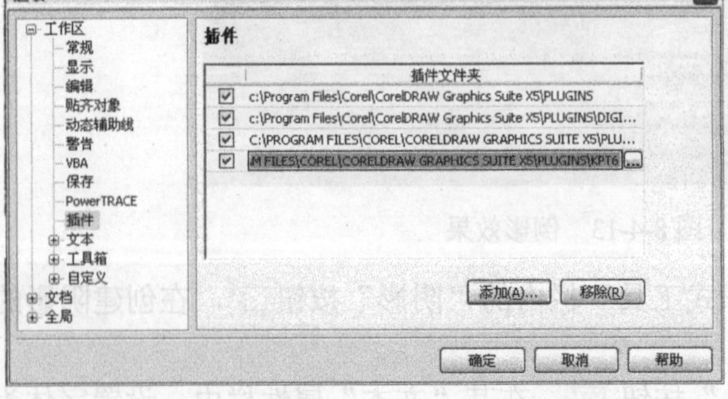

图 8-3-14 “选项”（插件）对话框

图 8-3-15 “浏览文件夹”对话框

（3）如果要删除外挂式滤镜，可在“选项”对话框内选择此外挂式滤镜所在的文件夹的名称（单击选中文件夹名称左边的复选框），再单击“移除”按钮即可。

2. 使用外挂式滤镜

外挂式滤镜的类型不一样，其使用方法也会不一样，但一般操作起来均很简单、方便。下面仅举一例。

（1）选中一幅图形。单击“位图”→“外挂式滤镜”→“KPT effects”→“KPT FraxFlame II”命令，调出“KPT FRAXFLAMEII”窗口，如图 8-4-16 所示。

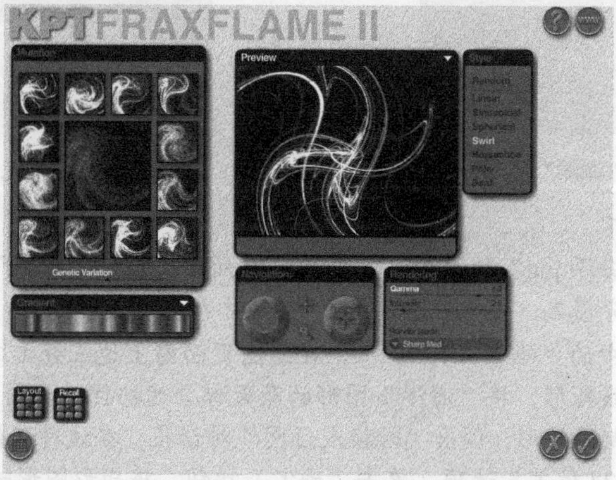

图 8-4-16 “KPT FRAXFLAMEII”窗口

（2）利用“KPT FRAXFLAMEII”窗口内的各个工具和各菜单的命令，进行加工。在它的中间显示框内会及时地显示出加工的效果。

（3）单击“KPT FRAXFLAMEII”窗口内右下角的按钮，可以关闭该窗口，完成对选中图形的特效加工。

实训 8-4

1. 安装 KPT6 外挂滤镜，然后在 CorelDRAW X5 中添加 KPT6 外挂滤镜。导入如图 8-4-17 所示的一幅图形，使用 KPT6 外挂滤镜中的“KPT LensFlare”滤镜，将导入的图形加工成如图 8-4-18 所示的图形。

图 8-4-17 “风景”图形

图 8-4-18 “KPT LensFlare”滤镜处理效果

2. 利用 KPT6 滤镜将如图 8-4-19 所示的“海洋”图形制作成一幅“海上升明月”图形，如图 8-4-20 所示。该图形展现的是一幅刚刚升起的明月，明月照亮了海洋。天空中飘浮着层层淡淡的云彩，3 只小鸟在云中飞翔，形成海上升明月的景观。

图 8-4-19 “海洋”图形

图 8-4-20 “海上升明月”图形

制作方法提示如下。

（1）导入一幅“海洋.jpg”的图形，如图 8-1-19 所示。调整“海洋”图形刚好将绘图页面的下边约三分之二部分覆盖。再将“飞鸟.jpg”图形添加到绘图页面外，隐藏白色背景。

（2）使用工具箱中的“矩形工具”，在绘图页面内上边三分之二部分绘制一个填充色为任意颜色的无轮廓线矩形，将“海洋”图形的蓝天部分遮挡住，如图 8-4-21 所示。

（3）选中刚刚绘制的矩形，调出“转换成位图”对话框。在该对话框的“颜色”下拉列表内选择“RGB 颜色（24 位）”选项，单击“确定”按钮，将矩形图形转换成位图形。

（4）单击“位图”→“外挂式滤镜”→“KPT6”→“KPT SkyEffects”命令，调出 KPT 6 外挂滤镜中的“KPT SkyEffects”对话框，如图 8-4-22 所示。这是一个可以设计有太阳、月亮和彩虹的天空图形的滤镜。

图 8-4-21 绘制一幅矩形图形

图 8-4-22 “KPT SkyEffects”对话框

（5）单击“KPT SkyEffects”对话框右上方的按钮，调出“Presets”对话框，如图 8-4-23 左图所示。选择天空的类型，例如，单击选中“Sunrise”按钮，可以切换到日、月类型，此时的“Presets”对话框如图 8-4-23 右图所示。此处，单击选中图 8-4-23 左图中左上角的一种类型。

（6）单击“OK”按钮，关闭“Presets”对话框，回到“KPT SkyEffects”对话框。在“KPT SkyEffects”对话框中，将鼠标指针移到一些图形之上，如果在该对话框的下边提示栏中有相应的提示信息出现，即说明此时拖曳可以进行相应的调整。将鼠标指针移到“Moon”栏内的圆形图形之上，提示栏中会显示“Set moon Position（HH: MM,, X）”提示信息，此时拖曳可以调整月亮的位置。将鼠标指针移到“Sun”栏内的圆形图形之上，提示栏中会显示“Set Sun

Position（HH: MM，，X）”提示信息，此时拖曳可以调整太阳的位置。

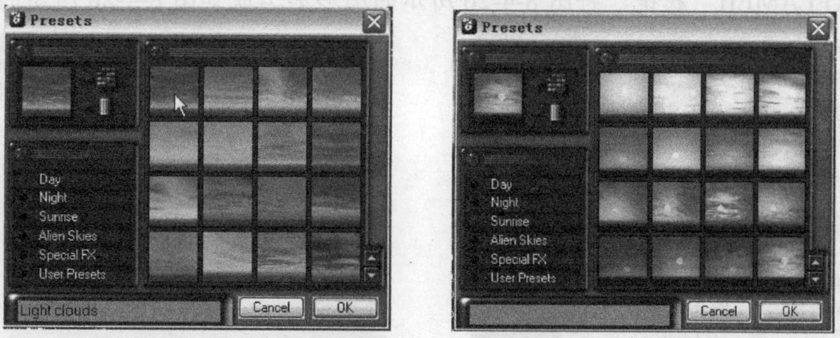

图 8-4-23 “Presets”对话框

（7）可以调整的内容有“Camera Focal”（相机焦距的），“Sun Position”（太阳位置），“Sky Color”（天空颜色），“Sun Color”（太阳颜色），“Aura Sun Color”（太阳光晕颜色），“moon Position”（月亮位置），“moon Color”（月亮颜色）。

在“KPT SkyEffects”对话框中进行调整，最后效果如图 8-4-24 所示。其中左上角内的显示框中的矩形虚线表示图形的范围。单击“OK”按钮，即可获得如图 8-4-25 所示图形。

图 8-4-24 “KPT SkyEffects”对话框

图 8-4-25 添加蓝天和明月图形

（8）选中“飞鸟”图形，2 次按 Ctrl+D 组合键，复制 2 份，再将 3 幅“飞鸟”图形移到蓝天中。

3. 安装 KPT7 外挂滤镜，然后在 CorelDRAW X5 中添加 KPT effects 外挂滤镜。在 CorelDRAW X5 中导入一幅“别墅 14.jpg”图形，如图 8-4-26 所示。然后使用 KPT effects 外挂滤镜中的“KPT FRAXFLAMEII”滤镜，将别墅图形加工成如图 8-4-27 所示的图形。

图 8-4-26 “别墅 14.jpg”图形

4. 在CorelDRAW X5中导入如图8-4-26所示的图形，然后使用KPT effects外挂滤镜中的“KPT FRAXFLAMEII”滤镜，将图8-4-26所示的图形加工成如图8-4-28所示的图形。

图8-4-27 滤镜处理效果1

图8-4-28 滤镜处理效果2

第9章

应用型实例

本章提要：

本章介绍了 11 个应用型综合实例，在介绍实例的制作方法时，不再采用前 8 章中详细介绍操作步骤的方法，而只介绍关键操作步骤和设计思路。在前 8 章中介绍过的方法一般不再详细讲述。另外，也不希望读者完全按照给出的实例效果来制作，实例效果图只是提供一个参考，希望读者发挥想象力，设计自己的作品，自己采集素材，完成作品的设计。本章通过指导读者完成 11 个实例的制作，提高读者应用 CorelDRAW X5 的能力和创新设计能力。

9.1 【实例 26】花边图案

实例效果

“花边图案”，如图 9-1-1 所示，给出了 3 个美丽的几何对称图案。通过单独使用或组成花边图案可以装饰图形画面。制作这种几何对称图案图形使用了变换、结合和渐变等制作技术。这 3 个美丽的几何图案的制作方法如下。

图 9-1-1 “花边图案”图形

制作方法

1. 绘制 24 个同心的图形

（1）设置绘图页面宽度为 400 像素，高度为 120 像素，背景色为白色。绘制一个矩形图形，再单击工具箱中的“形状工具”按钮，此时矩形如图 9-1-2 所示。

（2）向内拖曳其中一个黑色实心控制柄，形成如图 9-1-3 所示的圆角矩形图形。使用工具箱中的“选择工具”，单击选中它，将圆角矩形图形调窄，如图9-1-4所示。

图9-1-2　矩形图形

图9-1-3　调整矩形形状

图9-1-4　调窄圆角矩形

（3）单击工具箱中的“渐变填充”按钮。调出了一个“渐变填充”对话框。在“类型”下拉列表中选中“圆锥”选项。在“颜色调和”一栏中，选中“双色”单选按钮，在“从”颜色列表中选择绿色，在“到”颜色列表中选择白色，并设置中点的值为50，在“中心位移”一栏中，输入“水平”偏移值为0，“垂直”偏移值为22，再设置其他选项，如图9-1-5所示。单击“确定”按钮，完成圆锥类型渐变填充，取消轮廓线，效果如图9-1-6所示。

（4）单击“排列”→“变换”→“旋转”命令，调出“转换”（旋转）泊坞窗。在该窗口中的“角度”数字框中输入15，在“相对中心”栏内选择底边中心，在“副本”书字框内输入23（360/15=24）表示可复制23个对象，如图9-1-7所示。

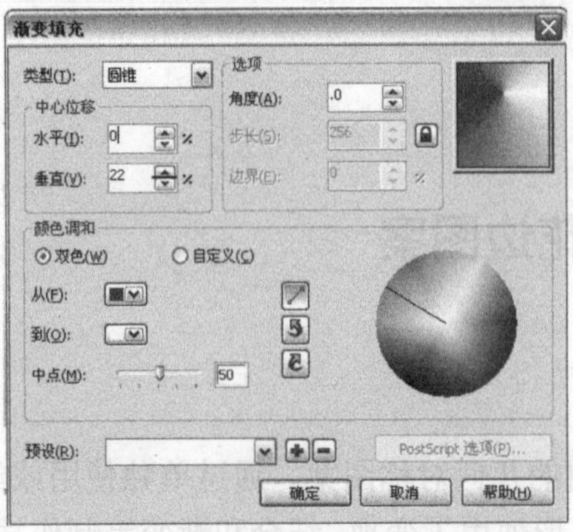

图9-1-5　“渐变填充”对话框设置

图9-1-6　填充效果

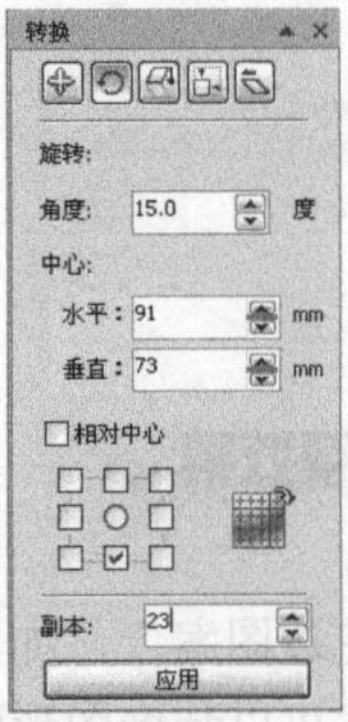

图9-1-7　“转换”旋转泊坞窗

（5）单击“变换”（旋转）泊坞窗内的“应用”按钮，即可复制23个同心的圆角矩形图形，共24个同心圆角矩形，如图9-1-8所示。各相邻的圆角矩形图形之间的角度为15度。

2．生成几何对称图形

（1）使用工具箱中的“选择工具”按钮，拖曳选中24个同心的圆角矩形图形。然后，单击其属性栏内的“合并”按钮，或单击“排列”→“合并”命令，图形变为如图9-1-9所示的花边图形。

（2）选中花边图形，按Ctrl+D组合键，复制一份，将复制的图形缩小到原图的三分之一。

（3）单击选中复制的图形，再单击工具箱中的“渐变填充”按钮，调出“渐变填充”对话框，给复制的图形填充由白－蓝圆锥形渐变的颜色，效果如图9-1-10所示。

（4）将如图9-1-10所示的小花边图形拖曳到大花边图形的中间，使两个花边图形的中心对齐，再利用“转换”泊坞窗，将小花边图形旋转大约180度，效果如图9-1-11所示。

（5）单击“交互式展开式工具栏”内的“调和”按钮。将其属性栏内的调和步数设置为20，从大花边拖曳到小花边图形，得到交互式调和效果。然后，双击小花边图形，进入旋转状态，拖曳旋转小花边图形，即可获得花边图案图形，效果如图9-1-12所示。

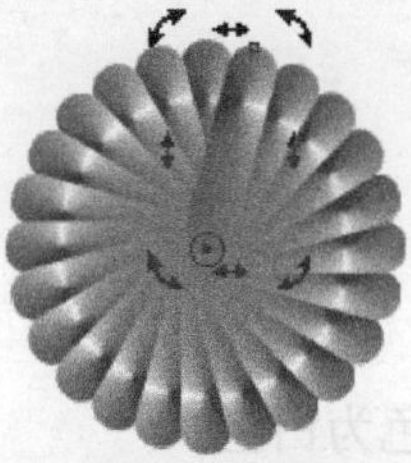

图 9-1-8 24 个同心的圆角矩形

图 9-1-9 花边图形

图 9-1-10 白－蓝圆锥渐变填充

（6）单击按下其属性栏内的“顺时针”按钮，此时图形如图 9-1-13 所示。

（7）将图 9-1-13 所示的花边图案图形复制 2 份，将复制图形内的大花边图形或小花边图形的渐变颜色、形状、填充方式等进行更换，将调和步数值进行修改，可以获得其他许多美丽的几何对称图形，请读者发挥想象力去创作。

图 9-1-11 两组花边图形

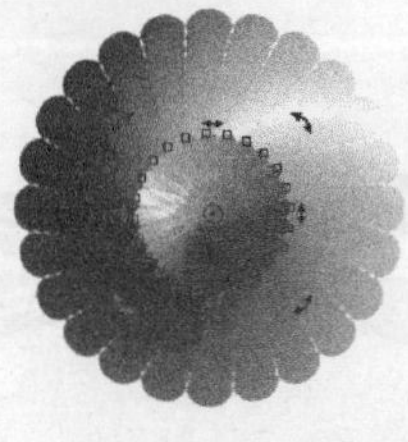

图 9-1-12 交互式调和效果

图 9-1-13 顺时针调和效果

9.2 【实例 27】洁云牌纸巾包装

实例效果

“洁云牌纸巾包装”图形如图 9-2-1 所示。它是一个洁云牌纸巾的包装设计图，分为正面、侧面和背面三部分组成。背景为从上到下的浅粉色－浅紫色的渐变色。正面有几只红色、蓝色和金黄色的蜻蜓，上边有一排紫色的矩形，中间有“洁云”品牌的名称、商标和说明文字。背面与正面文字相同，只是中文变成了英文。侧面有纸巾的生产厂家、地址、服务热线、规格、卫生许可证号码、产品标准号、条形码及有效期等内容。整个包装图形简洁、色彩丰富，给人一种干净、卫生的感觉。该实例的制作方法如下。

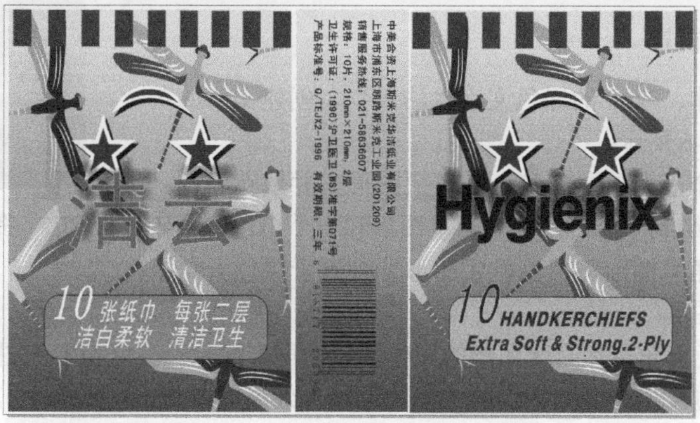

图 9-2-1 “洁云牌纸巾包装”图形

制作方法

1．绘制正面背景

（1）设置绘图页面宽度为 210 像素，高度为 120 像素，背景色为白色。

（2）绘制一个宽 86mm，高 118mm 的矩形，并填充从上到下的浅粉色－浅紫色的渐变色，如图 9-2-1 所示。

（3）绘制一个蓝色的蜻蜓头部，绘制两只红色的蜻蜓眼睛。绘制浅蓝色的蜻蜓前翅膀及身体，并在前翅膀上绘制几个白色的“月牙”。绘制蓝色的蜻蜓后翅膀，并在后翅膀上绘制四条白色的弧形。绘制一个蓝色蜻蜓尾巴，一个蓝色蜻蜓如图 9-2-2 所示。

（4）按照相同的方法，绘制一个红色的和金黄色的蜻蜓，如图 9-2-3 所示和如图 9-2-4 所示。

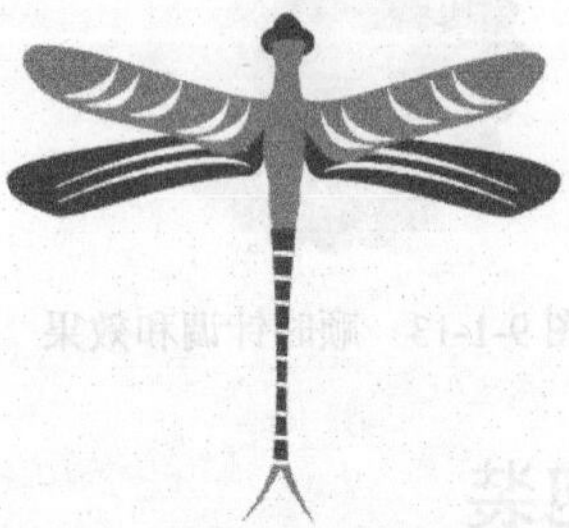

图 9-2-2　蓝色蜻蜓

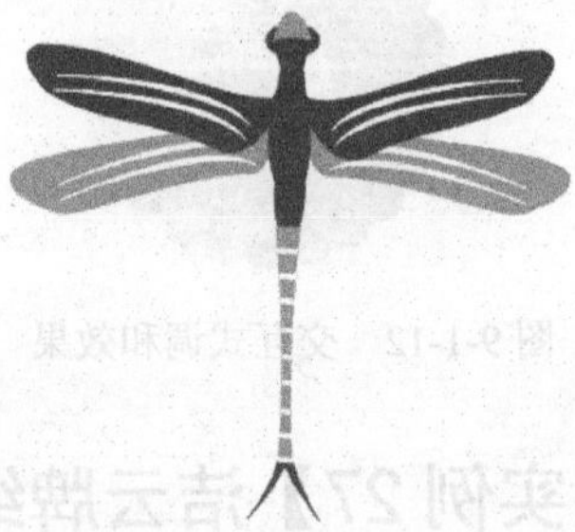

图 9-2-3　红色蜻蜓

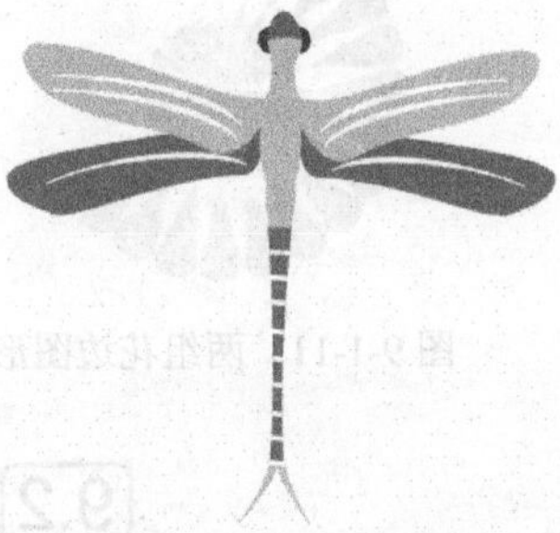

图 9-2-4　金黄色蜻蜓

（5）将所绘制的蜻蜓图形复制多个，分别调整这些蜻蜓的大小、位置和旋转角度。选中所有蜻蜓图形，单击“效果”→“图框精确裁剪”→“放置在容器中”命令，将蜻蜓图形置于矩形内。

（6）　单击“效果”→“图框精确裁剪”→“编辑内容”命令，进入内容的编辑状态，将多个蜻蜓图形移到矩形图形内，调整它们的大小和位置，如图 9-2-5 所示。

（7）　单击“效果”→“图框精确裁剪”→“结束编辑”命令，将蜻蜓图形置于矩形内，形成背景图形，如图 9-2-5 所示。

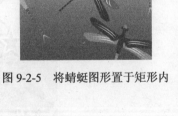

图 9-2-5　将蜻蜓图形置于矩形内

2．绘制正面前景

（1）输入黑体、72pt 的绿色文字“洁云”，创建文字的灰色阴影，如图 9-2-6 所示。

（2）绘制一个五角星图形和一个月牙图形，并填充绿色，如图 9-2-7 所示。绘制一个白色的五角星图形和一个白色的月牙图形。将白色五角星图形和白色月牙图形分别置于绿色五角星图形和绿色月牙图形的下边。

（3）创建白色五角星和月牙图形的黑色阴影，再将绿色、白色和黑色图形组成群组，将五角星图形群组复制一份。调整它们的大小和位置，效果如图 9-2-8 所示。

图 9-2-6　带阴影文字

图 9-2-7　五角星和月牙图形

图 9-2-8　五角星和月牙图形

（4）在五角星和月牙图形下边绘制一幅圆角矩形，填充浅蓝色。输入数字“10”，并倾斜一定角度；再输入白色的纸巾说明文字，如图 9-2-9 所示。至此，正面的图形绘制就完成了。

（5）将正面图形复制一份，并移到原图形的右边，然后将其内的中文改为相应的英文，文字“洁云”改为英文品牌名称，字体做一些修改，文字颜色都改为深蓝色，效果如图 9-2-1 所示。

（6）绘制一个宽 34mm、高 118mm 的矩形图形，并填充与正面相同的渐变颜色，如图 9-2-1 所示。在绘图页面外输入纸巾的生产厂家、地址、服务热线、规格、卫生许可证号码、产品标准号及有效期等内容，并创建一个条形码，如图 9-2-10 所示。

（7）将输入的文字和条形码旋转−90 度，移到渐变颜色的矩形之上，形成侧面，效果如图 9-2-1 所示。

图 9-2-9　蓝色矩形和白色文字

中美合资上海斯米克华洁纸业有限公司
上海市浦东区顾路斯米克工业园(201209)
销售服务热线：021-58636607
规格：10片，210mm×210mm，2层
卫生许可证：(1996)沪卫医卫(WS)准字第071号
产品标准号：Q/TEJX2-1996　有效期限：三年

6 918717 202300

图 9-2-10　文字和条形码

9.3 【实例 28】新听静音冰箱广告

实例效果

“新听静音冰箱广告”图形如图 9-3-1 所示。它分为背景、直方图和前景三部分。背景是一幅在鲜花中享受宁静的佳人，并配有三只不同颜色的蝴蝶。左边有弧线形的梯形，填充渐变色，其内有一个表示噪声指数的直方图，给出新听静音冰箱的噪声与其他冰箱的噪声的比较。直方图的上方有一个箭头，指示出噪声降低的幅度。右边佳人处有新听静音冰箱的广告词“把宁静带给您”。下面有“新听静音冰箱”标题文字、噪声指数、冰箱名称、型号和各种认证说明。整个画面色彩绚丽，内容丰富，强调了新听静音冰箱的静音特点。该实例的制作方法如下。

图 9-3-1　“新听静音冰箱广告”图像

制作方法

1. 绘制直方图

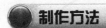

（1）设置绘图页面宽度为 297 像素，高度为 210 像素，背景色为白色。绘制一个矩形，填充成从左到右为粉红色—白色—粉红色的线形渐变颜色，并取消其轮廓线，效果如图 9-3-2 左图所示。

（2）在矩形的上端绘制一个椭圆形，填充相同的线形渐变颜色，并取消其轮廓线，如图 9-3-2 右图所示。这样一个粉红色的圆柱体就绘制完成了。

（3）在圆柱体上输入“普通冰箱”四个字，并填充深蓝色。用同样的方法绘制一个金黄色的圆柱体，输入“国家 A 级”四个字，设置为绿色，在其上面输入噪声指数“42dB(A)”，并将其填充成粉红色，如图 9-3-3 图所示。

（4）绘制一个绿色的圆柱体，输入“寂静的郊外晚上”七个字，填充成粉红色。然后绘制一个蓝色的圆柱体，输入“新听静音冰箱”六个字，并填充成深紫色，在其上面输入噪声指数“36.5dB(A)”，并将其填充成红色，如图 9-3-3 所示。

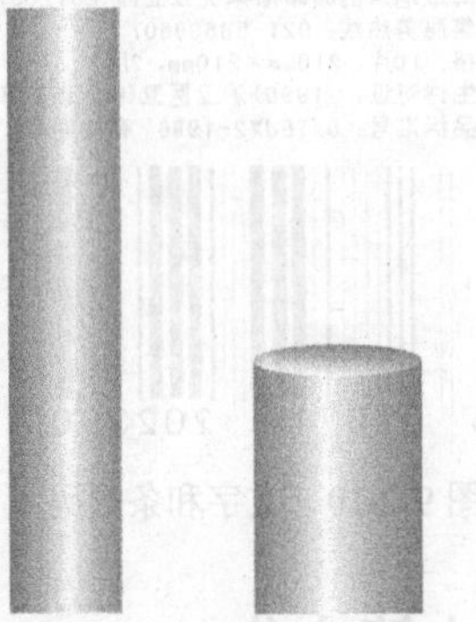

图 9-3-2　粉红色的圆柱体

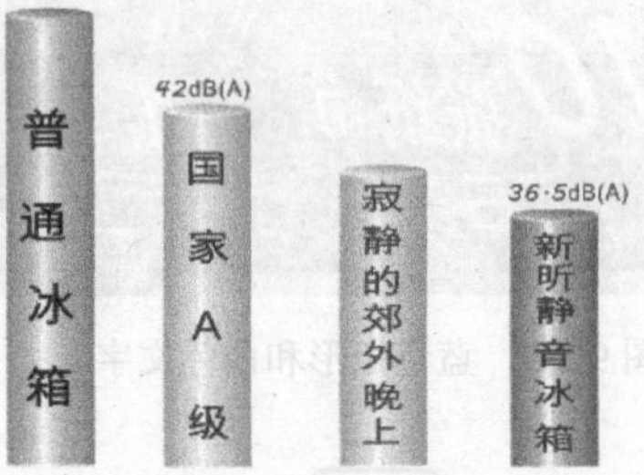

图 9-3-3　输入文字

（5）绘制一个箭头图形，使用工具箱中的“交互式轮廓图工具”按钮，创建一个向内的轮廓，形成一个小箭头。将大箭头填充蓝色，小箭头填充白色，并取消轮廓线，如图 9-3-4 所示。

（6）使用工具箱中的“调和”工具，创建由大箭头向小箭头的渐变效果，形成一个立体箭头。沿箭头的上侧绘制一条弧线，使文本“噪声降低达 30%”沿弧线排列。

（7）单击“排列”→“拆分 在一路径上的文本”命令，将弧线和文字分离，并删除弧线。使用工具箱中的“立体化”工具，将文字立体化，并只显示其修饰斜角。

（8）单击“排列”→“拆分”命令，将文字和立体字分离，并删除文字。单击“排列”→“取消群组”命令，将立体部分和平面部分分开，并填充成草绿色。单击工具箱中的“透明度”按钮，将平面部分填充成 50%的标准透明效果。

（9）单击“排列”→“群组”命令，将文字的平面部分与立体部分组成一个整体，如图 9-3-5 所示，这样箭头和立体文字就绘制完成了。

2. 绘制鲜花、蝴蝶图形和输入文字

（1）绘制一个圆形，单击工具箱中的“扭曲”按钮，在圆形图形之上拖曳，将圆形变

成花朵形状，再填充粉红色。将花朵的轮廓设置成白色，在中间绘制一个黑色的圆形，并创建金黄色阴影，形成花蕊。这样一朵鲜花就制作完成了，效果如图 9-3-6 所示。

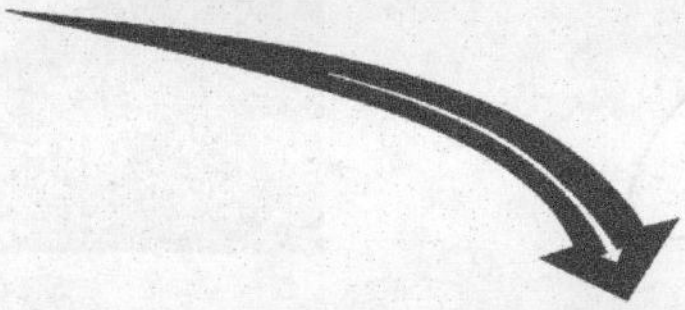

图 9-3-4　箭头图形

图 9-3-5　立体化文字

（2）复制多朵鲜花并填充不同的颜色，效果如图 9-3-7 所示。

（3）绘制一个黑边金黄色花纹的蝴蝶图形，如图 9-3-8 所示。然后复制 2 个蝴蝶图形，将复制的蝴蝶图形颜色进行更换，调整它们的位置和旋转角度，效果如图 9-3-1 所示。

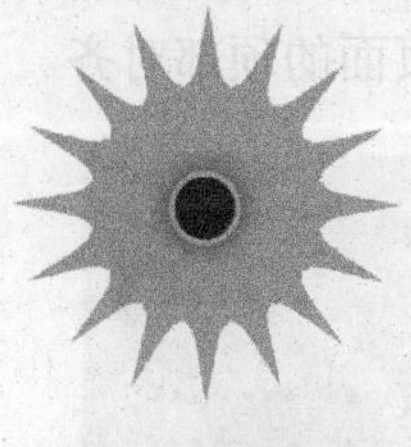

图 9-3-6　鲜花图形

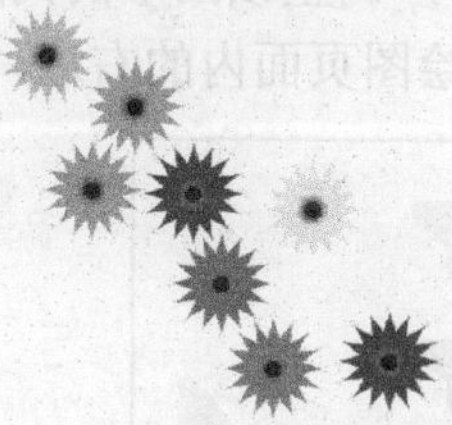

图 9-3-7　几朵鲜花图形

图 9-3-8　蝴蝶图形

（4）输入广告词“把宁静带给您”文字，绘制一条弧线，选中输入的文字。单击“文本”→“使文本适合路径”命令，拖曳选中的文字到曲线之上，单击后的效果如图 9-3-9 所示。单击“排列”→“拆分在一路经上的文本”命令，将弧线和文字分离，删除弧线。

（5）设置文字的字体为华文行楷，设置字号为 60pt，设置文字颜色为紫红色，设置文字的轮廓颜色为黄色，如图 9-3-10 所示。

图 9-3-9　“把宁静带给您”文字

图 9-3-10　经处理后的文字效果

（6）绘制一个蓝色矩形，在上面输入冰箱名称，并将文字填充白色。绘制一个紫红色的矩形，在上面输入各种认证说明和噪声指数，如图 9-3-11 所示。

图 9-3-11　各种认证说明和噪声指数

3．制作背景图形

（1）绘制一个椭圆形和一个矩形图形，同时选中这两个图形，如图 9-3-12 所示。单击“排列”→“造形”→“相交”命令，生成一个四分之一椭圆形图形，将该图形移出来，如图 9-3-13 所示。删除原来的椭圆形和矩形图形。

（2）填充一种材质，并将材质颜色设置为绿色－黄色－绿色的渐变色，取消轮廓线，形成一个草绿色的环保背景图形，如图 9-3-14 所示。

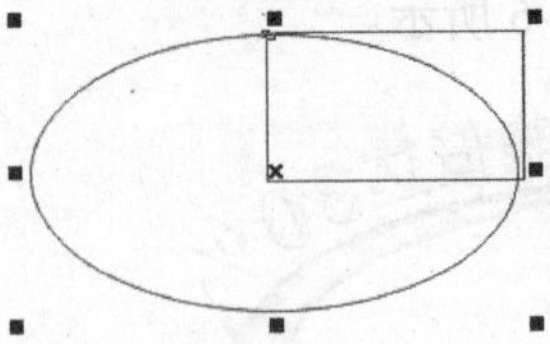

图 9-3-12　矩形和椭圆形图形

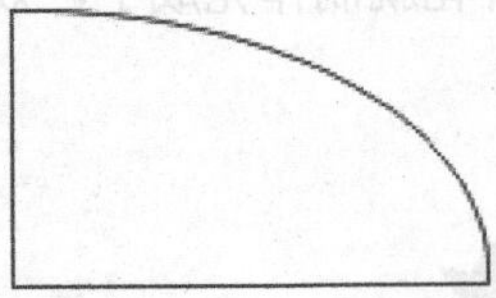

图 9-3-13　四分之一椭圆形图形

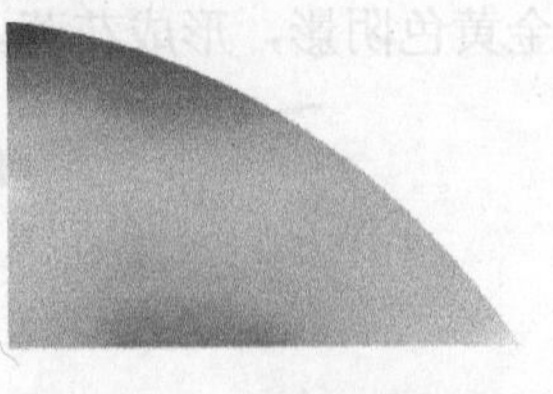

图 9-3-14　填充渐变色材质

（3）调整图 9-3-14 所示的四分之一椭圆形图形的大小，将其移到绘图页面内相应的位置。选中该图形，单击“排列”→“顺序”→“到图层后面”命令，将四分之一椭圆形图形移到其他对象的后面，如图 9-3-15 所示。

（4）导入一幅“佳人.jpg”图形，调整该图形的高度与四分之一椭圆形图形的高度一致，如图 9-3-16 所示。再将该图形移到绘图页面内的右边，其顶部与绘图页面的顶部对齐。

图 9-3-15　将四分之一椭圆形图形移到其他对象的后面

图 9-3-16　“佳人”图形

（5）将广告词“把宁静带给您”文字、蝴蝶图形、小花图形和“36.5”数字移到“佳人”图形的上，如图 9-3-17 所示。

（6）导入一幅“花背景”图形，如图 9-3-18 所示。该图形是用其他软件从“佳人”图形左上边裁切出的背景图形。调整该图形的高度大约为“佳人”图形高度的一半。

图 9-3-17　调整文字、图形等内容到“佳人”图形上

图 9-3-18　“花背景”图形

（7）使用工具箱内的“贝塞尔工具”，绘制一幅三角形图形，其大小可以刚好将图 9-3-17 所示图形内白色部分完全覆盖，效果如图 9-3-19 所示。

（8）使用工具箱内的“形状工具”，单击三角形图形的节点，单击按下其属性栏内的

"到曲线"按钮，然后调整节点的切线，使该图形与图 9-3-17 所示图形内白色部分完全一样，如图 9-3-20 所示。

（9）将导入的"花背景"图形复制 5 份，将其中 3 幅"花背景"图形水平颠倒，再将 6 幅水平图形拼接在一起，选中这 6 幅图形，如图 9-3-21 所示。

（10）单击"效果"→"图框精确剪裁"→"放置在容器中"命令，这时鼠标指针呈黑色大箭头状，单击如图 9-3-20 所示的图形轮廓线，将如图 9-3-21 所示的 6 幅"花背景"图形填充到图 9-3-20 所示的图形内。

（11）调整容器中图形的位置和大小，结束编辑内容，删除其轮廓线，再将该图形移到图 9-3-17 所示图形内的白色区域处。最后，将该图形置于蝴蝶和四分之一椭圆形图形的下边，效果如图 9-3-1 所示。

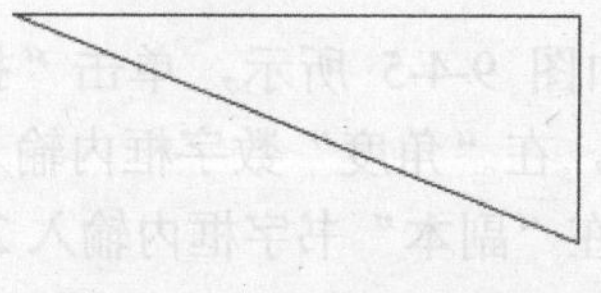

图 9-3-19　三角形图形

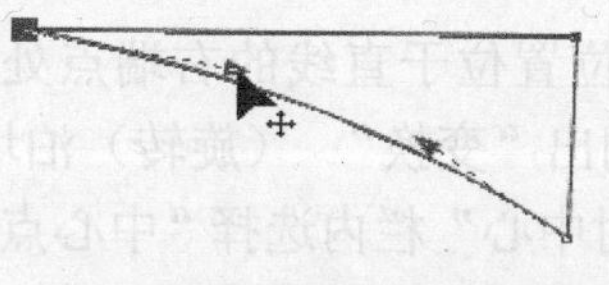

图 9-3-20　调整三角形图形

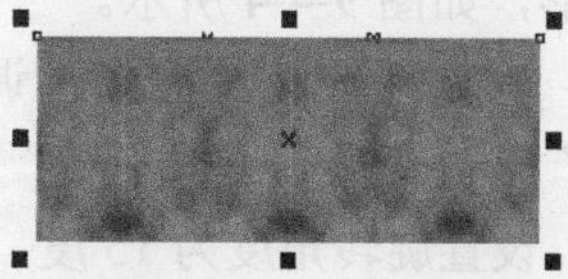

图 9-3-21　拼接 6 幅"花背景"图形

9.4　【实例 29】佳庆百货公司广告

实例效果

"佳庆百货公司广告"图形如图 9-4-1 所示。它是为庆祝佳庆百货公司开张而设计的广告，其背景为一幅由粉红色、白色和桃红色相间的花纹组成的图形，如图 9-4-2 所示。广告画面上有佳庆百货公司的名称、标志及营业时间，中间有代表佳庆百货公司的梅花图案、佳庆百货公司开幕式举办的日期，还有表示开幕的电影开拍牌，下面有在活动期间的优惠购物说明及赠奖中心的地点。整个广告创作独特，构思新颖，给人耳目一新的感觉。该实例的制作方法如下。

图 9-4-1　"佳庆百货公司广告"图形

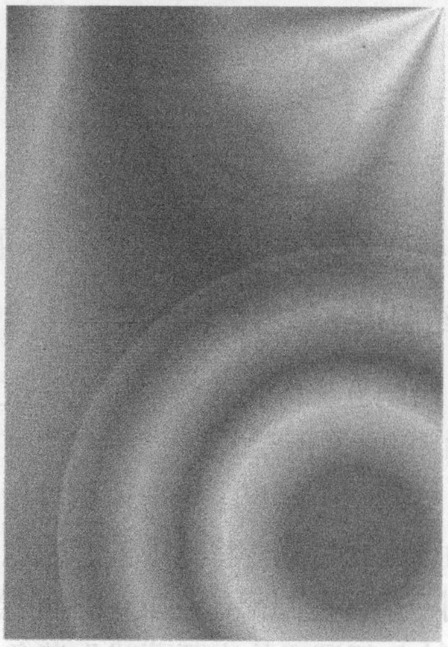

图 9-4-2　背景图形

制作方法

1．绘制广告的刊头

（1）设置绘图页面宽度为 500 像素，高度为 700 像素，背景色为白色。

（2）使用“矩形工具”按钮 □，绘制一个矩形框，并在其内的中间位置输入“营业时间”文字和“9：00～21：00”文字，以及绘制一条水平直线，如图 9-4-3 所示。

（3）绘制一个小圆形图形，填充黑色，在该圆形图形的右边绘制一条水平直线图形，如图 9-4-4 所示。同时选中小圆形图形和水平直线图形，将它们组成一个群组，成为一根花蕊图形，如图 9-4-4 所示。

（4）双击花蕊图形，调整中心位置位于直线的右端点处，如图 9-4-5 所示，单击“排列”→“变换”→“旋转”命令，调出“变换”（旋转）泊坞窗，在“角度”数字框内输入 15，设置旋转角度为 15 度，在“相对中心”栏内选择“中心点”，在“副本”书字框内输入 23（360/15=24）表示可复制 23 个对象，单击“应用”按钮，复制出一圈花蕊，如图 9-4-6 所示。

图 9-4-3　营业时间

图 9-4-4　一根花蕊

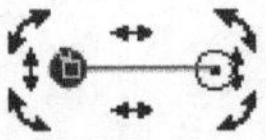

图 9-4-5　中心调整

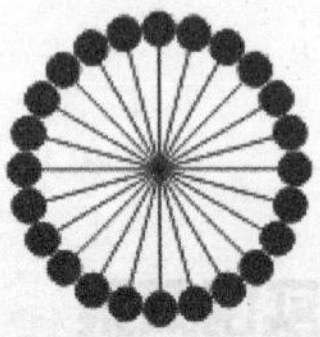

图 9-4-6　一圈花蕊

（5）在花蕊的上、下各绘制一段圆弧，单击“效果”→“艺术笔”命令，调出“艺术笔”泊坞窗，选择合适的笔触，将圆弧线变成中间宽两端尖的形状，取消轮廓，填充为蓝色和紫色，形成刊头图案，如图 9-4-7 所示。

（6）输入佳庆百货公司的地址及电话，再创建“佳庆百货”立体文字，如图 9-4-8 所示。

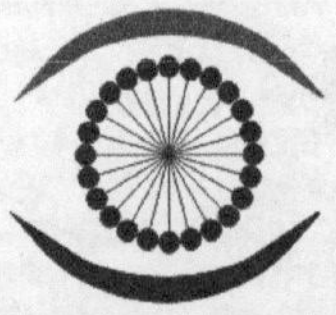

图 9-4-7　刊头图案

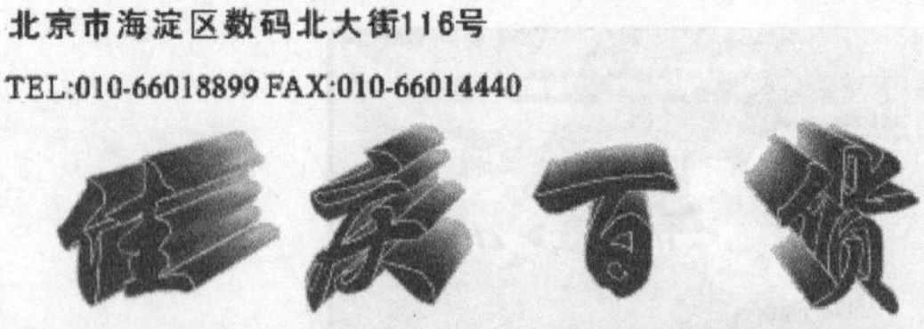

图 9-4-8　地址、电话和“佳庆百货”立体文字

2．绘制梅花等图案和文字

（1）绘制五瓣梅花花瓣，填充粉红色－白色的辐射渐变颜色效果，绘制梅花花蕊，填充紫红色，如图 9-4-9 所示。

（2）绘制一个矩形，矩形内填充白色－金黄色线性渐变颜色，并在下面绘制一些黑色的线条。再输入庆祝日期，将其中的“六”和“日”两字设置为白色，在“六”和“日”两字下面分别绘制一个红色圆形。在文字之间绘制一个紫色三角形，如图 9-4-10 所示。

（3）输入贺词“佳庆开幕式”黄色文字，增加黑色轮廓线，复制一份“佳庆开幕式”文字，将复制的文字填充红色，将轮廓色设置为红色，将红色文字移到黄色文字之上，再向右上角微微移动一点，制作出立体文字，使用工具箱中的“阴影” □，创建两个“佳庆开幕式”文字的阴影，如图 9-4-10 所示。

图 9-4-9　梅花图案

图 9-4-10　输入庆祝日期等文字和图形

（4）绘制两个半透明的矩形，一个填充绿色，一个填充金黄色，并在其中分别输入“相”和“约”二个字，如图 9-4-11 所示。

（5）绘制两个圆形，一个填充红色，一个填充紫色，在上面输入数字，将数字“1”设置为白色，将数字“2”和“3”设置为蓝色，加上白色轮廓，如图 9-4-11 所示。复制一朵梅花，并将花瓣颜色变成黄色，将花蕊颜色变为金黄色，与广告词组合，如图 9-4-11 所示。

（6）绘制两幅圆形图形，并将其填充成绿色和红色，在圆形的上面输入数字，制作一个带光照效果的轮廓，如图 9-4-12 所示。

（7）绘制一个黄色矩形，在上面再绘制一个蓝色圆角矩形，在黄色矩形和蓝色圆角矩形上面分别输入白色和黑色的文字，如图 9-4-12 所示。

（8）输入其余文字，单击“排列”→“拆分美术字”命令，将文字拆分开来，制作成黑、红、白三色文字，如图 9-4-12 所示。

图 9-4-11　“相约”和“123”文字

图 9-4-12　优惠项目和赠奖地址

3．制作电影开拍牌

（1）绘制一个矩形图形，填充成黑、白颜色的线性渐变效果，在矩形上面绘制一些黑色的平行四边形，组成开拍牌的上部，将开拍牌的上部复制一份，并将其中的黑色平行四边形水平镜像，如图 9-4-13 所示。

（2）绘制一个矩形，填充成金黄色与白色相间的线性渐变效果。输入三个红色的数字 123，向外创建轮廓，将轮廓与文字分离，把轮廓填充成金黄色与白色相间的线性渐变效果，如图 9-4-13 所示。

（3）输入三个英文字母“PEN”，向外创建轮廓，将轮廓与文字分离，将轮廓填充成红色，把文字填充成红色与白色相间的线性渐变效果，如图 9-4-13 所示。

（4）绘制一个圆形。再绘制一个小圆形图形，填充成中间白四周红的射线渐变效果，取消轮廓线，形成一个红色球体，再复制一个球体。然后，使用工具箱中的“调和”工具，创建沿圆形路径的多个球体，最后取消圆形路径，形成一圈圆球，如图 9-4-13 所示。

（5）将开拍牌的上部和下部分别组成群组。单击“效果”→“添加透视”命令，使开拍牌形成透视效果，将开拍牌取消群组，单击工具箱中的“立体化”按钮，将开拍牌上部分和下部对象分别立体化，如图 9-4-14 所示。

（6）单击“排列”→“拆分”命令，将立体化对象和原对象拆分开来。取消立体化对象的群组，分别将其进行线性渐变填色，形成光影效果，如图 9-4-14 所示。

图 9-4-13　电影开拍牌和一圈圆球等

图 9-4-14　立体化图形

4．绘制底纹

（1）绘制一个矩形，以底纹填充方式填充“样本”底纹库中的“空中笔刷”底纹，将颜色调整为红、黄、紫等颜色，作为广告的背景，如图 9-4-2 所示。

（2）绘制一个圆形，填充成粉红色与白色相间的圆形渐变效果，将圆形图形由中间向四周进行透明处理，填充到背景的右下角，如图 9-4-2 所示。

（3）绘制一个圆形图形，填充成紫红色与白色相间的圆锥渐变效果，将圆形图形由中间向四周进行透明处理，填充到背景的右上角，如图 9-4-2 所示。

（4）将所绘制的图形对象和文字移到背景上，调整大小和位置，共同组成一幅佳庆百货公司的开张广告，如图 9-4-1 所示。

9.5　【实例 30】苹果牛奶广告

实例效果

“苹果牛奶广告”如图 9-5-1 所示。它由背景、文字和前景三部分。背景是一个深紫色矩形，上面有两条花纹。前景是从两个杯子里流出的牛奶组成的一个心形，中间镶嵌着 2 岁的哥哥给小弟弟喂奶的图片，如图 9-5-2 所示。下面是苹果图形，上面有苹果的中英文名称。中间有“倾注心意一刻”广告词，左下角是说明文字。整个广告以心形图案为主，充分体现了“倾注心意一刻”的意境。该实例的制作方法如下。

图 9-5-1　“苹果牛奶广告”效果图

图 9-5-2　“宝宝”图形

制作方法

1．绘制前景

（1）新建一个图形文档，设置绘图页面的宽为 90mm，高为 130mm。导入“宝宝.jpg”和“苹果.jpg”图形，如图 9-5-2 和图 9-5-3 所示。

（2）绘制一个深紫色的矩形，作为广告的背景。绘制二个玻璃杯，并在杯中绘制牛奶图形，如图 9-5-4 所示。

（3）将杯子调整成倾斜状态，绘制两条白色的牛奶流淌的图形，再绘制一个由白色奶液形成的蝴蝶节。然后，绘制一个水滴形状的图形，填充灰色，在水滴形状图形的中间再绘制一个白色小水滴图形，使用工具箱中的“调和”工具，在两个水滴之间创建渐变效果，形成立体水滴图形。

（4）复制多份立体水滴图形，分别调整它们的大小、位置和旋转角度，如图 9-5-5 所示。

图 9-5-3 “苹果”图形

图 9-5-4 玻璃杯和牛奶

图 9-5-5 奶流和水滴

（5）绘制一个心形图形，再绘制一个螺旋形图形，并创建它们的内轮廓。单击“排列”→“造形”→“合并”命令，将心形图形和螺旋形图形合并在一起，形成心形图案。

（6）创建心形图案的内轮廓，并分离和打散这些对象，再单击“排列”→“群组”命令，将内轮廓和外轮廓组合在一起，形成心形图案的内框和外框。

（7）将内框图形填充成白色，外框图形填充成灰色，创建内框平面阴影，并将阴影填充成白色，形成立体心形图案。创建外框阴影，并将阴影填充成深紫色，如图 9-5-2 所示。

（8）单击“效果”→“精确裁剪”→“置于容器中”命令，将人物图形填充入心形图案中，如图 9-5-6 所示，这样前景就制作完成了。

（9）输入金黄色的“苹果”和“APPLE”文字，并将它转换成曲线后变形，如图 9-5-7 所示。输入广告词“倾注心意一刻”，填充成白色，将“心”字转换成曲线并变形，并创建深紫色阴影，如图 9-5-8 所示。然后，输入广告说明，并填充成白色，如图 9-5-9 所示。

图 9-5-6 心形图案

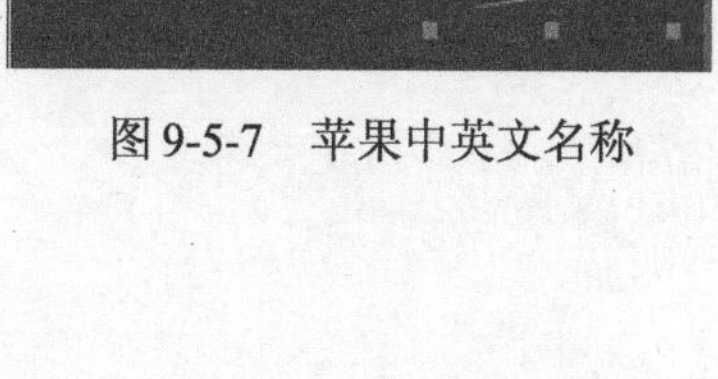

图 9-5-7 苹果中英文名称

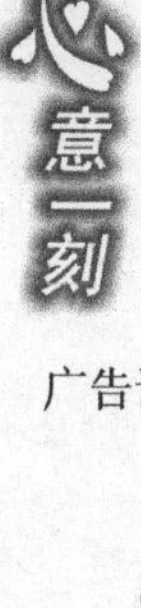

图 9-5-8 广告词文字

2. 绘制背景

（1）绘制一个紫色的波浪形矩形，在上面绘制一条金色波浪线，并创建白色阴影，然后将其填入深紫色矩形中，如图 9-5-1 所示。

（2）选中“苹果”图形，单击“位图”→“位图颜色遮罩”命令，调出“位图颜色遮罩”泊坞窗。选中“隐藏颜色”单选按钮，单击选中颜色列表内第 1 个色条的复选框，拖曳“容限”滑块，调整容差度为 20；单击“颜色选择”按钮，再单击图形的白色背景，选定要隐藏的颜色。

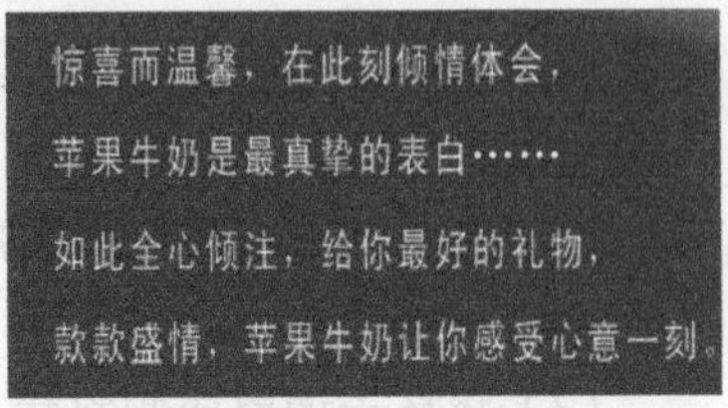
惊喜而温馨，在此刻倾情体会，
苹果牛奶是最真挚的表白……
如此全心倾注，给你最好的礼物，
款款盛情，苹果牛奶让你感受心意一刻。

图 9-5-9　广告说明

（3）单击“位图颜色遮罩”泊坞窗内的“应用”按钮，将“苹果”图形的白色背景隐藏，效果如图 9-5-1 所示。

（4）将绘制好的对象和文字移到背景上，并调整其大小，效果如图 9-5-1 所示。

9.6 【实例 31】天鹅湾庄园销售广告

实例效果

“天鹅湾庄园销售广告”如图 9-6-1 所示。它是一幅天鹅湾庄园别墅销售广告。背景为一个有左上角淡黄色、右下角白色的线性渐变颜色的矩形，右下角还有一幅天鹅湾庄园楼房的图形，中间是天鹅湾别墅客厅、花园、别墅、餐厅四幅卷边图形和上下两条彩带。在背景之上，左上角是天鹅湾庄园的标志和“环保安全”文字，顶部中间是“天鹅湾”立体文字，右边是“二十四小时服务”带阴影文字，中间有四张图形的说明文字，左下角是相关文字和简单的修饰图形，下边中间位置是天鹅湾庄园别墅的地理位置示意图。该实例的制作方法如下。

图 9-6-1　“天鹅湾庄园销售广告”图形

制作方法

1. 绘制背景

（1）导入一幅“别墅 01.jpg”图形，如图 9-6-2 所示，移到绘图页面内的右下角。在该绘图页面之上绘制一幅矩形图形，将整个绘图页面覆盖，并为左上角填充淡黄色，为右下角填充白色的线性渐变颜色。

（2）使用工具箱内的“透明”工具，将矩形的右下角变成圆形透明效果，显示出“别墅 01.jpg”图形，效果如图 9-6-1 所示。

（3）导入一幅“家居 1.jpg”图形，如图 9-6-3 所示。单击选中“家居 1.jpg”图形，单击“位图”→“三维效果”→“卷页”命令，调出“卷页”对话框，利用该对话框将“家居 1.jpg”图形的右下角卷页，如图 9-6-4 所示。

图 9-6-2 “别墅 01.jpg”图形

图 9-6-3 “家居 1.jpg”图形

图 9-6-4 图形卷页

（4）导入“别墅 02.jpg”图形、“鲜花 1.jpg”图形和“家居 2.jpg”三幅图形，如图 9-6-5 所示。然后，分别将这三幅图形的右下角卷页。

图 9-6-5 三幅图形

（5）将四幅卷页图形移到背景矩形图形之上，并进行一定角度的旋转，形成一个扇形，如图 9-6-6 所示。注意几幅图形的前后顺序应正确。

（6）在扇形图形的上方绘制一条弧线，并创建一个金黄色的阴影。单击“排列”→“拆分”命令，将阴影与弧线分离，并删除弧线，形成一条金黄色的彩虹，如图 9-6-6 所示。

（7）采用相同的方法在扇形的下方也绘制一条黄色的彩虹，如图 9-6-6 所示。

图 9-6-6 背景图像

2．绘制前景

（1）参考【实例 4】“天鹅湖“图形的绘制方法，绘制一个天鹅湾庄园别墅的标志图形，绘制一幅填充渐变色的矩形图形作为背景图形，再输入相关的文字，如图 9-6-7 所示。

（2）输入红色“天鹅湾”文字，复制一份，调小一些并设置为黄色。再使用工具箱内的“调和”工具，在两个文字之间拖曳，创建一个渐变调和效果，形成“天鹅湾”立体文字，如图 9-6-8 所示。然后在“天鹅湾”立体文字的右边输入相应的文字和绘制一个小圆形图形和一条水平直线，如图 9-6-9 所示。

（3）输入红色广告词“二十四小时服务”文字，再使用工具箱内的“阴影”工具制作带灰色阴影的“二十四小时服务”文字，效果如图 9-6-1 所示。

图 9-6-7　标志图形和文字

图 9-6-8　“天鹅湾”立体文字

图 9-6-9　文字和图形

（4）绘制一幅的天鹅湾庄园地理位置示意图，并在图形内输入相关的文字，如图 9-6-10 所示。

（5）绘制一个金黄色的圆球，并将其外框设置为白色。输入英文单词“NEW”，使用工具箱内“封套”按钮，将英文单词变成球形，并移到圆球上，如图 9-6-11 所示。

（6）绘制两个圆角矩形，一个填充白色，一个填充金黄色。将金黄色矩形转换成曲线，并变形成带箭头的说明框，复制并创建其阴影。然后，在白色的圆角矩形中输入天鹅湾庄园别墅的新闻文字，形成第一个新闻图形，如图 9-6-11 左上角图形所示。

（7）复制出第 3 个新闻图形，更改其中的说明文字，如图 9-6-11 所示。

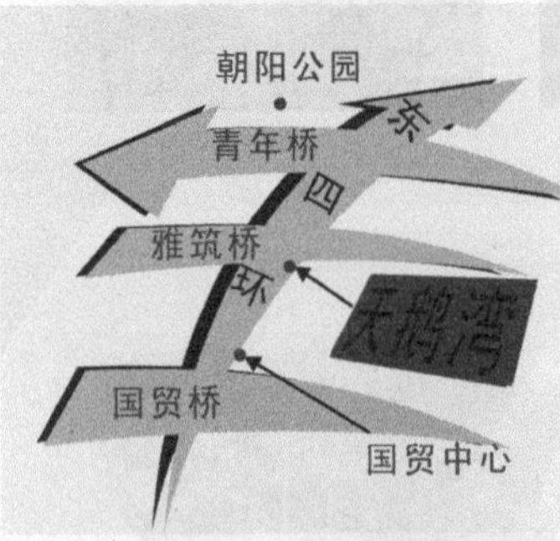

图 9-6-10　地理位置示意图

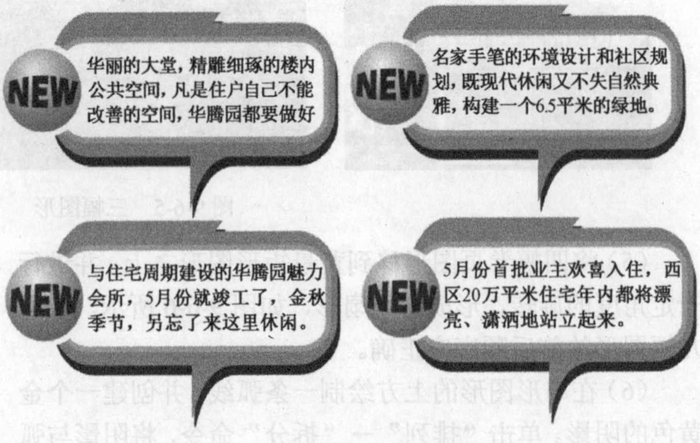

图 9-6-11　金黄色的圆球和说明文字

（8）将输入的文字和绘制的图形移到背景图形上，并调整其大小和位置，形成天鹅湾庄园销售广告，效果如图 9-6-1 所示。

9.7 【实例32】华新LED彩电广告

实例效果

“华新LED彩电广告”如图9-7-1所示。它的背景是一幅“大海”图形，在背景图形之上的中间位置有一台电视机图形，一座桥穿过电视屏幕伸展到远处，桥上站立着一位职业白领人，上方是“站到更高处。华新LED彩电与您登上视觉更高峰”广告词立体文字，它呈仰视的立体形式。该实例的制作方法如下。

图9-7-1 “华新LED彩电广告”图形

制作方法

（1）设置绘图页面宽度为640像素，高度为480像素，背景色为紫色。单击“文件”→“导入”命令，调出“导入”对话框，利用该对话框导入如图9-7-2所示的“大海.jpg”图片、如图9-7-3所示的“彩电LED.jpg”图片和如图9-7-4所示“白领人.jpg”图片。

（2）调整“大海”图形的大小和位置，使它刚好将整个绘图页面完全覆盖。

图9-7-2 “大海.jpg”图形

图9-7-3 “彩电LED.jpg”图形

图9-7-4 “白领人.jpg”图形

（3）选中“彩电LED.jpg”图形，单击“位图”→“三维效果”→“透视”命令，调出“透视”对话框，如图9-7-5所示。在该对话框中将左边矩形底边上的两个顶点向外拖曳，形成一个梯形，单击“确定”按钮，电视机变成了仰视图，如图9-7-6所示。

图 9-7-5 “透视”对话框

图 9-7-6 LED 彩电仰视图

（4）隐藏“彩电 LED.jpg”图形的白色背景，使用工具箱中的“贝塞尔工具”，沿着图 9-7-6 所示 LED 彩电框架的内径绘制一幅梯形图形。

（5）复制一幅“大海.jpg”图形，选中该图形，单击“效果”→“图框精确裁剪”→“放置在容器中”命令，再调整单击梯形图形轮廓线，将复制的“大海”图形填充到梯形中。

（6）单击“效果”→“图框精确裁剪”→“编辑内容”命令，调整填充的图形；单击“效果”→“图框精确裁剪”→“结束编辑”命令，完成图形填充编辑。取消梯形轮廓线，最后效果如图 9-7-7 所示。

（7）使用工具箱中的“手绘工具”，绘制一幅天桥图形，并为其填充渐变颜色，如图 9-7-8 所示。将“白领人物”图形的背景色去除，缩小并放在天桥上。

图 9-7-7 将“大海”图形填充到梯形中

图 9-7-8 绘制一个天桥图形

（8）输入广告词。使用工具箱中的“立体化”工具，将文字立体化，如图 9-7-9 所示。将所绘图形和文字拖曳到背景图形中，最终效果如图 9-7-1 所示。

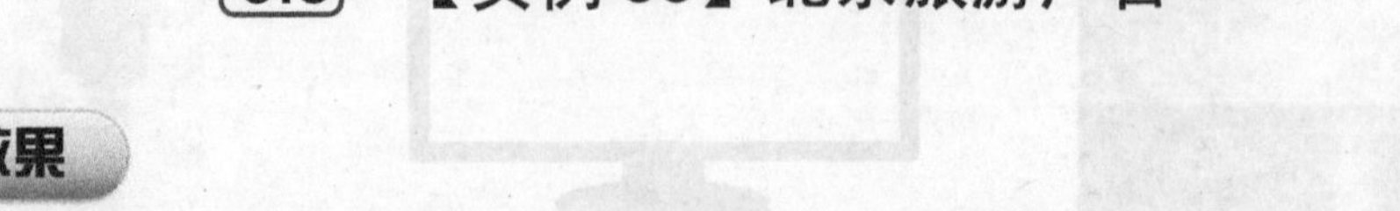

图 9-7-9 立体化文字

9.8 【实例 33】北京旅游广告

实例效果

“北京旅游广告”如图 9-8-1 所示。它是一幅制作在扇面上的介绍北京旅游的广告，在扇面之上有“长城”、“故宫”、“天坛”、“颐和园”、“北海”和“圆明园”六幅北京著名景点图形及景点简介等内容。扇面外左上角有北京旅游社标志图形，右上角有“北京旅游”带阴影的标题文字。该实例的制作方法如下。

图 9-8-1　“北京旅游广告”图形

制作方法

1. 绘制北京旅行社标志和扇子图形

（1）设置绘图页面宽度为 290 像素，高度为 160 像素。

（2）单击工具箱中的“手绘工具”按钮，在屏幕上绘制一个北京旅行社标志图形，并填充颜色。在标志中输入“北京名胜”四个字，并填充成红色，如图 9-8-2 所示。

（3）在画面的右上角输入红色“北京旅游”文字，再创建“北京旅游”文字的灰色阴影，如图 9-8-1 所示。

（4）单击工具箱中的“多边形工具”按钮，绘制一个 52 边形图形。单击工具箱中的“椭圆形工具”按钮，绘制一个扇形图形。单击“排列”→“造形”→“相交”命令，创建多边形和扇形相交部分形成的一个多边形的扇面。

（5）使用工具箱内的“椭圆形工具”，绘制一个扇形图形，将该图形与前面加工的多边形扇面图形重叠，选中多边形的扇面图形和扇形图形，单击“排列”→“修整”→“修剪”菜单命令，用多边形扇面图形剪去刚刚绘制的扇形图形，形成中间是圆形的扇面图形，将扇面图形填充为白色，如图 9-8-3 所示。

图 9-8-2　北京旅行社标志

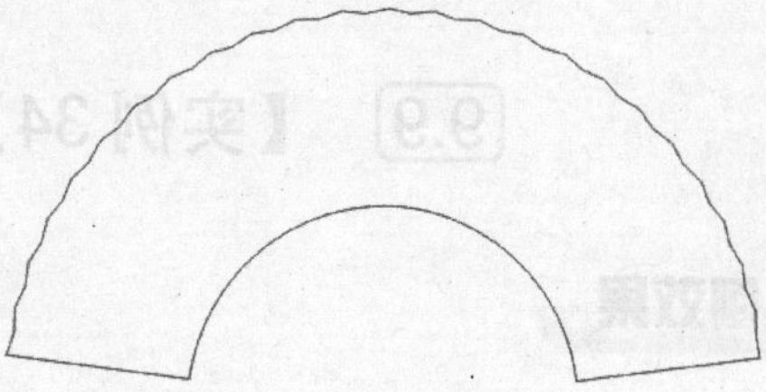

图 9-8-3　扇面图形

（6）使用工具箱内的“椭圆工具”，绘制一个扇形图形，将其移到图 9-8-3 所示的大扇面图形内。

（7）绘制一个扇子的龙骨图形，并复制多个这样的龙骨图形，将龙骨图形的旋转中心移到下面，再进行旋转，形成扇形的龙骨组；绘制一个扇子的外龙骨，移到扇子的右下角；再绘制五个扇子的折叠阴影，并将其填充成 50%的标准透明效果。最后效果如图 9-8-4 所示。

（8）选中外龙骨图形，单击工具箱内的“填充展开工具栏”内的“底纹填充”按钮，调出“底纹填充”对话框，利用该对话框将外龙骨图形填充红木纹理。将内龙骨线填充成深棕色，并创建扇子的阴影。最后效果如图 9-8-1 所示。

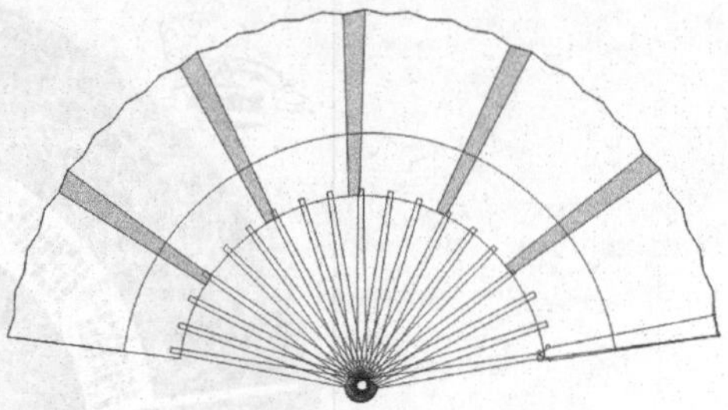

图 9-8-4　扇子图形

2. 给扇子图形添加图形和文字

（1）导入 6 幅北京名胜图形，如图 9-8-5 和图 9-8-6 所示。单击“位图”→“三维效果”→“透视”命令，调整这 6 幅图形的透视点，使其变成上大下小的梯形。

图 9-8-5　北京名胜图形 1

图 9-8-6　北京名胜图形 2

（2）单击“效果”→“图框精确裁剪”→“放置于在器中”命令，将 6 幅北京名胜图形置于扇形中，并调整 6 幅图形的位置和旋转角度，形成扇面，效果如图 9-8-1 所示。

（3）在扇面上输入 6 个北京名胜的文字简介，文字颜色为紫色，字体为黑体，字号为 9pt，调整文字的旋转角度。复制一个北京旅行社标志，将标志缩小并移到扇子内下边的中央处，效果如图 9-8-1 所示。这样一幅“北京旅游广告”图形就制作完成了。

9.9 【实例 34】长寿家园房产广告

实例效果

“长寿家园房产广告”图形是一幅长寿家园房地产广告，如图 9-9-1 所示。它的背景是四幅房间图形，展示出长寿家园的内部房间构造。上面有一个钟表图案，其中心为一片药片，秒针为一个注射器，分针为一瓶药水，时针为一个药品胶囊，表达出长寿家园的主题——让您安享 24 小时医疗服务。右边是长寿家园的标志、名称及说明文字。右下角有长寿家园的效果图和地理位置示意图，下面有长寿家园的销售热线电话及投资商、开发商的名称。整个画面图形生动、色彩丰富、创意独特、主题突出。该实例的制作方法如下。

图 9-9-1 “长寿家园房产广告”效果图

制作方法

1．绘制背景图形

（1）设置绘图页面宽度为 290 像素，高度为 190 像素。

（2）绘制一幅矩形图形，填充米黄色。导入四幅家居图形，如图 9-9-2 所示。调整四幅图形的大小和位置，使它们排成 2 行×2 列，如图 9-9-1 所示。选中所有导入的图形。

（3）单击“效果”→“图框精确裁剪”→“放置在容器中”命令，再单击矩形图形，将选中的四幅家居图形放置到矩形图形中。

（4）单击“效果”→“图框精确裁剪”→“编辑内容”命令，调整填充的图形；单击“效果”→“图框精确裁剪”→“结束编辑”命令，完成图形填充编辑。

图 9-9-2 4 幅家居图形

2．绘制长寿家园的标志和地理位置示意图等

（1）输入“长寿家园”四个字，填充紫色，创建文字的阴影。绘制两个正方形的咖啡色外框，一个粗框，一个细框，并在中间填充白色。在正方形的中间绘制长寿家园的标志。

（2）绘制一个长方形黑框，并在黑框中绘制一个咖啡色的长方形，输入项目名称，设置文字为白色，字体为斜体，如图 9-9-3 所示。

（3）输入紫色“让您安享 24 小时医疗服务”标题文字，如图 9-9-3 所示。然后，换行输入紫色的段落文字，用来说明“长寿家园”的特色。

（4）绘制浅绿色的街道，创建街道阴影，并输入深绿色的街道名称。在左上角复制一个长寿家园标志，表示长寿家园所在地。在右上角绘制一个方向标志，如图 9-9-4 所示，这样一个长寿家园的地理位置示意图就绘制完成了。

图 9-9-3　“长寿家园”文字和长寿家园的标志

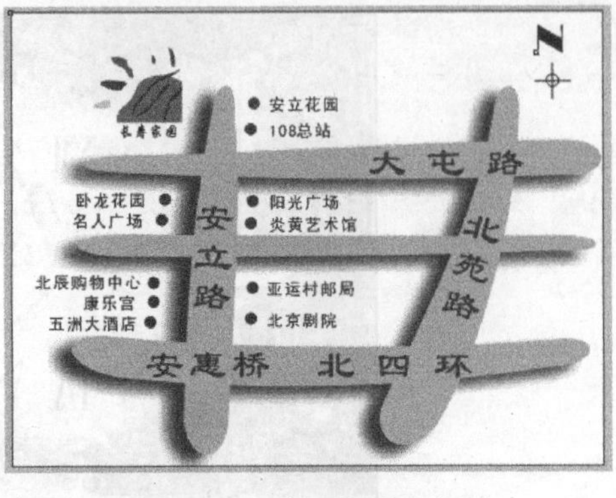

图 9-9-4　地理位置示意图

（5）输入销售热线电话号码。绘制一个紫色的长方形，并在其上面输入黄色的投资商和发展商的公司名称，如图 9-9-5 所示。

图 9-9-5　销售热线电话号码及投资商和发展商的公司名称

（6）导入一幅长寿家园的室外效果图和“长寿”的汉语拼音字母“CHANNGSHOU”，如图 9-9-6 所示。

图 9-9-6　长寿家园的室外效果图

3．绘制一个钟表和背景

（1）绘制一个药品胶囊，并将其上半部分填充成渐变的红色，下半部分填充成渐变的黄色，如图 9-9-7（a）所示。

（2）绘制一瓶药水图形，填充咖啡色，如图 9-9-7（b）所示。绘制一个淡蓝色的注射器、一个深黄色的针头及黑色的针尖图形，如图 9-9-7（c）所示。

（3）绘制一片白色的药片图形，填充成灰白色渐变效果，如图 9-9-7（d）所示。

（4）绘制一个圆形图形，并在圆形图形之上输入数字，并填充成绿色。

（5）单击“排列”→“拆分”命令，将文字和圆形分离，并删除圆形，形成表盘。

（6）以药片图形为中心，胶囊图形为时针，药水图形为分针，注射器图形为秒针，组成一个时钟图形，如图 9-9-8 所示。

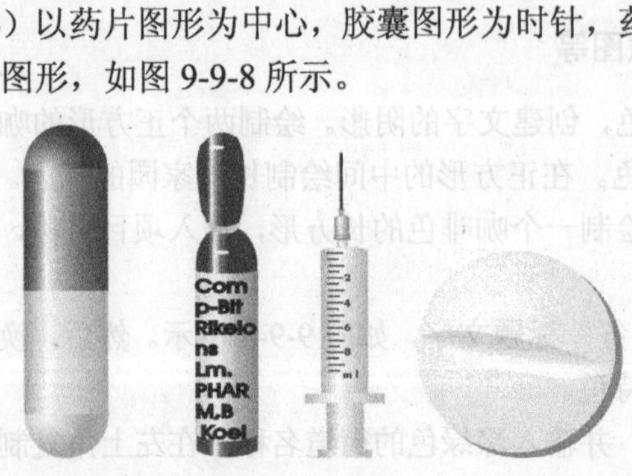

（a）　（b）　（c）　（d）

图 9-9-7　4 幅图形

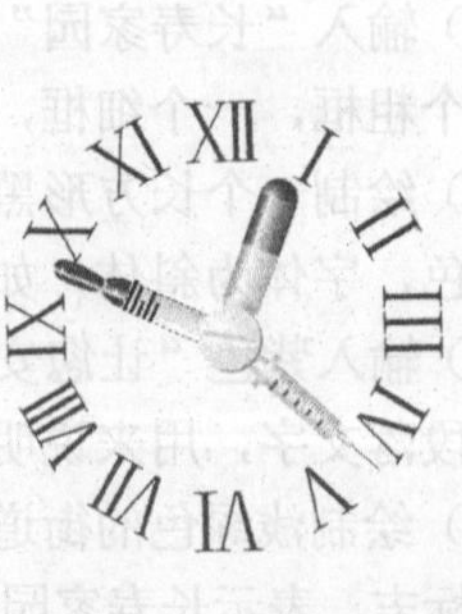

图 9-9-8　时钟图形

（7）在图形上绘制一个圆形，填充成50%透明的白色，并创建白色的阴影。在圆形上面放上绘制好的表盘，效果如图 9-9-1 所示。

（8）将已绘制好的文字和对象移到背景上，并调整其大小的位置，形成房地产广告，如图 9-9-1 所示。

9.10 【实例 35】蓝色海洋音乐欣赏海报

实例效果

“蓝色海洋音乐欣赏海报”图形如图 9-10-1 所示。它是一幅音乐会宣传画。画面背景是蓝色的海洋和白云飘浮的蓝天，以及右下角半透明状的弹钢琴的天使。在背景图形上有音乐的名字、钢琴图形、歌手图形、金色的光盘图形、五线谱图形和音符等，还有表示音乐会主题曲的立体文字“蓝色海洋”等。该实例的制作方法如下。

图 9-10-1 “蓝色海洋音乐欣赏海报”图形

制作方法

1．制作光盘和公司标志等

（1）设置绘图页面的高为 680 像素，宽为 480 像素，背景颜色为白色。

（2）绘制一个椭圆形图形，填充金黄色。使用工具箱中的“填充展开工具栏”内的“渐变填充”按钮，调出“渐变填充”对话框，选择“圆锥”渐变类型，选择“自定义”单选按钮，设置渐变色，如图 9-10-2 所示。单击“确定”按钮，给椭圆形填充金黄色和黄色相间的渐变色效果，如图 9-10-3 左图所示。

（3）绘制一个椭圆形图形，填充白色，无轮廓线，移到图 9-10-3 左图所示图形的中心处。选中两幅椭圆，单击“排列”→“合并”命令，创建金色的光盘图形，如图 9-10-3 右图所示。

（4）选中图 9-10-3 右图所示对象，复制几份，将各光盘旋转成不同的角度，再按图 9-10-4 所示放置，形成光盘组合。

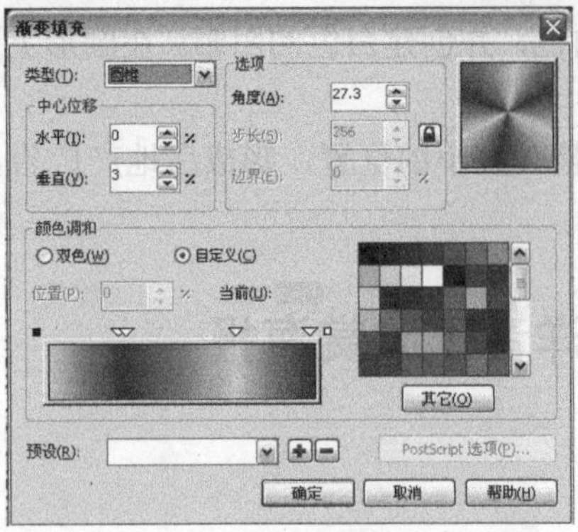

图 9-10-2　设置“渐变填充”对话框

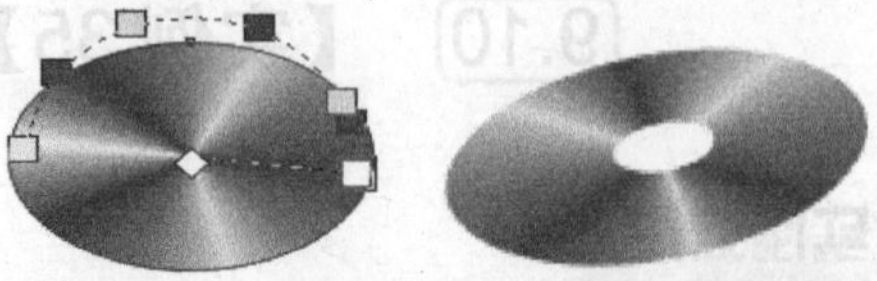

图 9-10-3　椭圆形填充渐变色和光盘图形

图 9-10-4　多个光盘

（5）绘制三个矩形图形，将它们分别填充成红色、黑色和黄色。输入公司中文名称及英文名称，并将其中的一个中文字填充为白色，制作出“标牌”图形，如图 9-10-5 所示。

（6）绘制一幅黄色的“鸽子”图形作为商标，如图 9-10-6 所示。

（7）绘制两幅矩形图形，填充成黄色，输入文字，并绘制一条直线，形成 CD 光盘和 VCD 视盘标志，如图 9-10-7 所示。

图 9-10-5　“标牌”图形

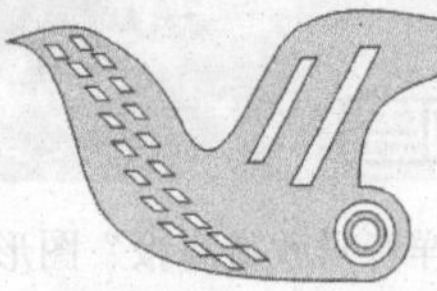

图 9-10-6　“鸽子”图形

图 9-10-7　“CD 光盘”和“VCD 视盘”标志

（8）绘制一个“喇叭”图形，并将其填充成铜金属色，如图 9-10-8 所示。复制一幅“喇叭”图形并进行水平镜像。绘制一个黑色矩形，将两幅“喇叭”图形移动到黑色矩形图形内的两端。

（9）绘制五条不同颜色的波浪线，代表五线谱中的五条线，将它们组成群组并移到两个喇叭之间。然后输入白色“蓝色海洋音乐欣赏”文字。最后效果如图 9-10-9 所示。

图 9-10-8　“喇叭”图形

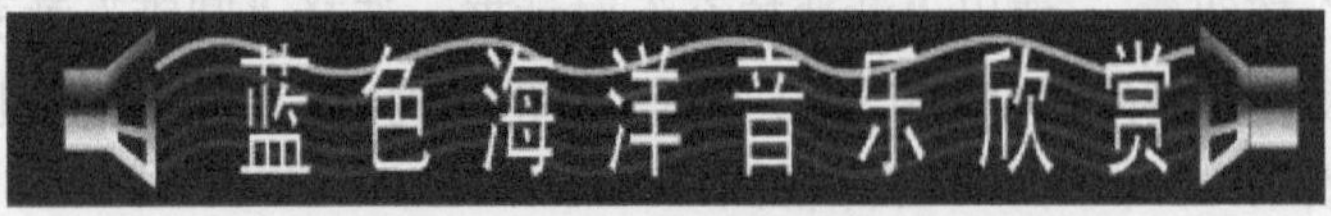

图 9-10-9　输入“蓝色海洋音乐欣赏”文字

（10）输入 8 行红色的音乐曲目名称，如图 9-10-1 所示。

2．绘制五线谱、音符和鱼眼镜头

（1）参考【实例 18】“天籁之音”图形中制作乐谱和音符的制作方法，制作如图 9-10-10

所示的“曲线五线谱”图形和图 9-10-11 所示的高音谱号图形，以及绘制如图 9-10-12 所示的其他各种“音符”图形。为这些“音符”图图形填充黄白相间的渐变颜色，并加上白色轮廓线，创建深棕色的阴影。

图 9-10-10 “曲线五线谱”图形

图 9-10-11 “高音谱号”图形

图 9-10-12 “音符”图形

（2）将高音谱号和其他音符图形依次移到五线谱线之上，调整它们的大小和位置，如图 9-10-13 所示。

（3）导入一幅演员唱歌的图形和一幅钢琴图形，如图 9-10-14 所示。

图 9-10-13 将音符移到五线谱之上

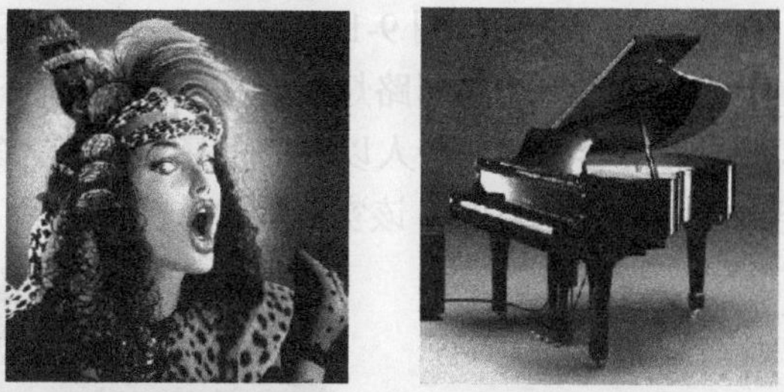

图 9-10-14 导入 2 幅图形

（4）导入一幅圆环图形，如图 9-10-15 左图所示。绘制一个黄色圆环图形，并置于镜头图形之下，如图 9-10-15 右图所示。单击“效果”→“透镜”命令，对钢琴图形进行鱼眼滤镜操作，使钢琴图形具有鱼眼效果。单击“位图”→“转换为位图”命令，将鱼眼效果的图形转换成位图，并填充到圆形镜头中，完成第一个鱼眼镜头的制作，如图 9-10-16 左图所示。

（5）用同样的方法，制作另外一个鱼眼镜头，如图 9-10-16 右图所示。

图 9-10-15 镜头和黄色圆环图形

图 9-10-16 鱼眼镜头

（6）导入一幅“海洋”图形，如图 9-10-17 示。适当调整它的大小与位置，使它正好将绘图页面遮盖住，使海洋蓝天图形置于最后面。

（7）导入一幅“天籁之音”图形，如图 9-10-18 所示，隐藏该图形的背景蓝色，如图 9-10-19 所示。然后，将该图形移到背景图形内的右下角，置于背景图形之上，创建半透明效果，如图 9-10-1 所示。

（8）将前面制作的各个对象移到背景图形上合适的位置。至此，整幅音乐会宣传画制作完毕，效果如图 9-10-1 所示。

图 9-10-17 “海洋”图形

图 9-10-18 “天籁之音”图形

图 9-10-19 隐藏蓝色背景

9.11 【实例 36】汽车

实例效果

“汽车”图形如图 9-11-1 所示，是一幅汽车销售广告。它的背景是一幅傍晚的风景图形，加上绘制的房屋、路面路灯及制作的广告词“辛苦一天了，捷达车带你回家”，使整个画面结构统一、内容明确，给人以温暖的感觉。因为家永远是人们内心深处最柔软的东西，从而达到促进市场消费的目的。该实例的制作方法如下。

图 9-11-1 “汽车”图形

制作方法

1. 制作汽车

（1）设置绘图页面的高为 297mm，宽为 210mm，背景颜色为白色。

（2）使有工具箱中的“钢笔工具” 绘制一个汽车的外形，效果如图 9-11-2 所示。

（3）使用工具箱中“交互式填充展开工具”栏内的“交互式填充工具”，对汽车进行灰色－白色－灰色的线性渐变填充，如图 9-11-3 所示。

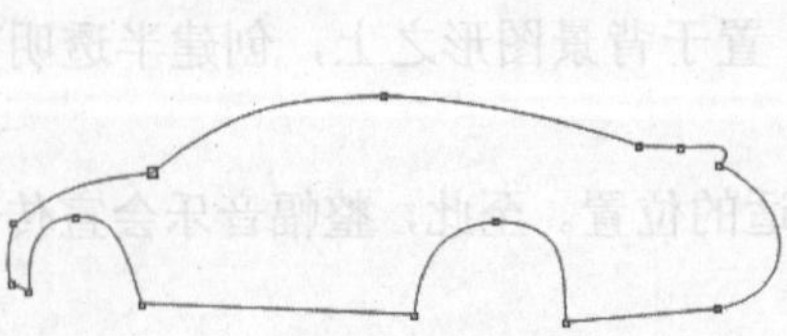

图 9-11-2 绘制汽车外形轮廓

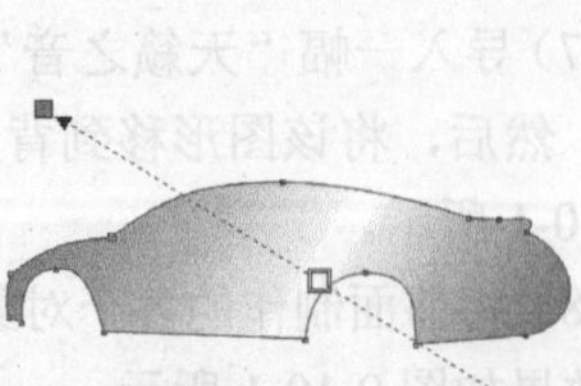

图 9-11-3 对汽车进行渐变填充

（4）使有工具箱中的“钢笔工具”绘制出汽车轮子上边的汽车轮廓，设置轮廓颜色为深灰色，在属性栏中设置“轮廓宽度”为 16 pt，效果如图 9-11-4 所示。

（5）现在制作汽车轮胎。使用工具箱中的“椭圆形工具”绘制一个圆形，填充为黑色，效果如图 9-11-5 左图所示。在第 1 幅圆形的中间绘制第 2 幅圆形，设置填充方式为黑色－白色－黑色的线性渐变，渐变角度为 90 度，效果如图 9-11-5 中图所示。在第 2 幅圆形中间绘制第 3 幅圆形，填充颜色为黑色，效果如图 9-11-5 右图所示。

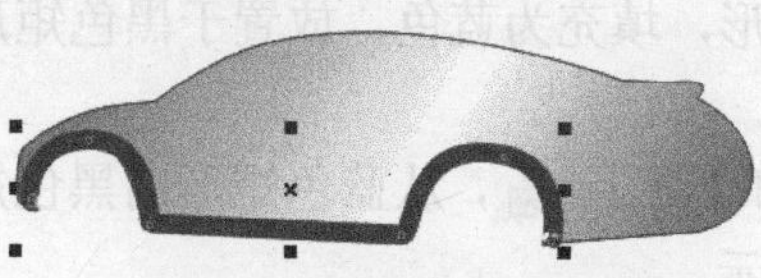

图 9-11-4　制作汽车轮廓

图 9-11-5　制作轮胎外部效果

（6）使用工具箱中的“矩形工具”绘制一个矩形，设置填充方式为灰色－白色－灰色的线性渐变，渐变角度为 90 度，效果如图 9-11-6（a）所示。

（7）选中矩形，单击“窗口”→“泊坞窗”→“变换”→“旋转”菜单命令，调出“旋转”泊坞窗，设置如图 9-11-6（b）所示。在该窗口中单击“应用”按钮，得到如图 9-11-6（c）所示的图形。

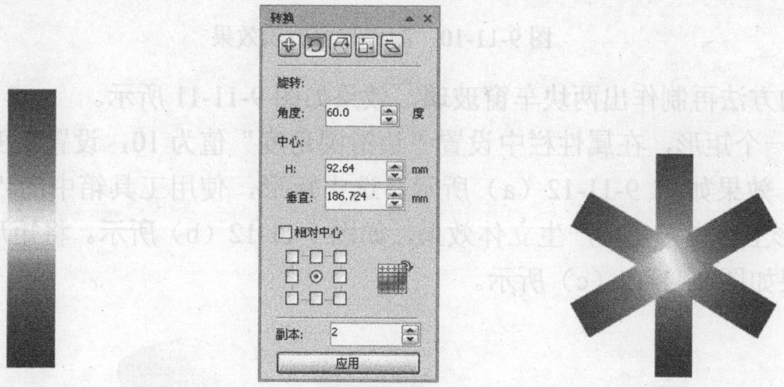

（a）　（b）　（c）

图 9-11-6　制作轮胎内部图形

（8）将轮胎内部图形群组并移至轮胎外部图形上，整个轮胎图形制作完毕，效果如图 9-11-7（a）所示。将轮胎图形移至汽车图形前面的边缘处，作为汽车的前轮，效果如图 9-11-7（b）所示。

（9）使用工具箱中的“钢笔工具”，绘制出一个闭合路径，设置颜色为浅灰色，作为前轮的护罩，效果如图 9-11-7（c）所示。

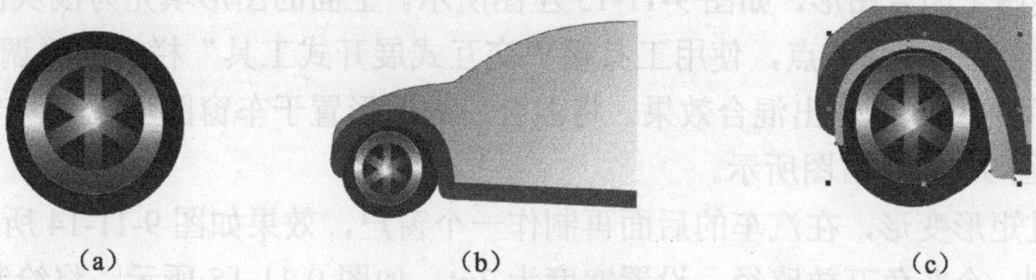

（a）　（b）　（c）

图 9-11-7　制作前轮效果

（10）用同样的方法制作出其他轮胎效果，如图 9-11-8 所示。

（11）现在开始制作车窗。使用工具箱中的“钢笔工具”绘制出一个闭合路径，设置颜色为黑色，作为车窗的玻璃，效果如图 9-11-9 所示。

图 9-11-8　制作其他轮胎效果

图 9-11-9　制作车窗

（12）绘制一个矩形，填充为黑色，使用工具箱中的“封套工具”，调整矩形的节点，对其进行变形，效果如图 9-11-10（a）所示。制作一个矩形，填充为蓝色，放置于黑色矩形之上，并对其进行变形，效果如图 9-11-10（b）所示。

（13）使用工具箱“交互式展开式工具”栏中的“调和”工具，从蓝色矩形向黑色矩形拖曳，制作出两个矩形的混合效果，如图 9-11-10（c）所示。

（a）　（b）　（c）

图 9-11-10　制作车窗玻璃效果

使用同样的方法再制作出两块车窗玻璃，效果如图 9-11-11 所示。

（14）绘制一个矩形，在属性栏中设置“边滑圆角度”值为 10，设置渐变颜色为蓝色至白色的射线填充，效果如图 9-11-12（a）所示。选中矩形，使用工具箱中的“交互式立体化工具”，在矩形上拖曳，使其产生立体效果，如图 9-11-12（b）所示。将矩形拖至车窗旁，作为反光镜，效果如图 9-11-12（c）所示。

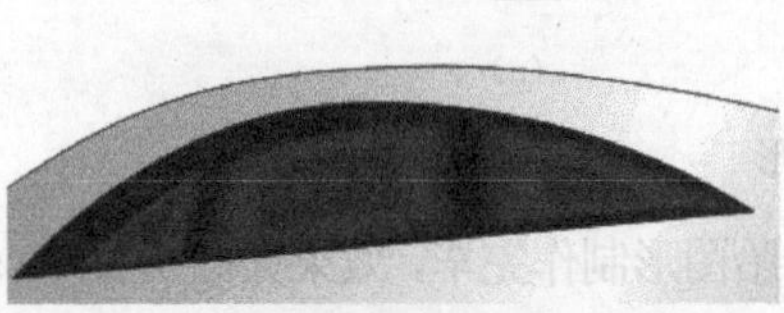

图 9-11-11　制作其他玻璃效果

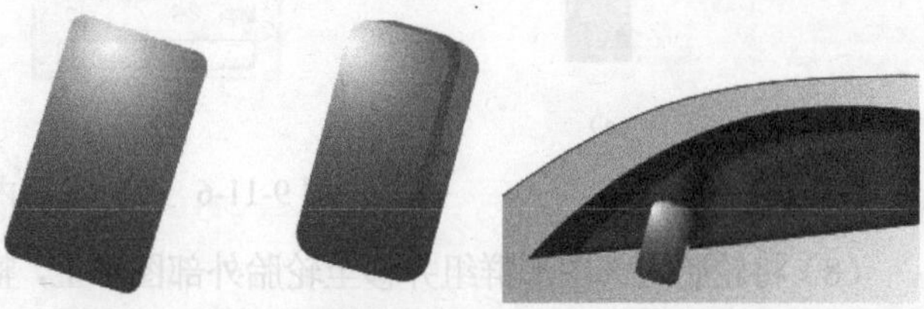

（a）　（b）　（c）

图 9-11-12　制作车窗反光镜效果

（15）绘制两个闭合图形，如图 9-11-13 左图所示。上面的图形填充为浅灰色，下面的图形比上面的图形颜色稍微深一点，使用工具箱“交互式展开式工具”栏中的“调和”工具，在两个图形之间拖曳，制作出混合效果，将混合后的图形置于车窗图形之上，产生车窗凹陷的视觉效果，如图 9-11-13 右图所示。

（16）通过矩形变形，在汽车的后面再制作一个窗户，效果如图 9-11-14 所示。

（17）绘制一个灰色开放路径，设置宽度为 3pt，如图 9-11-15 所示，将绘制的路径放置于汽车上，作为车门。

（18）用制作反光镜的方法为车门制作一个扶手，效果如图 9-11-16 所示。

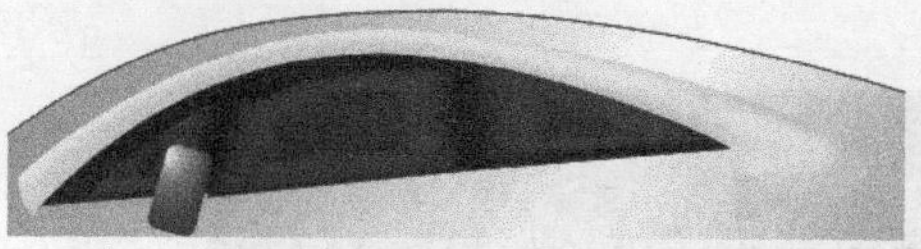

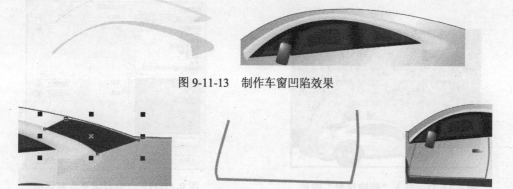

图 9-11-13　制作车窗凹陷效果

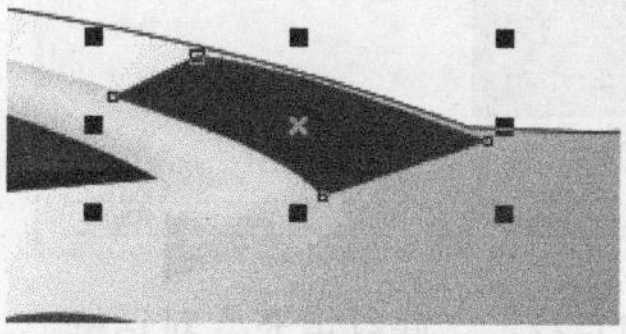

图 9-11-14　制作后部窗户

图 9-11-15　绘制路径

图 9-11-16　制作车门效果

（19）现在开始制作后备箱效果。首先使有工具箱中的“钢笔工具”绘制两条开放路径，作为汽车尾部轮廓线，效果如图 9-11-17 所示。

（20）绘制一个橘红色闭合图形和一个白色闭合图形，作为汽车尾灯，如图 9-11-18 所示。绘制一条路径，制作出汽车尾部的立体效果，如图 9-11-19 所示。

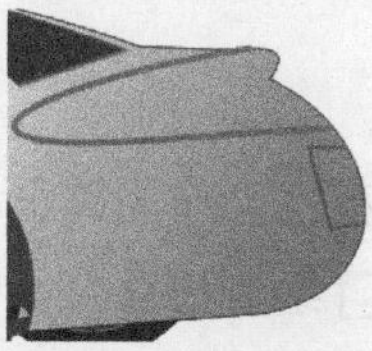

图 9-11-17　汽车的尾部轮廓线

图 9-11-18　汽车尾灯

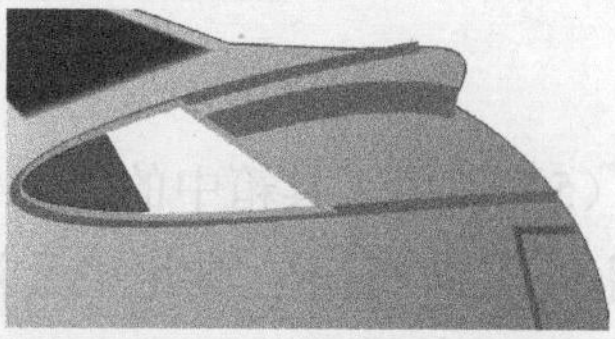

图 9-11-19　汽车尾部的立体效果

（21）再绘制一个多边形，填充为橘红色，并制作出阴影效果，作为汽车尾部小灯，效果如图 9-11-20 左图所示。至此，汽车模型制作完毕。整个汽车模型如图 9-11-20 右图所示。

图 9-11-20　汽车车灯图形和整个汽车外观模型

2．制作汽车

（1）导入一幅“傍晚风景”图形，效果如图 9-11-21 所示。

（2）使用工具箱中的“钢笔工具”绘制一个闭合路径，作为房屋的正面，单击工具箱中“填充展开工具栏”栏内的“底纹填充”按钮，调出“底纹填充”对话框，参数设置如图 9-11-22 所示。

（3）单击“底纹填充”对话框内的“确定”按钮，效果如图 9-11-23 左图所示。用同样的方法制作出房屋的其他几个面，效果如图 9-11-23 中间图所示。

（4）使用工具箱中的“图纸工具”绘制出窗户，在其属性栏中的“列数和行数”下拉列表中设置为 2 列和 3 行，在房屋的正面绘制 3 个窗户，设置填充颜色为黄色，效果如图 9-11-23 右图所示。

图 9-11-21　导入“傍晚风景”图形

图 9-11-22　“底纹填充”对话框

图 9-11-23　制作房屋过程

（5）使用工具箱中的“钢笔工具”绘制一个闭合路径，填充为灰色，作为路面，效果如图 9-11-24 所示；使用工具箱中的“椭圆工具”和“矩形工具”绘制出路灯，效果如图 9-11-24 所示。

（6）输入广告词“辛苦一天了 捷达车带你回家！”。设置字体为“方正舒体”，字号为 48pt，效果如图 9-11-25 所示。保存文件，最终效果如图 9-11-1 所示。

图 9-11-24　路面和路灯效果

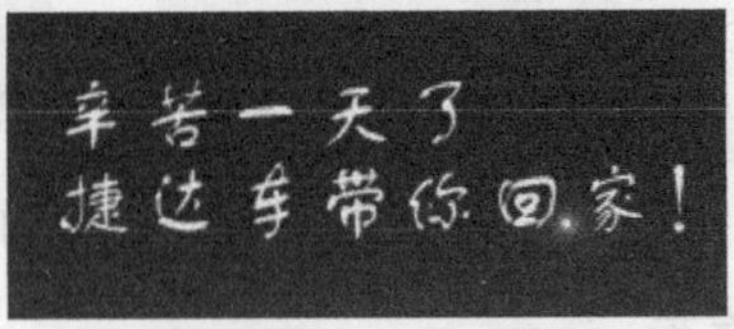

图 9-11-25　文字效果

实训 9

1. 制作一幅美丽的“几何对称图形”，如图 9-1 所示。

2. 制作图书封面设计，如图 9-2 所示，它以浅蓝色植物素描作为书封页的背景，该封页上有许多海底生物，寓意着生命来自于海洋。而带有明暗面的球冠组成了自近而远的问号，告诉人们，还有许多未知的领域需要我们去探索。

3. 制作“服饰与美容”网页内的两幅画面，如图 9-3 和图 9-4 所示。它需要输入文字、插入因特网对象，导入图形和绘制图形。

图 9-1　几何对称图形

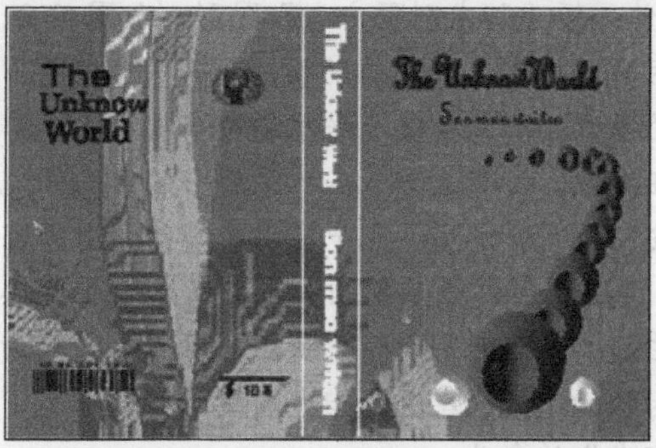

图 9-2　封面设计

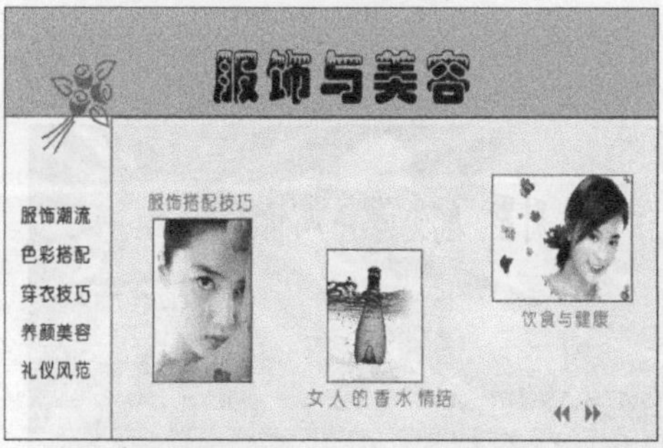

图 9-3　服饰与美容网页 1

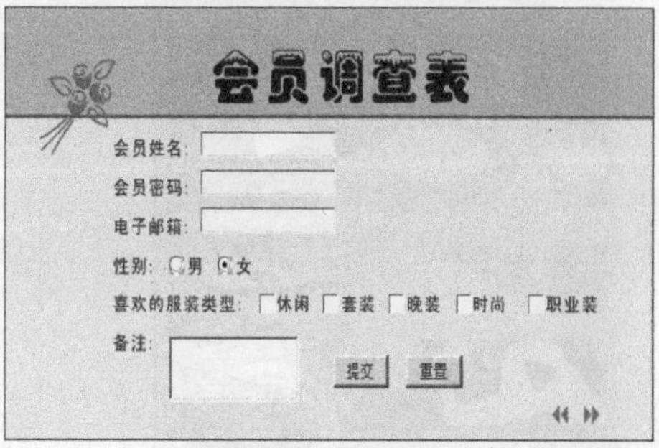

图 9-4　服饰与美容网页 2

4. 制作一幅“西单文化广场海报”，如图 9-5 所示。背景是一个深紫色变幻的矩形，右下角有西单文化广场的视图和地理位置示意图。前景为四个鱼眼镜头，分别嵌入了四张西单文化广场经营的商品图形。海报的右上角有广场名称、开业时间等说明文字。

5. 制作一幅“服装广告”图形如图 9-6 所示。这是一幅服装广告画。为了突出服装的保暖性，它的背景是一幅雪山图形，有两个穿着“贝罗”服装的年轻人和一个金色的礼盒。广告画中还有服装的品牌和商标、贺词和广告词、电话和公司名称，右下角有一个爆炸形图形，上面有有关“贝罗送礼”的说明文字。整个广告突出地表现出了“贝罗”服装的防寒性和新春送礼两大主题。

图 9-5　“西单文化广场海报”图形

图 9-6　“服装广告”图形

6. 制作一幅“华康豆奶包装”图形，如图 9-7 所示。它是一个华康牌豆奶粉包装袋封面，背景为一个黄色的矩形，上面有田野、树木、房屋和一头奶牛，还有豆奶的商标及品牌、说明图案和包装规格等。此外，还有豆奶的中英文名称、中英文说明及生产厂家的中英文名称。整个包装图形简洁、色彩鲜艳。将豆奶与牛奶进行比较，突出了产品是来源于自然的绿色食品。

7. 制作一幅“阳光别墅广告”图形，如图 9-8 所示。它的背景是一张海洋风景画，画面左上角美丽的蜗牛代表海中的动物，一棵从水中长出的椰树代表海边的植物，背景的右下方有阳光别墅的半透明照片，使人联想到海市蜃楼。正中有一个静坐休息的女人，半透明的倒影表明她正坐在海边。左下边一个在水中看书的女人体现了休闲的气氛。左下角有一个玩降落伞的运动员，波浪的倒影说明了他是在水中降落。中间有一副太阳镜，左边的镜片上反射出一幅帆船的影像，右边的镜片上反射出一幅在跳水板上休息的女人的影像。整个画面不禁让人想到这个广告的主题“住阳光别墅，感受海洋风情”。前景的右上角是一个阳光别墅的标志图案，四周是呈放射状的阳光，左边是阳光别墅的主题词，下面是阳光别墅的名称，突出地表示了别墅的名称“阳光”的含义。

图 9-7 “华康豆奶包装”图形

图 9-8 “阳光别墅广告”图形

8. 制作一幅“双黄连口服液包装盒封面”，如图 9-9 所示。它的左上角是双黄连口服液的商标，右边是药品的名称，中间是药品名的拼音文字，下面是药品的生产厂家及条形码。

9. 制作一幅“媒体信息网站标志”图形，该标志由文字和图形两部分组成，如图 9-10 所示。整个标志层次分明，动感强烈，颜色使用得当，给人强烈的视觉冲击力。

图 9-9 双黄连口服液包装盒封面

图 9-10 “媒体信息网站标志”图形

10. 制作一幅“香水包装盒”图形，如图 9-11 所示。它由盒身、上边的盒盖和包装盒的连接三部分组成，盒身包括四片主片和一片连接片。盒盖共有二片。盒身上有香水的品牌名称、商标标志、各种说明和公司地址。整个包装盒以多彩的花纹为底色，配以不同的字体和颜色组成文字说明，突出了香水包装盒鲜艳夺目的效果。

11. 制作一幅“邮政周报”图形，如图 9-12 所示。它分为刊头和刊物内容两部分。刊头分为两部分，左边是阴影字组成的报刊名称，右边是以裁剪字组成的“生活周刊”这几个字。

刊物的内容是喜迎新春，中间一个春字，两边各有一个灯笼，一副对联。在灯笼的下面是一条龙和主题“龙年吉祥”这四个字。最下面是本报的导读和启事。整个版面以大红色为主，充分地突出了喜庆欢乐的气氛。

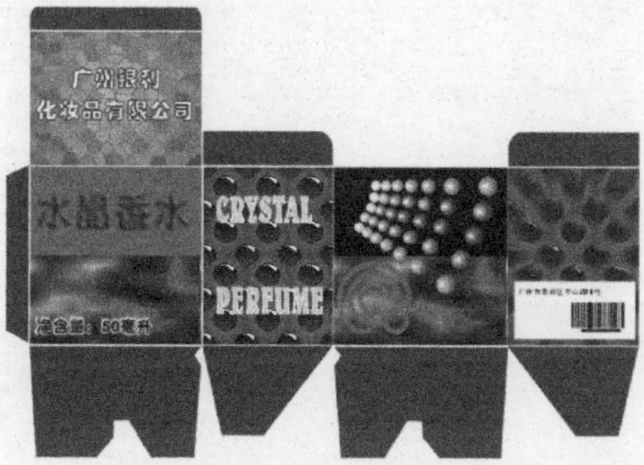

图 9-11 “香水包装盒”图形

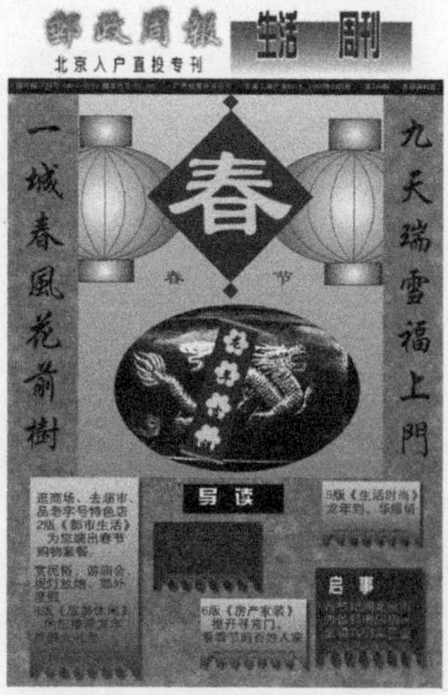

图 9-12 “邮政周报”图形

12. 制作一幅“VCD 包装”图形，如图 9-13 所示。整个包装分为正面、反面和中间三个部分，正面和反面的背景都是以吉他、蓝天和大海组成，上面还有商标和 VCD 的英文名称。其中正面有本盘 VCD 的中文名称和广告词。反面有音乐曲名及出版、发行单位名称，以及出版号码等内容。中间有公司标志及 VCD 的中文名称。整个包装色彩自然，景色优美，给人一种清新、淡雅的轻松感觉。

图 9-13 “VCD 包装”图形